超入門
SUPER
INTRODUCTORY
GUIDE BOOK
無料(タダ)で使える
Google
オフィスアプリ

久住雅史 著

C&R研究所

■権利について

- 本書に記述されている製品名は、一般に各メーカーの商標または登録商標です。
  なお、本書では™、©、®は割愛しています。

■本書の内容について

- 本書は著者・編集者が実際に操作した結果を慎重に検討し、著述・編集しています。ただし、本書の記述内容に関わる運用結果にまつわるあらゆる損害・障害につきましては、責任を負いませんのであらかじめご了承ください。
- 本書で紹介している各操作の画面は、Windowsパソコンを基本にしています。あらかじめご了承ください。ファイル操作(エクスプローラ)や、文字入力における漢字変換操作など、Windowsの基本的な操作に関しましては、お持ちのパソコンやWindowsの操作説明書をご確認ください。
- Googleの操作は個人アカウントでの操作を前提に説明しています。Googleもアプリ操作のヘルプ(Googleドキュメントヘルプ)を提供しています。本書で不明な点はこちらも参照願います。
  URL https://support.google.com/docs/

- 本書の内容は2024年3月現在の情報に基づいて記述しています。

■サンプルデータについて

- 本書のサンプルデータは、「超入門 無料で使える Googleオフィスアプリ」サイトからダウンロードすることができます。ダウンロード方法についてはサイトをご確認ください。
  URL https://sites.google.com/view/cho-nyumon-gglapps/ホーム

- サンプルデータの動作などについては、著者・編集者が慎重に確認しております。ただし、サンプルデータの運用結果にまつわるあらゆる損害・障害につきましては、責任を負いませんのであらかじめご了承ください。
- サンプルデータの著作権は、著者及びC&R研究所が所有します。許可なく配布・販売することは堅く禁止します。

●本書の内容についてのお問い合わせについて

この度はC&R研究所の書籍をお買いあげいただきましてありがとうございます。本書の内容に関するお問い合わせは、「書名」「該当するページ番号」「返信先」を必ず明記の上、C&R研究所のホームページ(http://www.c-r.com/)の右上の「お問い合わせ」をクリックし、専用フォームからお送りいただくか、FAXまたは郵送で次の宛先までお送りください。お電話でのお問い合わせや本書の内容とは直接的に関係のない事柄に関するご質問にはお答えできませんので、あらかじめご了承ください。

〒950-3122 新潟県新潟市北区西名目所4083-6　株式会社 C&R研究所　編集部
FAX 025-258-2801
『超入門 無料で使える Googleオフィスアプリ』サポート係

PROLOGUE はじめに

パーソナルコンピュータが普及し、さまざまなソフトウェアが登場しました。その中でもオフィスソフトといわれるワープロ、表計算、プレゼンテーションの3つのソフトウェアはどこのオフィスでも使用するソフトウェアだと思います。これらのオフィスソフトを使うことにより、事務作業は手書き・手計算の時代に比べれば生産性が非常に高くなっています。

便利になる反面、市販のソフトウェアは機能向上やセキュリティ対策のため、何年かごとにバージョンアップが行われます。そのたびに高額な出費が必要となり、経営者の皆様は頭を悩ますことが多いのではないでしょうか。

しかし、インターネットの普及により、無料で使えるソフトウェアやインターネットを利用した無料サービスがたくさん登場しています。検索エンジンの代表格といえるGoogle検索もインターネットで提供される無料サービスの一つといえます。

Googleは検索サービスだけでなく、さまざまなアプリ（ソフトウェア）やサービスを提供しています。その中にはワープロ、表計算、プレゼンテーションというオフィスワーク用アプリもあり、これらも無料で使用することができます。

これらのアプリを使用すれば、今まで有料で購入しなければならなかったオフィスソフトが無料で使用できることとなり、大幅なコスト削減になると思います。経営面・経済面からすれば、これは非常に大きなメリットといえるでしょう。

また、インターネット上のサービスであるGoogleならではの機能として、データをインターネット上に保存できることから記録媒体故障などハードウェアにまつわる問題を解決することができますし、データがインターネット上に存在するゆえ可能となるファイルの共有機能を使えば閲覧や共同作業などグループでの情報共有も簡単にでき、実務面でもメリットが大きいのではないかと思います。

この本では、Googleアプリで提供されるワープロ、表計算、プレゼンテーション、メールの4アプリの基本操作ができることを目標としています。オフィスワークのコストパフォーマンス向上に寄与できれば幸いです。

久住　雅史

本書の読み方・特徴

登場人物

飯田橋博士（いいだばしはかせ）
（通称「博士」）

MITを首席で卒業し、ベンチャー企業を立ち上げた。今はリタイヤして自宅の研究室で発明に打ち込んでいる。趣味はスキーとギター。料理はプロ級の腕を持つ。

涼風なな（すずかぜ）
（通称「ななちゃん」）

バレーボール部に所属する元気な中学3年生。博士にギターを教えてもらうために、ちょくちょく博士の自宅の研究室に遊びに来ている。

特徴1
使用サンプルが一目でわかりやすい

項で使用するサンプルデータの場所を表しています。

特徴2
イメージしやすい操作見本

操作をすることでどう変わるのかを表示しています。

特徴3
丁寧な操作解説

1クリック、1画面ごとに説明をしているので、迷わずに操作できます。

5章 ▸ 5-24

24 リンク

Webサイトやファイルへジャンプさせるため、文字列にリンクを設定します。

2024年4月10日
駒沢商事株式会社
営業部長　尾崎　雅之　様
株式会社オリオン商店
以　上
担当　営業部1課　成田
電話　03-xxxx-xxxx（内線46）
メールはこちらにお願いします

リンクを設定

第5章 ドキュメントで文書を作ってみよう

リンクを設定する

文字列にリンクを設定することにより、画面上で文書を見たときに、関連するWebサイトや他のドキュメント（Document）、スプレッドシート（Spreadsheet）、PDF、メールアプリ等にジャンプさせることができます。

ここでは担当者連絡先にメールアドレスをリンクします。

① 文字列を選択、リンクを設定

文字列をドラッグして選択し、ツールバーの（リンクを挿入）をクリックします。

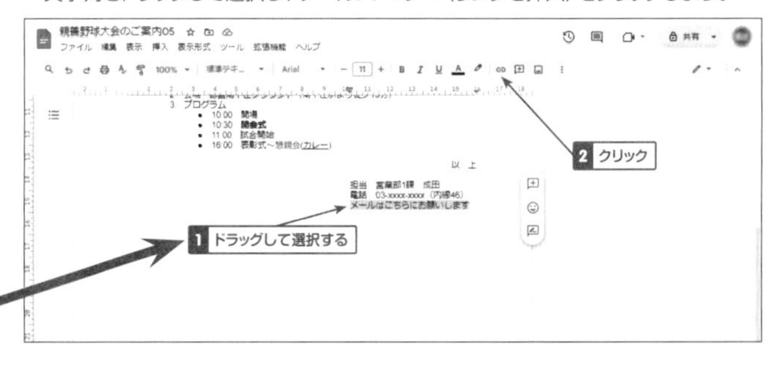

92

最新情報について

本書の記述内容において、内容の間違い・誤植・最新情報の発生などがあった場合は、「C&R研究所のホームページ」にて、その情報をいち早くお知らせします。

URL https://www.c-r.com (C&R研究所のホームページ)

特徴 4

見やすい大きな活字

ビギナーやシニア層にも読みやすいように大きめな活字を使っています。

②メールアドレスを入力、適用

表示されたリンクのポップアップにメールアドレスを入力します。入力したら[適用]をクリックするとリンクが適用されます。

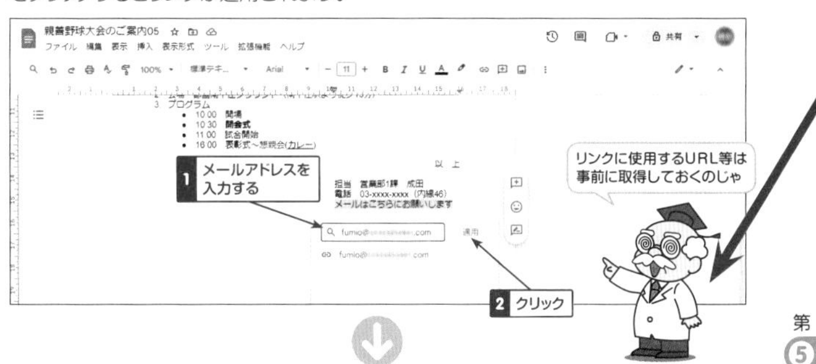

リンクが適用され、文字色が青になり下線が付く

第5章 ドキュメントで文書を作ってみよう

特徴 5

操作について登場人物が補足

操作の補足点やプラスアルファな情報を登場人物がコメントで解説しています。

HINT

リンクのダイアログには同じドライブ内にあるリンクできるファイルが一覧で表示されます。ファイル名をクリックすると、リンクすることができます。

特徴 6

かゆいところに手が届くHINT

操作に対するテクニック的な説明や、役立つ情報を解説、参照します。

ONE POINT

リンクの解除

リンクを解除する場合は、リンクを設定した文字列をクリックするとリンクのポップアップメニューが表示されるので、(リンクを削除)をクリックします。同じメニューの(リンクを編集)でリンクの修正もできます。

▼リンクのポップアップ

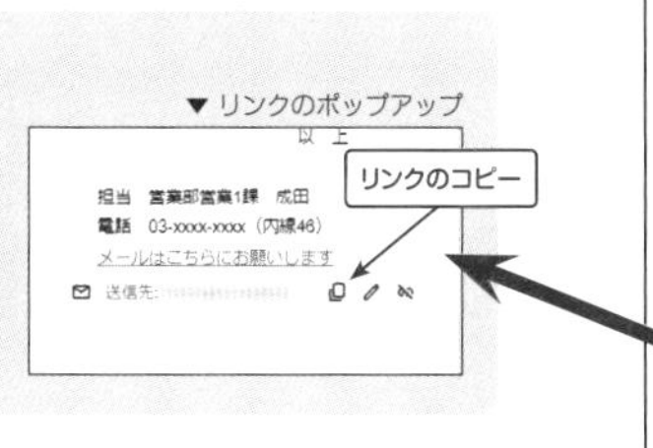

93

特徴 7

便利なONEPOINT

操作以外にも知っておくと便利なワンポイントを解説しています。

CONTENTS

第4章 Googleドライブの操作を覚えよう

第5章 ドキュメントで文書を作ってみよう

CONTENTS

CONTENTS

第1章

Google オフィスアプリの基礎知識

Googleオフィスアプリの仕組みとサービスの特長

この本で紹介するGoogleオフィスアプリは「無料」で使用でき、多彩なアプリが揃っています。マイクロソフト社のOfficeとほぼ同じ操作性や機能を備えているので、十分に事務作業に活用できます。

また、企業向けに有料プランもあり、活用の幅が広がります。

マイクロソフト社OfficeとGoogleオフィスアプリ

	マイクロソフト社 Office		Google オフィスアプリ
ワープロ	Word	⟷	ドキュメント (Document)
表計算	Excel	⟷	スプレッドシート (SpreadSheet)
プレゼンテーション	PowerPoint	⟷	スライド (Slide)
メール	Outlook.com	⟷	Gmail
クラウドファイル	OneDrive	⟷	Googleドライブ

Googleのアプリは
この他にもたくさん
種類があるのね

マイクロソフト社の
Officeと機能や操作も
似ているのじゃよ

Webベースで動く

一般的なパソコンでは、パソコンにインストールされているプログラムでデータの処理を行いますが、Googleアプリのデータの処理はインターネット上にあるGoogleのサーバーで行われます。

GoogleのアプリはChromeやEdgeのようなWebブラウザ（ホームページ閲覧アプリ）のウィンドウ内で動作します。

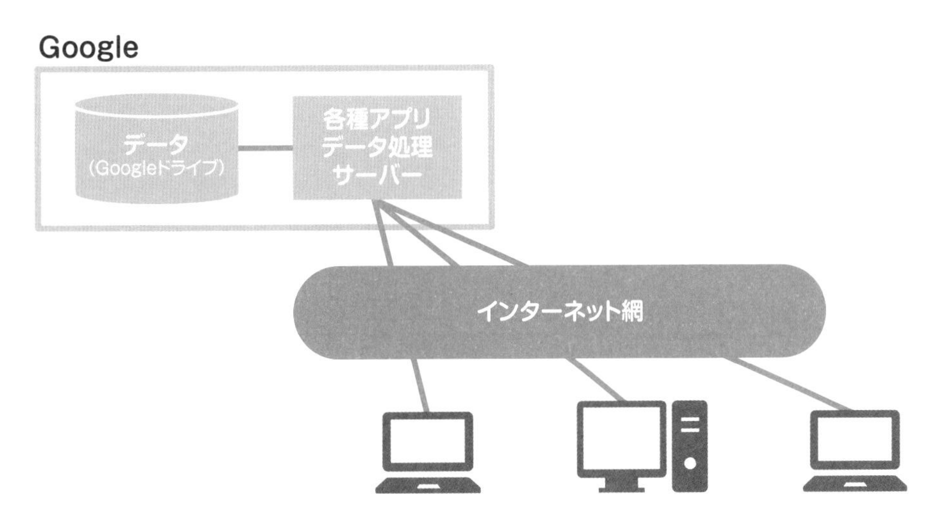

ファイルはクラウド上に保存

作成したファイルは「Googleドライブ」というインターネット上のファイル保存領域（クラウド、クラウドストレージ）に保存されます。

パソコンがインターネットに接続できれば、どこからでもファイルにアクセスすることが可能です。ファイルの持ち出し手段を考える必要がありません。

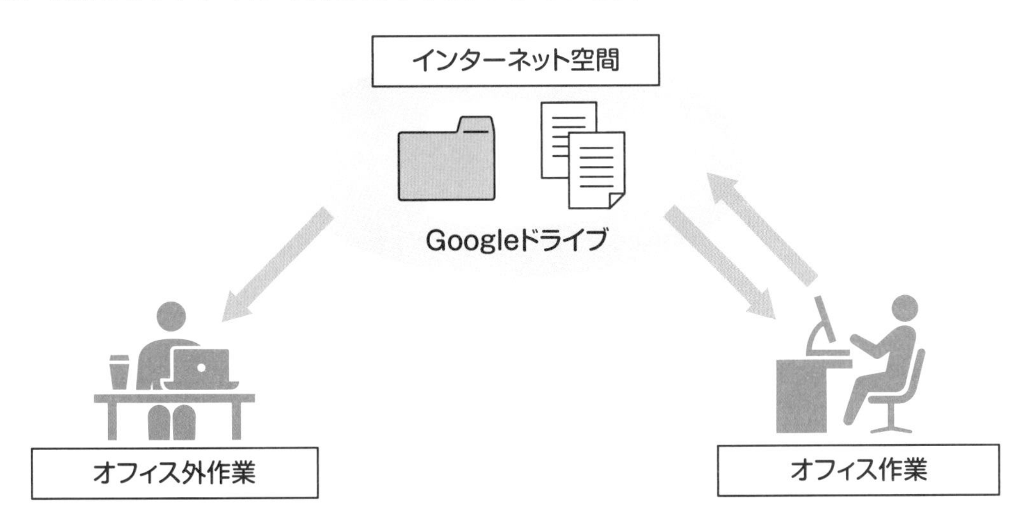

第1章 Googleオフィスアプリの基礎知識

協同作業に向く

前述の通り、インターネット上にファイルがあるので、グループで同じファイルにアクセスして作業することができます。いちいちファイルをコピーしてグループメンバーに配布する必要がありません。

もちろん、ファイルにアクセスさせないようにする、ファイルを更新できるメンバーを限定するなどのアクセス制限も容易に設定できます。

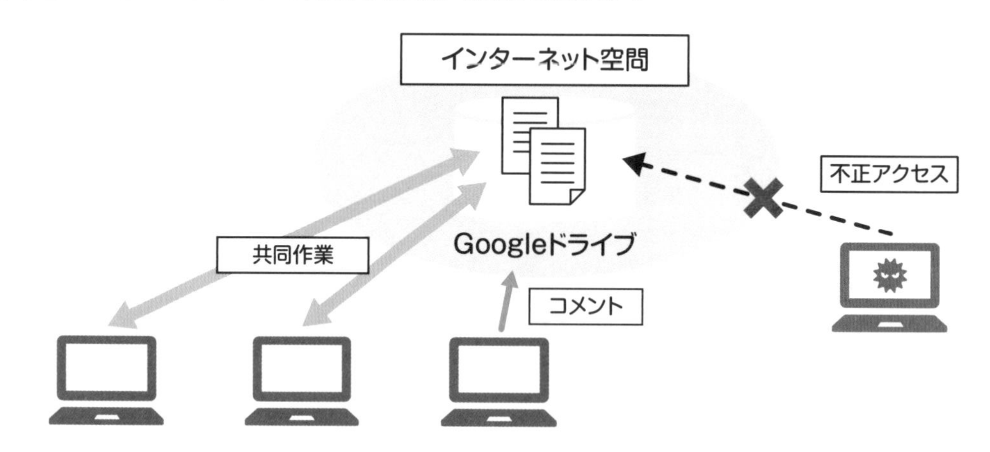

ONE POINT

アップル社のiMacやMacbookでもGoogleアプリは使えるの?

Googleがサポートしているwebブラウザ(Chrome、Edge、Safari、Firefox、Opera)が動作すれば、どのパソコンでも使えます。よって、Safariが最初からインストールされているアップル社のパソコン(iMac、Macbook等)でも使えます。

▼ Chromebook トップページ

全く新しい
Chromebook
Plus
できること、想像以上。

ちなみに、Windowsパソコン、アップル社のパソコンの他に、Googleアプリ・サービスの使用に特化した「Chromebook」(クロームブック)というパソコンも販売されています。

URL https://www.google.co.jp/intl/ja_jp/chromebook/

また、性能的に最新Windowsが動作しないWindowsパソコンをChromebookとして使用できる「Chrome OS Flex」(クローム オーエス フレックス)というソフトウェアもGoogleから提供されています。

URL https://chromeenterprise.google/intl/ja_jp/os/chromeosflex/

この本で説明するアプリとサービス

この本で操作方法を説明するGoogleオフィスアプリとサービスについて説明します。

ドキュメント(Document)

ドキュメント(Document)はワープロアプリです。文書を作成するのに使います。類似アプリとしてはマイクロソフト社のWord(ワード)、ジャストシステム社の一太郎、アップル社のPages(ページズ)などがあります。

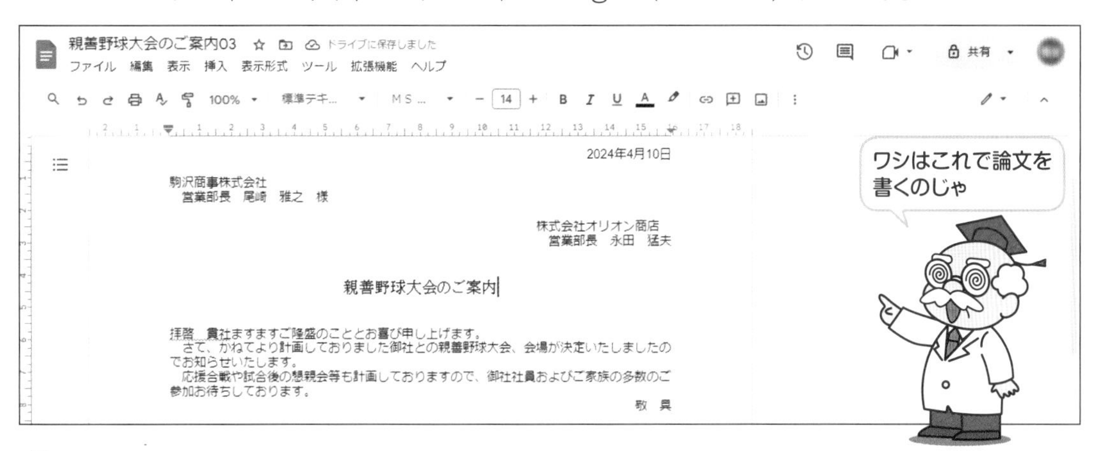

2024年4月10日

駒沢商事株式会社
営業部長 尾崎 雅之 様

株式会社オリオン商店
営業部長 永田 猛夫

親善野球大会のご案内

拝啓 貴社ますますご隆盛のこととお喜び申し上げます。
さて、かねてより計画しておりました御社との親善野球大会、会場が決定いたしましたのでお知らせいたします。
応援合戦や試合後の懇親会等も計画しておりますので、御社社員およびご家族の多数のご参加お待ちしております。

敬 具

スプレッドシート(Spreadsheet)

スプレッドシート(Spreadsheet)は表計算アプリです。表を作成し、数値の計算、集計や分析、グラフを作成するのに使います。類似アプリとしては、マイクロソフト社のExcel(エクセル)、アップル社のNumbers(ナンバーズ)などがあります。

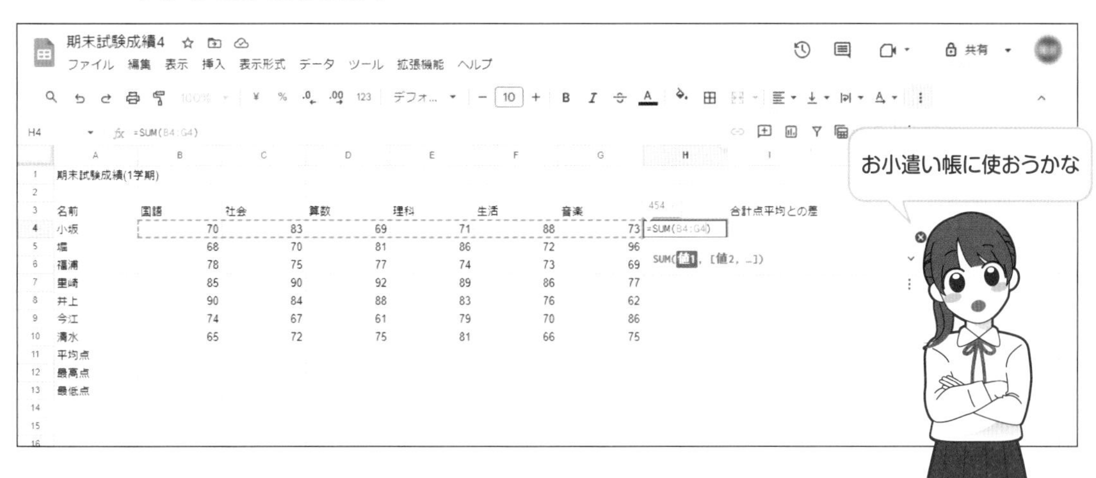

期末試験成績(1学期)

名前	国語	社会	算数	理科	生活	音楽		合計点平均との差
小坂	70	83	69	71	88	73	=SUM(B4:G4)	
堀	68	70	81	86	72	96		
福浦	78	75	77	74	73	69		
里崎	85	90	92	89	86	77		
井上	90	84	88	83	76	62		
今江	74	67	61	79	70	86		
清水	65	72	75	81	66	75		
平均点								
最高点								
最低点								

スライド(Slide)

スライド(Slide)はプレゼンテーションアプリです。発表用のスライドを作成するのに使います。類似アプリとしては、マイクロソフト社のPowerpoint(パワーポイント)、アップル社のKeynote(キーノート)などがあります。

Gmail

Gmailはメール送受信サービスです。Webブラウザ上で電子メールの読み書きができます。類似サービスとしては、マイクロソフト社のOutlook.com(アウトルック ドットコム)、Yahoo!メール(ヤフーメール)などがあります。

Googleドライブ（Google Drive）

Googleドライブはクラウドファイルサービスです。インターネット上にファイルを保存するのに使います。類似サービスとしては、マイクロソフト社のOneDrive（ワンドライブ）、アップル社のiCloud（アイクラウド）、ドロップボックス社のDropbox（ドロップボックス）などがあります。

ONE POINT

その他のアプリやサービス

今回紹介するアプリ・サービスの他に、地図アプリのGoogle Map（グーグル マップ）、スケジュール管理アプリのGoogle Calender（グーグル カレンダー）、写真保存・共有サービスのGoogle Photo（グーグル フォト）、アドレス帳機能のGoogle連絡先などがあります。これらも無料で使用できます。

また、企業、教育機関向けの有償サービスとして、Google Workspace（グーグル ワークスペース）があります。企業や学校で役に立つアプリやサービスが使用できるようになっています。

▼ Google Calender（グーグル カレンダー）

▼ Google Photo（グーグル フォト）

第2章

Googleアプリを使う準備をしよう

Googleアプリを使えるように アカウントを新規に作る

Googleアプリを使用するには個人ごとにGoogleアカウント（誰が使っているのかを識別する名前）が必要です。

Googleアカウントの作成

①Googleアカウントの種類の選択

Webブラウザで、「https://support.google.com/accounts/answer/27441」を入力し、[Enter]キーを押してGoogleアカウントヘルプ「Googleアカウントの作成」を表示します。「ステップ1：Google アカウントの種類を選択する」から［自分用］ボタンをクリックします。

②名前の入力

名前を入力します。入力後、[次へ] ボタンをクリックします。

③生年月日と性別の入力

西暦生年月日と性別を入力します。入力後、[次へ] ボタンをクリックします。

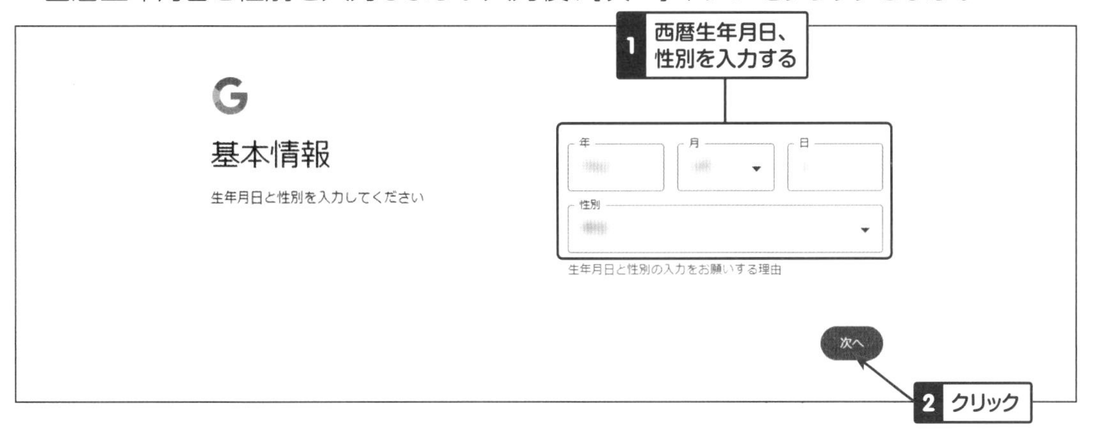

④Gmailアドレスの入力

使用したいGmailアドレスを入力します。入力後、[次へ] ボタンをクリックします。入力したアドレスがすでに使用されている場合はエラーになるので、別のアドレスを入力してください。

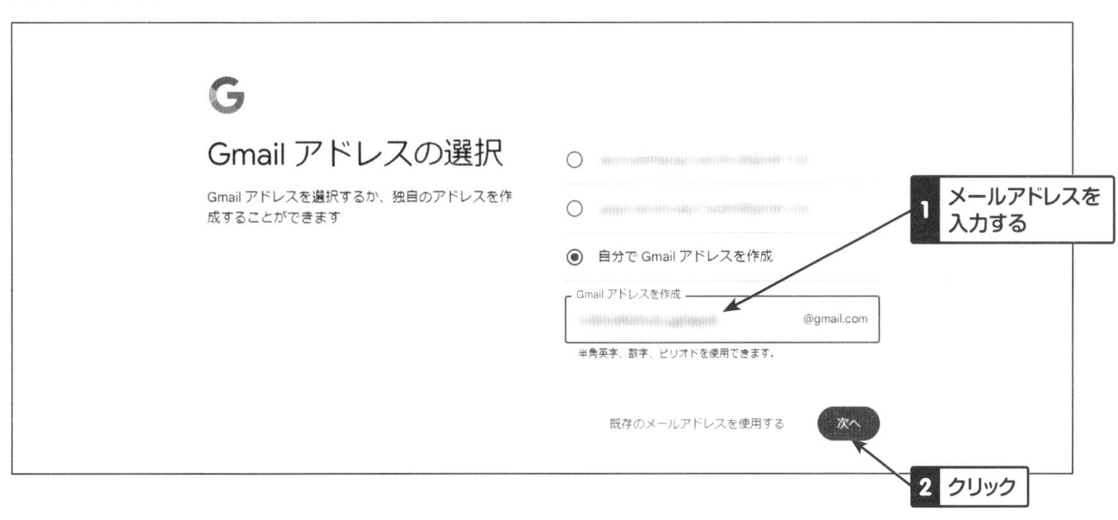

Gmailのアドレスを考えるのが面倒なときは、Google側で考えた候補が表示されるので、これを使用することもできます。

⑤パスワードの設定

パスワードを入力します。入力したパスワードの文字列を表示するには［パスワードを表示する］のチェックボックスをオンにします。入力後、［次へ］ボタンをクリックします。

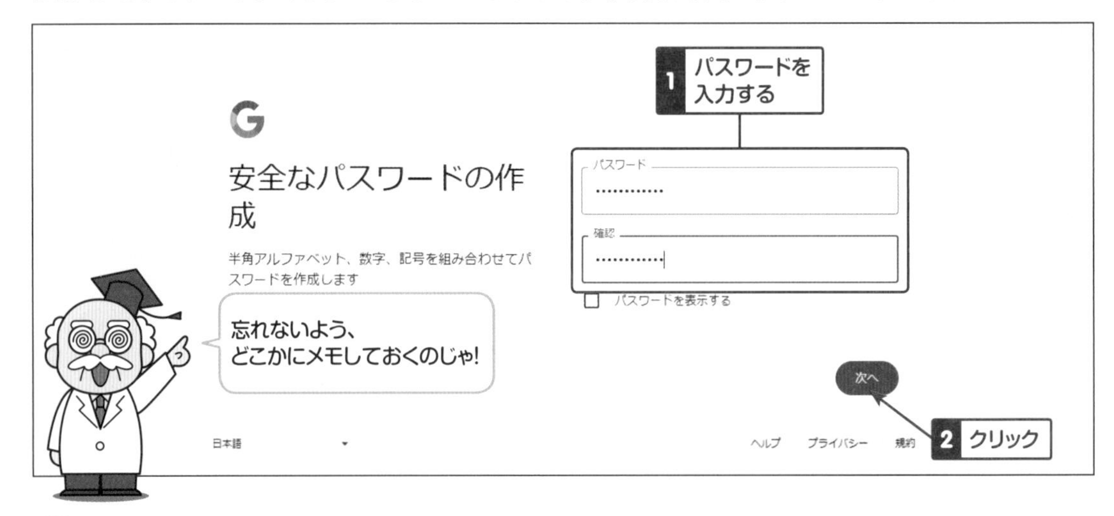

⑥再設定用のメールアドレスの入力

再設定用のメールアドレスは後で設定することができます。今回はGoogleアカウントを完成させることを優先するため［スキップ］ボタンをクリックします。

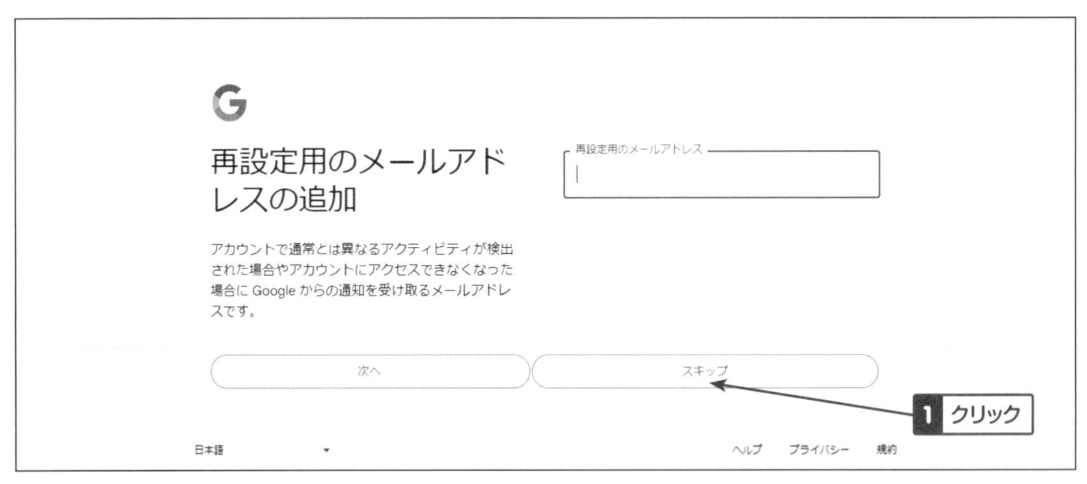

HINT

「再設定用のメールアドレス」は何らかの理由でGoogleアカウントが使用できなかった場合、復旧作業を行うために用いるメールアドレスです。 ☛P29

⑦アカウント情報の確認

入力したGmailアドレスを再確認します。表示されている情報が問題なければ［次へ］ボタンをクリックします。

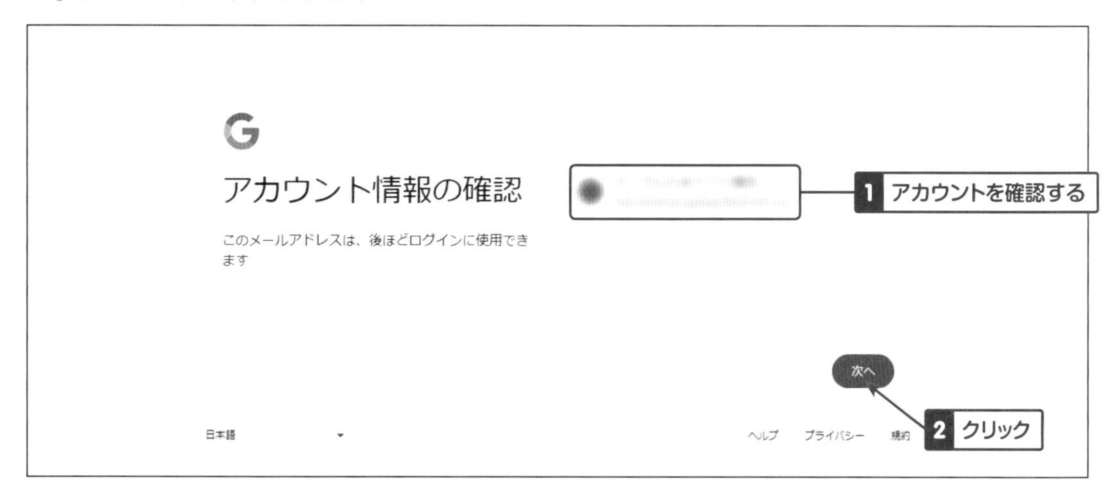

⑧プライバシーと利用規約の確認、アカウントの作成完了

プライバシーと利用規約をスクロールして読み、内容を確認します。この内容で良ければ［同意する］ボタンをクリックします。「ようこそ、〇〇さん」の画面が表示されれば、Googleアカウントは作成完了です。必要に応じて、次項「自分のGoogleアカウントを守る設定をしよう」を行ってください。

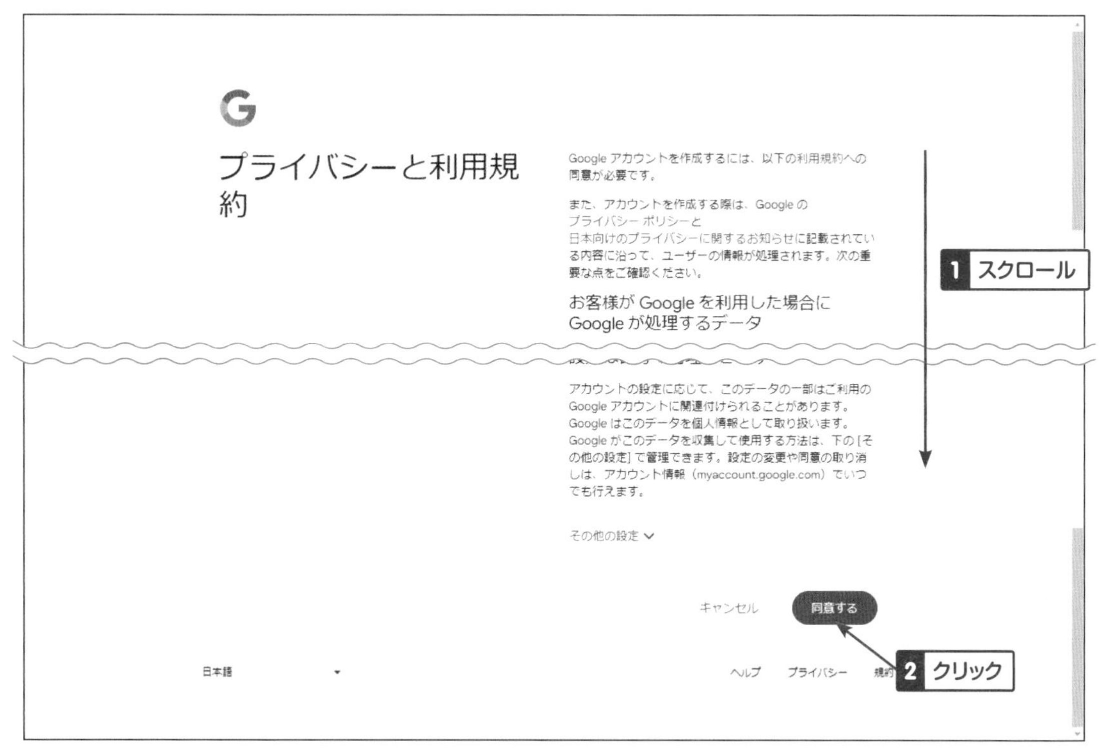

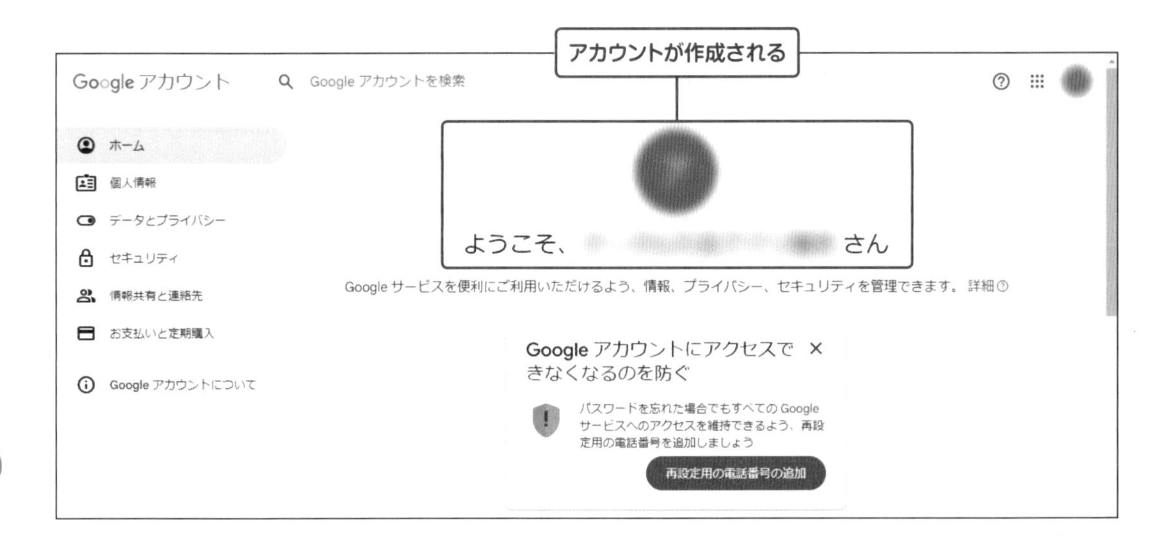

ONE POINT

既存のメールアドレスでGoogleアカウントを作る

新たにGoogleアカウントを取得しなくても、現在使用しているGmailではないメールアドレスをGoogleアカウントとして使用することもできます。

「Googleアプリを使えるようにアカウントを新規に作る」①〜③と同様に名前、生年月日、性別を入力し、④「Gmailアドレスの選択」から以下の操作を行います。

▼ ❶既存のメールアドレスの使用

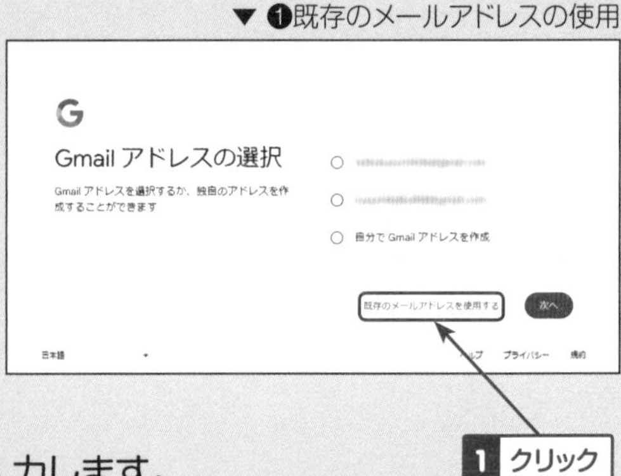

❶ 「既存のメールアドレスの使用」をクリックします。
❷ 表示されたメールアドレス欄に使用するメールアドレスを入力し、[次へ] ボタンをクリックすると、メールアドレスに確認コードが送信されます。
❸ 届いた確認コードを入力し、[次へ] ボタンをクリックします。
❹ パスワード入力画面で、パスワードを入力します。
❺ ロボット認証システム表示されます。携帯電話番号を入力し [次へ] ボタンをクリックすると、入力した携帯電話番号にショートメッセージで確認コードが送信されます。
❻ 届いた確認コードを入力し、[次へ] ボタンをクリックします。
❼ 表示された「アカウント情報の確認」でメールアドレスと携帯電話番号を確認し、[次へ] ボタンをクリックします。
❽ 「Googleアプリを使えるようにアカウントを新規に作る」の⑧「プライバシーと利用規約の確認」に戻り、操作を続けます。

自分のGoogleアカウントを守る設定をしよう

Googleアカウントのパスワードを忘れた、アカウントが乗っ取られたなどのトラブルが発生したときにアカウントを復旧するために使用する携帯電話番号や再設定用メールアドレスの登録を行います。

再設定用の電話番号の登録

「再設定用の電話番号」は、何らかの理由でGoogleアカウントが使用できなかった場合、復旧作業を行うために用いる携帯電話の電話番号です。アカウントを携帯電話の電話番号とヒモ付けることにより、携帯電話を持っている本人のみが復旧操作を行えます。

①セキュリティ画面の表示

前項⑨「アカウント作成完了」の画面は、自身のGoogleアカウント（マイアカウント）の画面となります。サイドメニュー［セキュリティ］をクリックします。

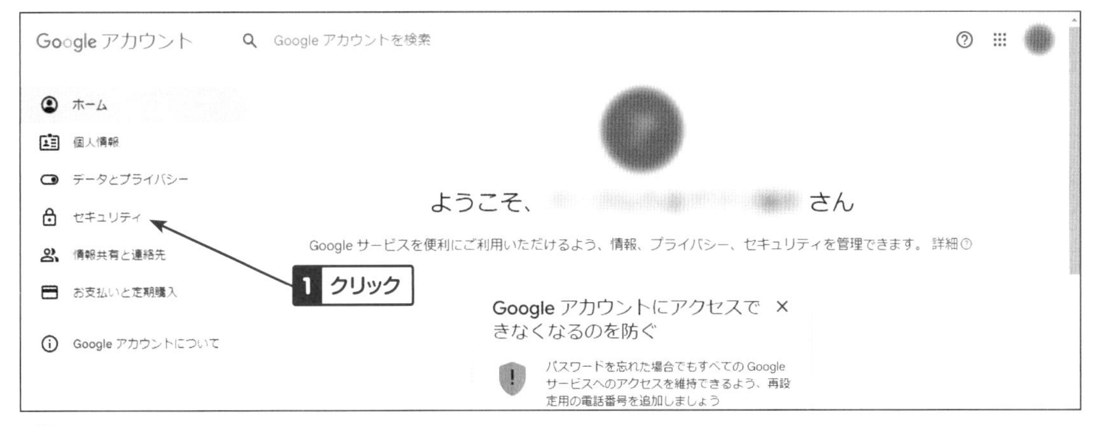

HINT

画面中央に「Googleアカウントにアクセスできなくなるのを防ぐ」というメニューが表示されている場合は、メニューにある［再設定用の電話番号の追加］ボタンをクリックし、③に行きます。

HINT

この作業を後で行う場合は、Googleアカウントにログイン後【3章-05参照】、画面右上にあるGoogleアカウントのアイコンをクリックし、［Googleアカウントを管理］をクリックし、マイアカウント画面を表示します。

Webブラウザで、「https://myaccount.google.com/」を入力しても、マイアカウント画面を表示できます。

②携帯電話番号の登録画面の表示

セキュリティの画面が表示されたら、スクロールして「Googleにログインする方法」を表示し、[再設定用の電話番号]をクリックします。

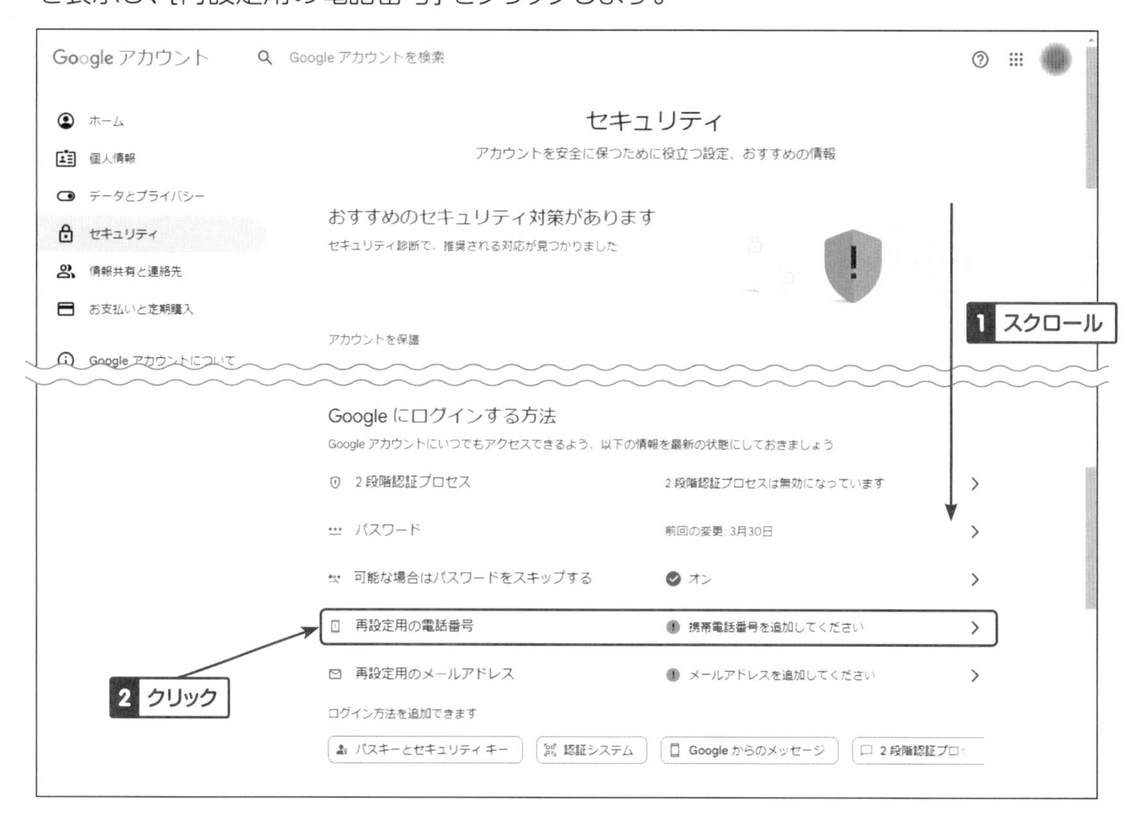

③Googleアカウントの再確認

Gmailアドレスを確認し、Googleアカウントのパスワードを入力したら、[次へ]ボタンをクリックします。

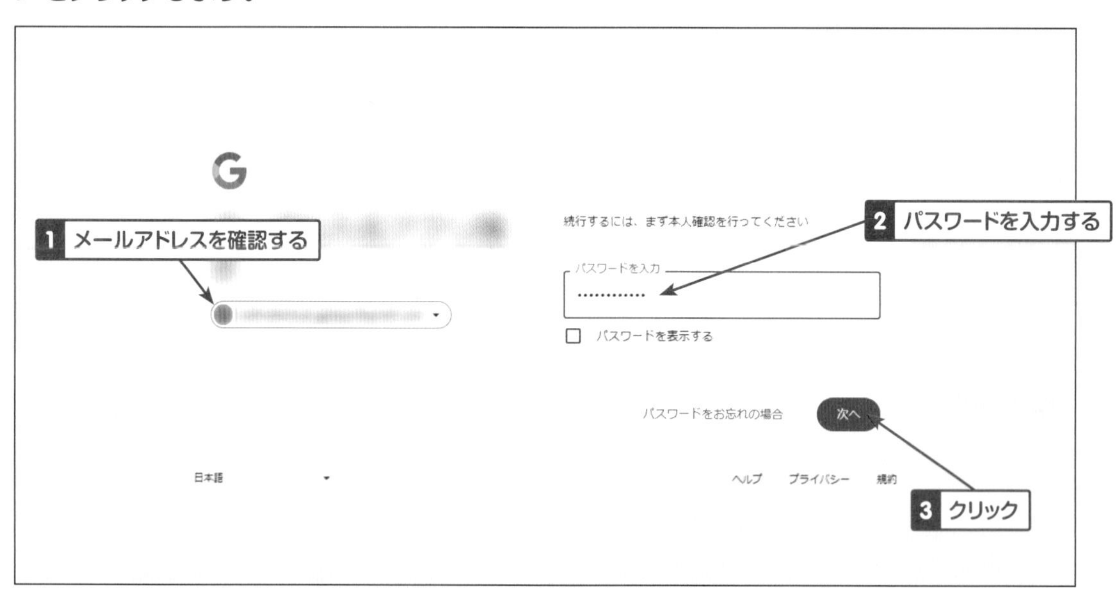

④電話番号追加メニュー

表示された再設定用の電話番号追加メニューから［再設定用の電話番号の追加］をクリックします。

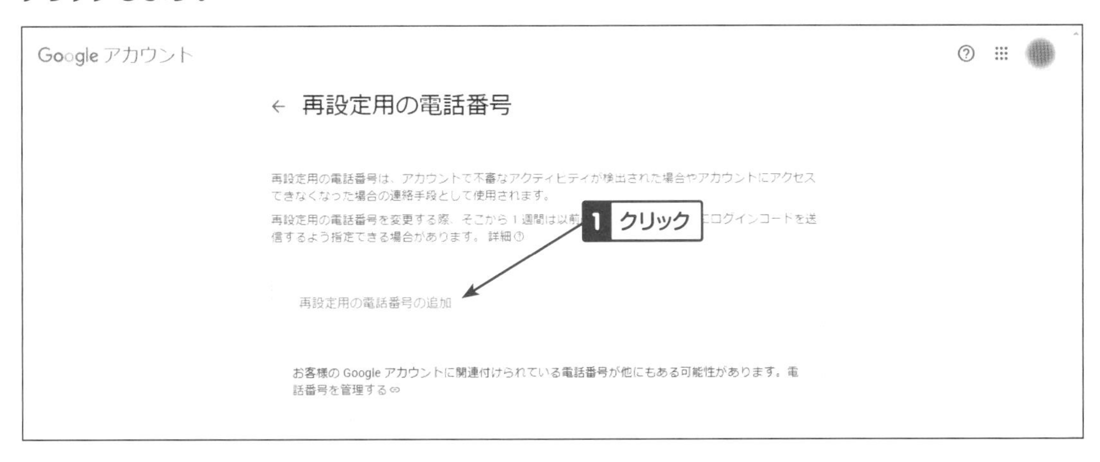

⑤電話番号を入力

表示されたダイアログに携帯電話番号を入力し、［次へ］をクリックします。

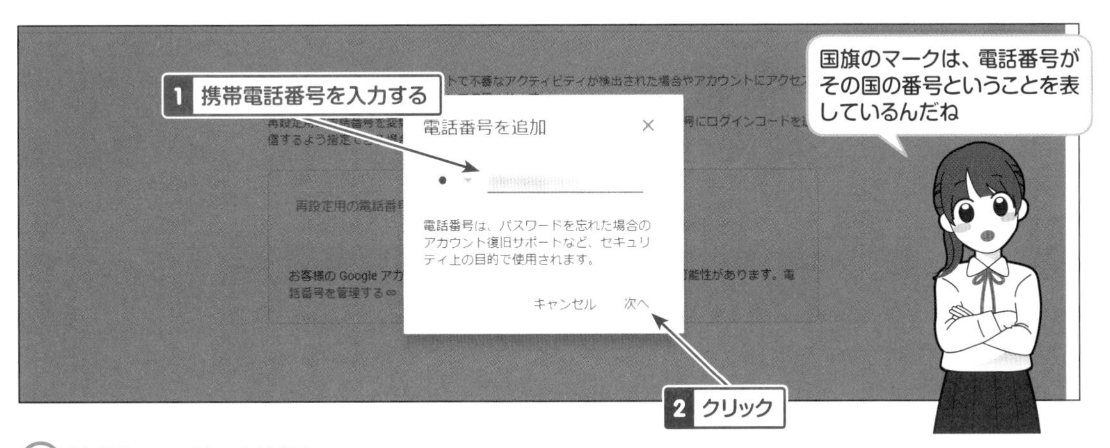

⑥確認コードの送信

自身の電話番号であることを確認するため、入力した電話番号に確認コードを送信します。電話番号が合っているか確認し、［コードを入手］をクリックします。

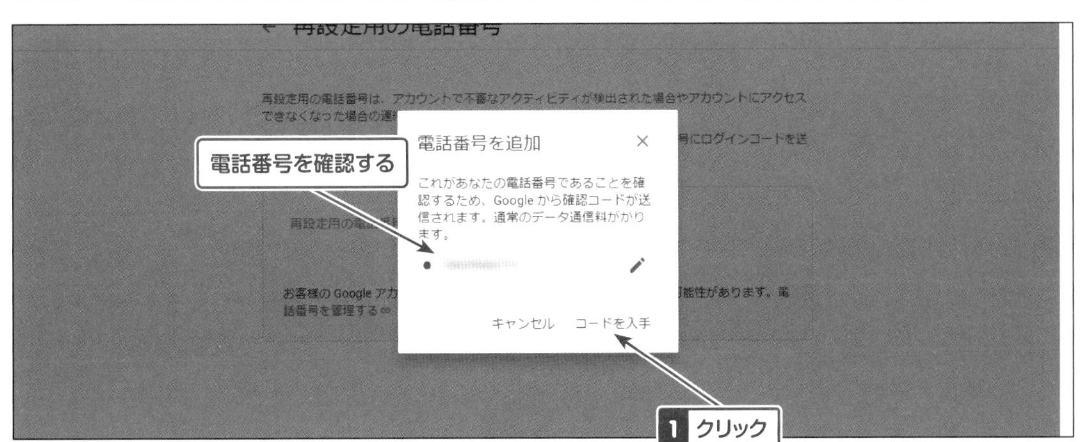

⑦確認コードを入力、登録完了

携帯電話のショートメッセージ（SMS）に送信された確認コードを入力し、[確認]をクリックします。再設定用の電話番号のページに戻り、登録した携帯電話の電話番号が表示されていれば再設定用の電話番号の追加作業は完了です。

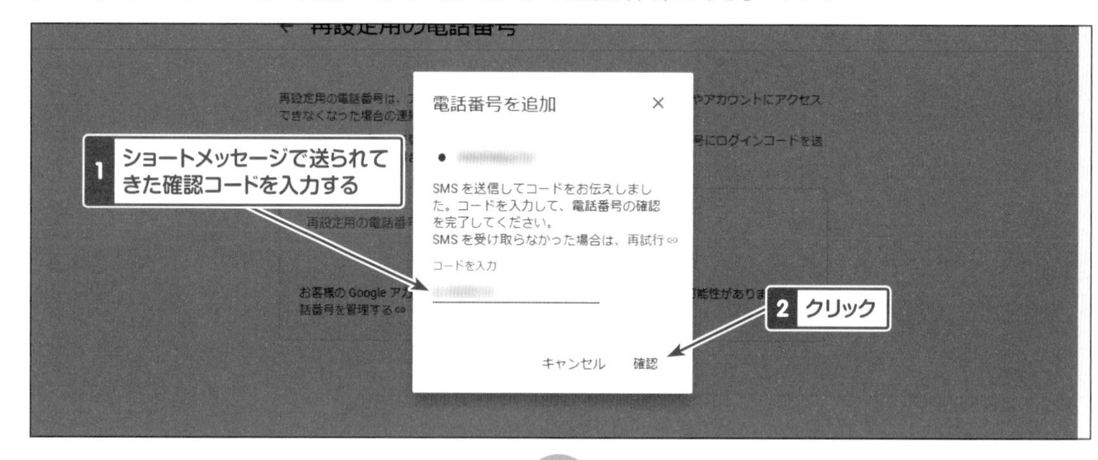

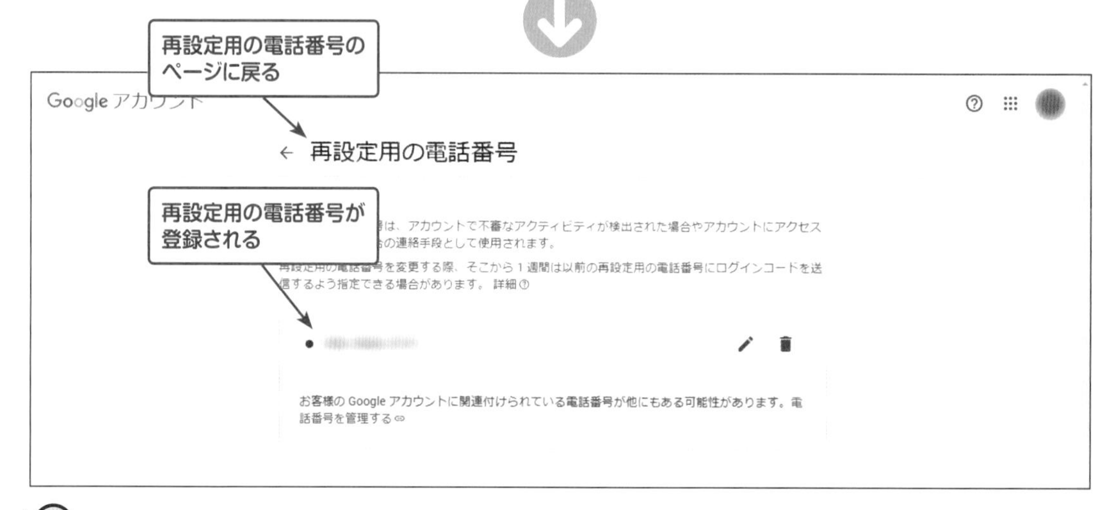

HINT

電話番号の修正が必要な場合は、電話番号の行の右端にある（電話番号の編集）をクリックし、④の操作から行います。

電話番号を削除する場合は、（電話番号の編集）の右にある（ゴミ箱）をクリックします。

再設定用のメールアドレスの登録

「再設定用のメールアドレス」は何らかの理由でGoogleアカウントが使用できなかった場合、復旧作業を行うために用いるメールアドレスです。日頃使用しているGmail以外のメールアドレスがあれば、それを使うことができます。

①メールアドレス入力画面の表示

再設定用の電話番号を登録し終わった画面から、画面左上の「Googleアカウント」をクリックし、Googleアカウント（マイアカウント）の画面に戻ります。

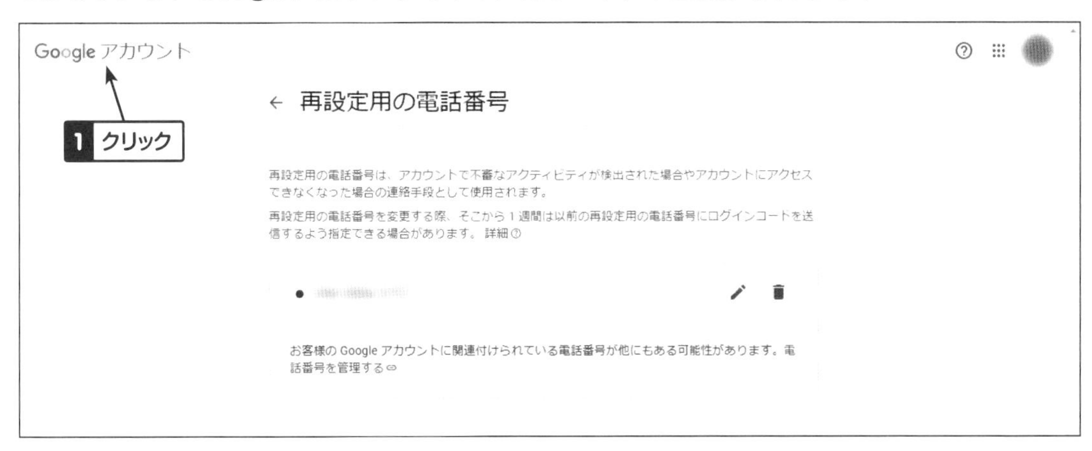

HINT

画面右上にあるGoogleアカウントのアイコンをクリックし、［Googleアカウントを管理］をクリックしてもマイアカウント画面に移動できます。

もしくは、Webブラウザで、「https://myaccount.google.com/」を入力し［Enter］キーを押して、マイアカウント画面を表示できます。

②セキュリティ画面の表示

自身のGoogleアカウント（マイアカウント）の画面からサイドメニューの［セキュリティ］をクリックします。

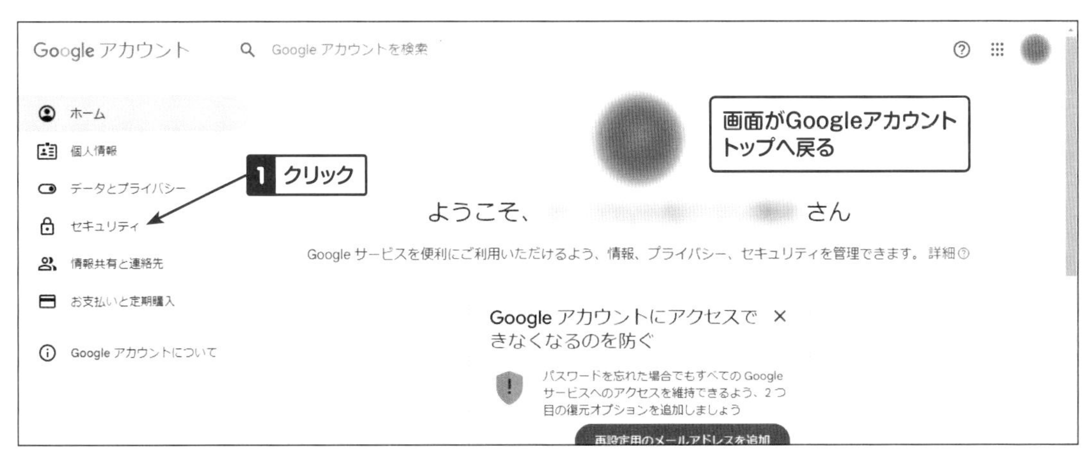

HINT

画面中央に「Googleアカウントにアクセスできなくなるのを防ぐ」というメニューが表示されている場合は、メニューにある［再設定用のメールアドレスの追加］ボタンをクリックし、③に行きます。

③再設定用のメールアドレス登録画面

セキュリティの画面が表示されたら、下にスクロールして「Googleにログインする方法」を表示し、［再設定用のメールアドレス］をクリックします。

④Googleアカウントの再確認

Gmailアドレスを確認し、Googleアカウントのパスワードを入力したら、［次へ］ボタンをクリックします。

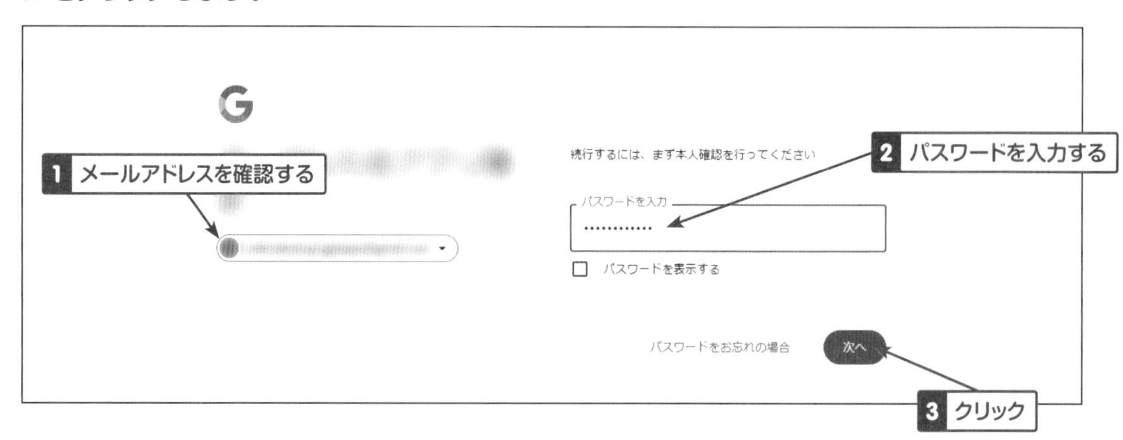

⑤再設定用のメールアドレスの入力

再設定用のメールアドレスを入力し、[次へ] ボタンをクリックします。

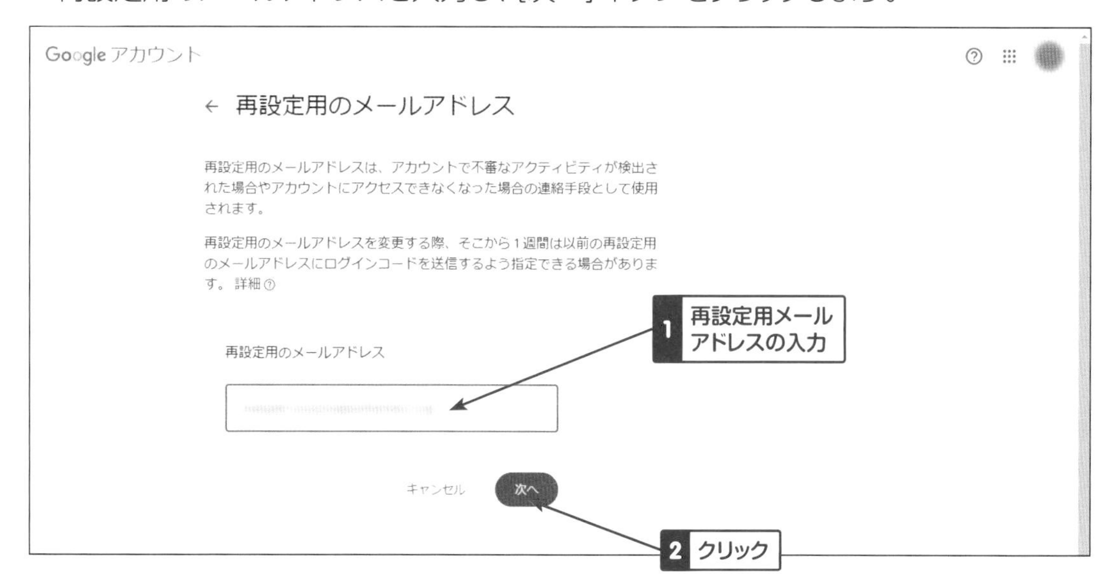

⑥確認コードを入力

入力したメールアドレスに確認コードが記載されたメールが届くので、確認をします。表示されたダイアログに確認コードを入力し、[確認] をクリックします。

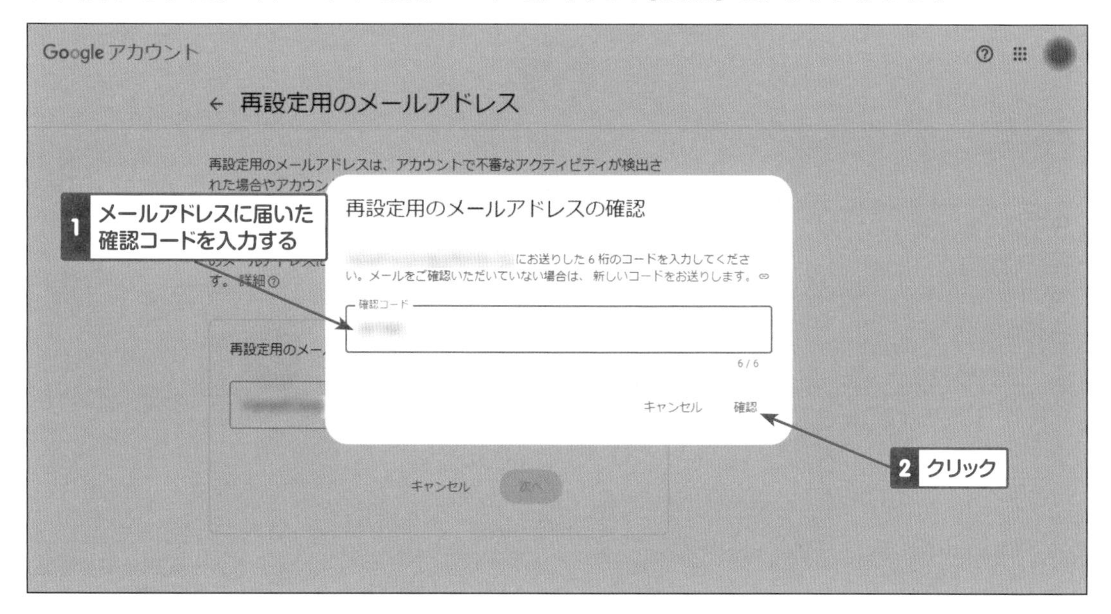

⑦再設定用のメールアドレスの登録完了

再設定用のメールアドレスの登録が完了すると、⑤の画面に戻ります。メールアドレスの設定を確認するため、「再設定用のメールアドレス」左横の矢印をクリックし、セキュリティ画面に戻ります。「Googleにログインする方法」を表示し、再設定用のメールアドレス欄にメールアドレスが表示されていれば再設定用のメールアドレスの登録が完了です。

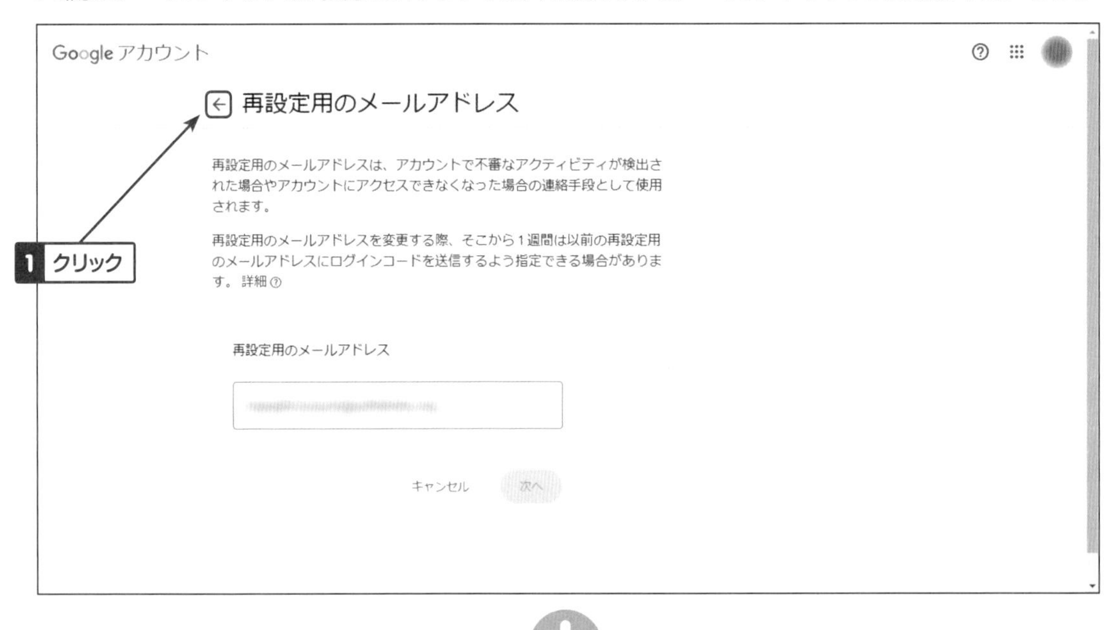

HINT

再設定用のメールアドレスの修正が必要な場合は、再設定用のメールアドレスをクリックし、④の操作から行います。

再設定用のメールアドレスを削除する場合は、メールアドレスの入力画面にて、表示されているメールアドレスをクリアした後、[保存] をクリックします。

ONE POINT

Gmailアドレスの命名規約

Gmailアドレスのユーザー名(@より左)の文字数は6文字以上30文字以下で、文字(a~zのアルファベット)、数字(0~9)、記号(ピリオド)を組み合わせて作成します。ただし、ピリオドについては、連続して使うこと、ユーザー名の先頭または末尾に使うことはできません。

ユーザー名の重複チェックにおいて、ピリオドは無視されます。「a.b.c.d.e」と「abcde」、「abc.de」は同じユーザー名と見なされます。

1つの携帯電話番号で作成できるアカウント数の上限

Googleのヘルプによれば、1つの電話番号で作成できるアカウント数に上限を設けています。ただし、アカウント数の上限は公表されていません。

アプリ共通の
操作を覚えよう

Googleにログインする

Googleのサービスを使用するためのログイン操作を行います。

Googleへのログイン操作

①Googleトップページを表示

Webブラウザで、「https://www.google.co.jp/」を入力して［Enter］キーを押し、Googleのトップページを表示します。

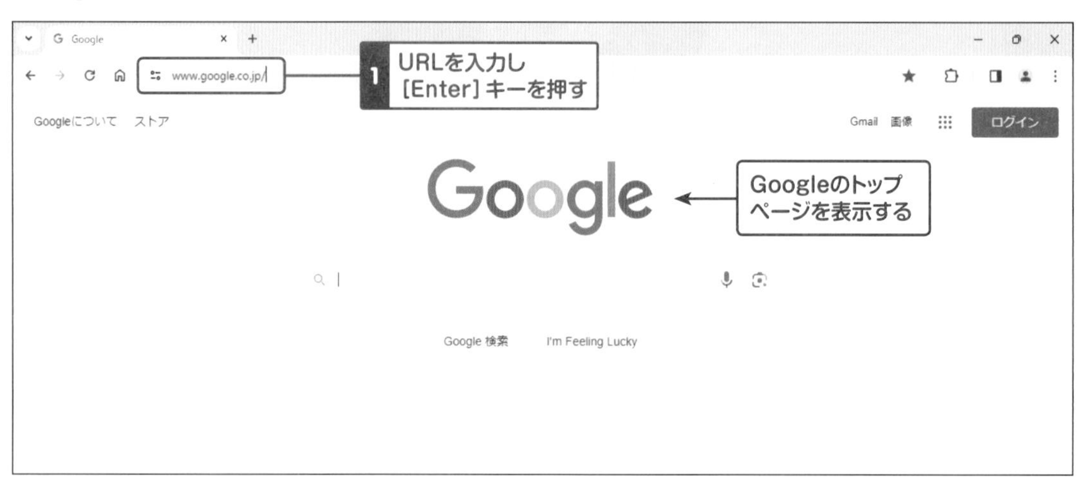

②ログイン画面へ

トップページ画面右上の［ログイン］ボタンをクリックします。

③ Googleアカウント（Gmailアドレス）を入力

ログイン画面が表示されたら、作成したGoogleアカウント（Gmailアドレス）を入力し、[次へ] ボタンをクリックします。

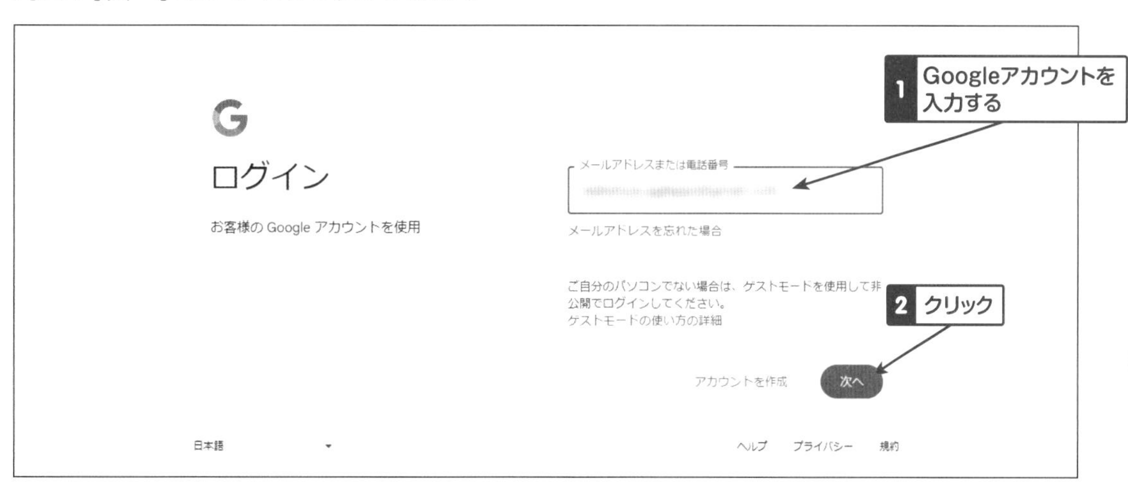

④ パスワードを入力、ログイン完了

アカウントのパスワードを入力し、[次へ] ボタンをクリックすると、ログインができます。

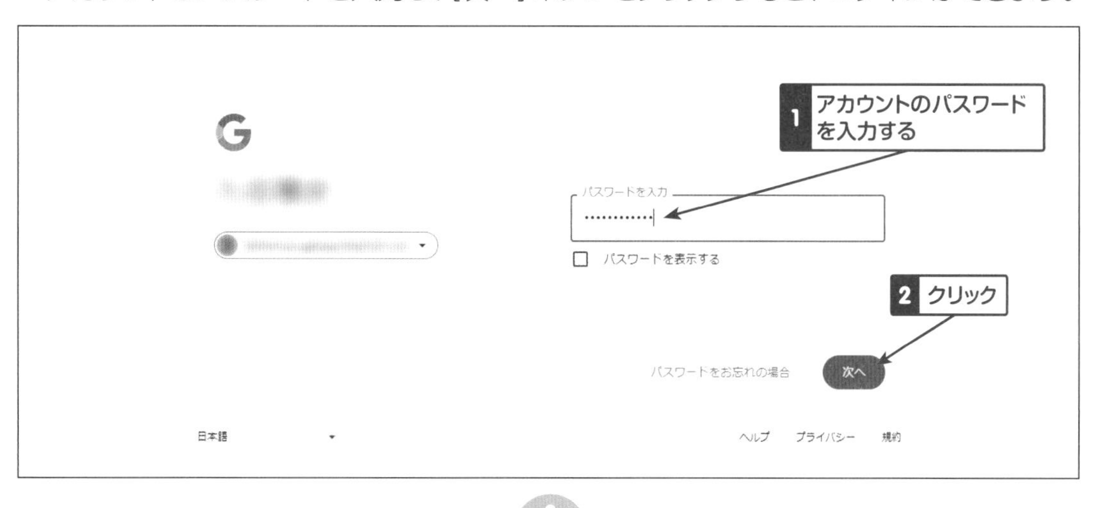

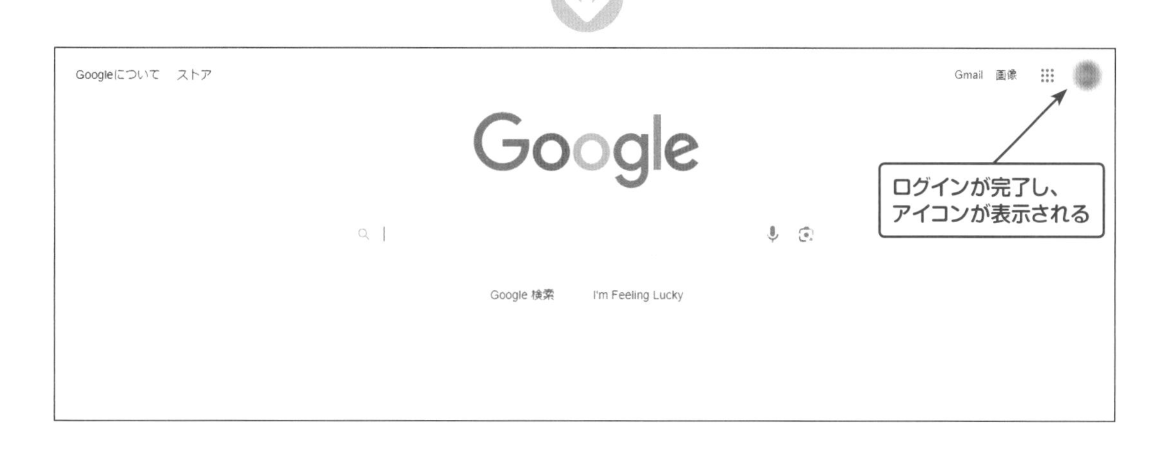

06 アプリを起動する

作業を行うアプリを起動します。ここでは例としてドキュメントを起動します。

使用するアプリを起動

①ランチャーを表示

ランチャーをクリックして表示させます。

HINT

ランチャーとはアプリやサービスを起動するためのメニュープログラムです。

②アプリを選択、起動

開いたランチャーから使用するアプリのアイコンをクリックします。使用したいアプリのアイコンが表示されていない場合はランチャーをスクロールします。

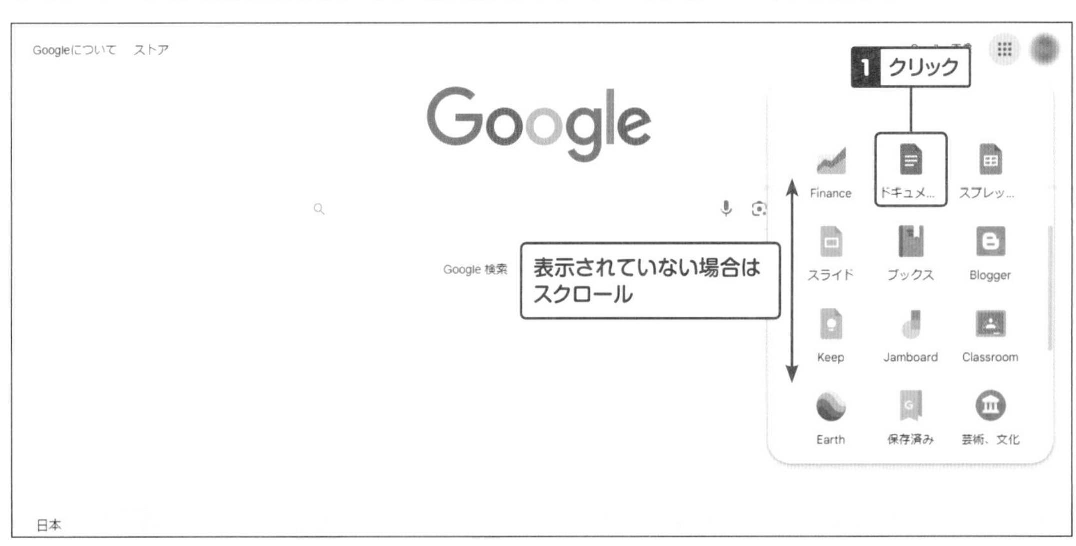

アプリが起動する

ONE POINT

デスクトップアイコンからのアプリ起動

Windows用Googleドライブをインストールすると、デスクトップにドキュメント(Document)、スプレッドシート(Spreadsheet)、スライド(Slide)のショートカットアイコンが作成されます。Googleアカウントにログインされた状態であれば、この3つのアプリは、ショートカットアイコンをクリックすることにより起動できます。

【4章-12 パソコン版Googleドライブ】 P56

▼ Windows デスクトップ

07 Googleからログアウトする

共用のパソコンを使用した後などは、ログアウト操作を行います。個人情報保護のため、使う人が決まっているパソコンでも、作業が終了したらログアウトの操作を極力行いましょう。

作業後はログアウト

画面右上にあるアカウントのアイコンをクリックし、表示されたアカウント情報から[ログアウト]ボタンをクリックするとログアウトできます。

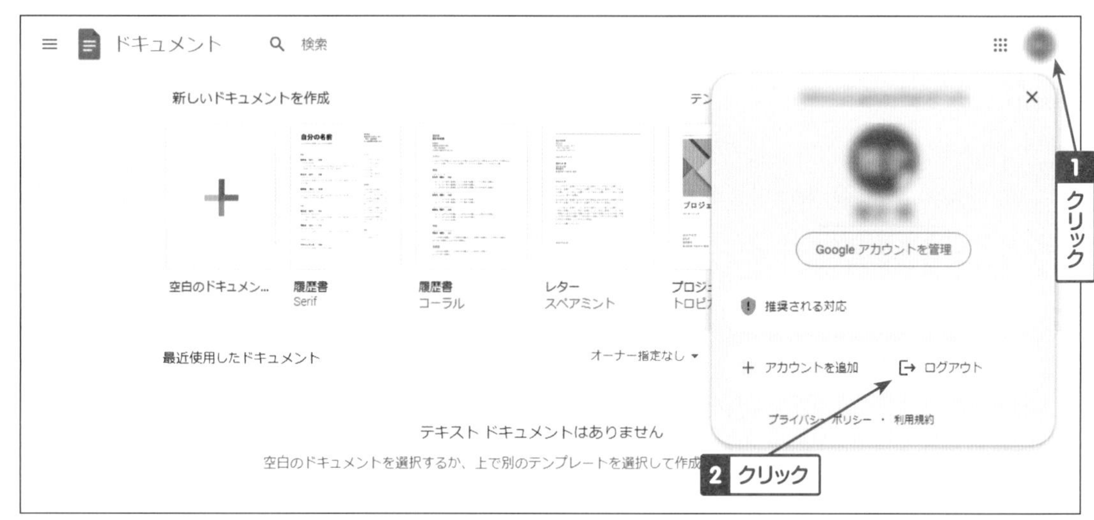

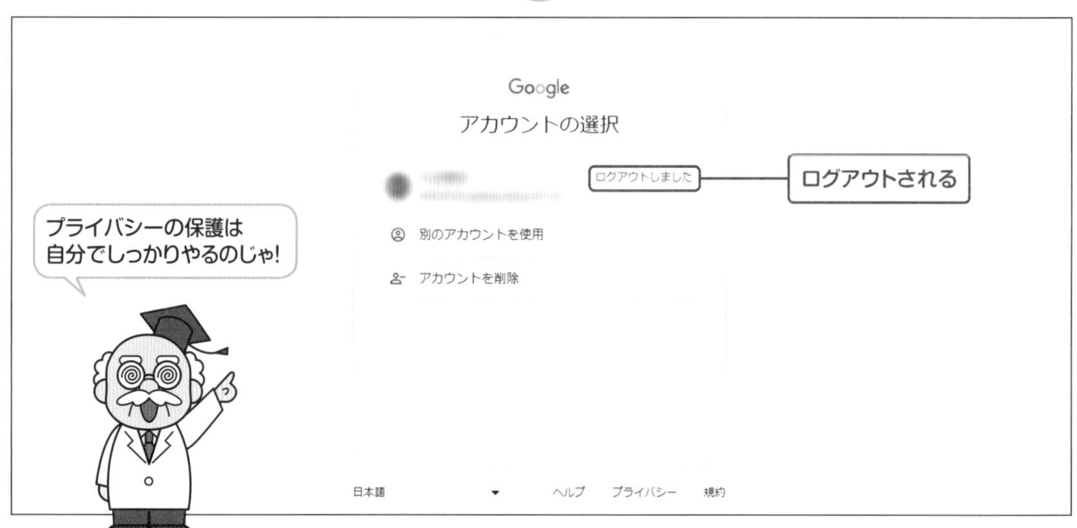

HINT

　一度ログインに使用したGoogleアカウントは記録され、次回ログイン時にアカウント名が表示されます。アカウント名のクリック後、パスワード入力でログインできます。

HINT

　複数人でパソコンを共用する場合、使用後に必ずログアウトしてください。ログインしたままですと、ログインされている人のアカウント情報やメール、ファイルを見られてしまう恐れがあります。

ONE POINT

アプリの終了操作

　WebブラウザのGoogleアプリの画面が表示されているタブの[×]をクリックすればアプリは終了します。作成したファイルは自動的に保存されるため、Windowsアプリ終了時のようなファイル保存操作はありません。

▼ アプリの終了操作

1 クリック

ファイルを保存する

Googleアプリで作成したファイルは、最新の内容が自動的にGoogleドライブ内のマイドライブに保存されます。そのため、Windowsパソコンにおける「上書き保存」のような操作はありません。

ここでは、Windowsパソコンにおける「名前を付けて保存」と同様の操作である「コピーの作成」について説明します。名前を付けてマイドライブに保存する操作です。ドキュメントの画面からコピーを作成します。

コピーをマイドライブに保存する

①コピーの作成

メニュー［ファイル］→［コピーを作成］をクリックします。

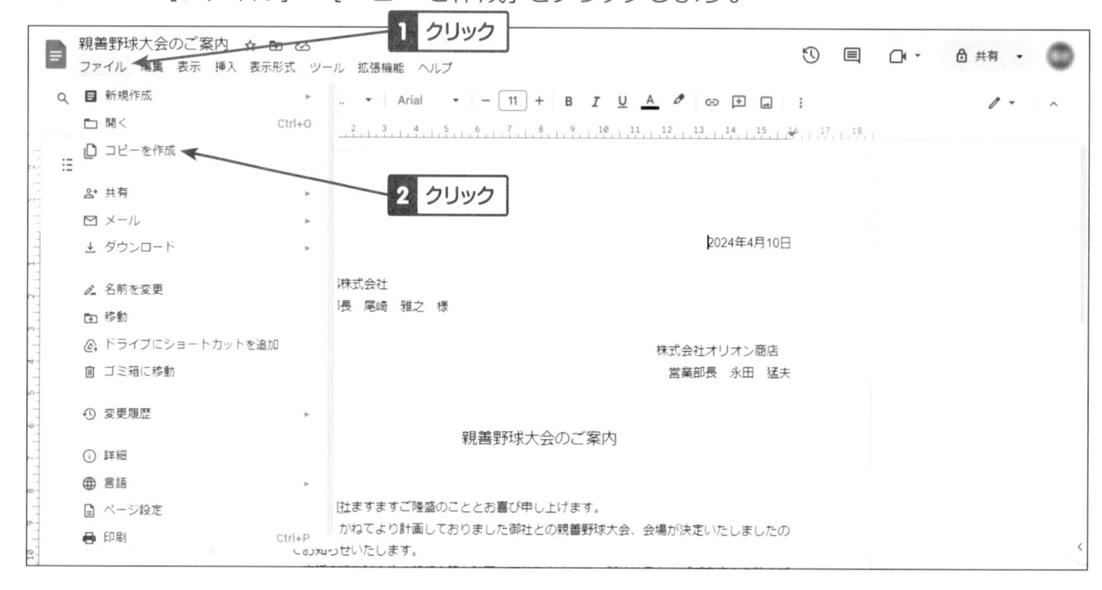

②ファイル名の確認

表示されたダイアログのファイル名（名前）を確認します。ファイル名は自動的に元のファイル名の後ろに「のコピー」が付きます。ここでは「のコピー」を削除します。

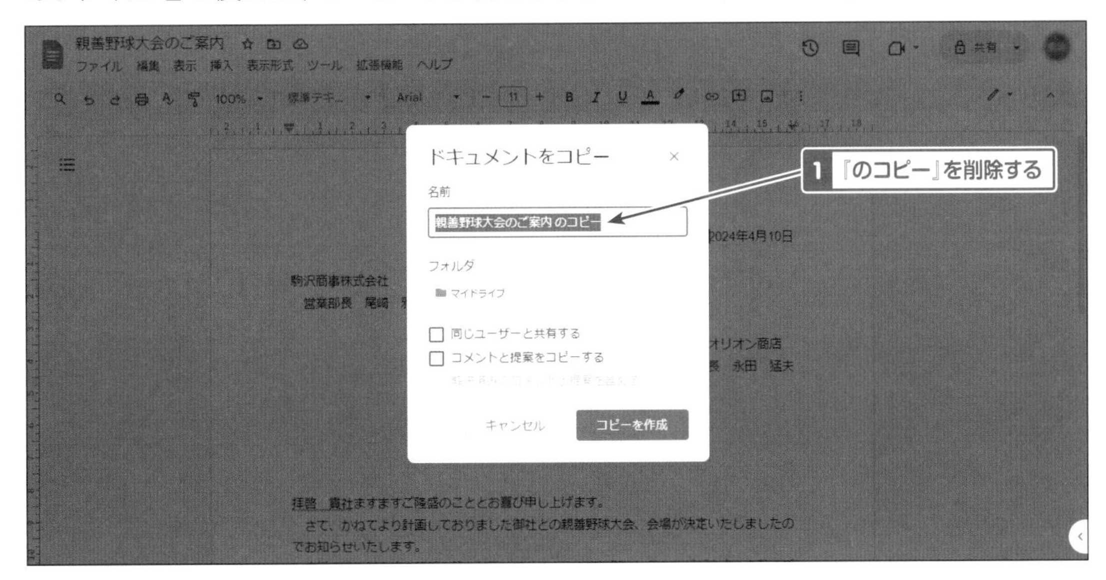

③保存先フォルダを確認、コピーを作成

保存先フォルダを確認し、[コピーを作成] ボタンをクリックすると、マイドライブ内にコピーが作成されます。

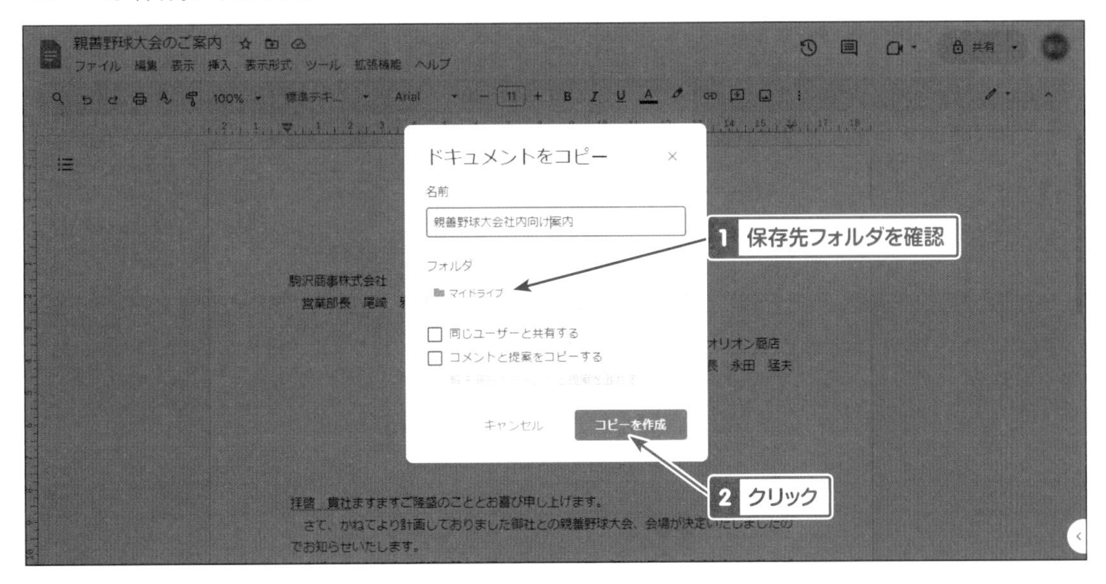

コピーをマイドライブ内のフォルダに保存する

個人向けGoogleアカウントの場合、ファイルを保存できるのはGoogleドライブ内のマイドライブもしくはマイドライブの中に作成したフォルダとなります。

例として、マイドライブ内に作成したフォルダ「ドキュメント」に、ドキュメントファイルを保存する操作を説明します。フォルダの作成については4章-14の「フォルダ、ファイルを新規に作成する」をご参照ください。 P59

①コピーの作成

前述「コピーをマイドライブに保存する」の操作①と②を行い、ファイル名の確認修正を行います。操作後、フォルダ欄をクリックします。

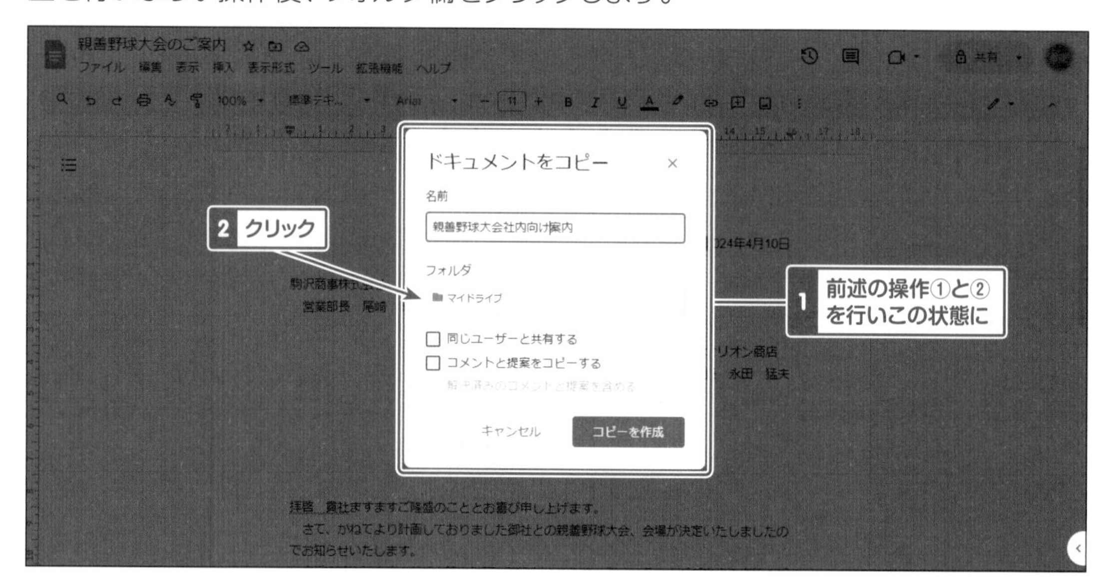

②タブの移動

表示されたダイアログのタブ［すべての場所］をクリックします。

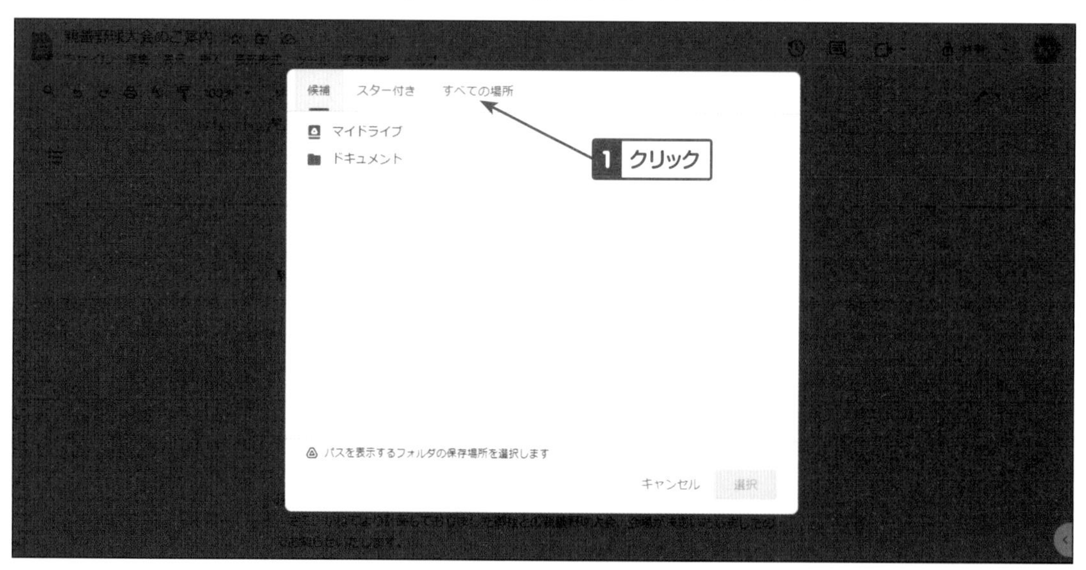

③マイドライブの選択

マイドライブの行の一番右側にある［>］をクリックします。

④マイドライブ内のフォルダを選択

マイドライブの中にあるフォルダー一覧が表示されるので、保存したいフォルダ（今回は「ドキュメント」）の行の右端にある［選択］ボタンをクリックします。

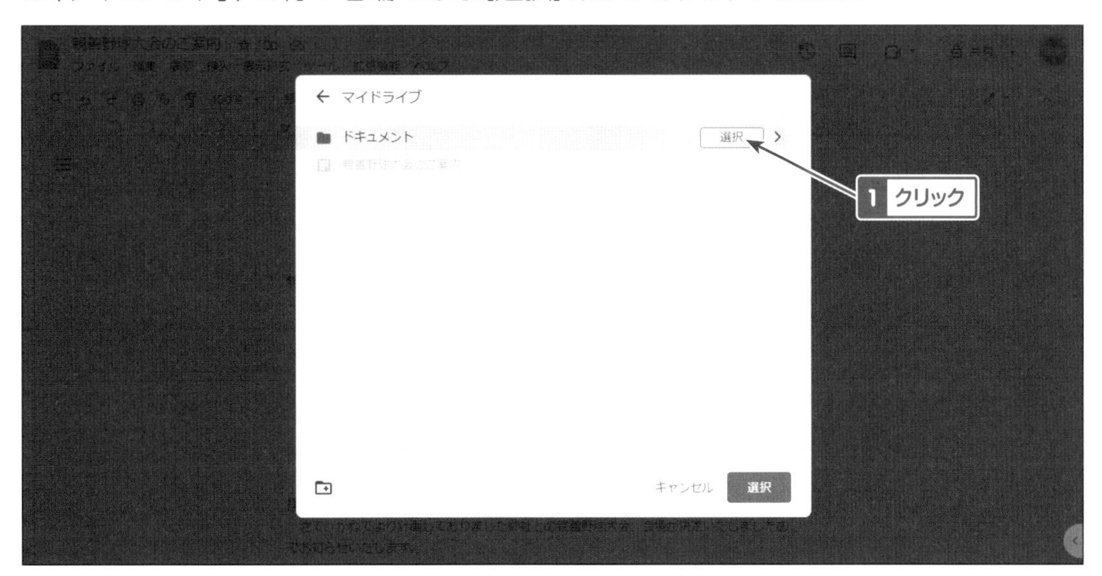

⑤保存先の確定

④を操作後、②の画面に戻るので、保存先フォルダが指示したフォルダに変更していることを確認し、[コピーを作成] ボタンをクリックします。ドキュメントファイルが保存され、Webブラウザの別タブにコピーを作成したファイルが開かれます。

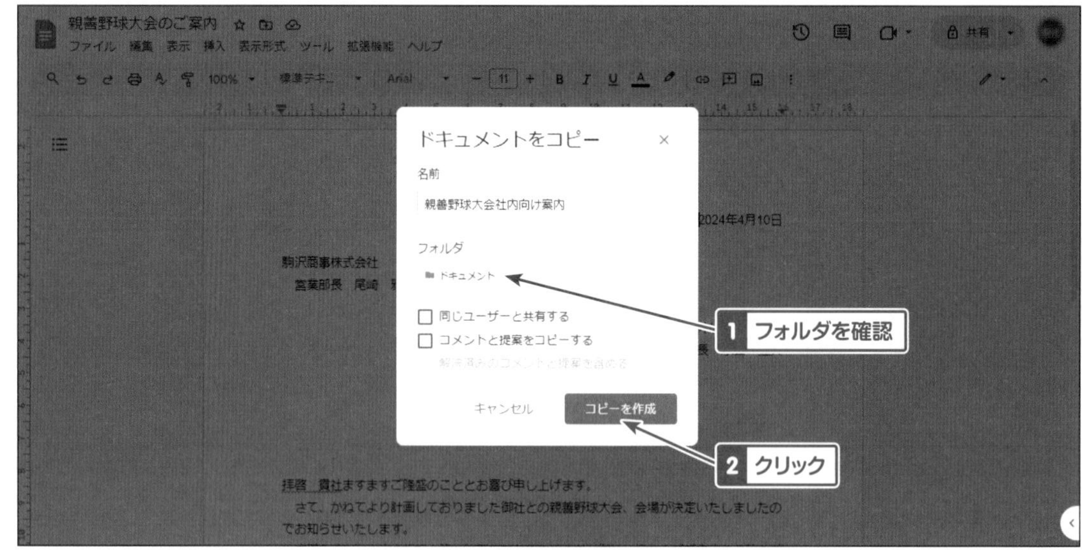

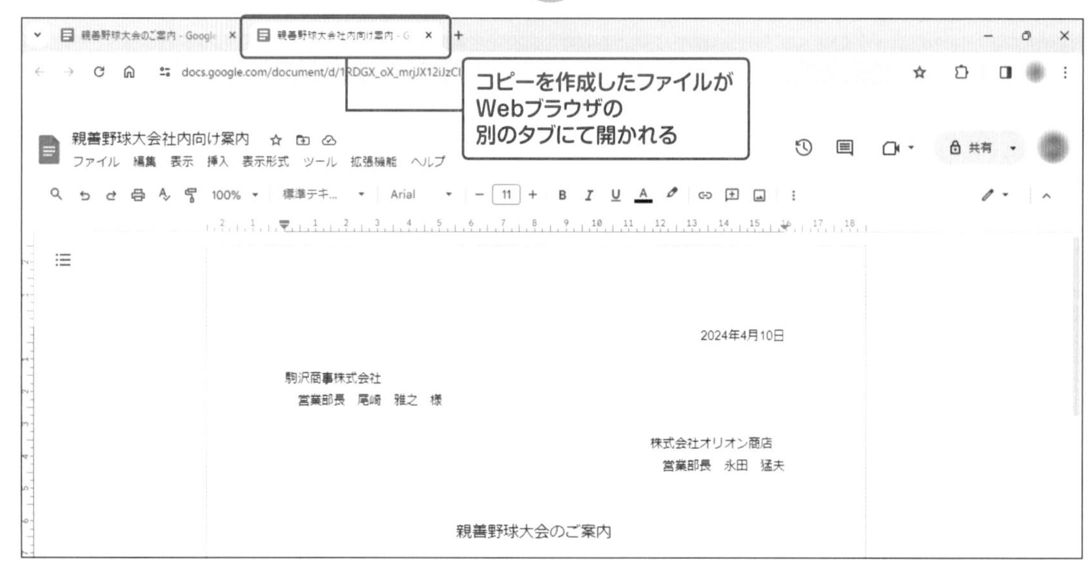

ONE POINT

ファイルを保存した後に保存先フォルダを変える

保存の操作で保存先フォルダを変えるだけでなく、ファイルを保存した後で保存場所を変更することもできます。

【4章-17 フォルダ・ファイルの移動】 P66

ファイルを開く

アプリからすでに作成されたファイルを開きます。ファイルの編集中に他のファイルを開く時などに使います。

アプリから使用するファイルを開く

①ファイルを開く

メニュー［ファイル］→［開く］をクリックします。

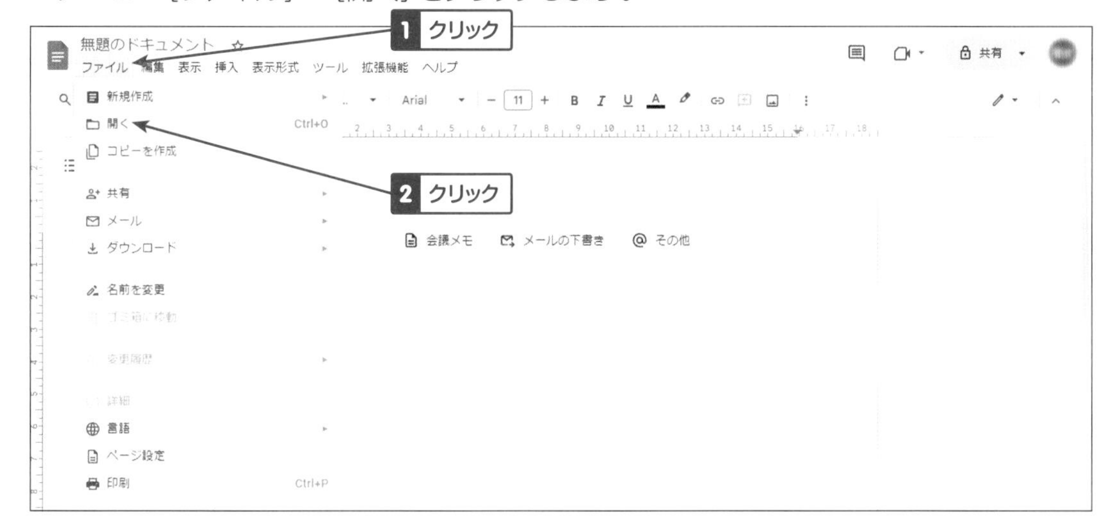

②タブの移動

表示されたダイアログから、タブ［マイドライブ］をクリックします。

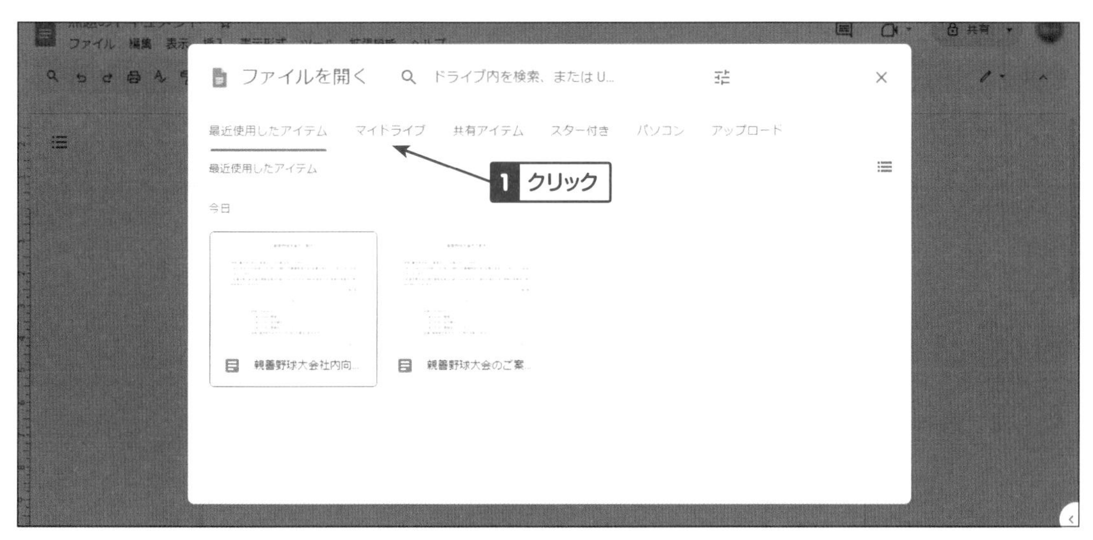

③ 使用ファイルの選択、開く

マイドライブ内のフォルダ、ファイルが表示されます。使用するファイルをダブルクリックすると開きます。

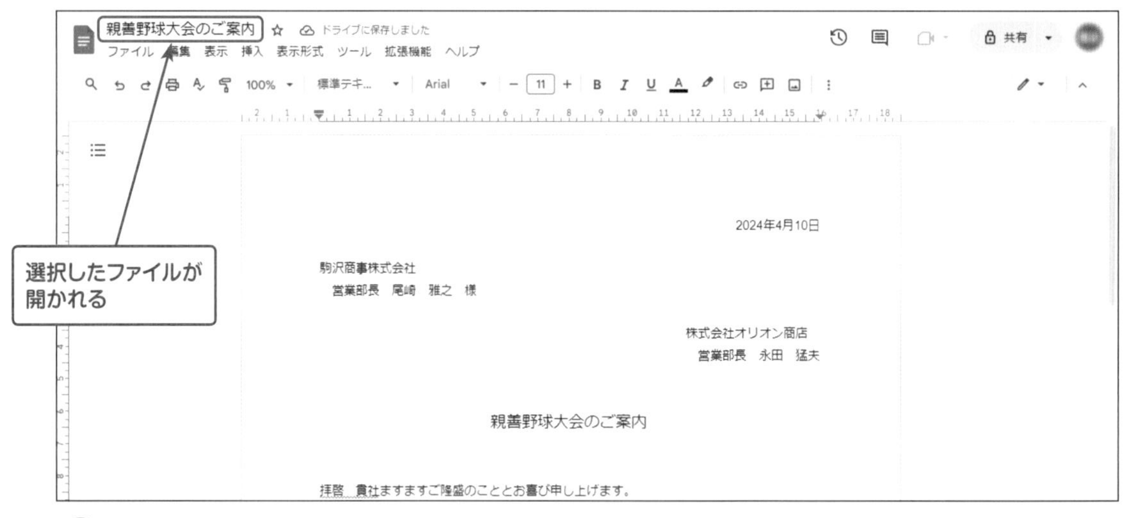

HINT

「ファイルを開く」の「最近使用したアイテム」ダイアログボックスには、最近使用したファイルが表示されています。ここで編集したいファイルをダブルクリックしても開くことができます。

HINT

Googleドライブからファイルを開くこともできます。

【4章 Googleドライブの操作を覚えよう】 P55

ファイルのダウンロード（データ変換）

Googleアプリで作成したデータを変換し、他のアプリで開くことができます。アプリを開いた状態で行います。

データを変換してダウンロードする

①変換したいファイル形式の選択

メニュー［ファイル］→［ダウンロード］から変換したいファイル形式を選択します。

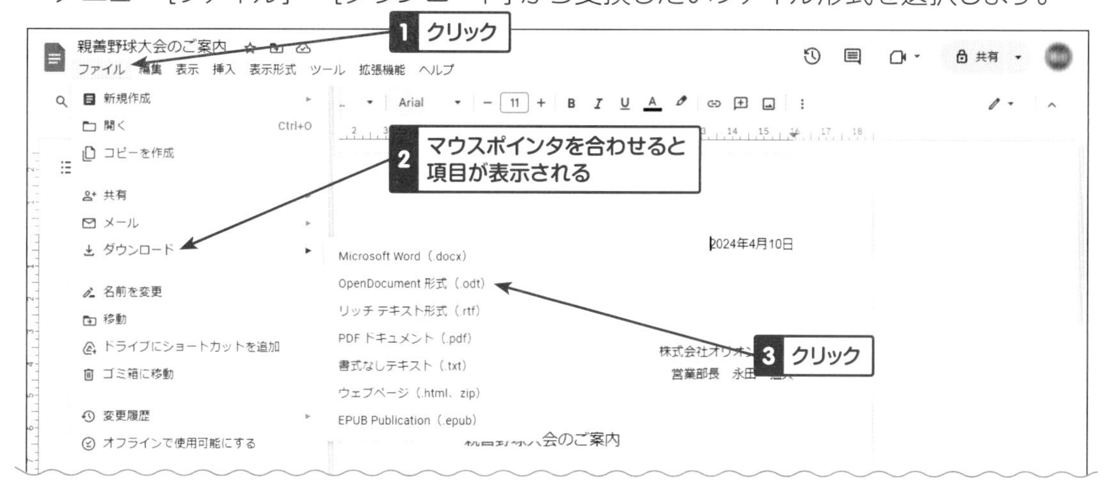

②ファイルの保存

表示された保存ダイアログにて、保存先、ファイル名を指定し、［保存］ボタンをクリックすると、ファイルが保存されます。

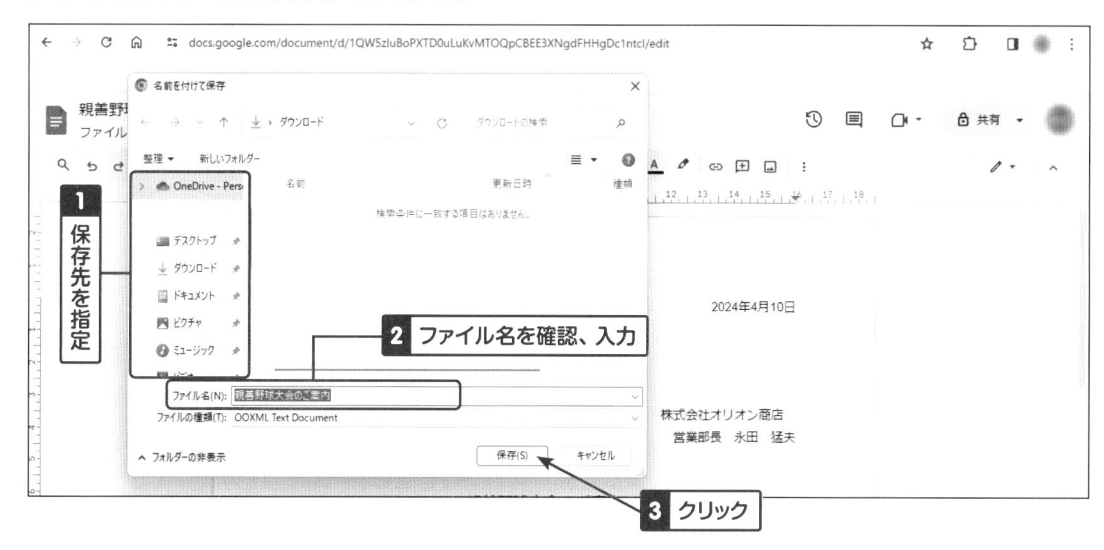

ONE POINT

作成できるマイクロソフト社Officeアプリファイル形式

　ダウンロードの操作で各アプリデータを変換できるマイクロソフト社Officeアプリファイル形式は以下の通りです。

・ドキュメント（Document）→Word
・スプレッドシート（Spreadsheet）→Excel
・スライド（Slide）→Powerpoint

他のアプリのデータに
変換できるのは
とても便利じゃ

マイクロソフト社
Office

Google
オフィスアプリ

ファイルの共有設定を行う

ファイルの共有設定を行うことにより、複数人でのファイル閲覧や編集が可能になります。

ファイルを共有する

①共有ダイアログを開く

編集画面右上の［共有］ボタンをクリックします。

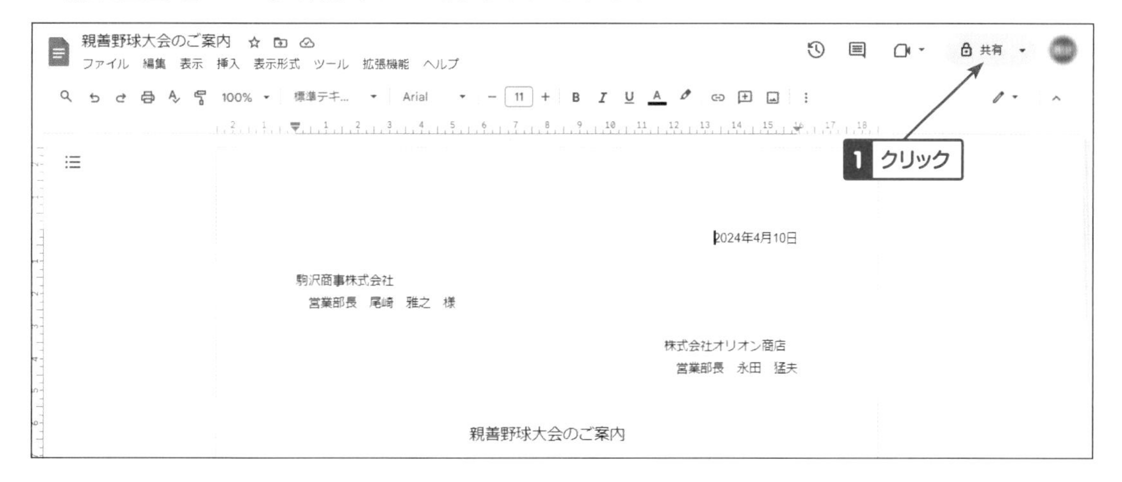

②Googleアカウントを入力

表示された共有ダイアログの「ユーザー、グループ、カレンダーの予定を追加」欄に共有する相手のGoogleアカウント（Gmailアドレス）を入力し、［Enter］キーを押します。

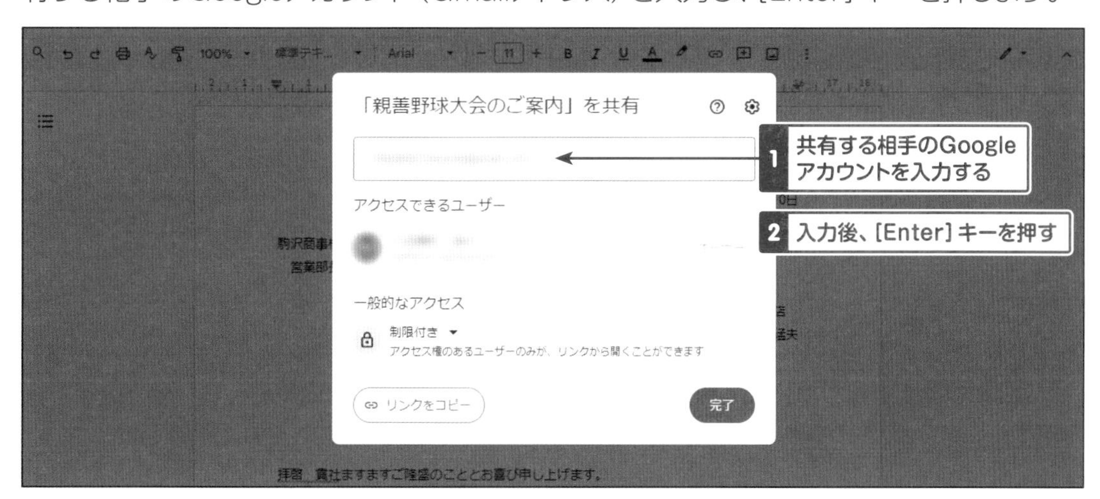

③アカウントが認識、共有

入力したアカウントが認識されます。共有レベルの指定および、必要に応じ相手への通知メッセージを入力し、操作後［送信］ボタンをクリックします。「通知」のチェックボックスをオフにした場合、メッセージ入力ボックスが消え、［送信］ボタンが［共有］ボタンに変わります。

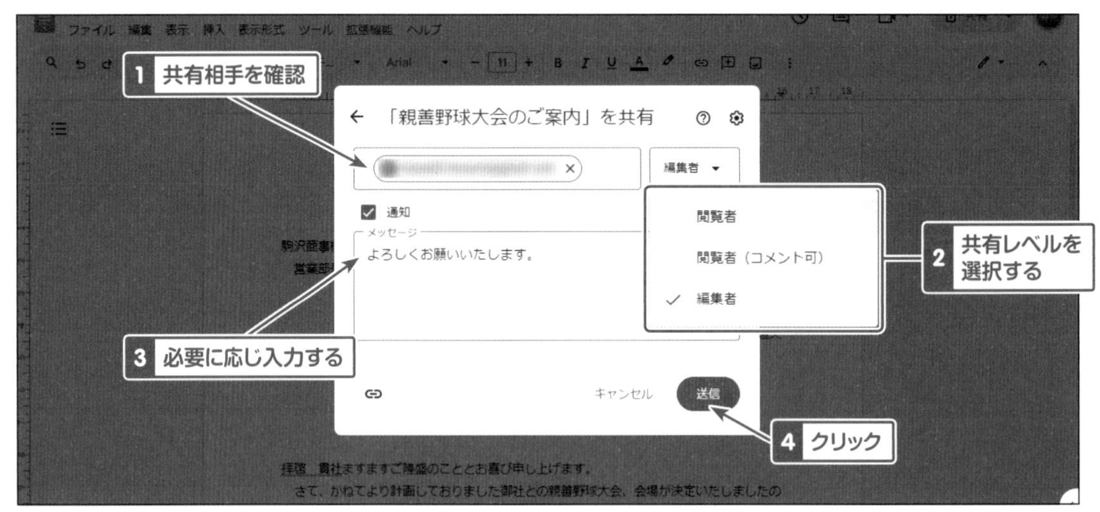

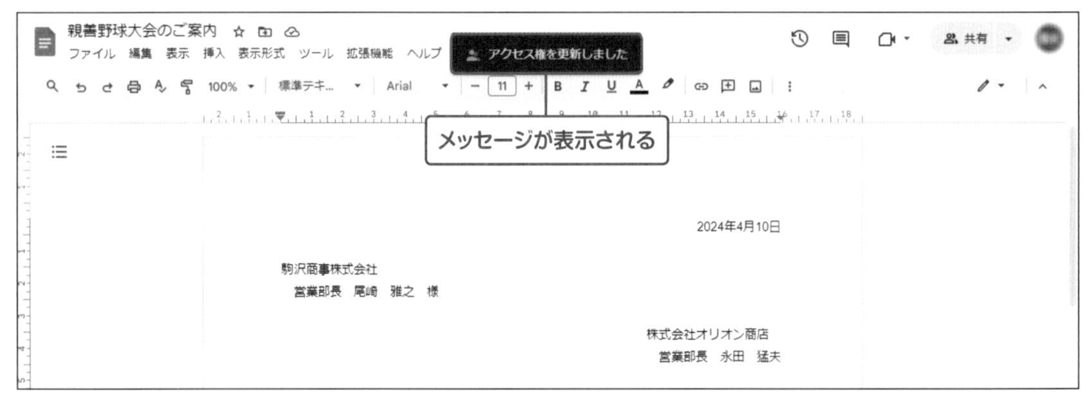

HINT

共有レベルは以下の通りです。

閲覧者：閲覧だけで編集はできません。

閲覧者（コメント可）：閲覧だけで編集はできませんが、コメントを付けることができます。

編集者：編集ができます。

HINT

Googleのアプリで作成されたファイルにはファイルごとに識別用URL（リンク）が付きます。共有ダイアログで［リンクをコピー］をクリックし、共有相手にこのURLを伝えます。URLを開くことにより、共有されたファイルを開くことができます。

ONE POINT

共有ダイアログの「一般的なアクセス」を設定する

規定値は個別にアクセス制限を行う［制限付き］となっていますが、［制限付き］の右にある［▼］をクリックすると［リンクを知っている全員］に変更できます。

［リンクを知っている全員］にすると、「リンクを知っているインターネット上の誰もが閲覧できます」と表示されます。この操作を行うと、メールアドレスの入力を行わなくても大人数のアクセス権を設定できますが、メッセージにある通り、部外者でもリンクを知っていれば誰でもアクセス可能になりますので、URLが漏洩しないよう注意が必要です。

共有の解除方法

共有ダイアログを表示し、解除したいアカウントの行の右端にある共有レベルの［▼］をクリックし、［アクセス権を削除］をクリックします。アカウントがアクセスできるユーザー一覧から削除されたら、［保存］ボタンをクリックします。同じ画面で共有レベルの変更もできます。

▼ 共有の解除

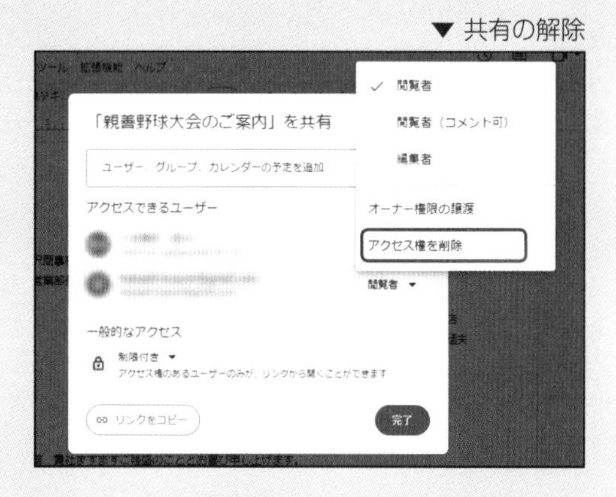

共有の許可をしていない人が共有ファイルを開こうとした場合

共有の許可をしていない人が、共有リンクからファイルを開こうとした場合、共有の許可をしていない旨の画面が表示されます。アクセス権限のリクエストもできます。

▼ アクセス権限のリクエスト画面

Googleドライブの操作を覚えよう

Googleドライブとは

Googleドライブの概要と特徴を説明します。

Googleドライブはインターネット上のデータ置き場

Googleドライブは、インターネット上に割り当てられたデータ保存スペースの名称です。いわゆるクラウド（クラウドストレージ）のことです。

Googleアカウントを作成するとGoogleドライブが割り当てられます。アカウントにヒモ付けされており、共有の操作を行わない限り、他者はドライブ内のファイルを見ることはできません。

Googleドライブの容量

無料プランでは15GBが割り当てられます。使用容量は個人のファイル、Gmailのデータ、Googleフォトに格納した画像、ゴミ箱（削除したファイル）の合計サイズで計算されます。

有料プランにより容量を拡張することができます。詳しくは以下のURLをご参照ください。

URL https://one.google.com/

ONE POINT

パソコン版Googleドライブ

Googleドライブに Windowsのエクスプローラや PCアイコンからファイルを操作できる（ドライブとして使用できる）アプリです。インストールすると、USBメモリ代わりにGoogleドライブを使用することができます。Googleで作成していないファイルも保存できます。アプリのダウンロードは以下のURLをご参照ください。

URL https://drive.google.com/

3章-06で記した通り、このアプリをインストールすると、ドキュメント、スプレッドシート、スライドのショートカットアイコンが作成されます。

Windowsエクスプローラでの Googleアプリのファイル操作は新規作成、名前の変更、削除のみです。Googleアプリで作成したファイルはエクスプローラで移動、コピーすることはできません。

Googleドライブの画面

Googleドライブの画面の説明です。起動後の画面と各部の用途を示します。Googleドライブの起動については3章をご参照ください。

サイドバー主要項目

Googleドライブのホーム画面です。ホーム画面にもファイルやフォルダが表示されますが、最近開いた、または共有・編集したファイルやフォルダや、Googleカレンダーにおいて今後のイベントに添付されているドキュメントなどが優先的に表示されます。

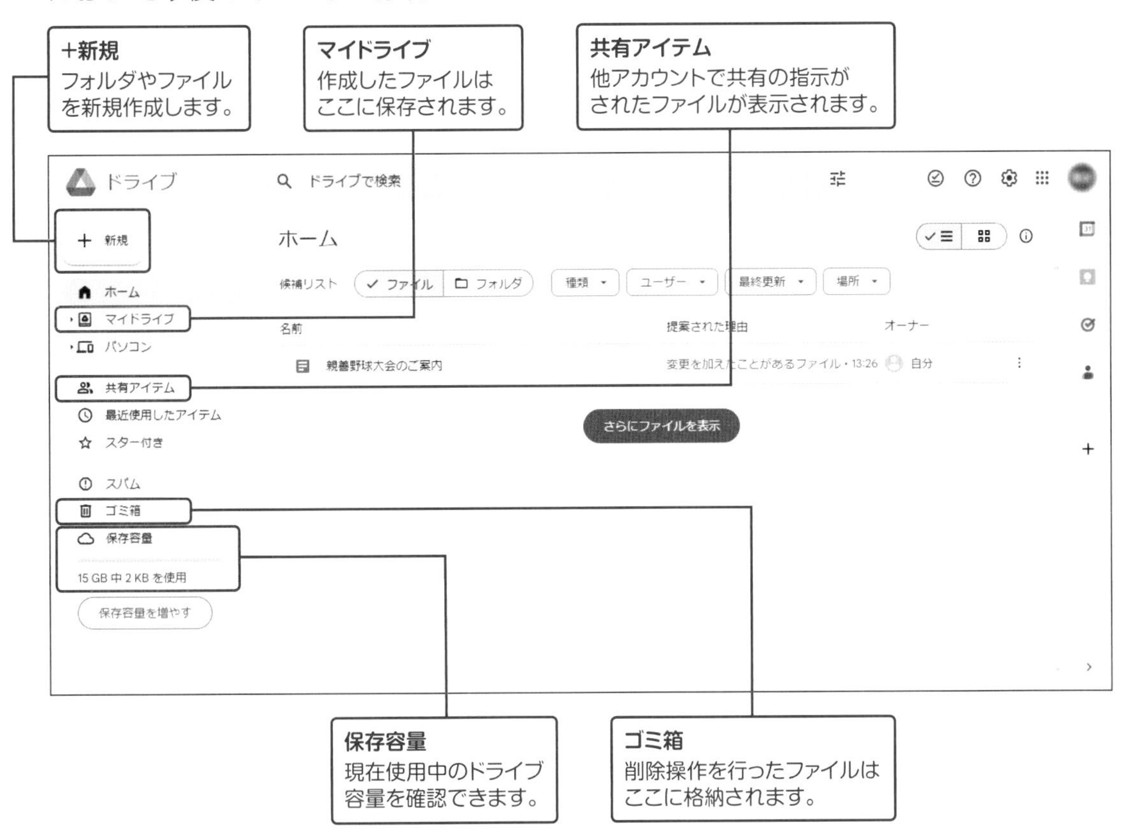

マイドライブ画面

Googleドライブのマイドライブ画面です。個人のフォルダやファイルはマイドライブに保存されます。ファイルをクリックすることにより、関連づけられたアプリで開くことができます。

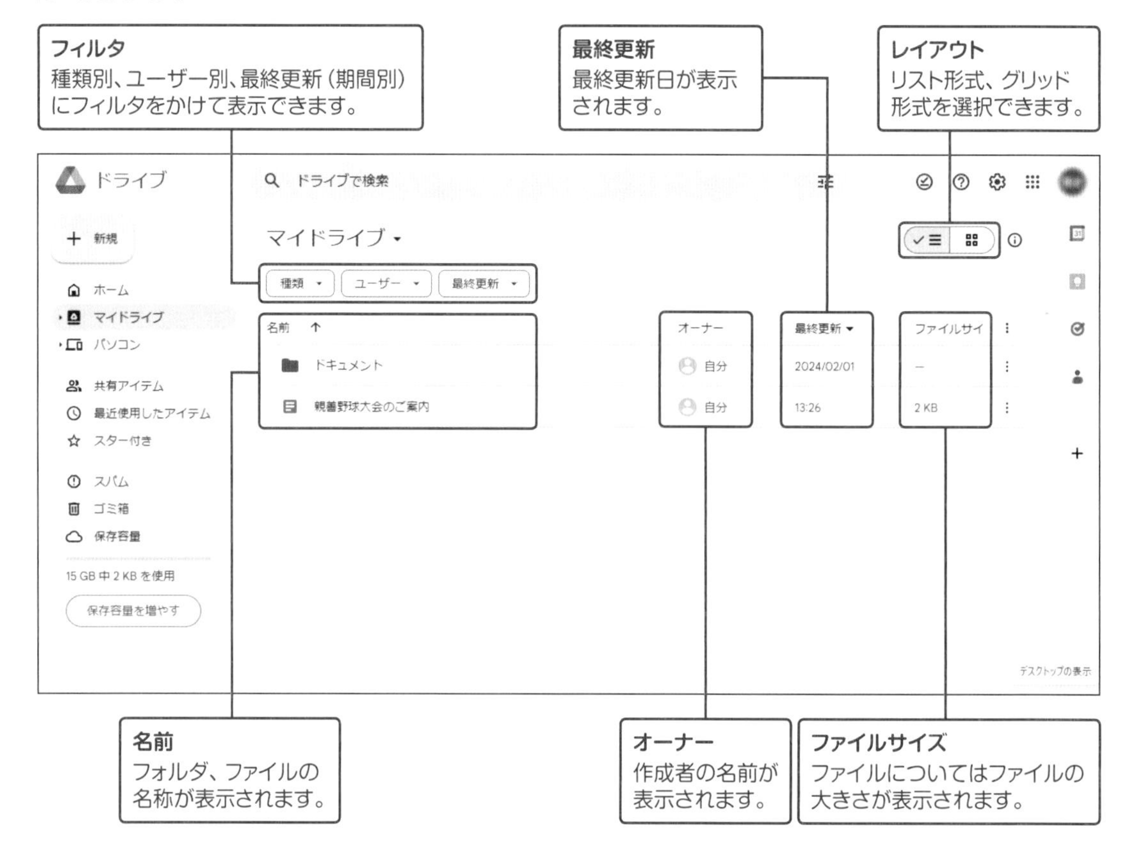

ONE POINT

表示順序の変更

フォルダ・ファイル一覧画面をリスト形式にした場合、見出しの「名前」の右側にある[↑]もしくは[↓]クリックで並び順の昇順／降順を切り替えることができます。

フォルダ、ファイルを新規に作成する

フォルダ（ファイルの入れ物）やアプリで使用するファイルを新たに作成する操作です。

新規フォルダを作成する

①新規作成

サイドバーから［+新規］ボタンをクリックします。

②新しいフォルダを選択

表示されたメニューから、［新しいフォルダ］をクリックします。

③フォルダ名の入力、作成

フォルダ名を入力するダイアログが表示されるので、フォルダ名を入力します。入力後、[作成] をクリックすると、マイドライブ内にフォルダが作成されます。

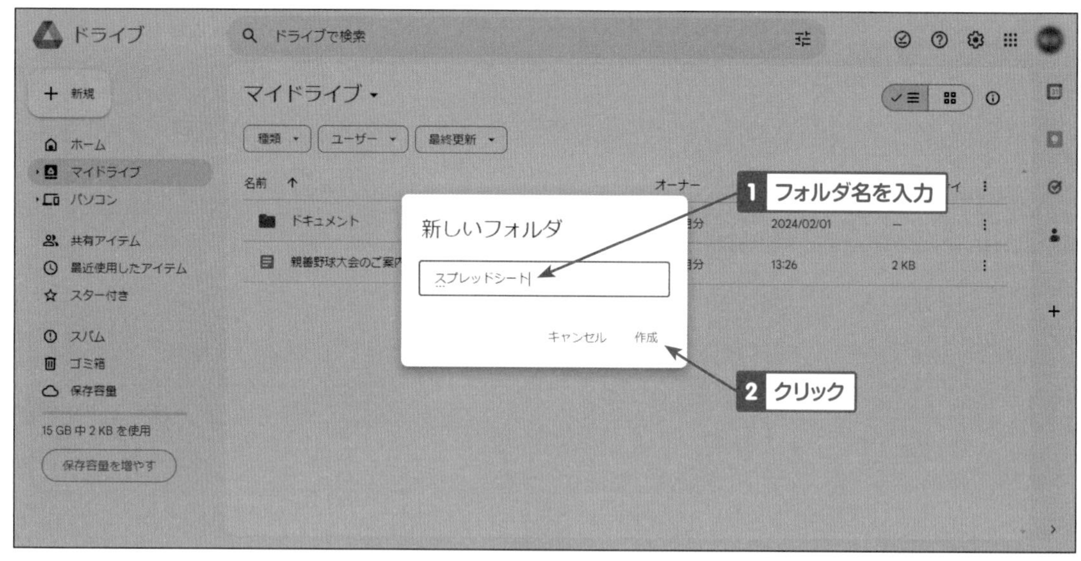

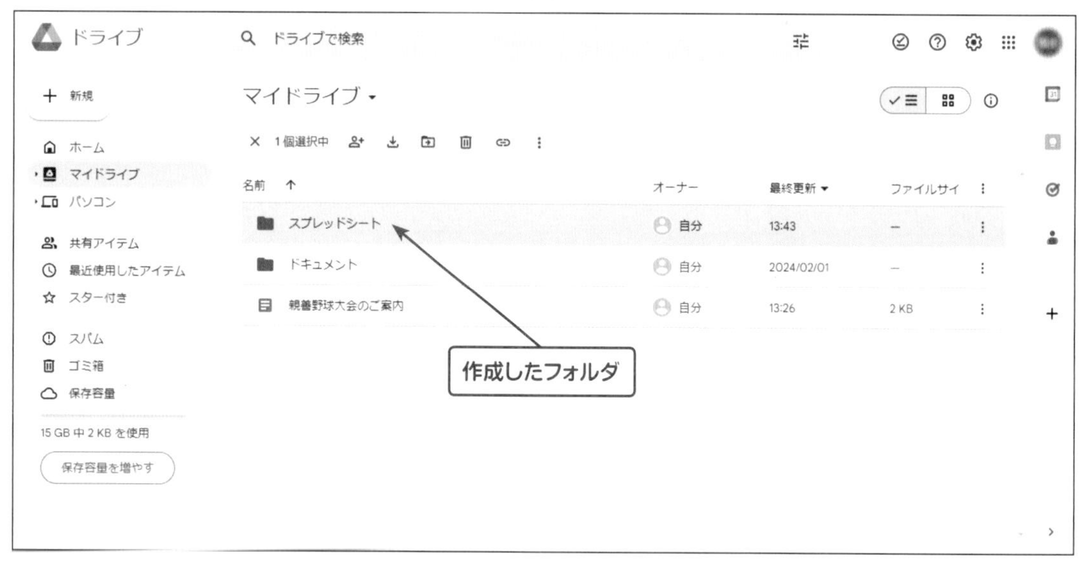

新規ファイルを作成する

①新規作成

サイドバーから［+新規］ボタンをクリックします。

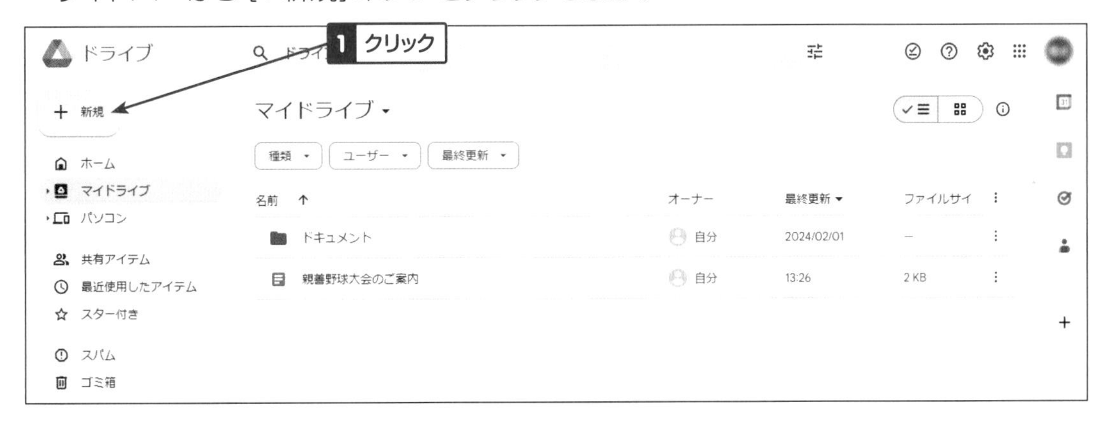

②作成するアプリを選択

表示されたメニューから、作成するアプリを選択します。それぞれのアプリ名の行の右端にある［▶］をクリックすると、空白のファイルとテンプレート（ひな形）による作成の選択ができます。

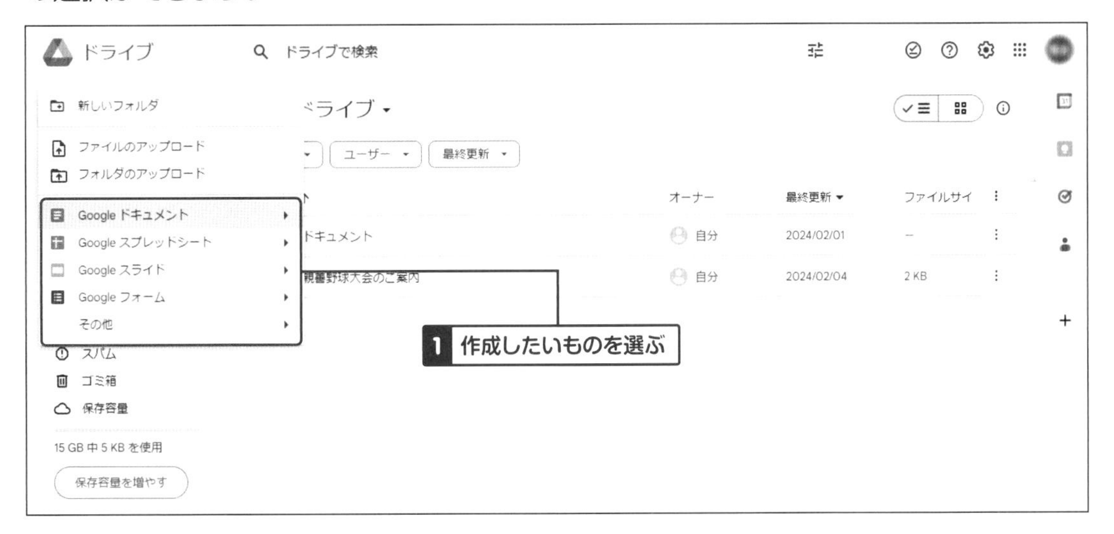

ONE POINT

フォルダ、ファイルのアップロード

Googleアプリ上で作成していないフォルダやファイルをGoogleドライブに格納するときに使います。

①「新規作成」にて、［ファイルのアップロード］もしくは［フォルダのアップロード］をクリックすると、Windowsのフォルダ／ファイル選択のダイアログボックスが表示されるので、アップロードするフォルダやファイルを選択します。

フォルダ、ファイルの名前を変更する

Googleドライブ上でフォルダ、ファイルの名前を変更できます。

名前を変更する

作成した「ドキュメント」フォルダの名前を「スライド」フォルダに変更します。

①フォルダの選択

名前を変更したいフォルダの右端にある[⋮]をクリックします。表示されたメニューから、[名前を変更]をクリックします。

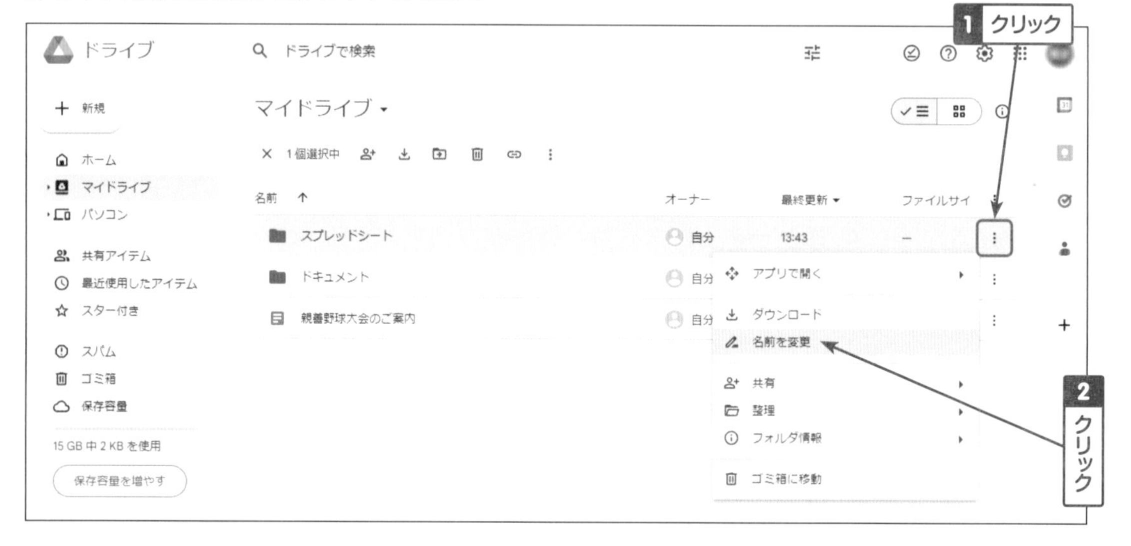

②新しい名前を入力、変更

表示されたダイアログに新しいフォルダ名を入力し、[OK]ボタンをクリックします。フォルダ名が変更され、フォルダ名を変更した旨のメッセージが画面下部に表示されます。

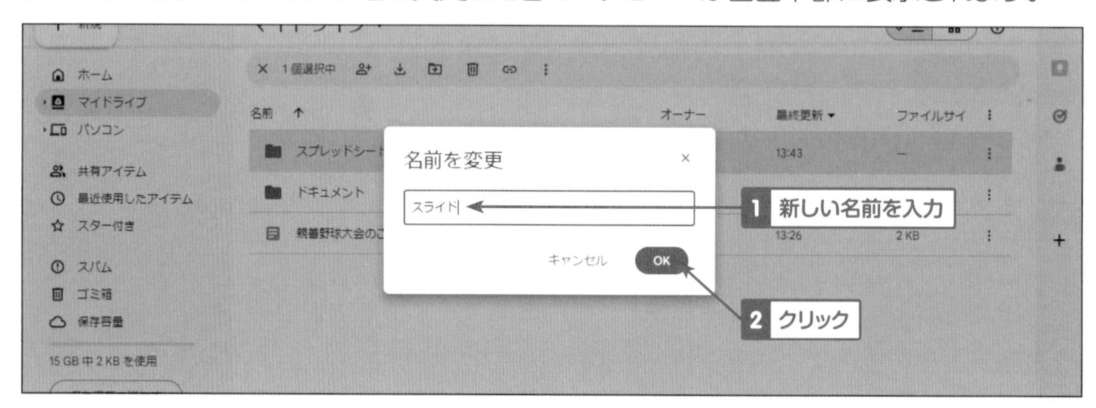

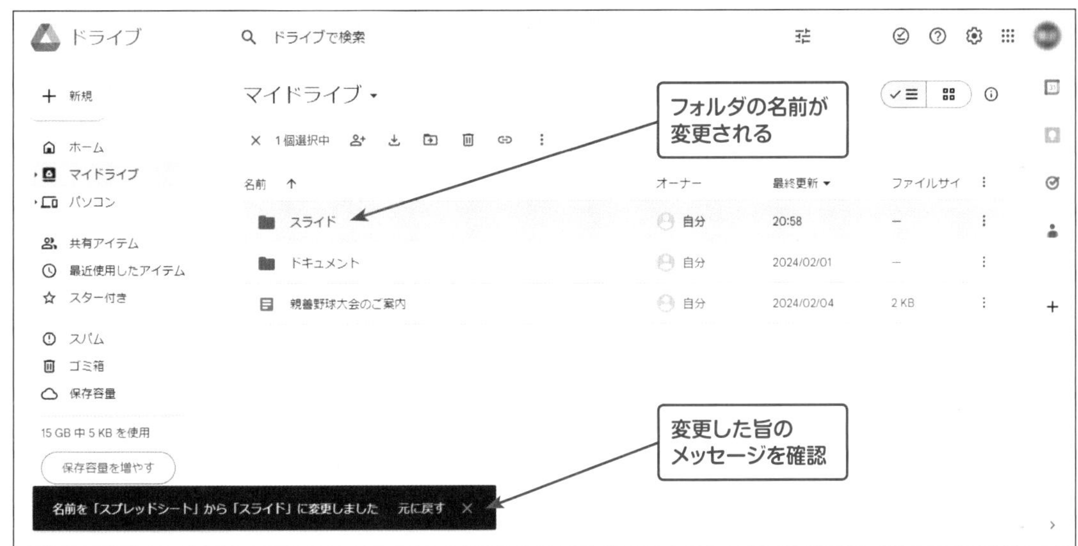

ONE POINT

Googleドライブのフォルダ・ファイル命名ルール

Googleドライブのフォルダ・ファイル命名ルールは以下の通りです。

❶ ファイル名の長さ

Googleドライブに格納するファイルのファイル名は、254文字以内にする必要があります。

❷ 使用できる半角英数記号

ファイル名に使用できる半角英数記号はアルファベット(a〜z、A〜Z)と数字(0〜9)の他に、「-」(ハイフン)、「_」(アンダースコア)、「.」(ピリオド)の3つの記号になります。

❸ その他避けたほうが良いもの

半角カタカナのファイル名やファイル名の途中に空白が入るファイル名も避けたほうが良いです。

半角カタカナはパソコン上で操作する分には問題ありませんが、インターネットのサーバーにアップロードした場合、文字化けする可能性があります。

ファイル名の途中に空白が入るファイル名の場合、アプリの作りが悪いと空白以降の文字を無視してしまいファイルが開けなかったり、同じフォルダにファイル名先頭から空白の前までが同じファイル名があった場合、誤ったファイルを開いてしまう可能性があります。

16 ファイルのコピー

ファイルを別名でコピーする操作です。

ファイルをコピーする

マイドライブ内のファイルをコピーしてみましょう。

①ファイルの選択、コピーを作成

ファイルの右端にある［⋮］をクリックし、表示されたメニューから、［コピーを作成］をクリックします。ファイル名＋「のコピー」というファイル名でコピーされ、コピーを作成した旨のメッセージが画面下部に表示されます。

ONE POINT

フォルダのコピー

フォルダのコピーはできません。フォルダを新規作成することになります。

ファイルの入っているフォルダを丸ごとコピーしたい場合は、フォルダを新規作成後、新しく作ったフォルダにフォルダの中のファイルをコピーします。

ONE POINT

Google Workspaceにおけるファイルの共有

1章-02のOnePointで紹介した企業・組織向けのGoogle Workspaceにおいては、個人のアカウントに紐づけられたGoogleドライブのマイドライブの他に、組織で共有して使用する「共有ドライブ」を設定することができます。

共有ドライブは個人アカウントと1対1にヒモ付けられておらず、個人アカウントからは独立した状態で作成され、必要に応じ個人アカウントに対しアクセス権を設定し使用します。

▼ Google Workspaceのドライブのホーム画面

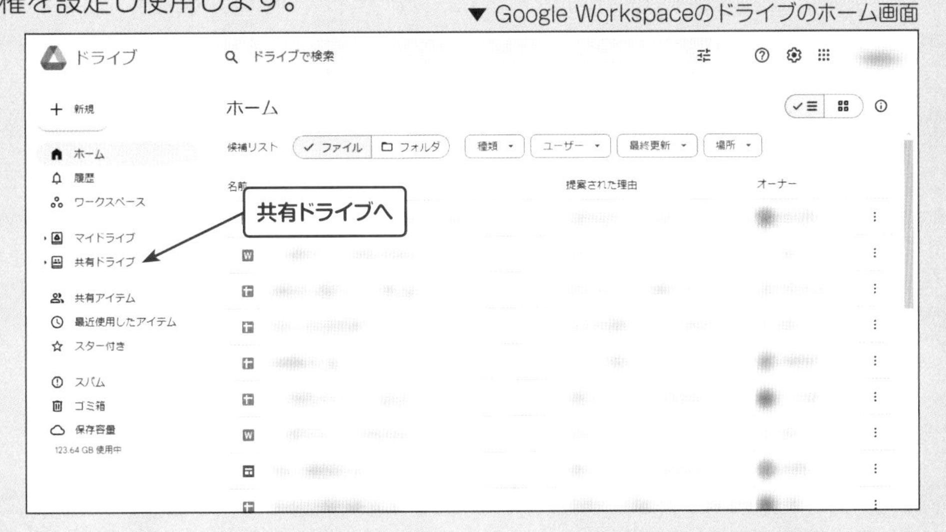

▼ Google Workspaceの共有ドライブ

17 フォルダ・ファイルの移動

フォルダ・ファイルを移動する操作です。今回は、フォルダ「ドキュメント」への移動操作を説明します。

ファイルを移動する

①フォルダの選択、移動

移動したいフォルダの右端にある[⁝]をクリックし、表示されたメニューから、[整理]→[移動]をクリックします。

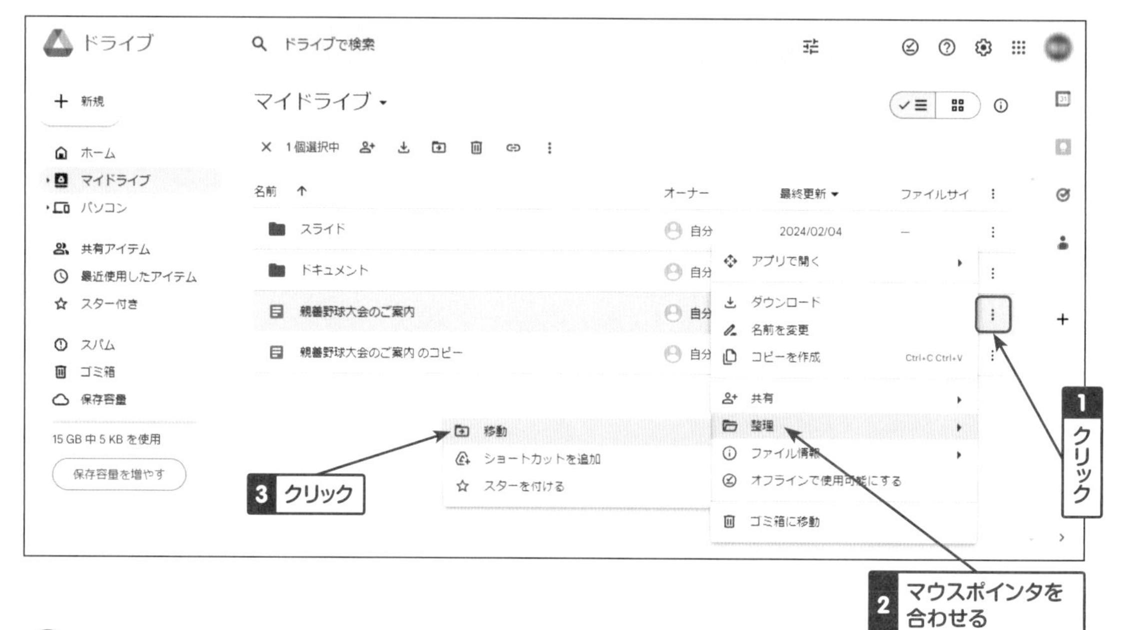

HINT

他のアカウントのGoogleドライブへのフォルダ移動はできません。自身のGoogleドライブ内での移動に限定されます。

②移動先を指定、移動

移動先を指定するダイアログが表示されるので、移動先（今回はフォルダ「ドキュメント」）を指定し、[移動]をクリックします。ファイルがフォルダへ移動され、ファイルを移動した旨のメッセージが画面下部に表示されます。

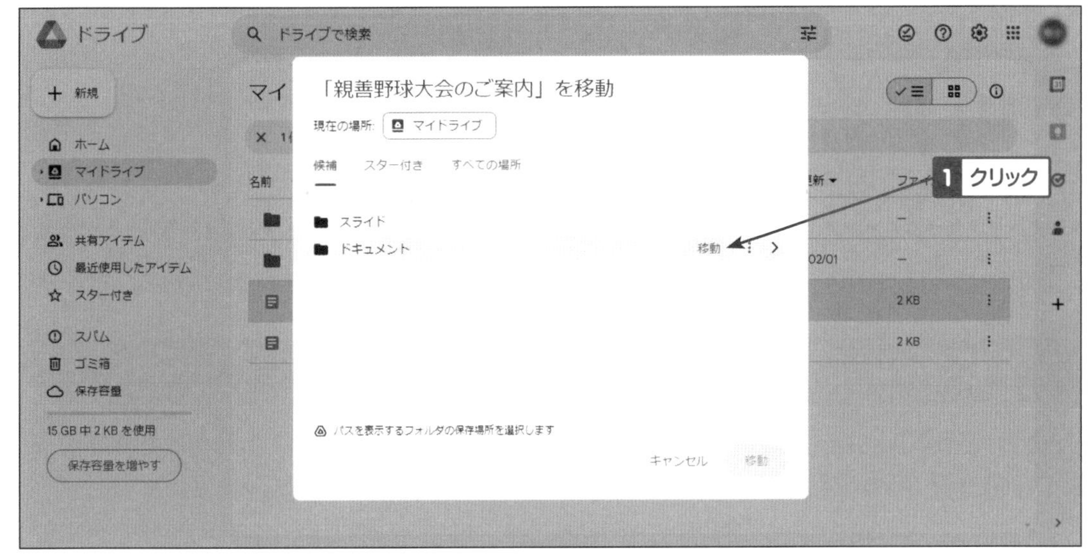

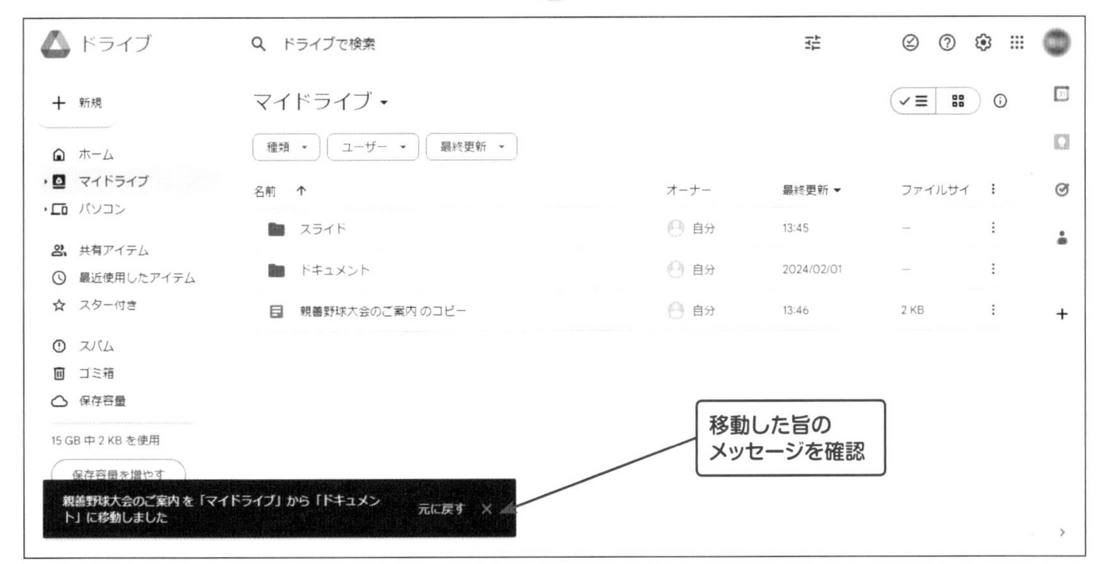

HINT

フォルダの中のフォルダに移動する場合は、フォルダの行の右端の［>］をクリックするとフォルダの中にあるフォルダが表示されるので、移動先のフォルダの行の［移動］をクリックします。

ONE POINT

他アカウントへのファイルの移動

直接の移動はできないので、ファイルを相手アカウントと共有し、相手アカウント側でコピーを作成してもらった後、自分側のファイルを削除するという手順になります。

フォルダ・ファイルの削除・復元

削除したフォルダ・ファイルはWindows同様、ゴミ箱に移動されます。

不要ファイルをゴミ箱に移動する

削除したいフォルダ、ファイルの行の右端にある[⋮]をクリックし、メニューの[ゴミ箱へ移動]をクリックします。

ゴミ箱から元あった場所に復元する

画面左のメニューからゴミ箱を開き、復元したいフォルダ、ファイルの行の右端にある[⋮]をクリックし、表示されたメニューから、[復元]をクリックし、復元します。

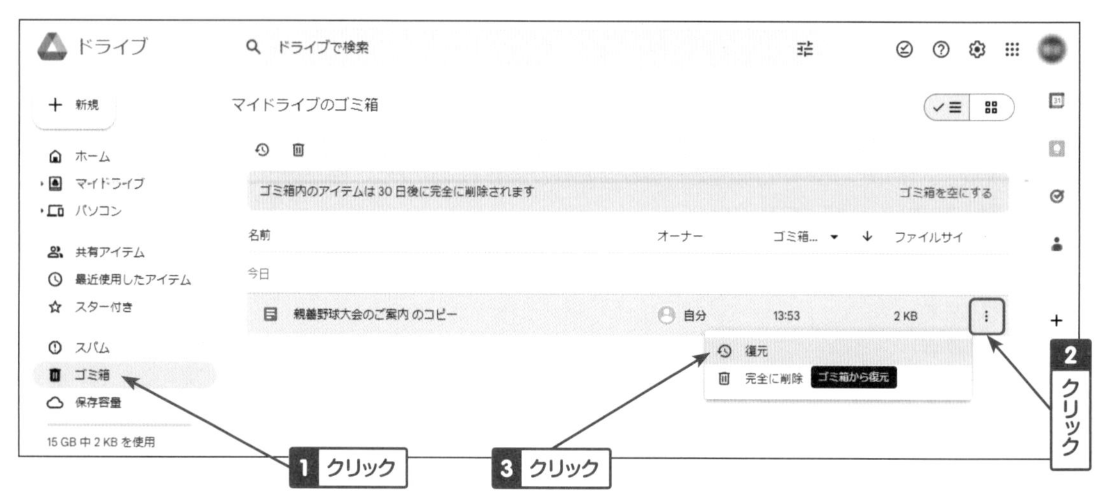

ゴミ箱に移動したフォルダやファイルの削除

ゴミ箱に移動したフォルダやファイルは移動してから30日後、自動的にゴミ箱から削除されます。

今すぐゴミ箱からも削除したい場合は、ゴミ箱に移動し、削除したいフォルダ、ファイルの行の右端にある[⋮]をクリックし、表示されたメニューの[完全に削除]をクリックします。

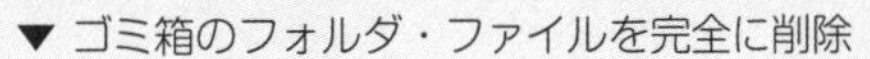
▼ゴミ箱のフォルダ・ファイルを完全に削除

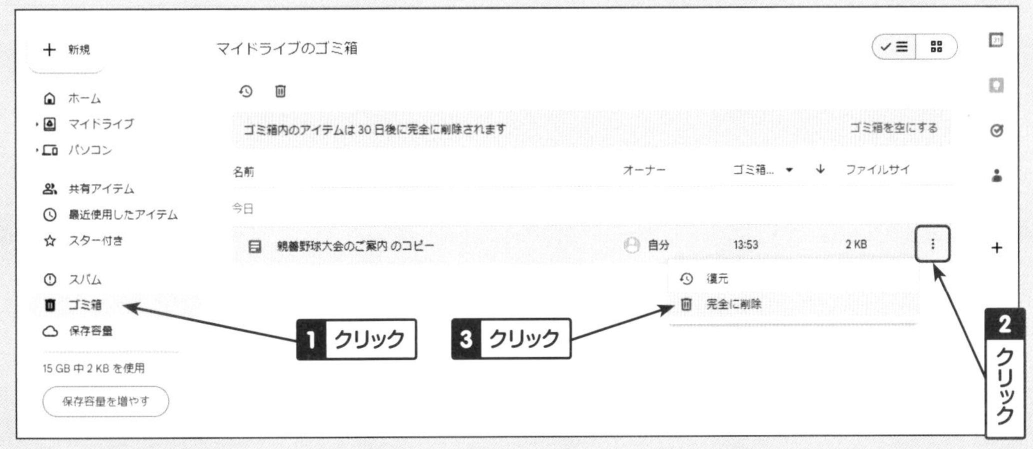

ゴミ箱にあるフォルダ・ファイルをすべてまとめて削除する場合は、[ゴミ箱を空にする]をクリックすれば完全に削除できます。

▼ゴミ箱を空にする

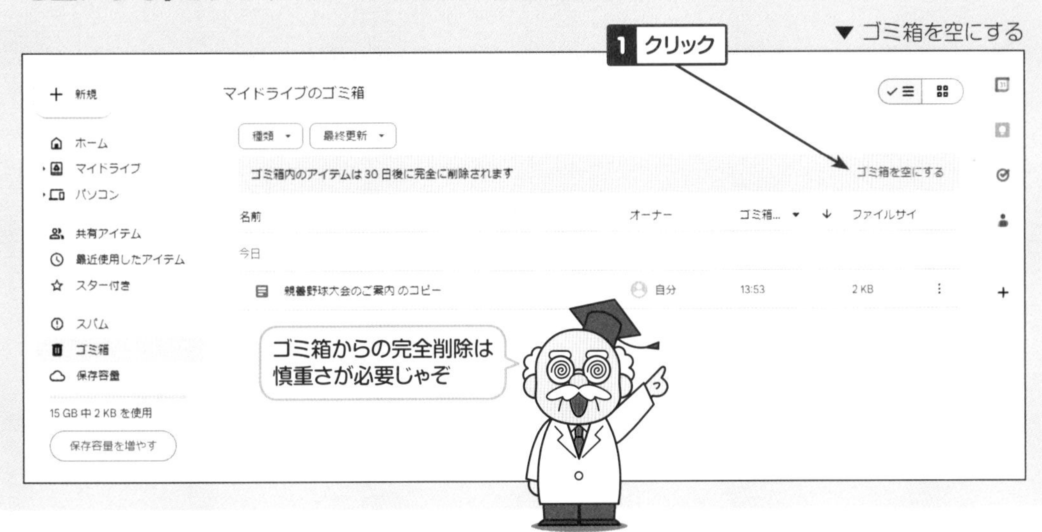

ドキュメントで文書を作ってみよう

画面の概要

ドキュメント（Document）を起動し、文書の編集ができる画面を表示します。

ホーム画面を表示する

ドキュメント（Document）起動後のホーム画面です。

【3章-06 アプリを起動する】 P38

新規に作成するドキュメントのフォーマット、最近使用したファイルの履歴が表示されます。この画面で空白のドキュメント、テンプレート、最近使用したドキュメントのいずれかを選択します。

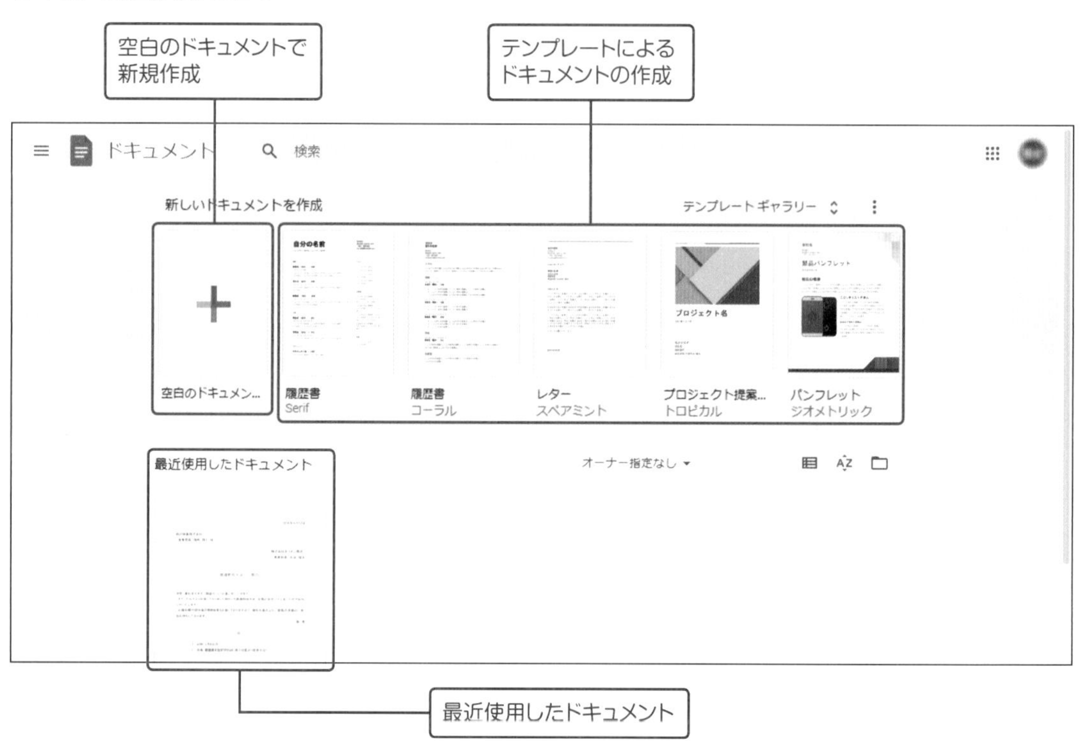

文書編集画面を表示する

文書の編集を行う画面です。主要な部分の名称を示します。

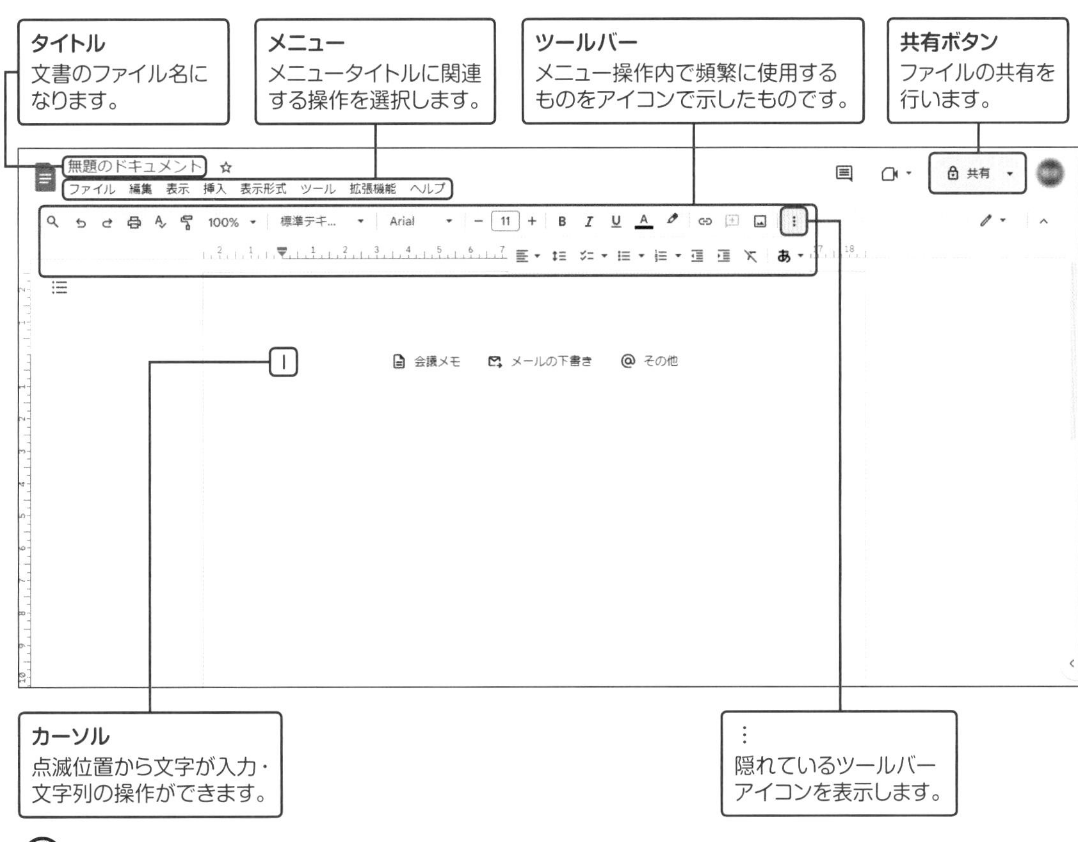

HINT

新規の空白ドキュメント画面を表示するには、メニュー［ファイル］→［新規作成］→［ドキュメント］で現在編集中のスライドと別に空白のドキュメント編集画面を表示することができます。

ONE POINT

隠れているツールバーの表示

ツールバーは画面の幅により表示されるアイコンが隠れてしまう場合があります。すべてのツールバーアイコンを表示する場合は、ツールバー右端の［⋮］をクリックします。表示された状態で［⋮］をクリックすると、表示されたアイコンが再び隠れます。

ツールバー右端の［∧］をクリックすると、タイトルとメニューバーが隠れます。もう一度クリックすると元に戻ります。

文章作成前の準備

文書入力の準備を行います。

タイトルの入力をする

①タイトルの選択

タイトルをクリックすると、タイトルの色が反転します。

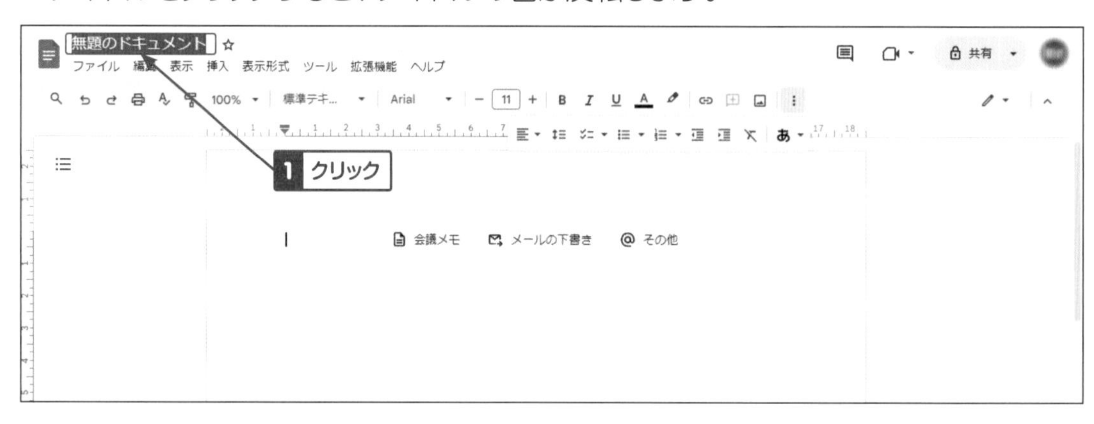

②タイトル名を入力、確定

タイトルを入力し、[Enter] キーを押すと、タイトルが確定されます。

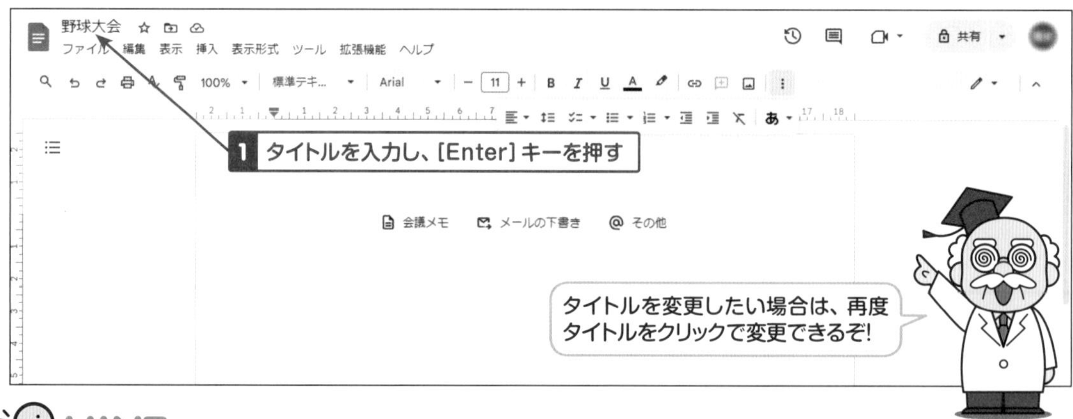

HINT

　タイトル名はドライブ内に表示されるファイル名としても使われます。
　タイトルの右側にあるフォルダのアイコンは、クリックするとファイルの移動ができます。【4章-17 フォルダ・ファイルの移動】 ☛P66

ページ設定を行う

①ページ設定ダイアログを表示

ファイルをクリックし、表示されたメニューから、[ページ設定] をクリックします。

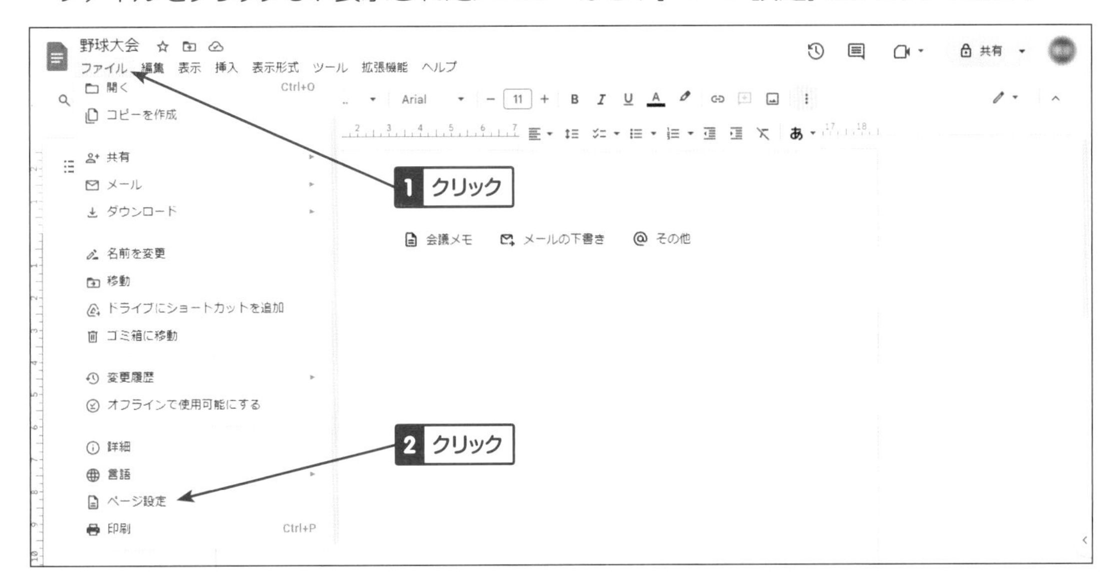

②ページ設定

ページ設定ダイアログが表示されるので設定をします。ここでは次の画像のように設定してみましょう。設定後、[OK] ボタンをクリックします。

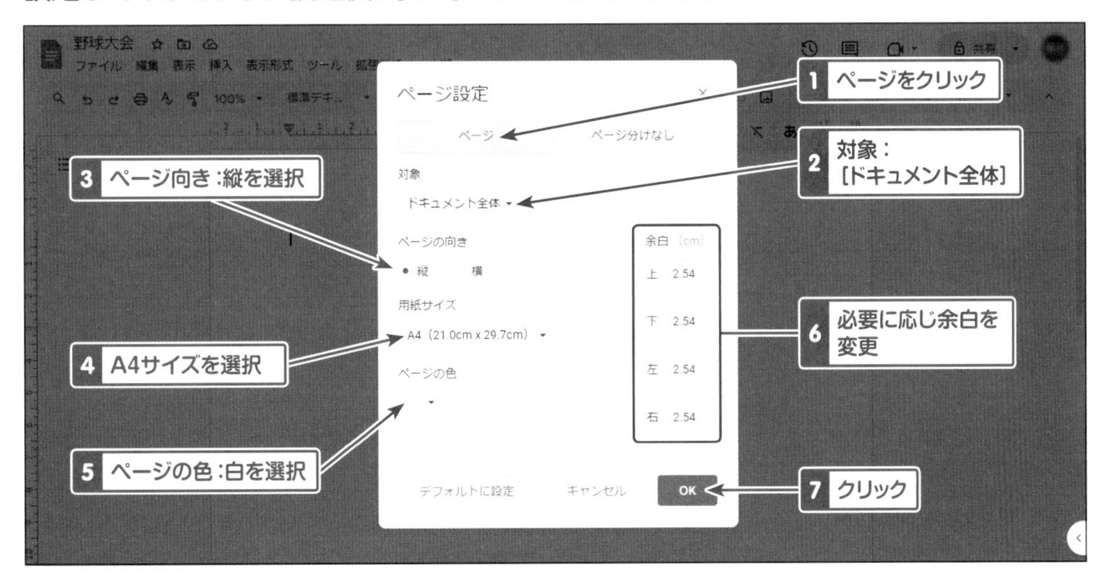

HINT

今回設定したページ設定を今後も使用したい場合は、[デフォルトに設定] ボタンをクリックします。

ONE POINT

ページ番号の設定

作成文書にページ番号を振ることができます。

❶メニュー[挿入]→[ページ番号]で挿入位置を指示します。
❷[その他のオプション]で開始番号や1ページ目のページ番号要否などを設定します。
❸設定後、適用をクリックします。

▼ページ番号の挿入位置の指示

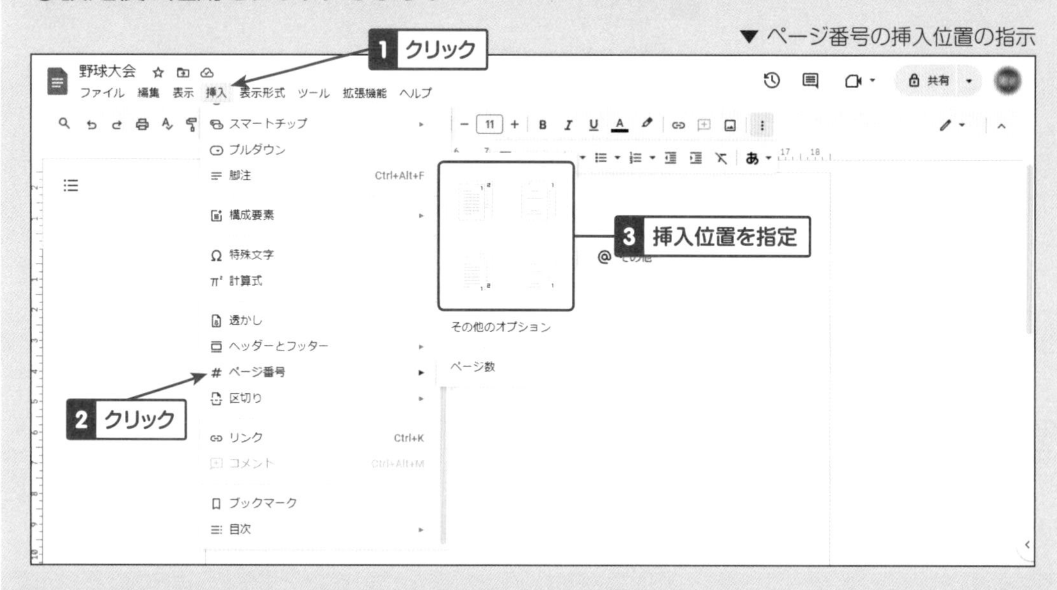

ヘッダーとフッターの設定

上下余白部分にページ共通の文字列を設定できます。

❶メニュー[挿入]→[ヘッダーとフッター]→[ヘッダー]または[フッター]を選択します。
❷文書編集画面の上下余白に直接入力します。
❸入力後を本文をクリックすると、編集が終了します。

文字修飾(文字位置、フォントサイズ、フォントなど)は本文の文章と同じように設定できます。

1ページ目のヘッダー表示要否も設定できます。ヘッダー・フッターの位置調整などはメニュー[表示]→[ヘッダーとフッター]→[オプション]で行います。

ONE POINT

段組みの設定

1ページに入力する文章を2列や3列にすることができます。

❶メニュー［表示形式］→［列］を選択します。

❷表示する列数を選択します。

▼ 列のオプション

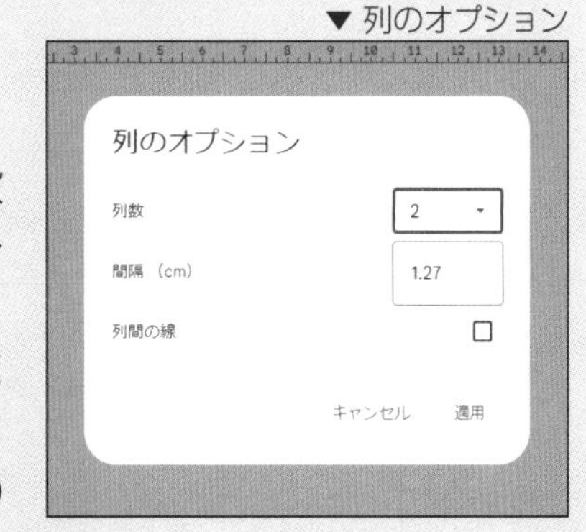

列数を4列以上にしたい場合や、列の間隔を設定したい場合は、メニュー［表示形式］→［列］→［その他のオプション］で設定できます。

列間の寸法は省略値で1.27cmになっています。列数による1行の文字数は以下の通りとなります。(フォントサイズ11ポイント、用紙余白の寸法2.54cm、列間隔1.27cmの場合)

列数	1行に入る文字数
1列	41文字
2列	18文字
3列	11文字

また、列のオプションにて「行間の線」のチェックをオンにしますと、列の間に列区切りの線を引けます。

▼ 段組みの例

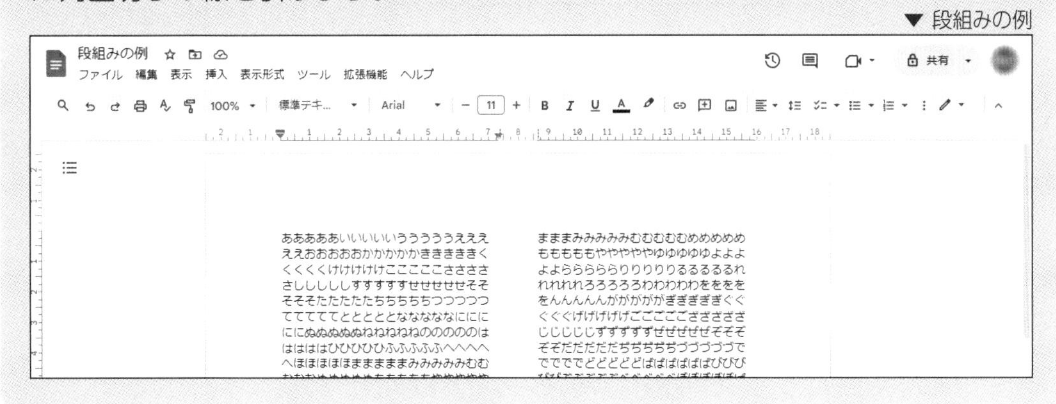

ONE POINT

ページ設定の［ページ分けなし］とは

ワープロソフトでは用紙サイズごとにページが分かれるようになっていますが、ページ分けなしを選択すると、ページ分けを行わず、1枚の長い紙で文書を作成するようなモードになります。

パソコン・タブレット・スマートフォンのようなデジタル機器のみで閲覧する文書を作成する場合に適しています。メリットはページまたぎでの処理を考えずに済むことです。

文字配置

行の配置やインデント（字下げ）の操作方法です。

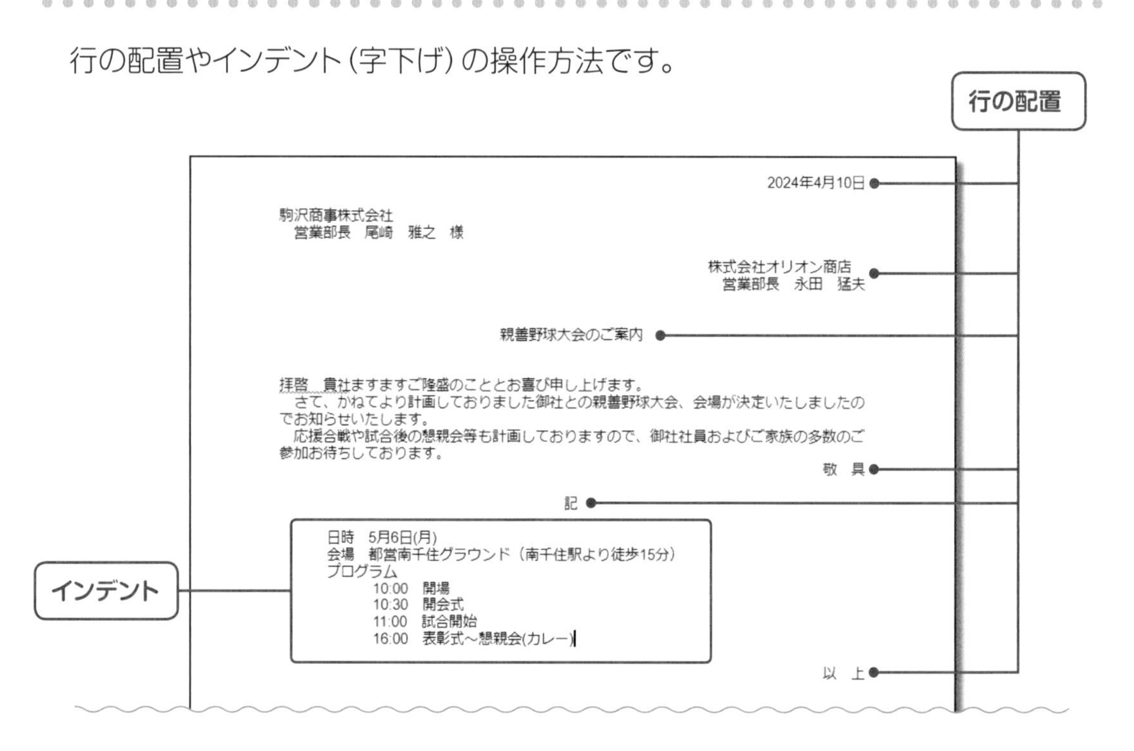

右揃え、中央揃え、左揃えを設定する

標準の左揃えから行全体を右に揃える、中央に揃える操作です。左揃えに戻すこともできます。ここでは日付に右揃えを行います。

①行の選択

設定する行をクリックし、ツールバーの ≡ ▾（配置）をクリックします。

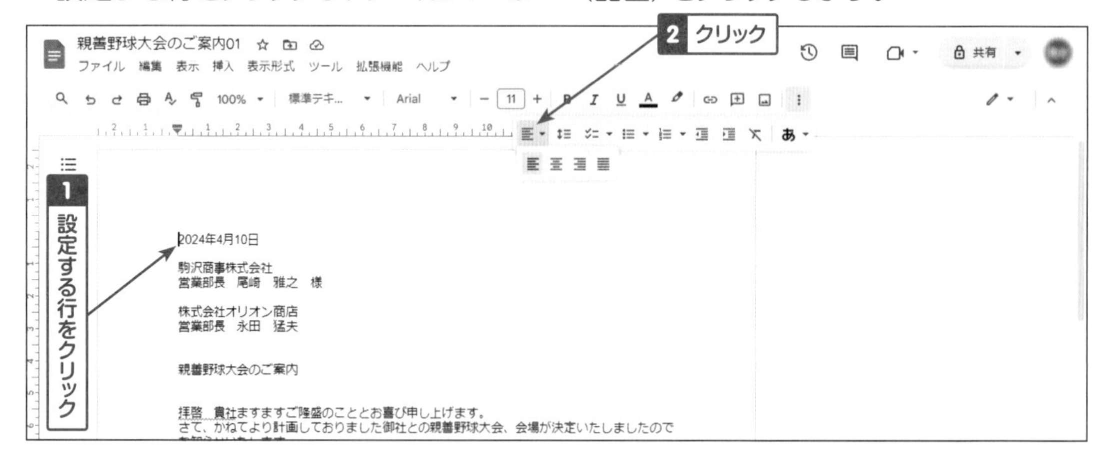

② 右揃えを選択、配置

表示された配置メニューから、≡（右揃え）をクリックすると、右に揃います。

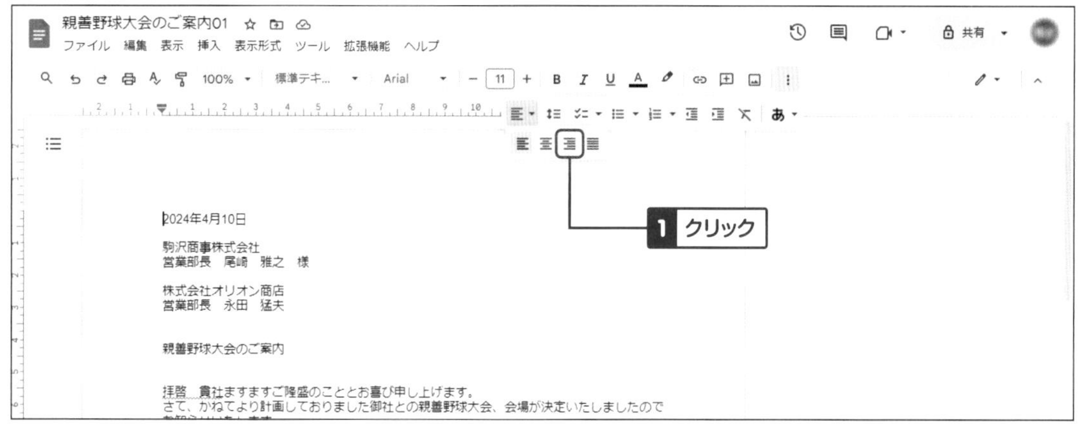

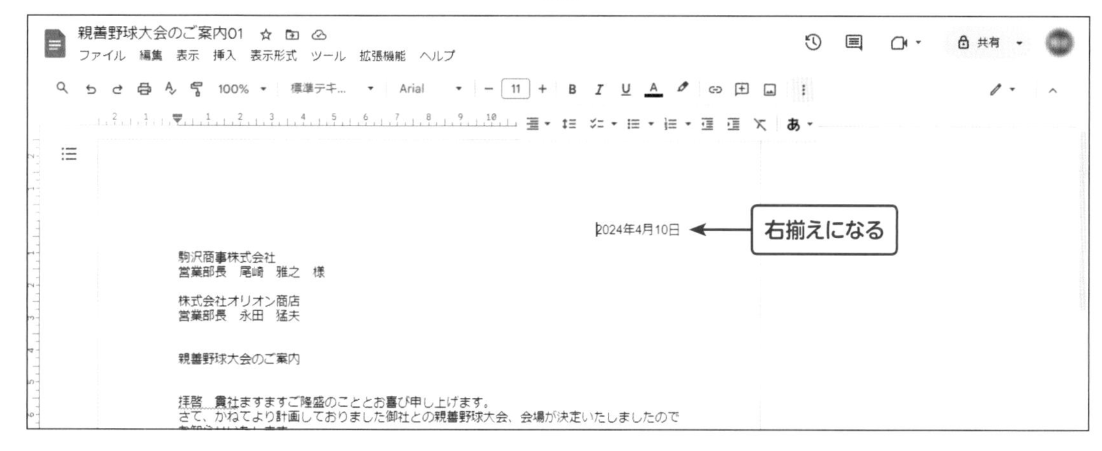

③ 同様に操作

発信者名、タイトル、「敬具」、「記」、「以上」も同様に文字寄せ操作を行います。

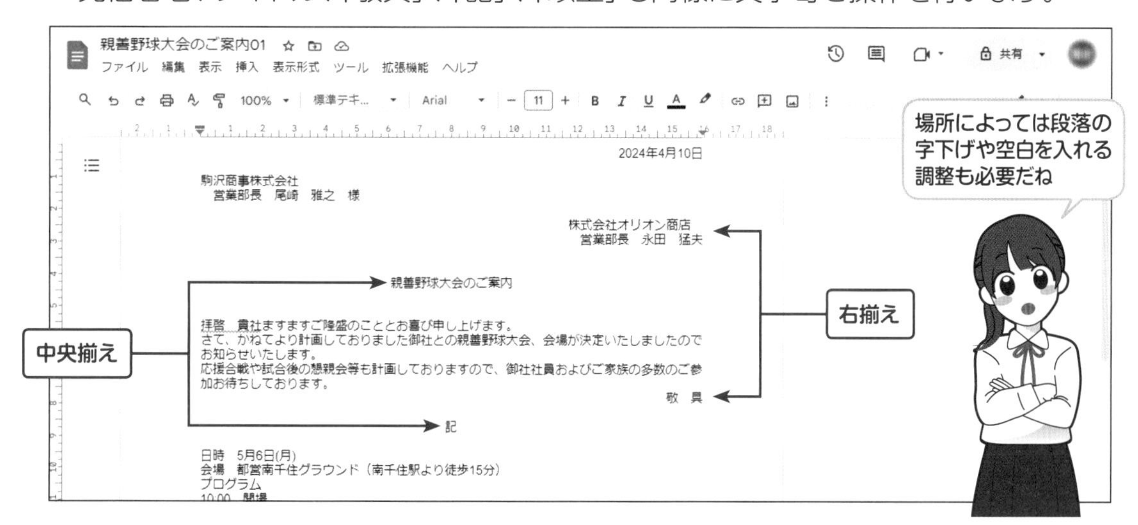

HINT

Windowsのワープロソフトに備わっている均等割り付けの操作はドキュメント(Document)にはありません。

インデント(字下げ)を設定する

文章の左端の開始位置を変更する操作です。文章が複数行にわたる場合も、左端はインデントを設定した位置になります。(インデント増)をクリックした回数分、行頭が右に移動します。(インデント減)で行頭が左に戻ります。

ここでは日時、会場、プログラムの内容にインデントを設定します。

①行の選択

設定したい行をドラッグして選択します。

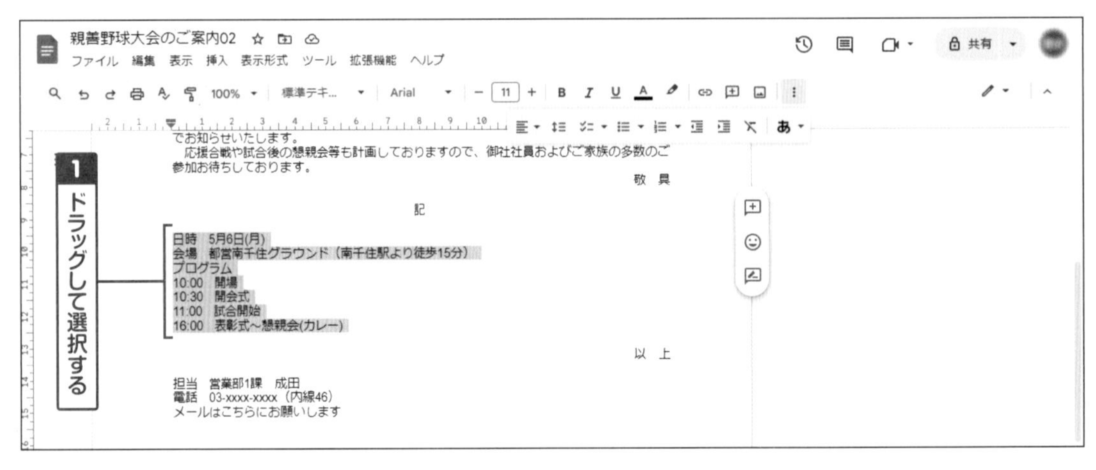

②インデント増をクリック

ツールバーの(インデント増)を1回クリックすると、行頭が一段右へ移動します。

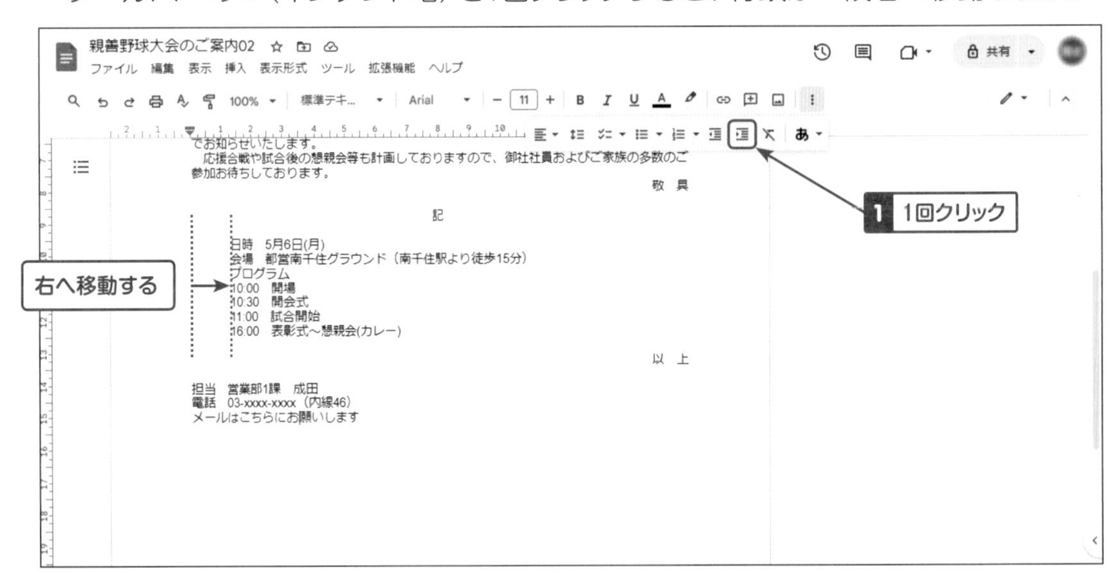

③選択位置を変え、インデント操作を行う

選択をプログラム内容部分に変え、再度 (インデント増) をクリックすると、さらに行頭が一段右へ移動します。

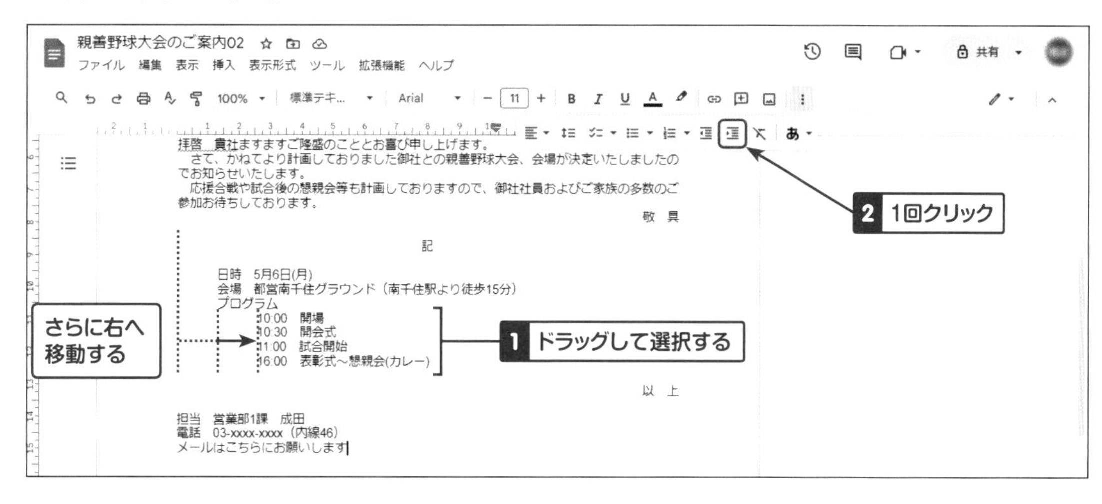

④同様に操作

文末の担当者名、連絡先も同様にインデント操作します。

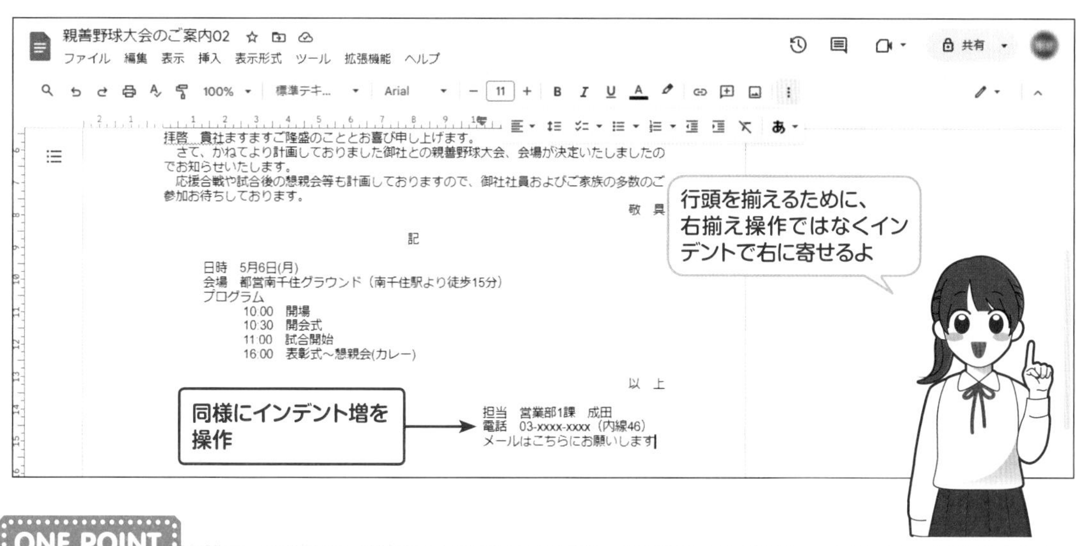

ONE POINT

インデントの移動幅

インデントでの行頭移動幅は標準で1.27cmですが、変更ができます。

❶メニュー［表示形式］→［配置とインデント］→［インデントオプション］をクリックします。
❷［インデントオプション］ダイアログが表示されるので、数値を入力をします。
❸入力後、適用をクリックします。

このダイアログで右端位置の設定もできます。

22 文字修飾

文字自体の修飾を行います。文字修飾は文書内で強調させたい箇所に使用します。

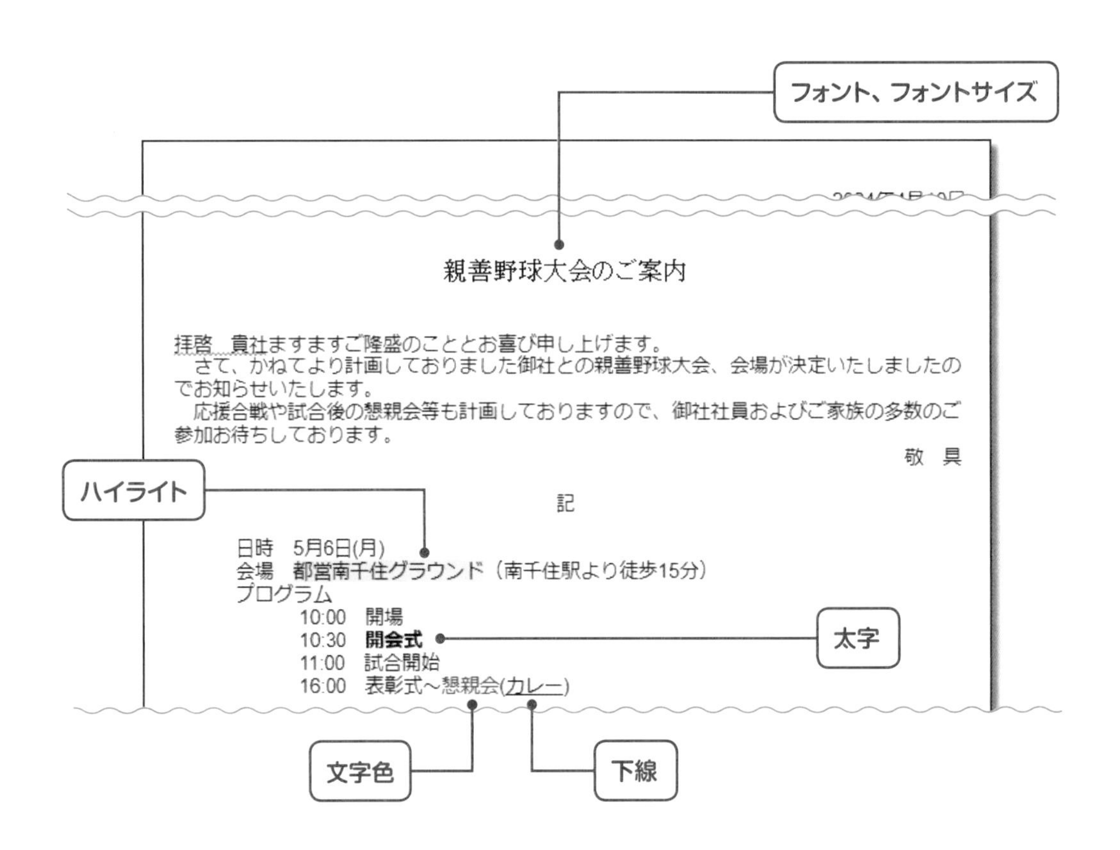

太字・斜体・下線を設定する

太字、斜体、下線は文字列を強調するために使用します。

太字(Bold)	一般的に日本語の文章で強調する際に用いられます。
斜体*(Itaric)*	一般的に英文で用いられます。
下線(Under Line)	横書きの文章で強調する際に用いられます。

ここでは「開会式」を太字に、「カレー」に下線を引いていきます。

① 文字列の選択

修飾したい文字列をドラッグして選択します。

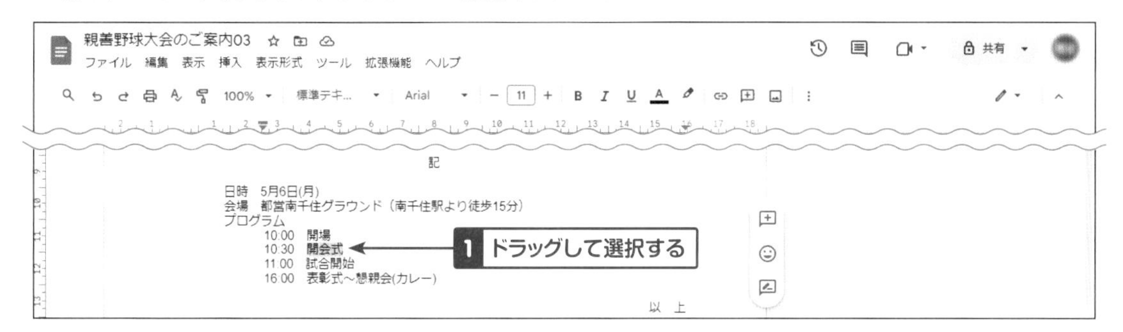

② 太字を設定

ツールバーの B（太字）をクリックします。

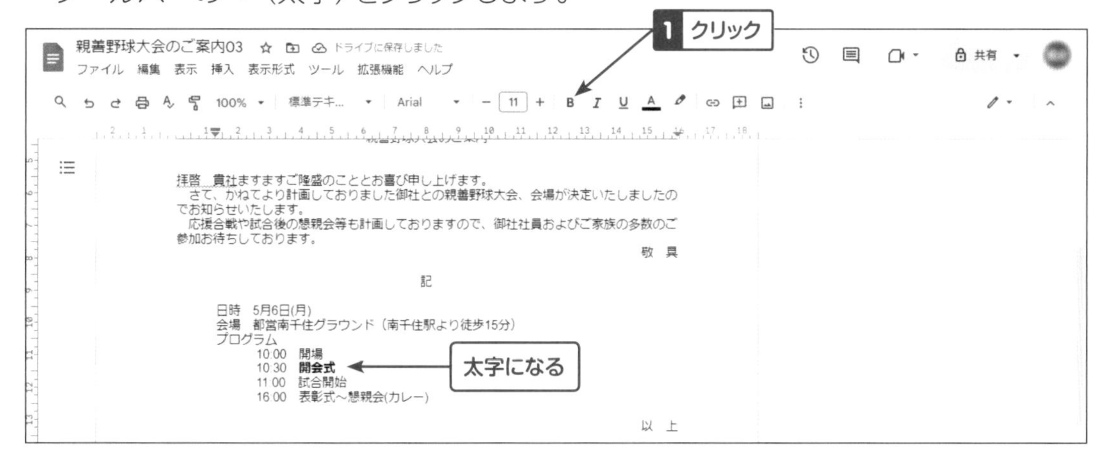

③ 同様に操作

同様に文字列を選択し、ツールバーの U（下線）をクリックします。

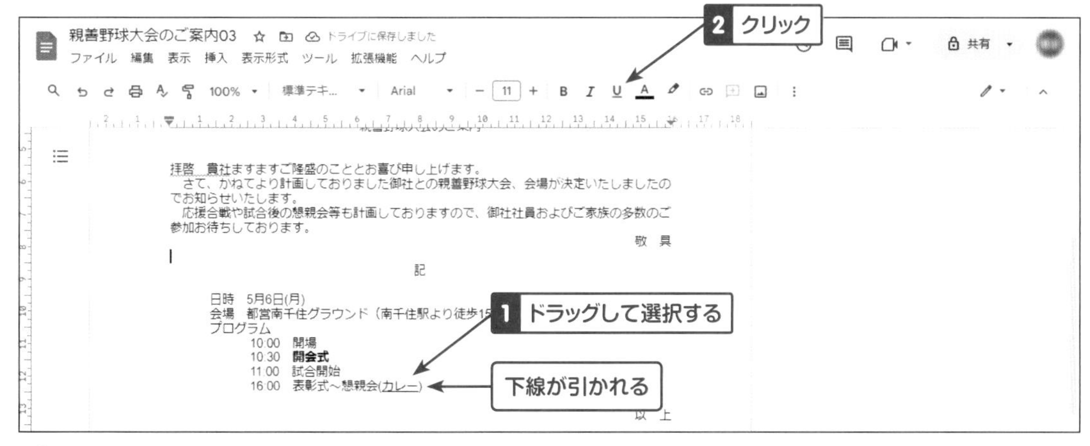

HINT

同じ文字列に重ねて修飾を行うこともできます。解除するには文字列をドラッグして選択した後、設定した文字修飾と同じアイコンをクリックします。

フォントサイズを変更する

フォントサイズとは文字の大きさのことです。フォントサイズを変更することにより、文書の重要度のレベルを直感的に示すことができます。

ここではタイトルのサイズを11ptから14ptに大きくしていきます。

①文字列を選択

タイトルの文字列をドラッグして選択します。

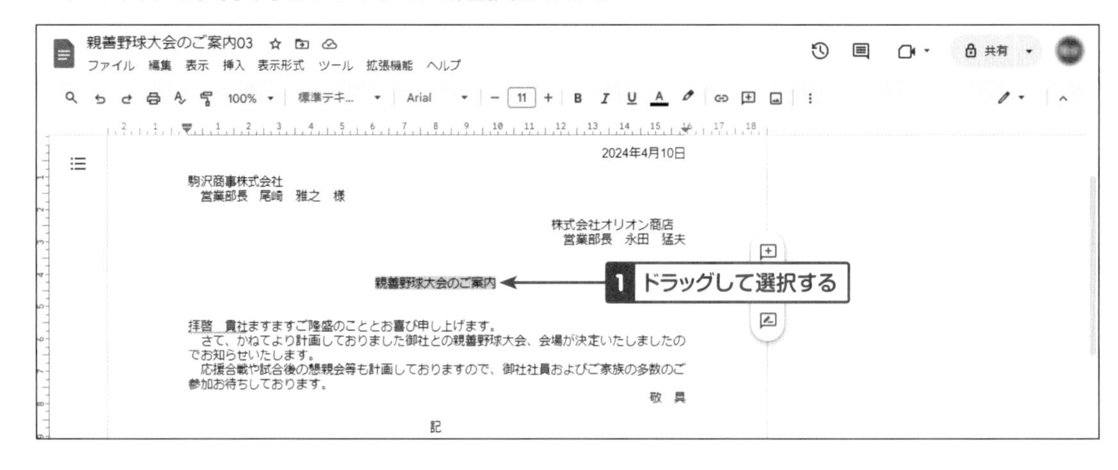

②フォントサイズを拡大

ツールバーの ＋（フォントサイズを拡大）をクリックし、14ptに合わせます。

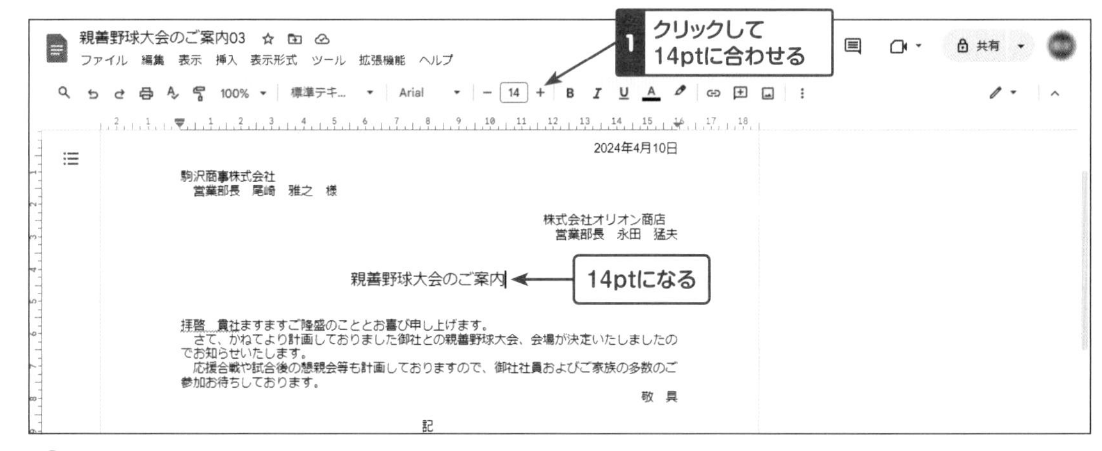

HINT

－ 11 ＋（フォントサイズ）の数値を直接入力し、サイズを変更することもできます。

標準テキ... ▾（スタイル）を使うと、フォントサイズを手動で変更しなくても、見出しのレベルによりサイズを簡単に変更することができます。

フォント（書体）を変更する

フォントとは文字の書体のことです。フォントを変えることにより、文書の印象を変えることができます。

ここではタイトルのフォントをMS P明朝に変更します。

①文字列の選択

文字列をドラッグして選択します。

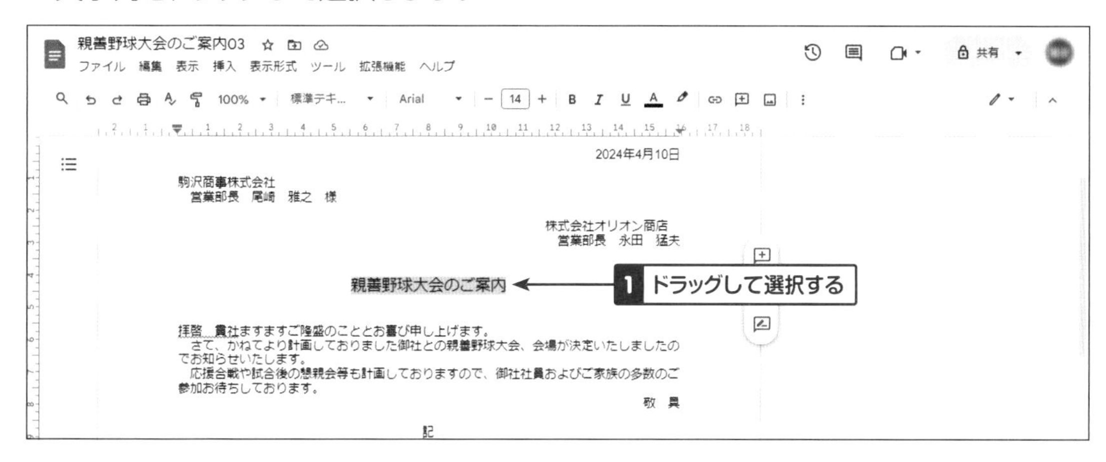

②フォントを選択、変更

ツールバーの Arial ▾（フォント）をクリックし、一覧から「MS P明朝」を選択します。

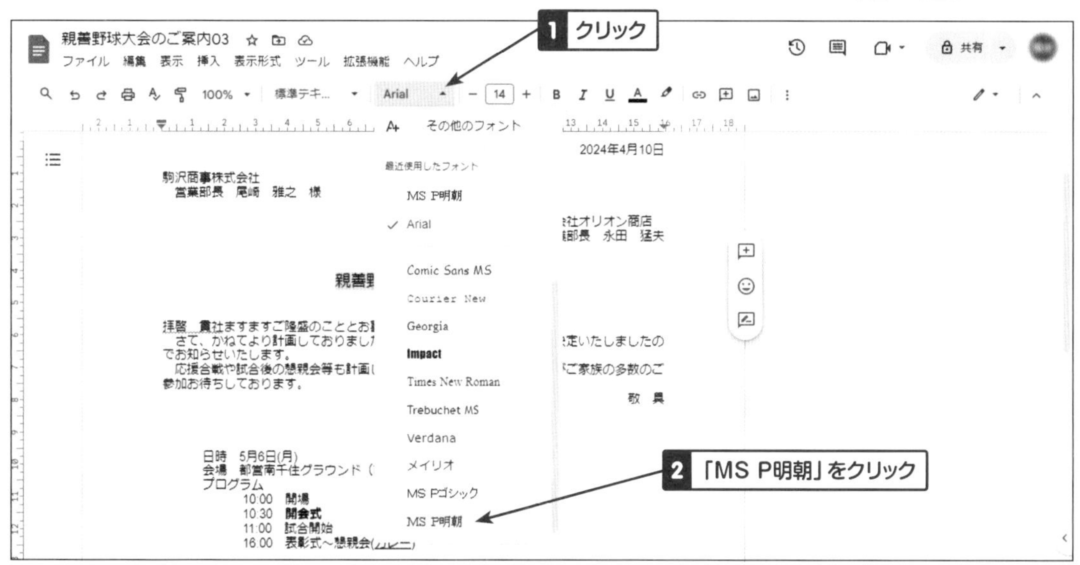

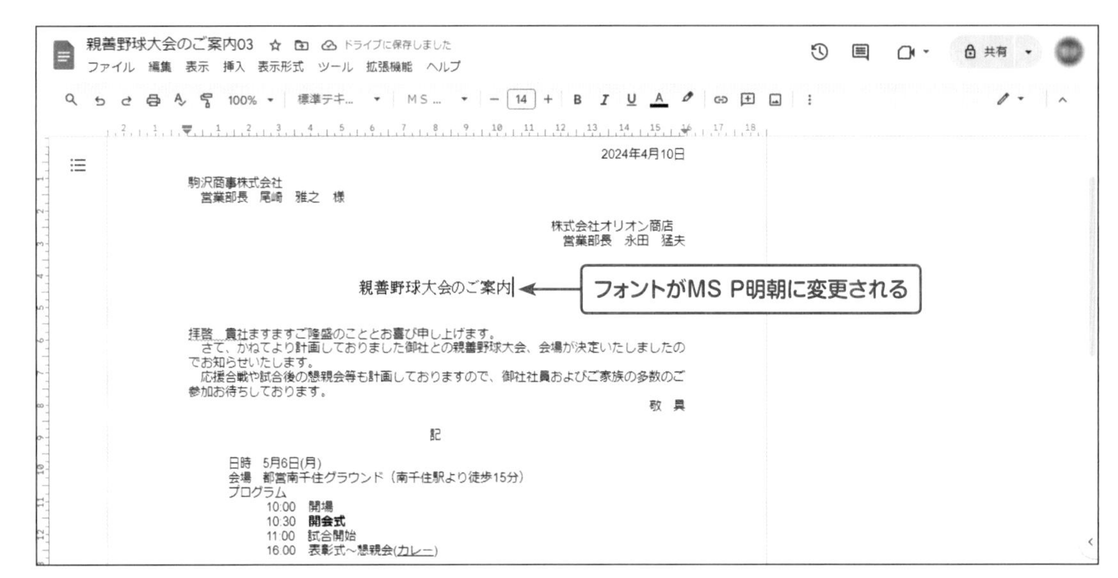

HINT

一覧にないフォントを追加したいときは、フォントの選択メニューで［その他のフォント］をクリックすると追加ができます。

文字の色を変更する

文字の色を、標準色の黒から変更することができます。
ここでは「懇親会」を赤色に変更します。

① 文字列の選択

文字列をドラッグして選択し、ツールバーの A（テキストの色）をクリックします。

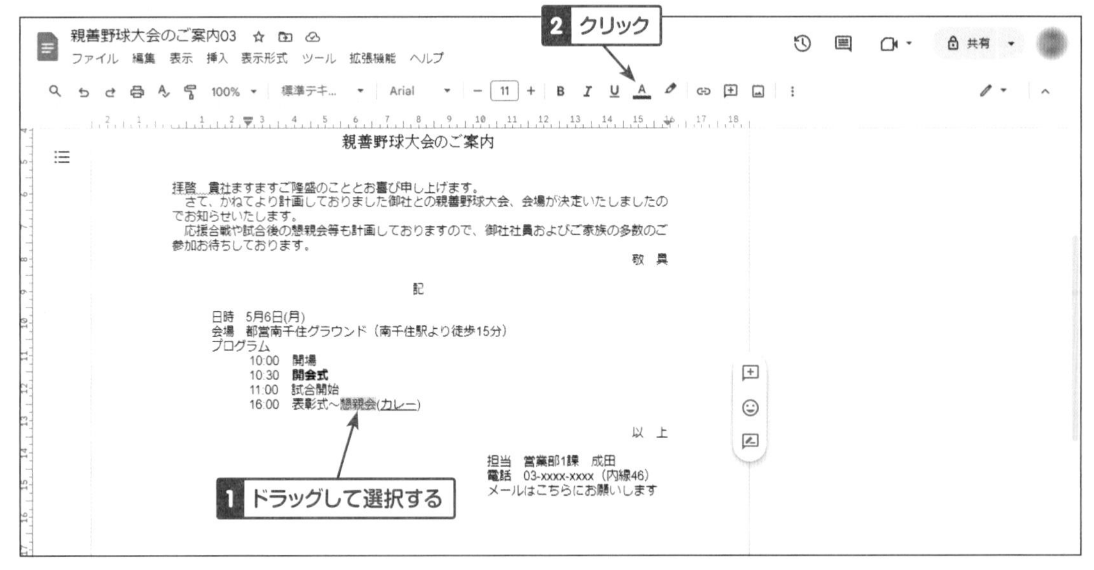

②色の選択

表示されたカラーパレットから、赤色を選択します。

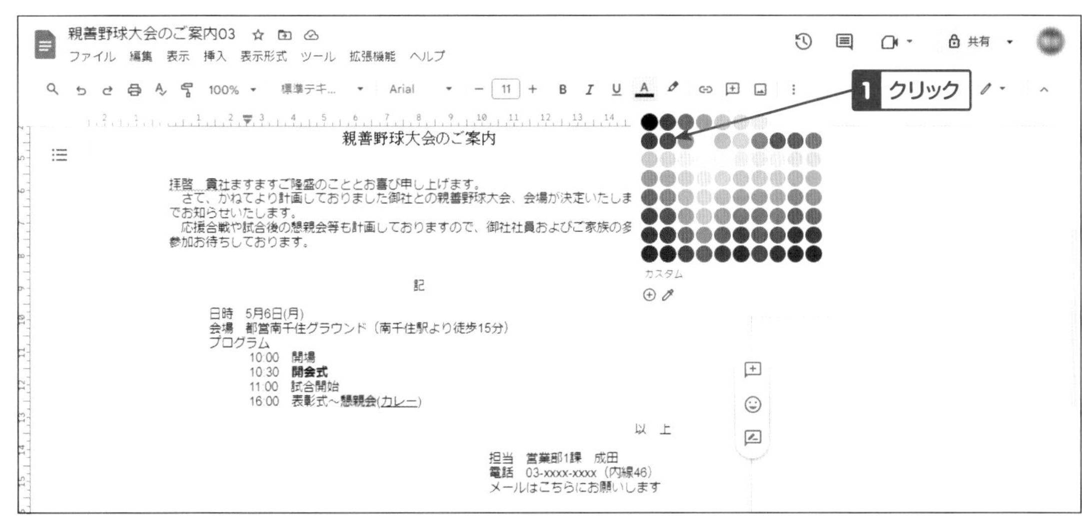

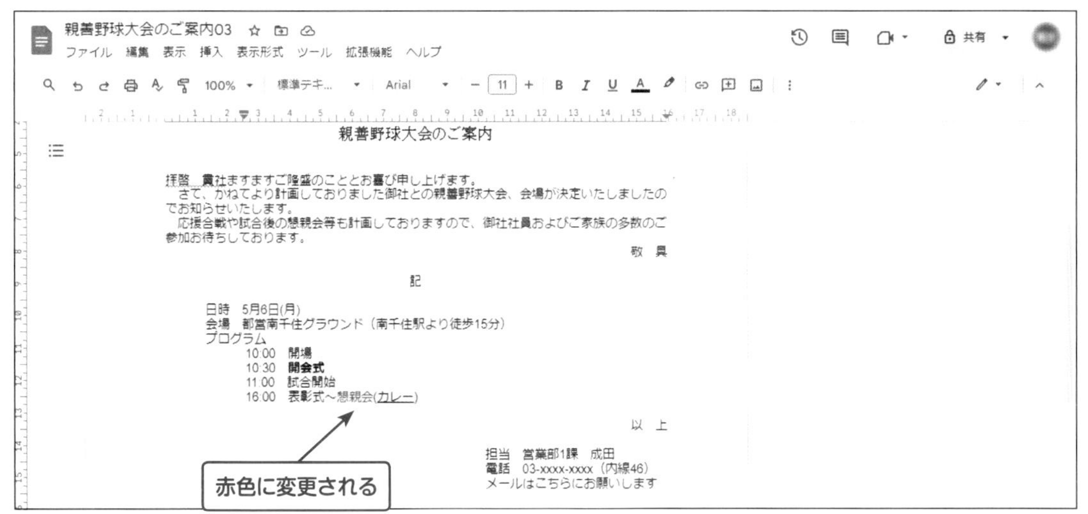

HINT

カラーパレットにない色を使いたい場合は、カラーパレットの下方にある ⊕（カスタムの色を追加）をクリックします。色はスポイト、16進数、RGBレベルの3種類から1つを選び指定します。

ハイライト（マーカー）を付ける

文字背景にマーカーペンを引いたように色を付けることができます。
ここでは会場の「都営南千住グラウンド」に黄色のハイライトを付けていきます。

①文字列の選択

文字列をドラッグして選択し、ツールバーの ✐（ハイライト）をクリックします。

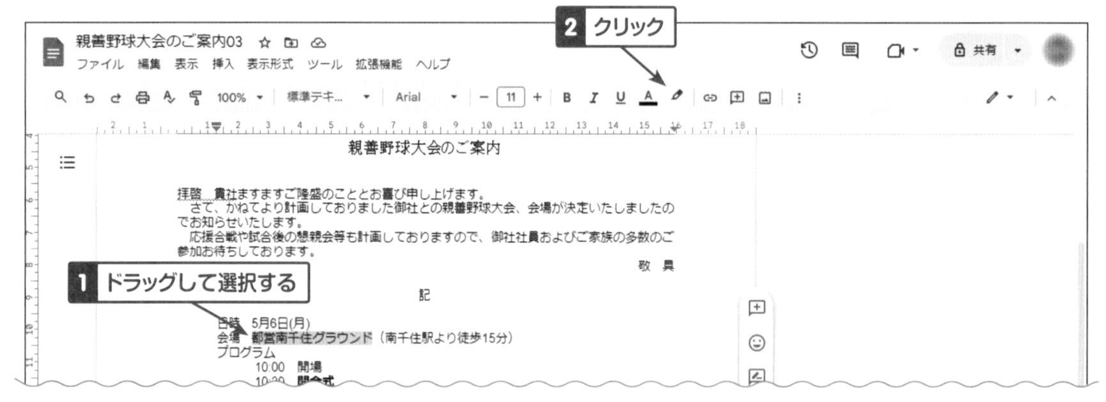

②色の選択

表示されたカラーパレットから、黄色を選択します。

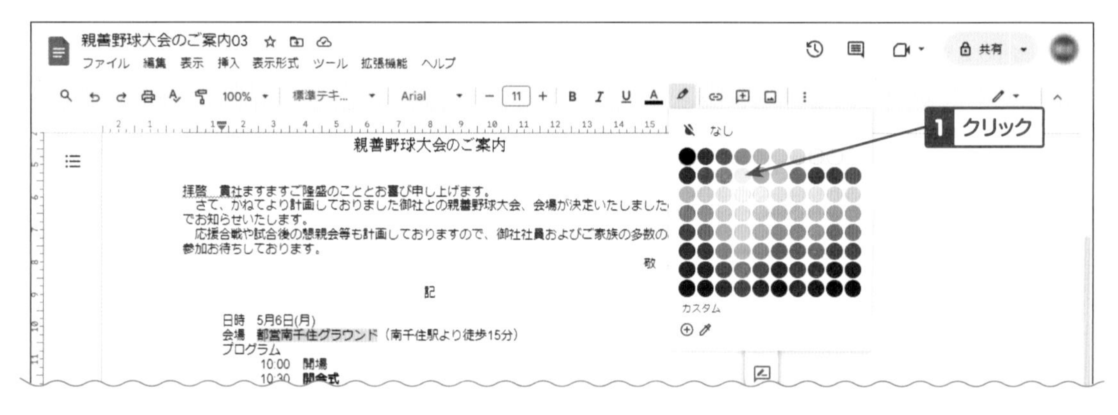

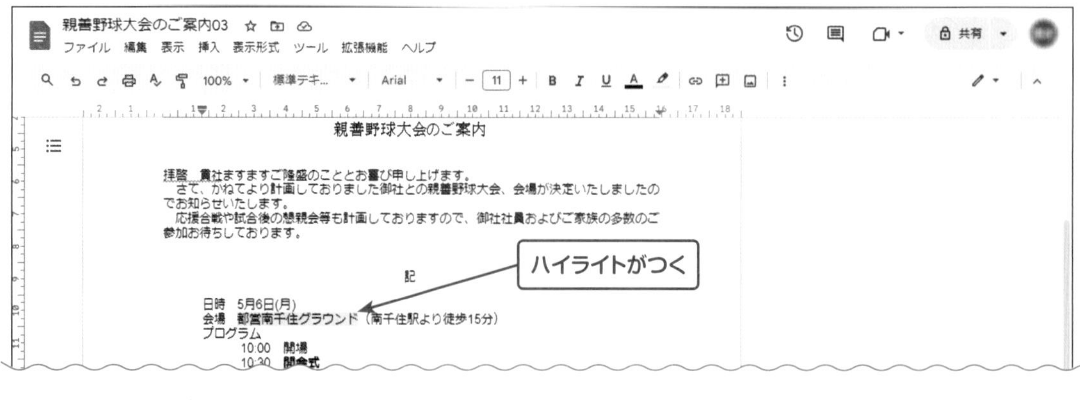

リスト

文字列を番号付きリストや箇条書きにする操作です。
ここでは日時、会場、プログラムに箇条書き、番号付きリストにします。

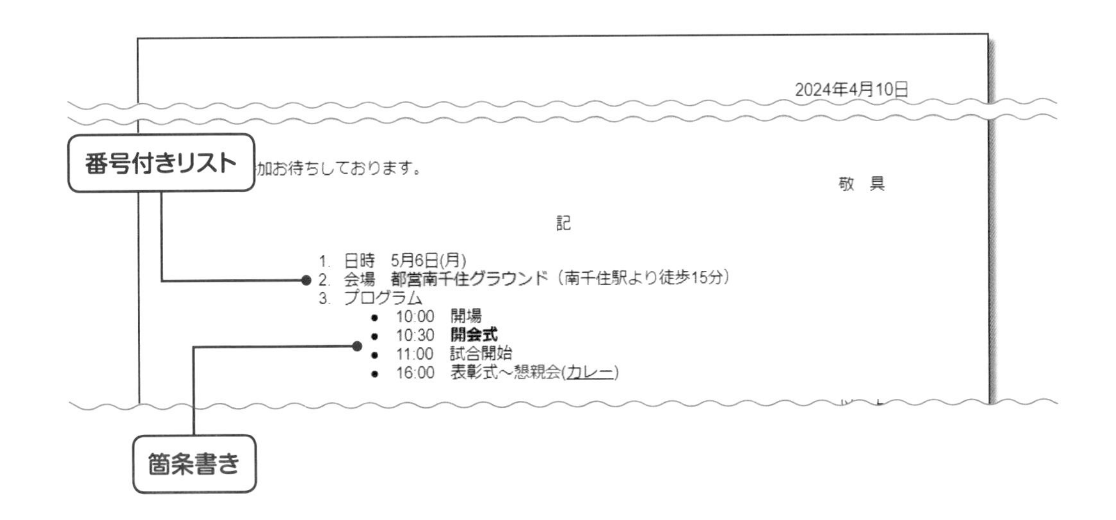

番号付きリストを設定する

行頭に番号やアルファベットなど、順序のわかる英数字を付ける場合はこちらを使います。

①行を選択

番号付きリスト化する行をドラッグして選択します。

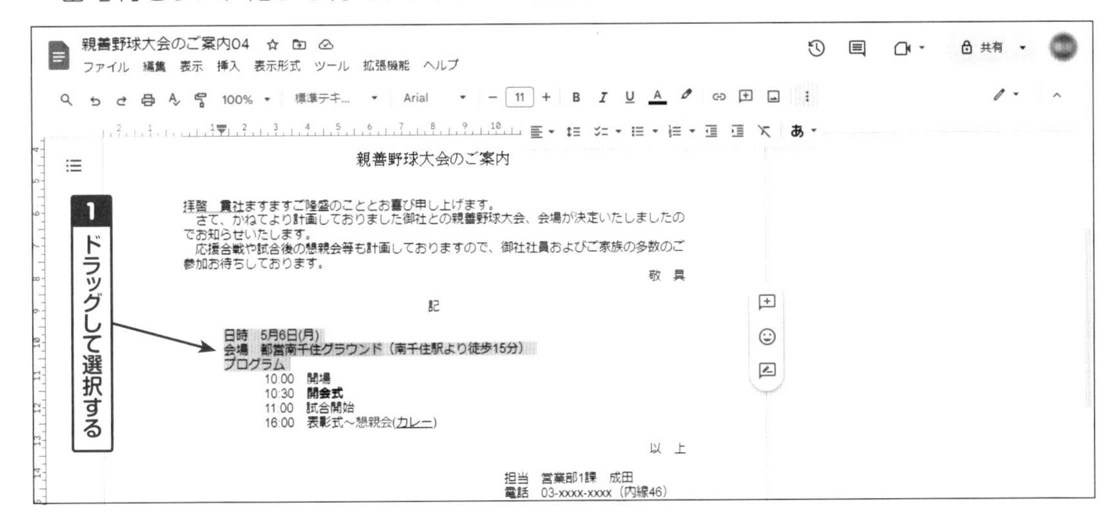

第5章 ドキュメントで文書を作ってみよう

②番号付きリストを設定

ツールバーの ⁝≡（番号付きリスト）をクリックすると、行頭に英数字の連番が付きます。

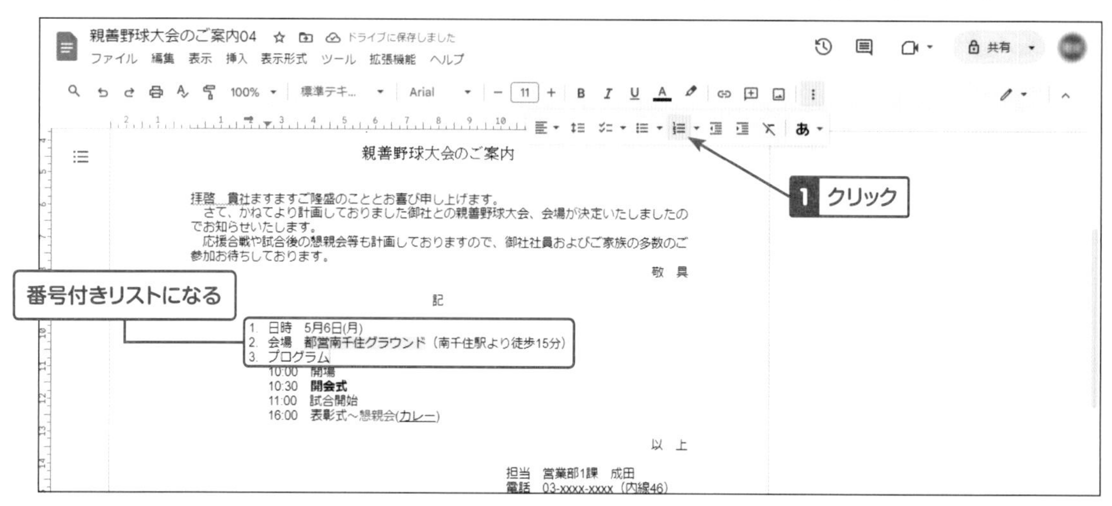

HINT

番号付きリストアイコン脇の［▼］をクリックすると、番号付きリストの行頭英数字のパターンが選択できます。

箇条書きを設定する

行頭に記号を付けて短文で書き並べるときに使います。

①行を選択

箇条書きにする行をドラッグして選択します。

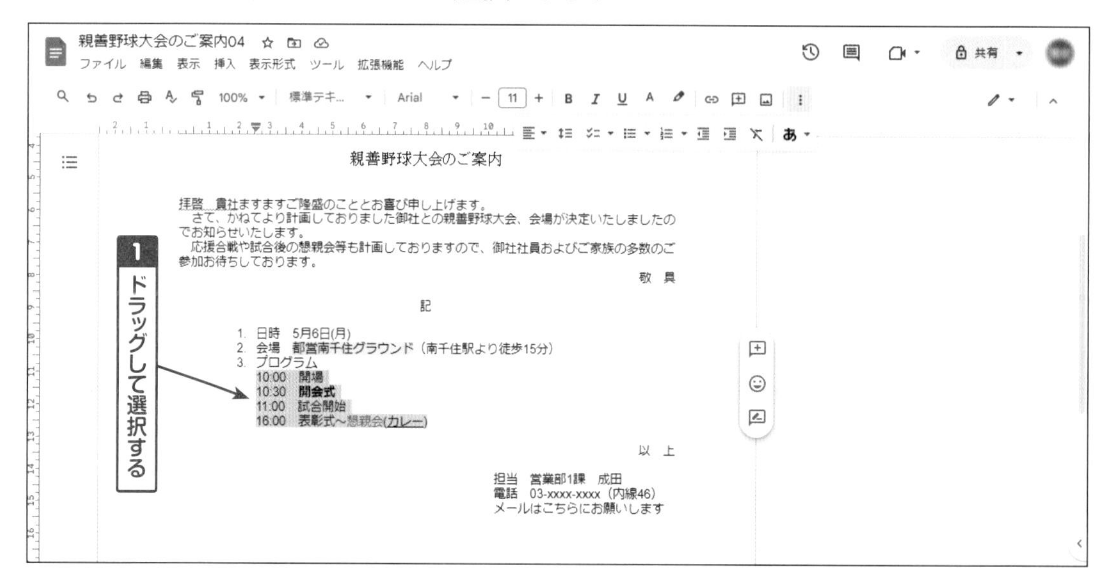

② 箇条書きを設定

ツールバーの ≔（箇条書き）をクリックすると、行頭に黒丸の記号が付きます。

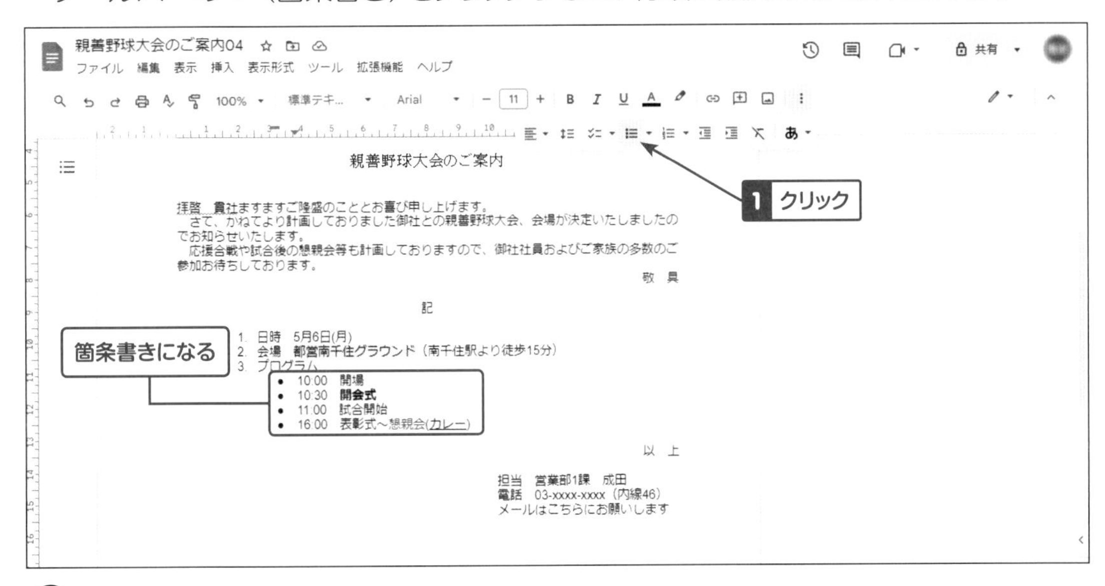

HINT

箇条書きアイコン脇の［▼］をクリックすると、箇条書きの行頭記号のパターンが選択できます。

ONE POINT

箇条書き、番号付きリストをインデントした場合

箇条書き、番号付きリストの一部の行をインデントすると、インデントされた行の行頭記号や英数字が変わり、入れ子の行の区別が付きやすくなります。インデントを繰り返すと、同じ行頭記号、英数字が繰り返されます。

▼箇条書きのインデント

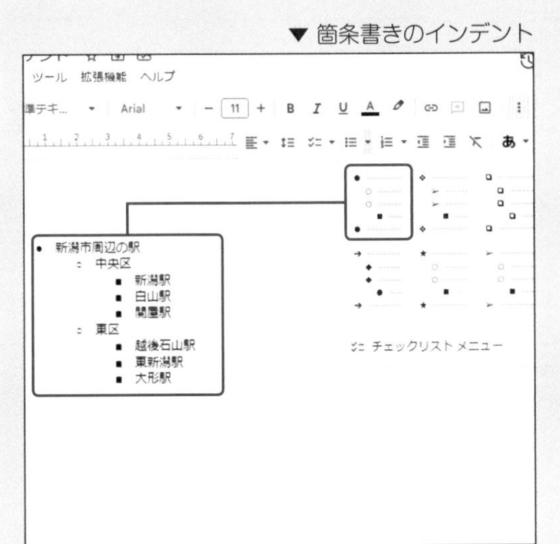

▼番号付きリストのインデント

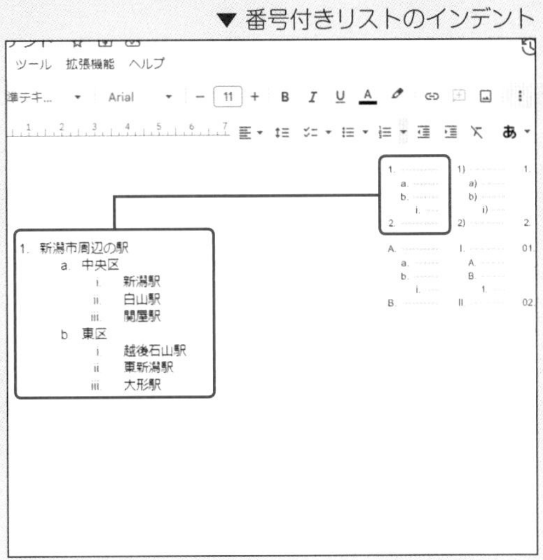

24 リンク

Webサイトやファイルへジャンプさせるため、文字列にリンクを設定します。

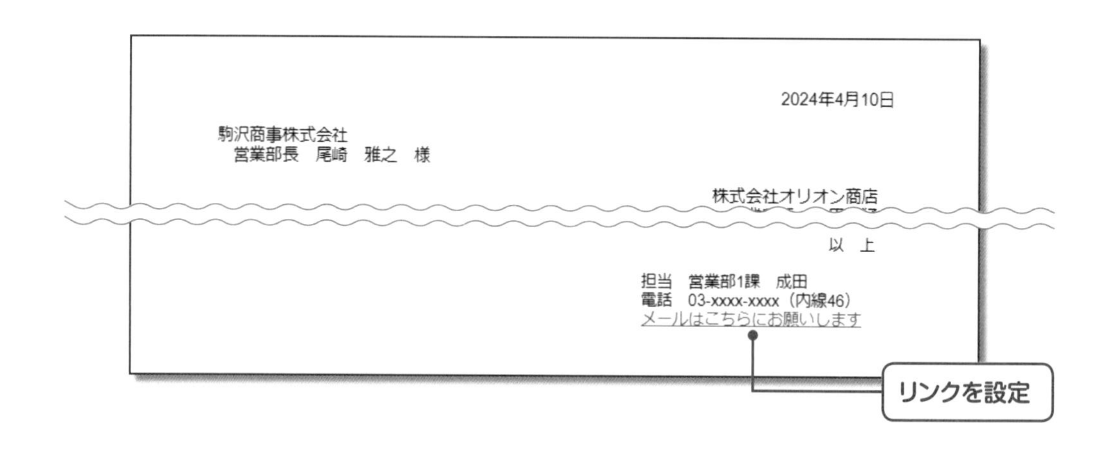

リンクを設定する

文字列にリンクを設定することにより、画面上で文書を見たときに、関連するWebサイトや他のドキュメント（Document）、スプレッドシート（Spreadsheet）、PDF、メールアプリ等にジャンプさせることができます。

ここでは担当者連絡先にメールアドレスをリンクします。

① 文字列を選択、リンクを設定

文字列をドラッグして選択し、ツールバーの ⊖（リンクを挿入）をクリックします。

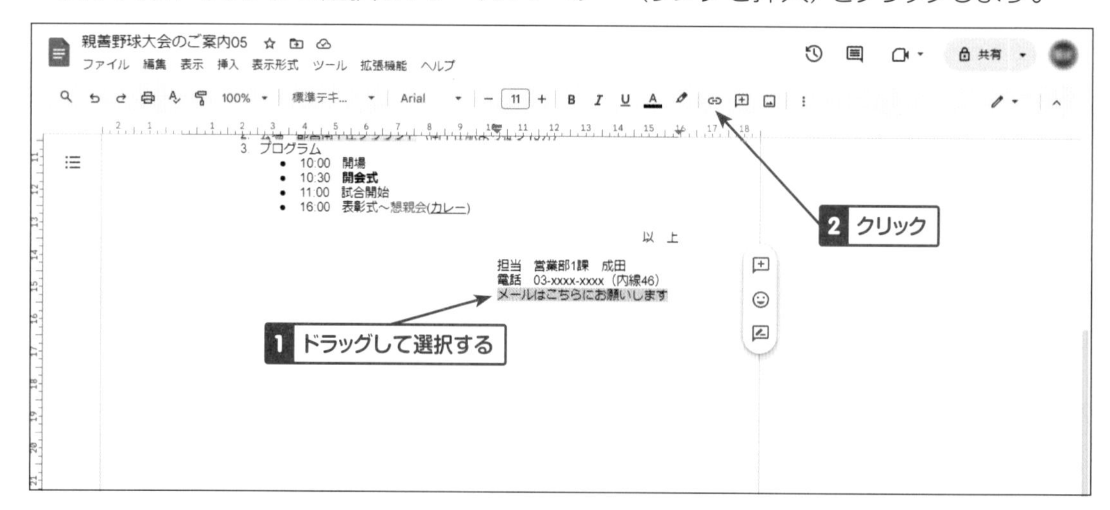

②メールアドレスを入力、適用

表示されたリンクのポップアップにメールアドレスを入力します。入力したら［適用］をクリックするとリンクが適用されます。

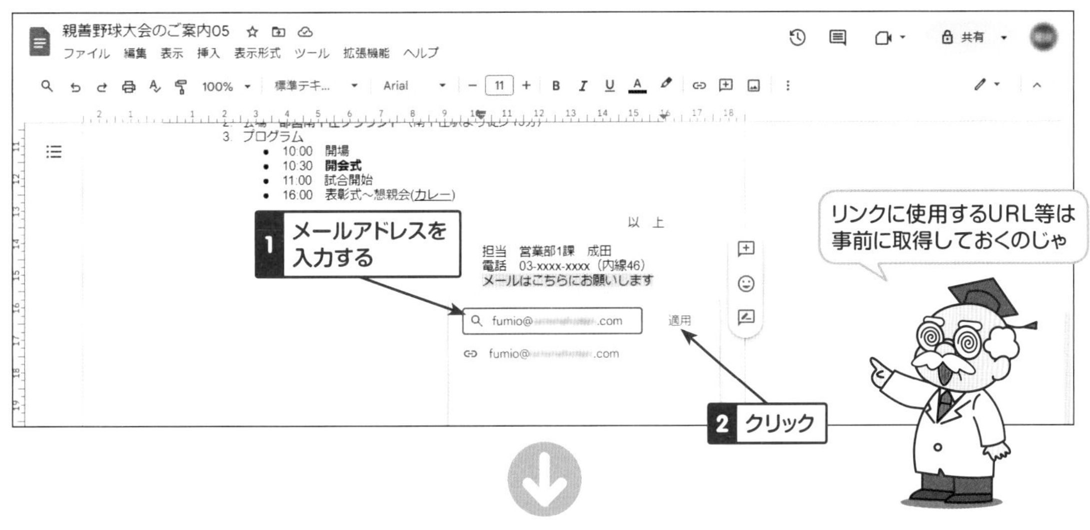

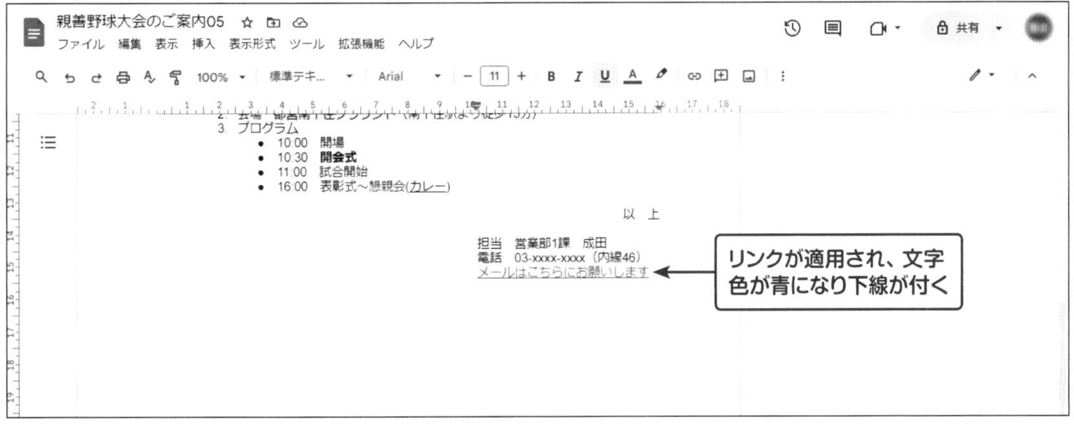

HINT

リンクのダイアログには同じドライブ内にあるリンクできるファイルが一覧で表示されます。ファイル名をクリックすると、リンクすることができます。

ONE POINT

リンクの解除

リンクを解除する場合は、リンクを設定した文字列をクリックするとリンクのポップアップメニューが表示されるので、（リンクを削除）をクリックします。同じメニューの（リンクを編集）でリンクの修正もできます。

▼リンクのポップアップ

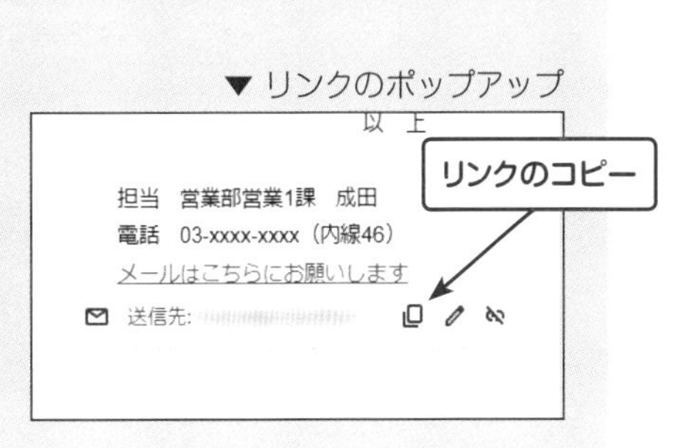

行間隔

行間隔を広げる操作です。行間隔を調整することで文章が読みやすくなります。

2024年4月10日

駒沢商事株式会社
　営業部長　尾崎　雅之　様

株式会社オリオン商店
営業部長　永田　猛夫

親善野球大会のご案内

拝啓　貴社ますますご隆盛のこととお喜び申し上げます。
　さて、かねてより計画しておりました御社との親善野球大会、会場が決定いたしましたのでお知らせいたします。
　応援合戦や試合後の懇親会等も計画しておりますので、御社社員およびご家族の多数のご参加お待ちしております。

敬　具

行間隔を広げる

2024年4月10日

駒沢商事株式会社
　営業部長　尾崎　雅之　様

株式会社オリオン商店
営業部長　永田　猛夫

親善野球大会のご案内

拝啓　貴社ますますご隆盛のこととお喜び申し上げます。
　さて、かねてより計画しておりました御社との親善野球大会、会場が決定いたしましたのでお知らせいたします。
　応援合戦や試合後の懇親会等も計画しておりますので、御社社員およびご家族の多数のご参加お待ちしております。

敬　具

行間隔を変更する

ここでは文書全体の行間隔を広げます。

①行を選択

文書全体をドラッグして選択します。

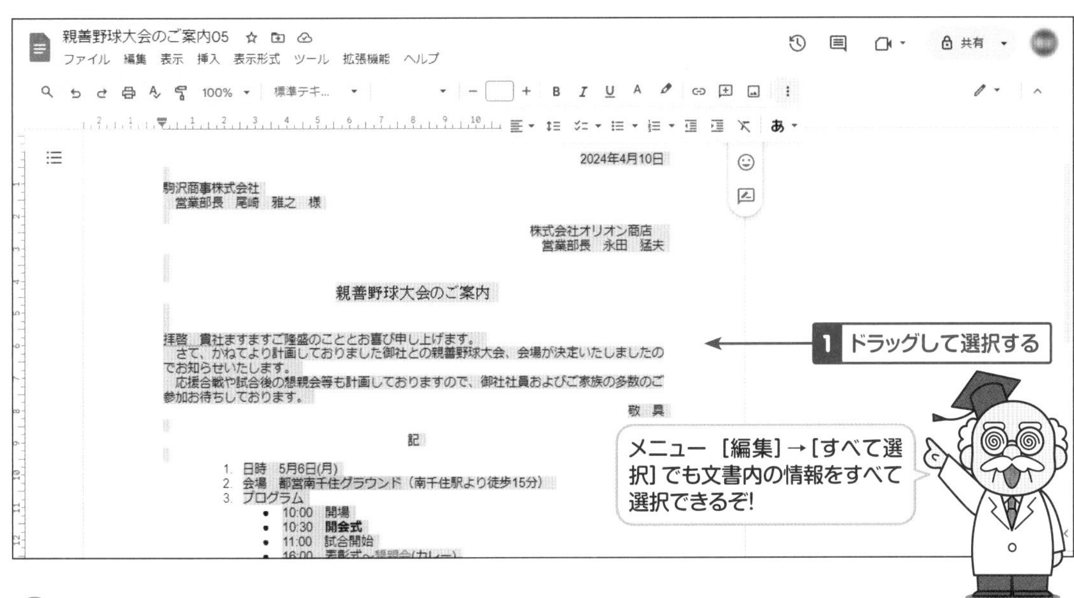

②行間隔と段落の間隔を設定

ツールバー ↕≡（行間隔と段落の間隔）をクリックし、表示されたメニューから［1.5行］を選択すると、行間が1.5行分広がります。

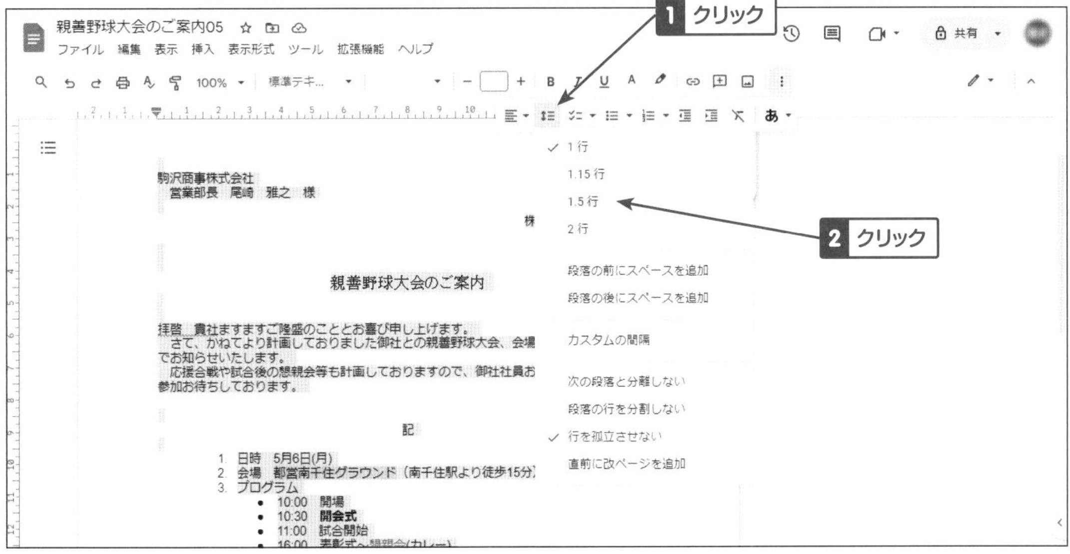

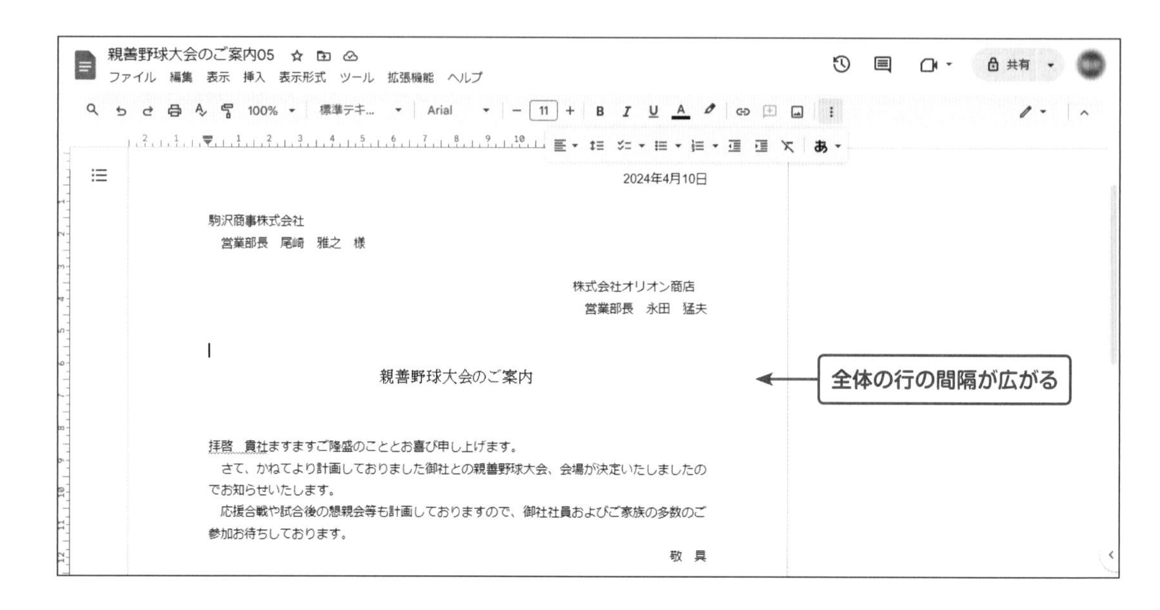

ONE POINT

1行に入力できる文字数、1ページに入力できる行数

A4判用紙、余白を標準値(2.54cm)、フォントを「Arial」にした場合、文字サイズ・行間隔により、1行の文字数(日本語)と1ページの行数は以下の数値となります。

文字サイズ	1行の文字数	行間隔	1ページの行数
9ポイント	45字	1.0行	55行
		1.15行	48行
		1.5行	37行
		2.0行	28行
11ポイント	41字	1.0行	50行
		1.15行	44行
		1.5行	34行
		2.0行	25行
12ポイント	37字	1.0行	60行
		1.15行	52行
		1.5行	40行
		2.0行	30行

26 文字列の編集

文字列のコピー（複写）・貼り付け、検索と置換の操作です。

同じ文字列を繰り返し入力する場合、毎回入力するよりもコピー操作のほうが簡単です。また、指定した文字列を探す場合、目視での検索よりも検索操作のほうが確実ですし、文字列の置換についても漏れ無く置き換えることができるなど、入力作業の確実化・省力化になります。

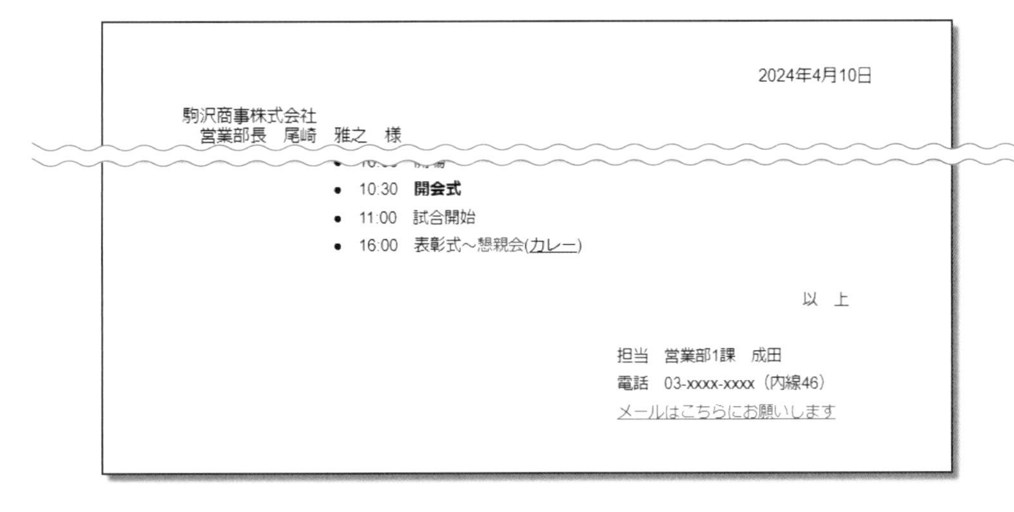

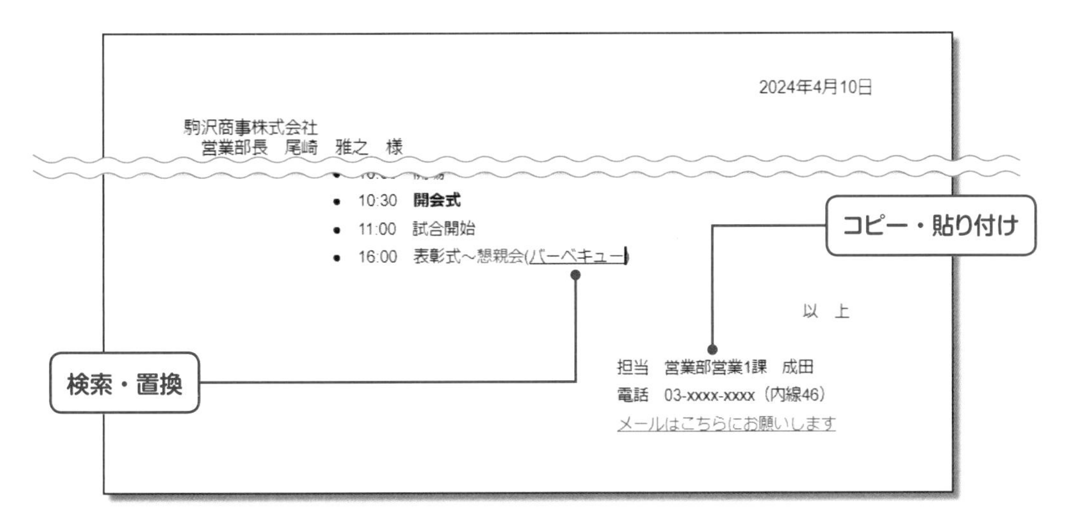

文字列をコピー・貼り付けする

ここでは担当者連絡先の「営業」の文字をコピーして「1課」の前に貼り付けし、「営業部営業1課」にします。

①文字列を選択、コピー

「営業」をドラッグして選択し、メニュー［編集］→［コピー］をクリックします。

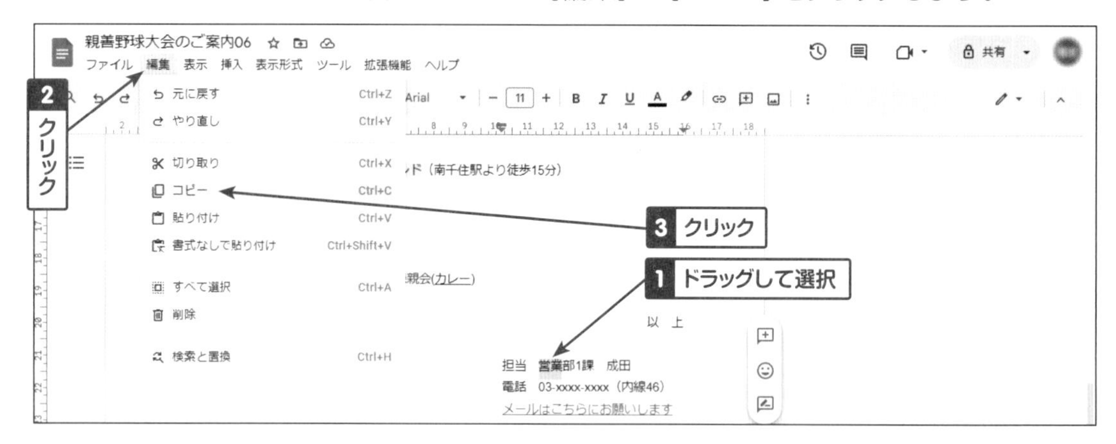

②カーソルの移動、貼り付け

貼り付けたい位置をクリックし、メニュー［編集］→［貼り付け］をクリックします。

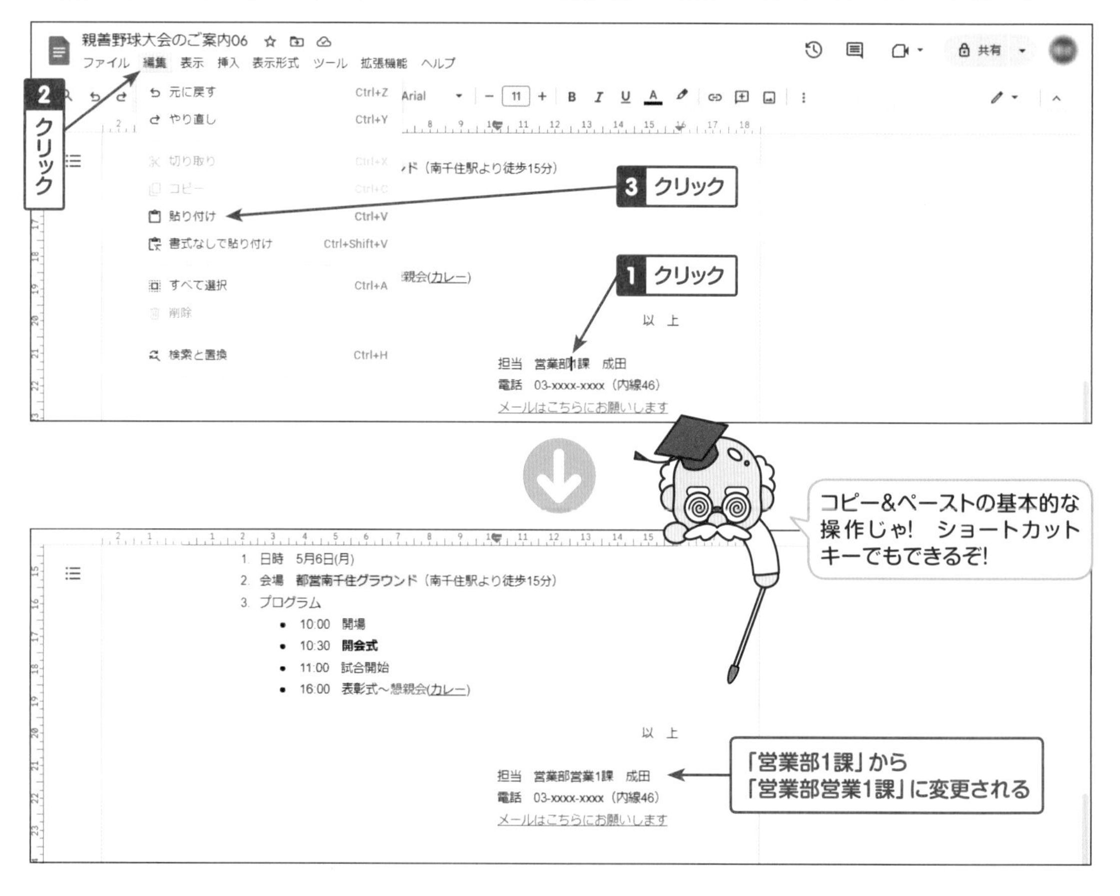

すでに文字修飾がなされている文字列を文字修飾しない状態で貼り付けたい場合は、②の操作にて［書式なしで貼り付け］をクリックします。

文字列を検索する

入力した文章の中にある文字列を検索する操作です。

①検索と置換メニューの表示

メニュー［編集］→［検索と置換］をクリックします。

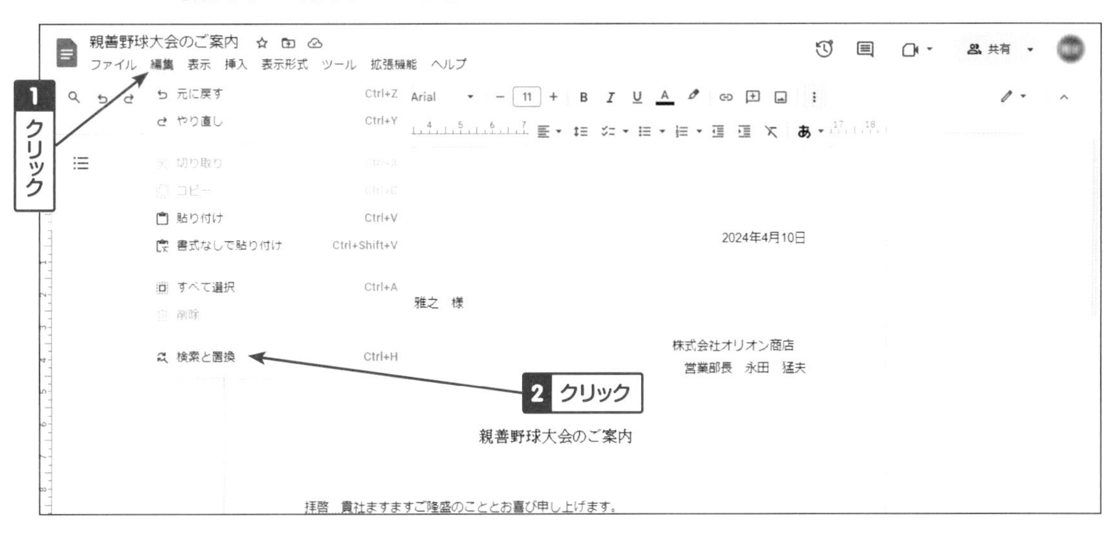

②検索する文字列を入力

ここでは試しに、「成田」と入力してみましょう。入力すると、入力ボックス内に文書中にある検索された文字列の個数が表示され、文書内の検索文字列がハイライト表示されます。

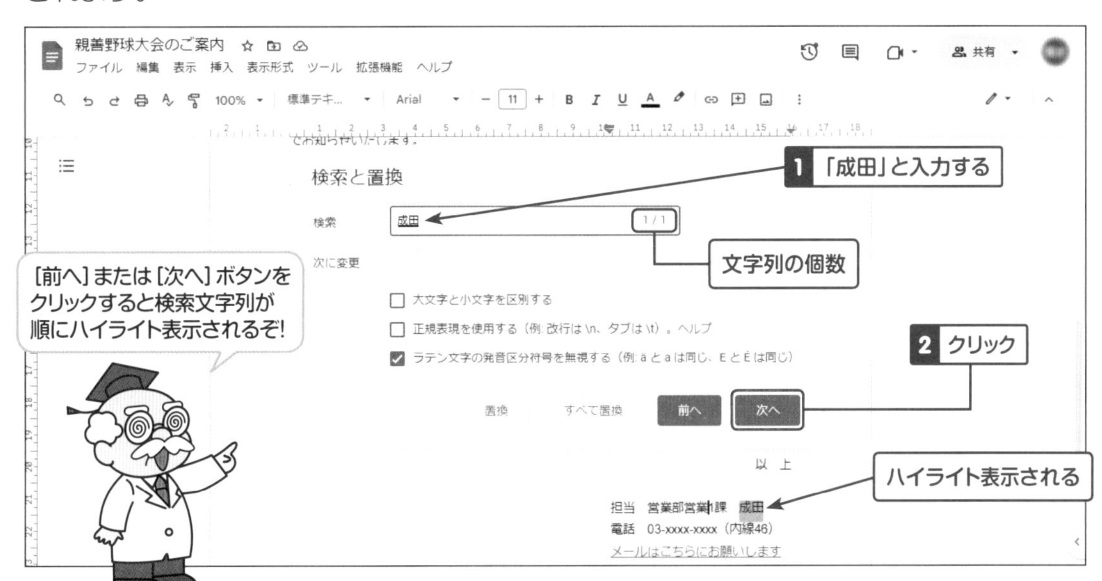

文字列を置換する

検索と置換は、入力した文章の中にある文字列を別の文字列に置換する操作です。ここでは「カレー」を検索し、「バーベキュー」に置換します。

①検索と置換メニューの表示

メニュー[編集]→[検索と置換]をクリックします。

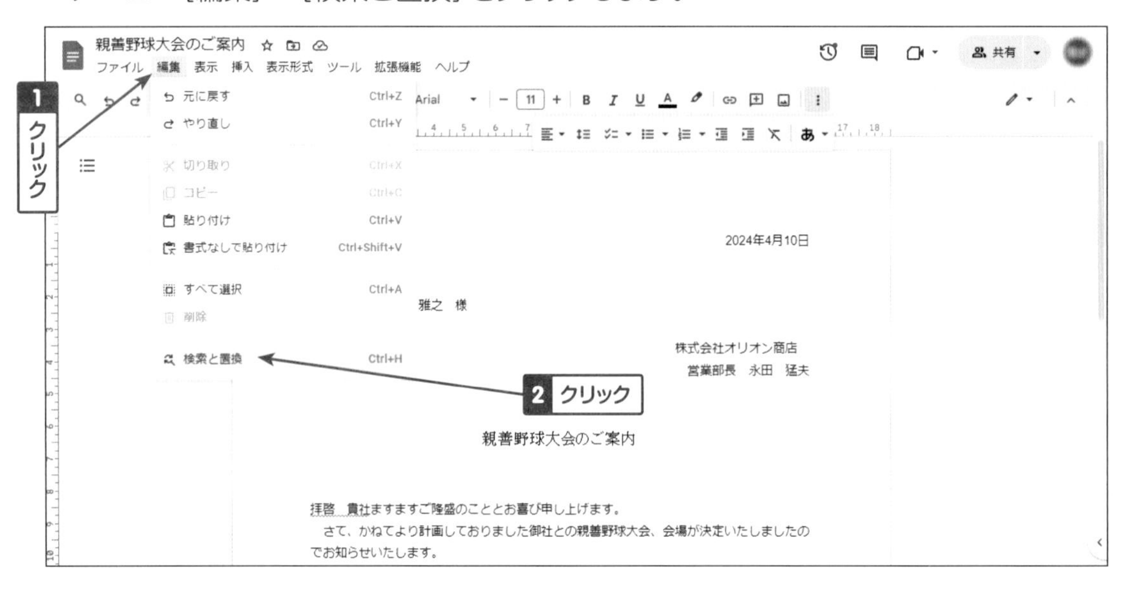

②[検索]、[次に変更]を入力し、置換

[検索]に「カレー」、[次に変更]に「バーベキュー」を入力します。入力後、[置換]ボタンをクリックすると、文字列が置き換わります。

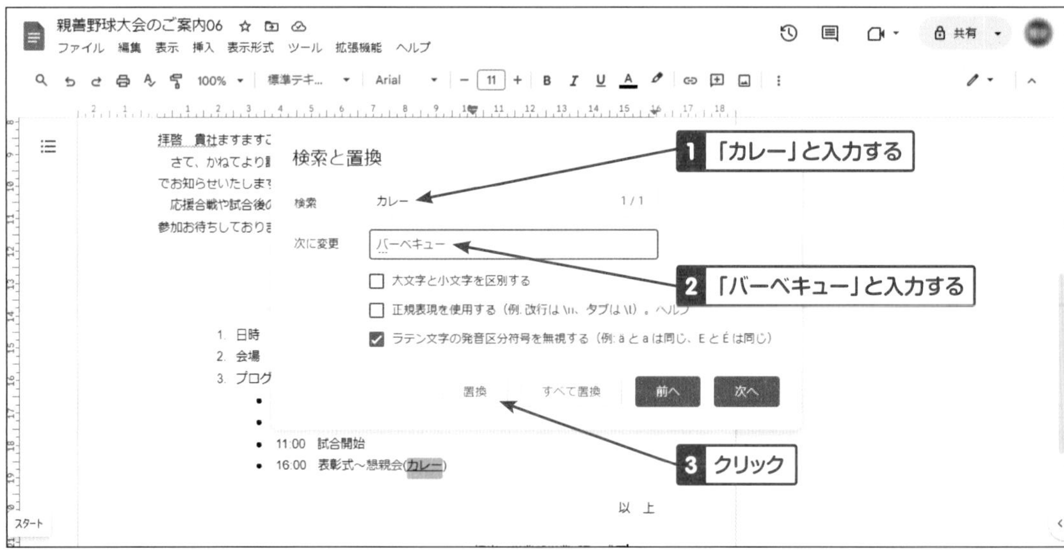

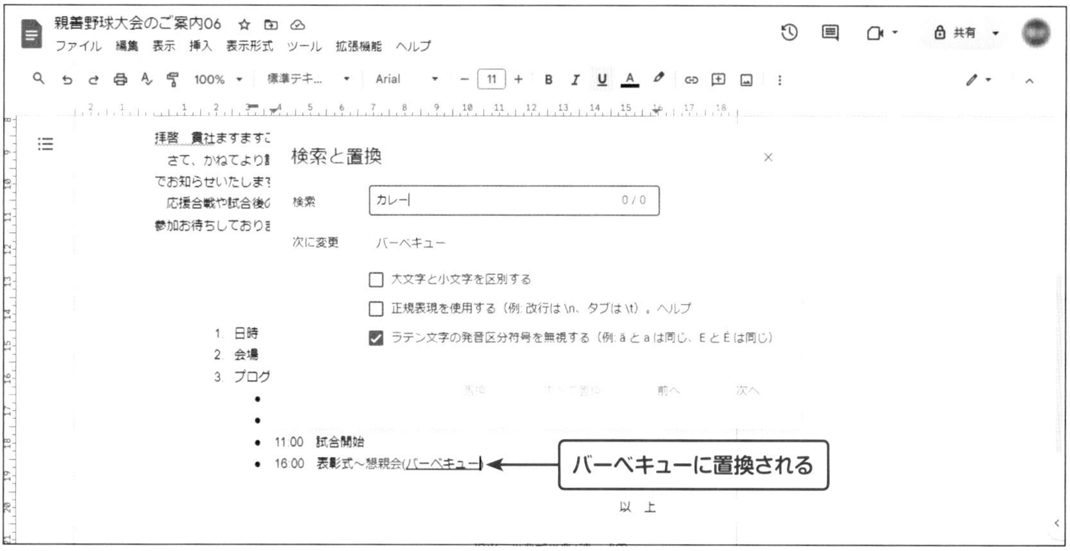

HINT

［すべてを置換］をクリックすると、文書内の検索された文字列をすべて置換します。置換した文字列を元に戻す場合は、メニュー［表示］→［元に戻す］をクリックします。

ONE POINT

正規表現を使用する

正規表現とは文字列の集合を一つの文字列で表現する方法として情報処理分野でよく使われる手法です。

画面上に表示されない改行コードやタブなどの制御記号の検索や置換を行うことが可能です。たとえば、改行コードを削除して文字列をつなげる、タブを削除するなどの操作ができます。

27 表を作る

ドキュメント (Document) の文書内に表を挿入します。表の行・列の追加・削除の操作も説明します。

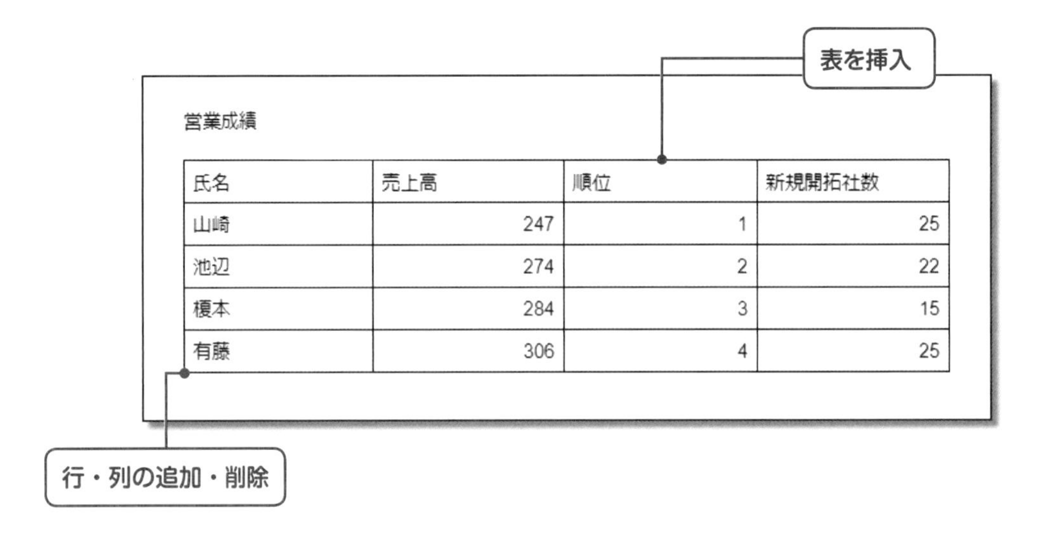

氏名	売上高	順位	新規開拓社数
山崎	247	1	25
池辺	274	2	22
榎本	284	3	15
有藤	306	4	25

表を挿入する

ここでは、文書に表を挿入し、文字を入力するまでを説明します。列幅や行高の調整、罫線の色・太さ・線種、セル (マス目) の塗りつぶしなどの表の修飾はこの後の項で説明します。

①行・列の選択、挿入

カーソルを表を挿入したい場所に置き、メニュー [挿入] → [表] から表示されるマス目を、作成する表の行・列の分クリックします。ここでは4列×5行の表を作成します。

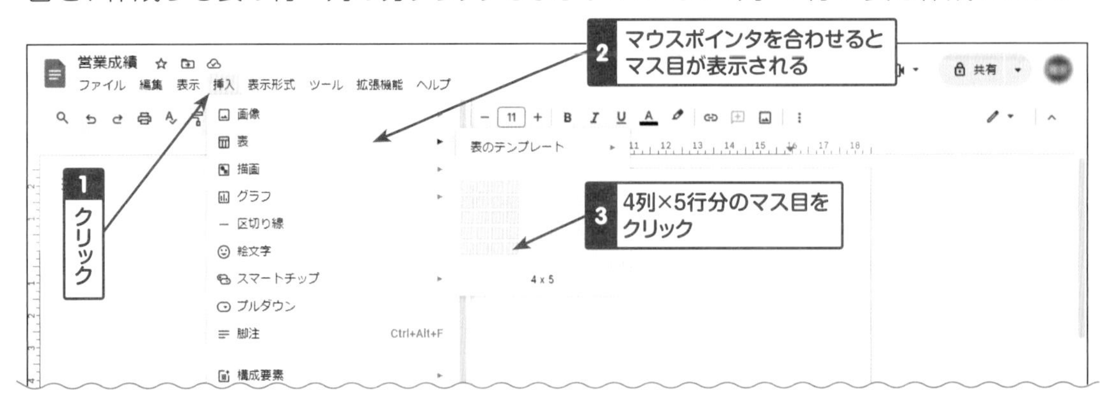

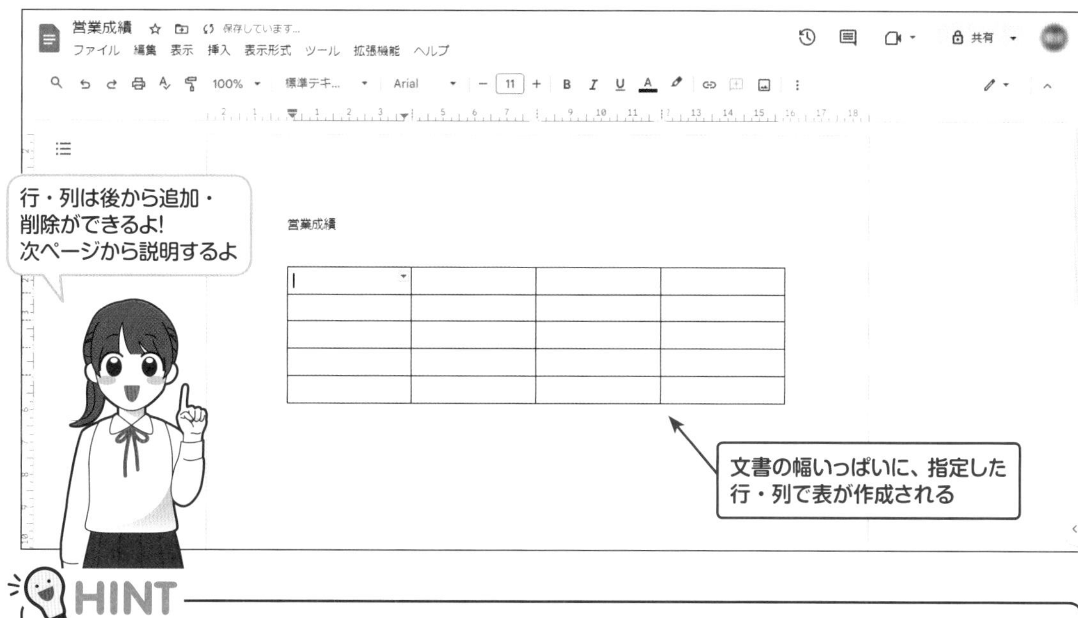

HINT

表の列幅や行高も調整ができます。【5章-28 表の修飾】 P109

②文字の入力

作成した表に、内容を入力します。

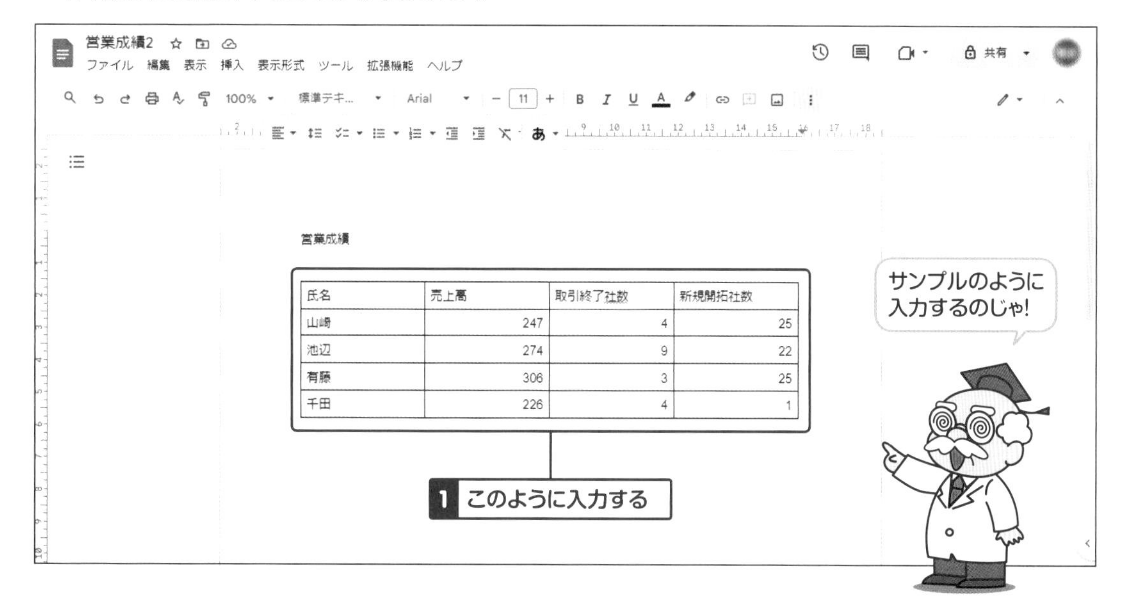

氏名	売上高	取引終了社数	新規開拓社数
山崎	247	4	25
池辺	274	9	22
有藤	306	3	25
千田	226	4	1

行を追加する

表を作成後に、行を追加する操作です。
ここでは「池辺」、「有藤」の間に1行追加します。

①追加する行の位置の選択、追加

追加したい行の上の行の左端にマウスポインタを重ね、重ねると表示される[+](下に1行挿入)をクリックすると、1行追加されます。

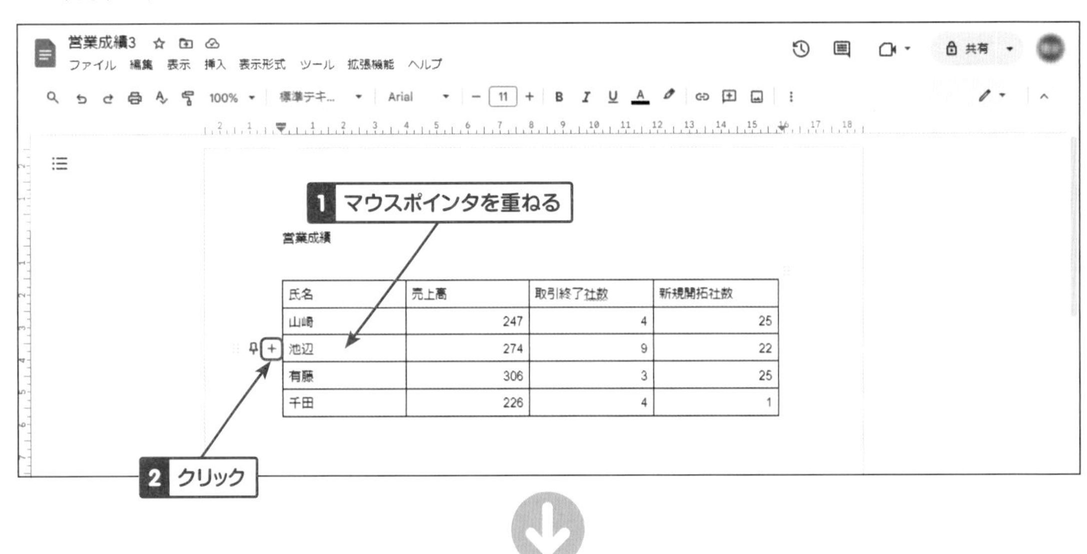

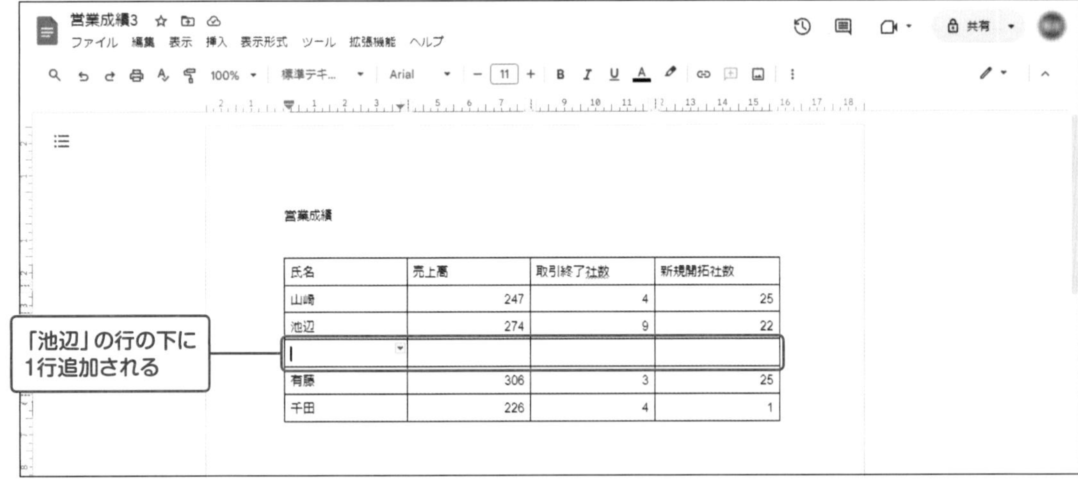

HINT

右クリックで表示されるメニューから[上に行を挿入]もしくは[下に行を挿入]を選択しても、右クリックしたセルの上または下に行が追加されます。

メニューで行の挿入を行う場合は、挿入したい行の近くのセルをクリックし、メニュー[表示形式]→[表]→[行を上(下)に挿入]をクリックします。

列を追加する

表を作成後に、列を追加する操作です。
ここでは「売上高」、「取引終了社数」の間に1行追加します。

①追加する列位置の選択、追加

追加したい列の左の列にマウスポインタを重ね、重ねると表示される ＋ (右に1列挿入) をクリックすると、1列追加されます。

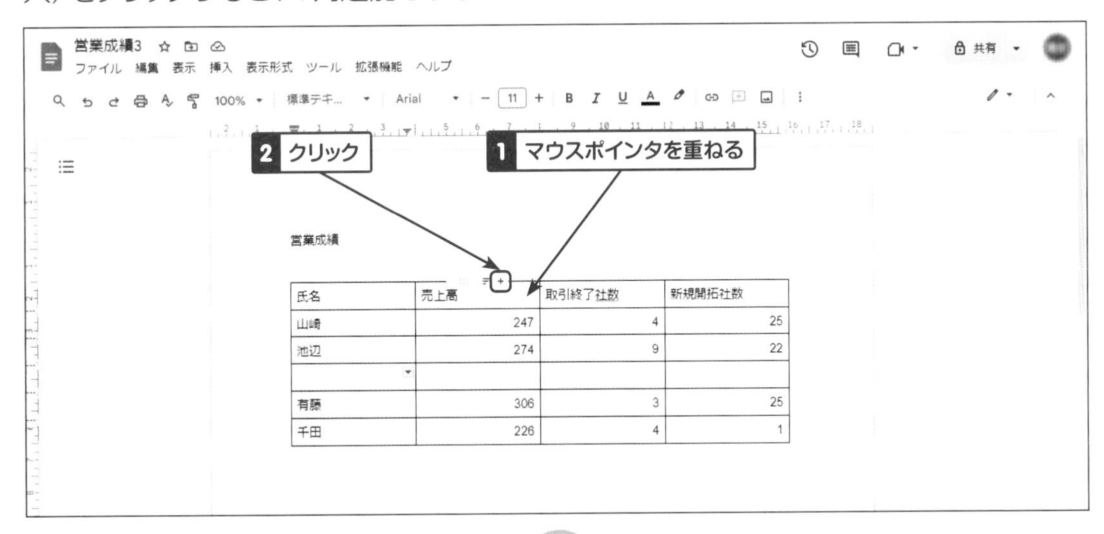

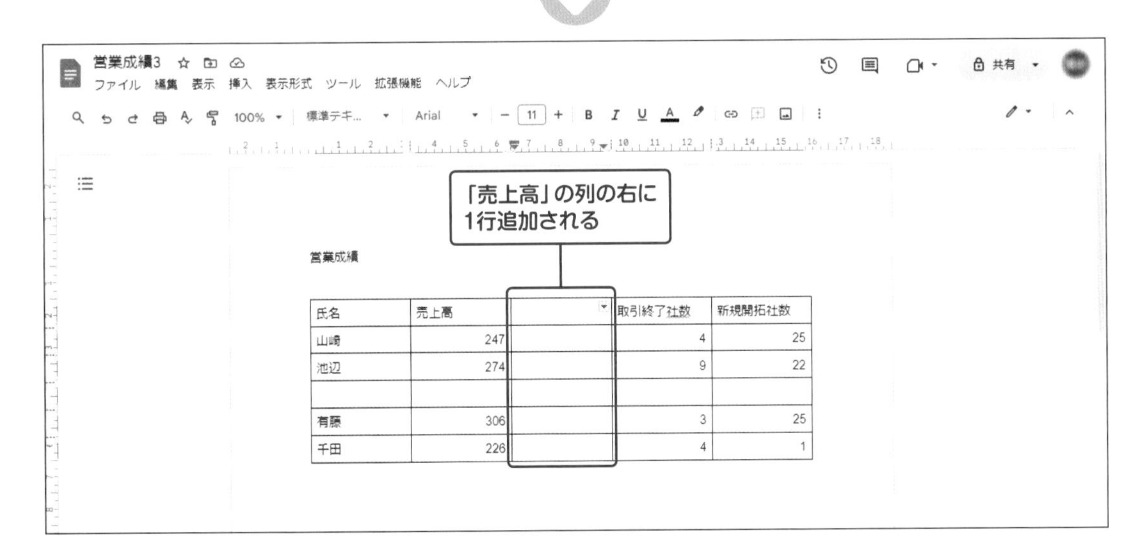

HINT

右クリックで表示されるメニューから［左に列を挿入］もしくは［右に列を挿入］を選択しても、右クリックしたセルの左または右に列が追加されます。

メニューで列の挿入を行う場合は、挿入したい行の近くのセルをクリックし、メニュー［表示形式］→［表］→［列を左（右）に挿入］をクリックします。

②内容の入力

追加した行、列に下記のように内容を入力します。

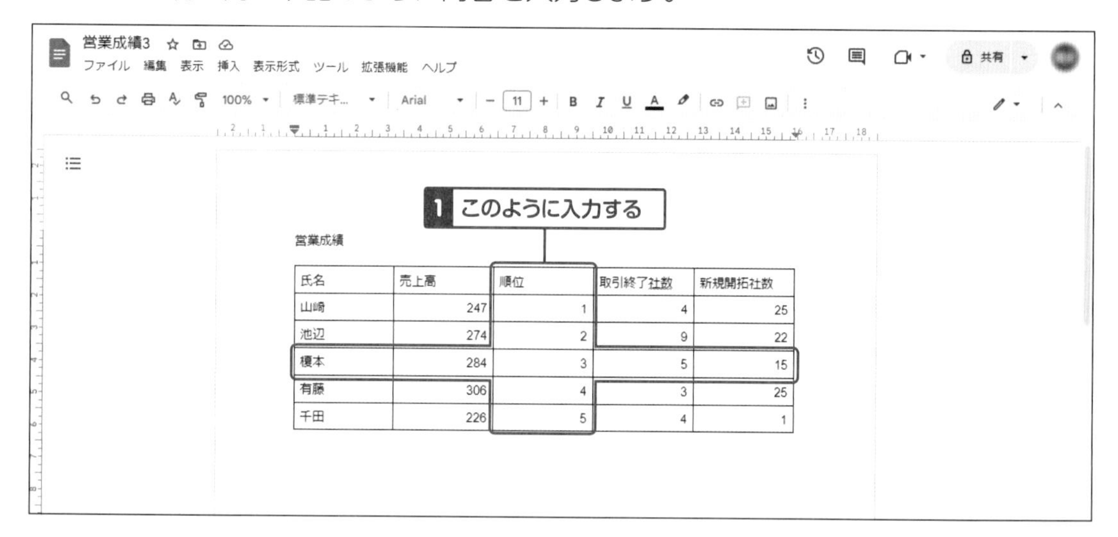

行を削除する

表を作成後に、行を削除する操作です。
ここでは「千田」の行を削除します。

①削除する行の選択、削除

削除する行のセルにマウスポインタを重ね、右クリックで表示されるメニューから［行を削除］をクリックすると、右クリックした行が削除されます。

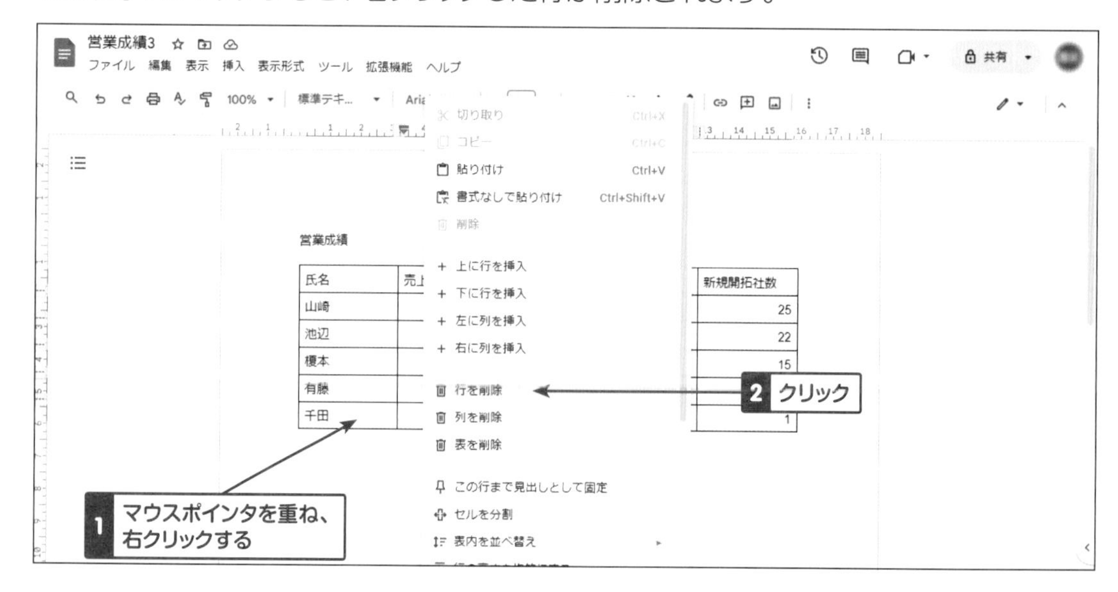

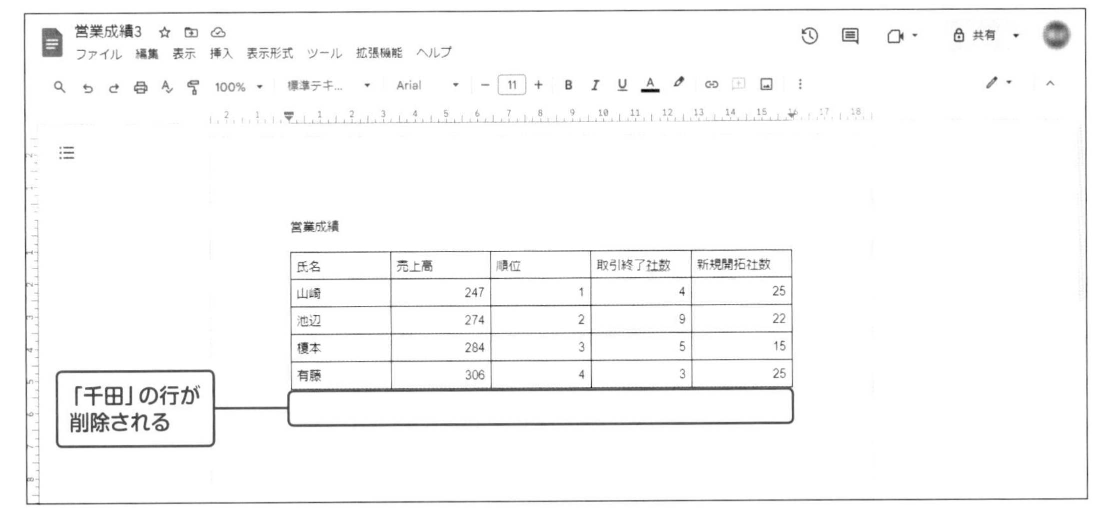

HINT

メニューで行の削除を行う場合は、削除したい行のセルを選択し、メニューから［表示形式］→［表］→［行を削除］をクリックします。

列を削除する

表を作成後に、列を削除する操作です。
ここでは「取引終了社数」の列を削除します。

①削除する列の選択、削除

削除する行のセルにマウスポインタを重ね、右クリックで表示されるメニューから［列を削除］をクリックすると、右クリックした列が削除されます。

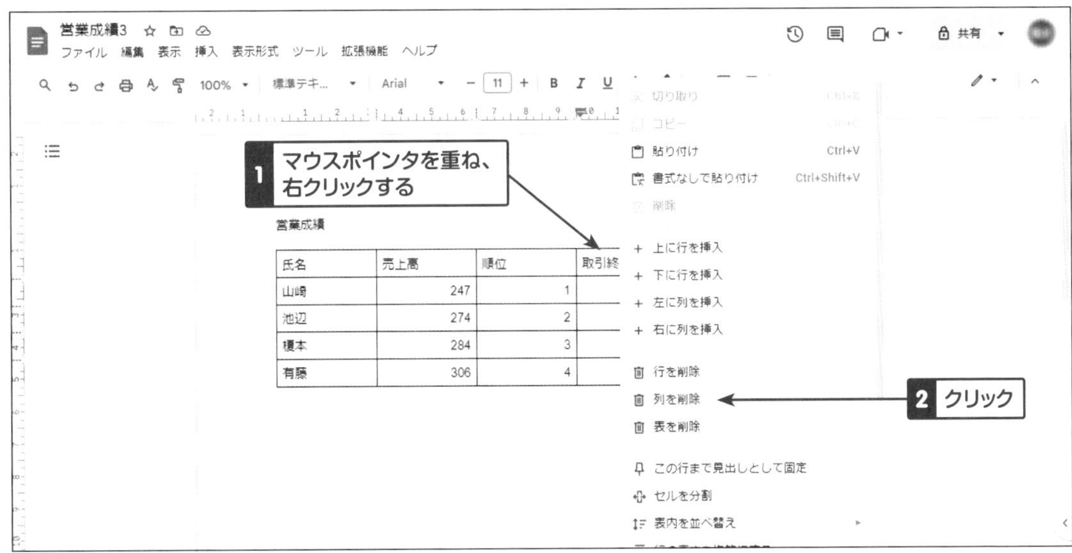

第5章 ドキュメントで文書を作ってみよう

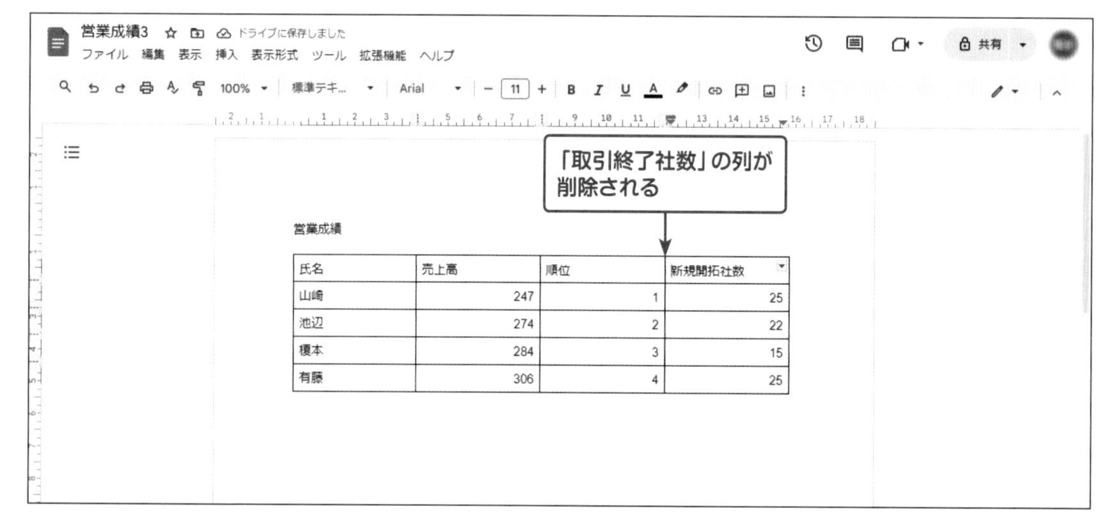

HINT

メニューで列の削除を行う場合は、削除したい列のセルを選択し、メニューから[表示形式]→[表]→[列を削除]をクリックします。

ONE POINT

一度で挿入できる表の最大行数、列数

メニューからの表の挿入操作で一度に挿入できる行数と列数は20行×20列です。それ以上の行数・列数が必要な場合は、行、列の挿入操作で追加することができます。

1ページ内にで挿入できる表の最大行数、列数

フォントサイズ11ポイントで表を作成した場合、最大28行×25列になります。

行高はフォントサイズにより自動調整されますので、フォントサイズの大小により行数は変化します。列数は文字全体を表示できる列数です。25列以上にもできますが、文字サイズ11ポイントでは文字が欠けてしまいます。

28 表の修飾

表の列幅・行高、線（線種・色）など表の修飾に関する操作説明です。

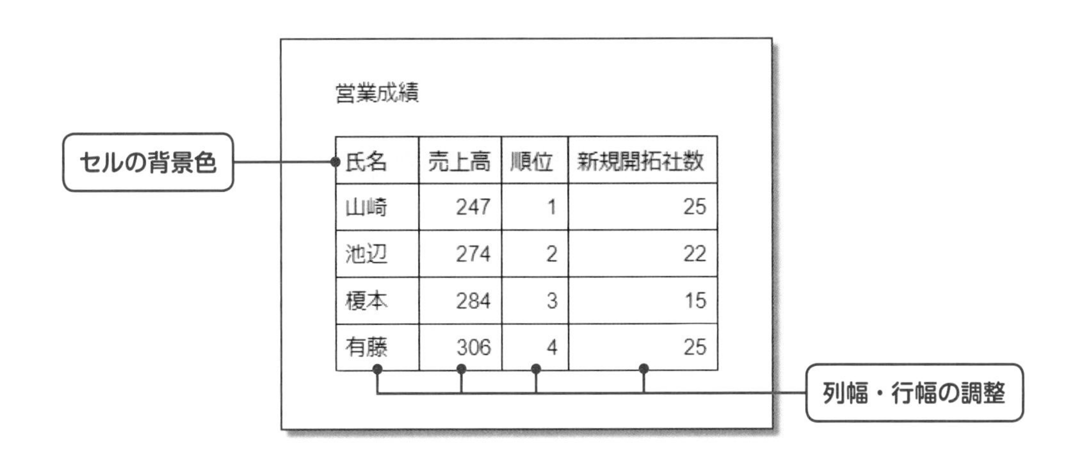

氏名	売上高	順位	新規開拓社数
山崎	247	1	25
池辺	274	2	22
榎本	284	3	15
有藤	306	4	25

表の列幅・行高を変える

表を作成すると、文書の幅いっぱいに指定した行・列で表が作成されます。必要であれば、行・列の幅を調整をしましょう。

ここでは列幅の変更操作を説明します。「売上高」の列幅を広げます。

①線の選択

マウスポインタを調整したい線に重ねるとマウスポインタの形が ↔（左右が矢印になった十字）になります。マウスポインタが ↔（左右が矢印になった十字）に変わったタイミングでドラッグします。

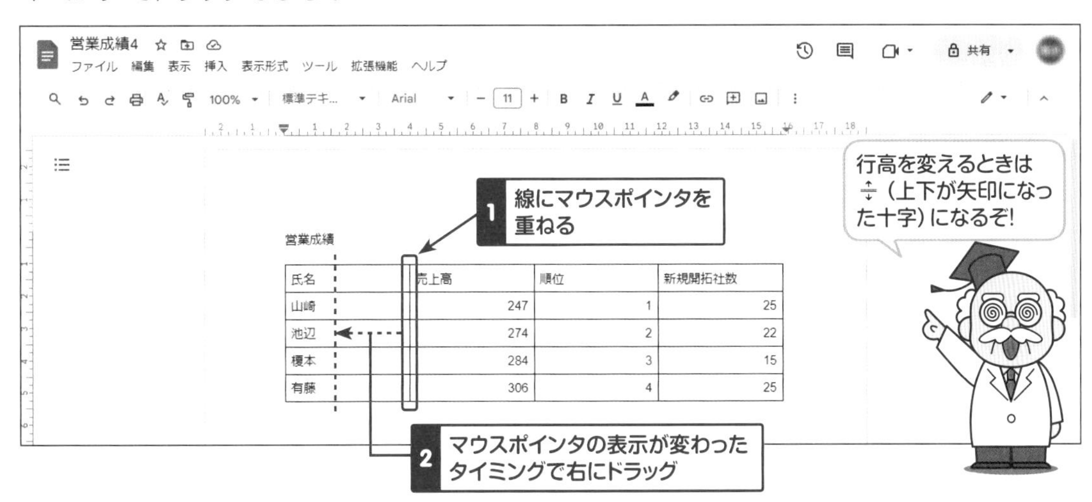

②列幅の調整

そのままドラッグし、ドラッグを離した位置で列幅が変更されます。

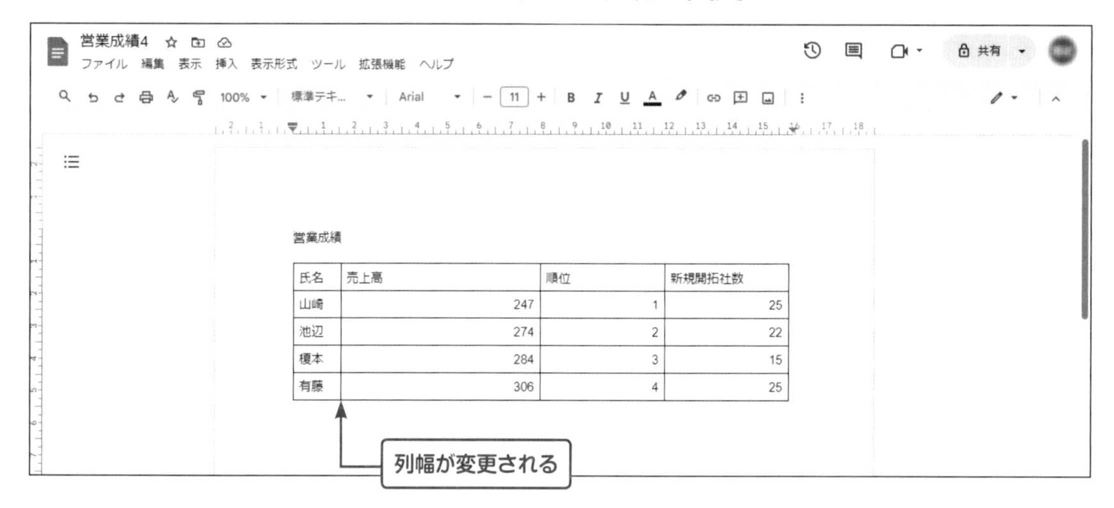

氏名	売上高	順位	新規開拓社数
山崎	247	1	25
池辺	274	2	22
榎本	284	3	15
有藤	306	4	25

③同様に列幅を調整

他の列幅も調整します。

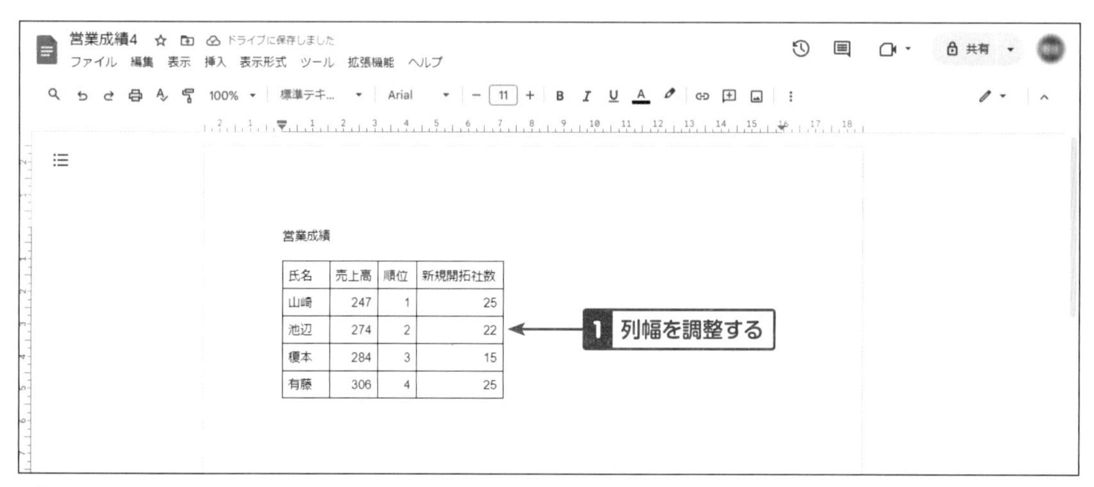

氏名	売上高	順位	新規開拓社数
山崎	247	1	25
池辺	274	2	22
榎本	284	3	15
有藤	306	4	25

HINT

列幅・行高を均等にすることもできます。均等にしたい列・行を選択し、右クリックで表示されるメニューから［行の高さを均等にする］もしくは［列の幅を均等にする］をクリックします。

セルを修飾する

セルに背景色を付ける操作です。たとえば、表見出しに背景色を付けることによりデータと見出しの区別が明確になり、表が見やすくなります。

ここでは1行目の見出し部分のセルに黄色の背景色を付けます。

①セルの選択、背景色をつける

色を付けるセルをドラッグして選択し、(背景色) をクリックします。

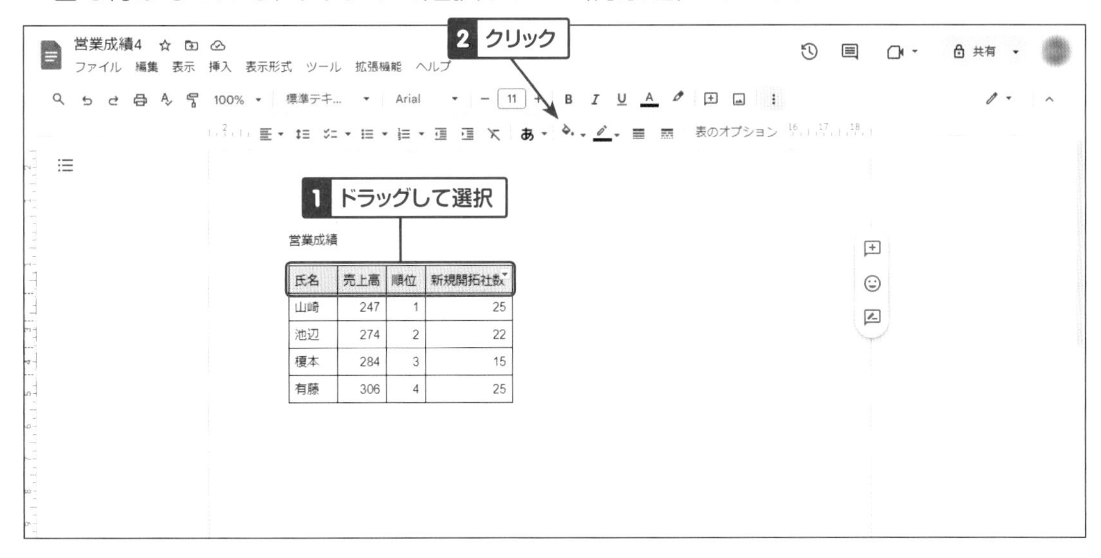

②カラーパレットから使用したい色を選択

表示されたカラーパレットから、黄色をクリックすると、選択したセルに背景色が付きます。

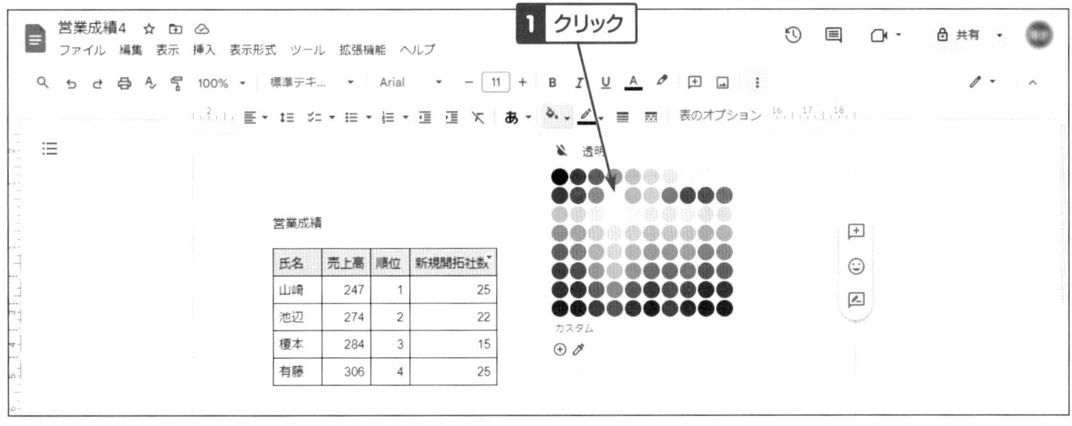

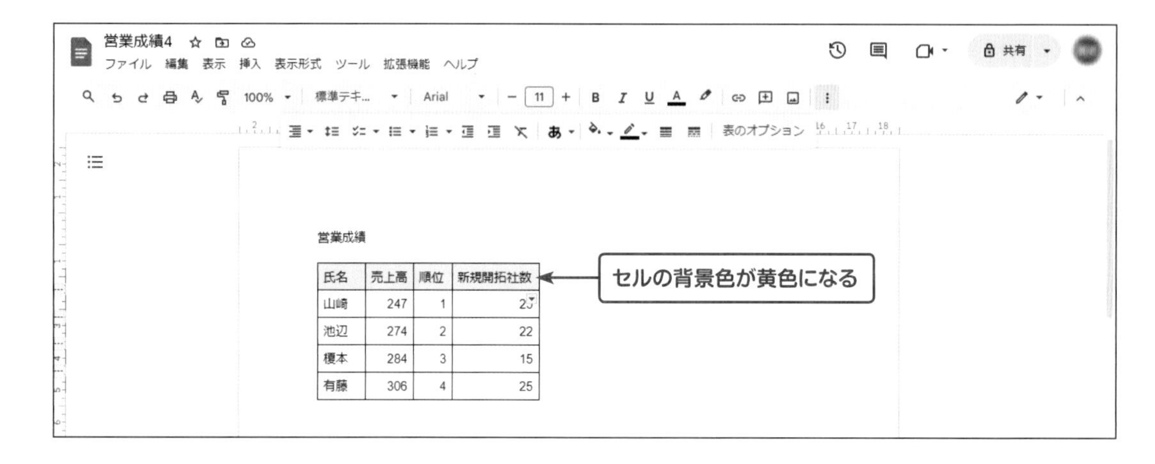

ONE POINT

背景色以外の修飾の方法

　セルの修飾①の操作にて、（枠線の色）、（枠線の幅）、（破線の枠線）を選ぶこともできます。

　線の修飾はドラッグ選択した上下左右の線すべてが対象となります。四辺の一部の線だけ別の線種や太さ、色にすることはできません。

「表のプロパティ」による表の修飾

　表の修飾はツールバーアイコンでの操作だけでなく、修飾したい表のセルをクリックした後、ツールバーの 表のオプション（表のオプション）で変更することができます。クイックレイアウト（表の配置と文字折り返し）、表（スタイル[文字折り返し]、配置）、列幅・行高、セル（文字の垂直方向配置）、色（枠線色・枠線太さ、背景色）を編集できます。

ONE POINT

スプレッドシート（Spreadsheet）で作った表の貼り付け

　表はドキュメント（Document）で説明した操作で作成するほかに、スプレッドシート（Spreadsheet）で作成した表をコピーしてドキュメント（Document）に貼り付ける方法もあります。

　マイクロソフト社のExcelのようなリンク貼り付けの機能もあります。ドキュメント（Document）で貼り付け操作を行うと、リンク貼り付けのダイアログボックスが表示されますので、「スプレッドシートにリンク」を選択します。

▼ページ番号の挿入位置の指示

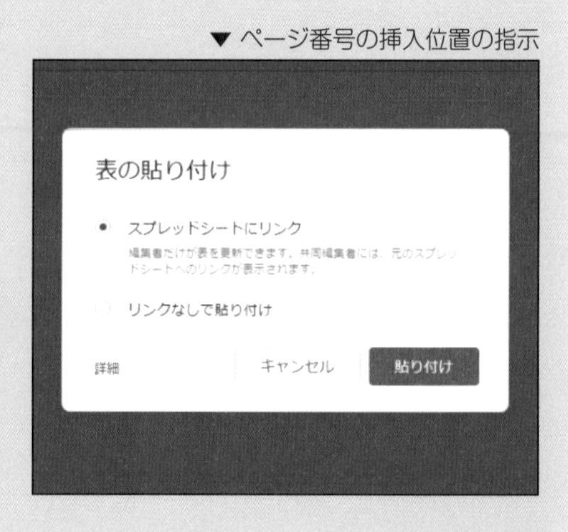

29 画像の挿入

画像を文書に貼り付ける操作です。

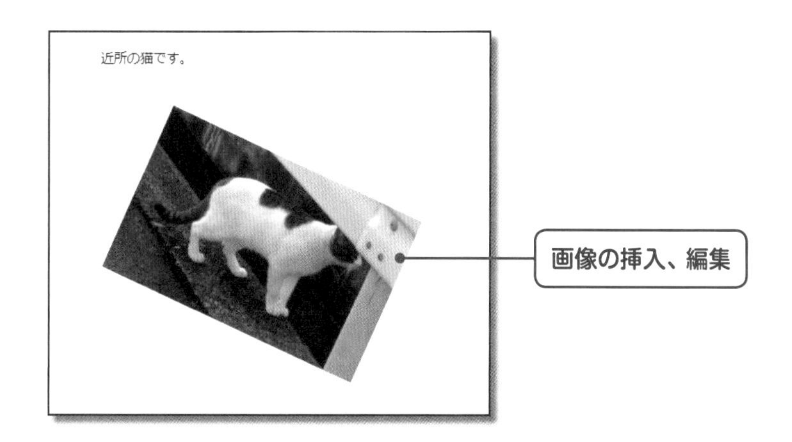

画像を挿入する

文書中に画像を挿入することができます。
ここではパソコンのピクチャフォルダに入っている画像を挿入する操作を説明します。

①画像のアップロード

メニュー［挿入］→［画像］→［パソコンからアップロード］をクリックします。

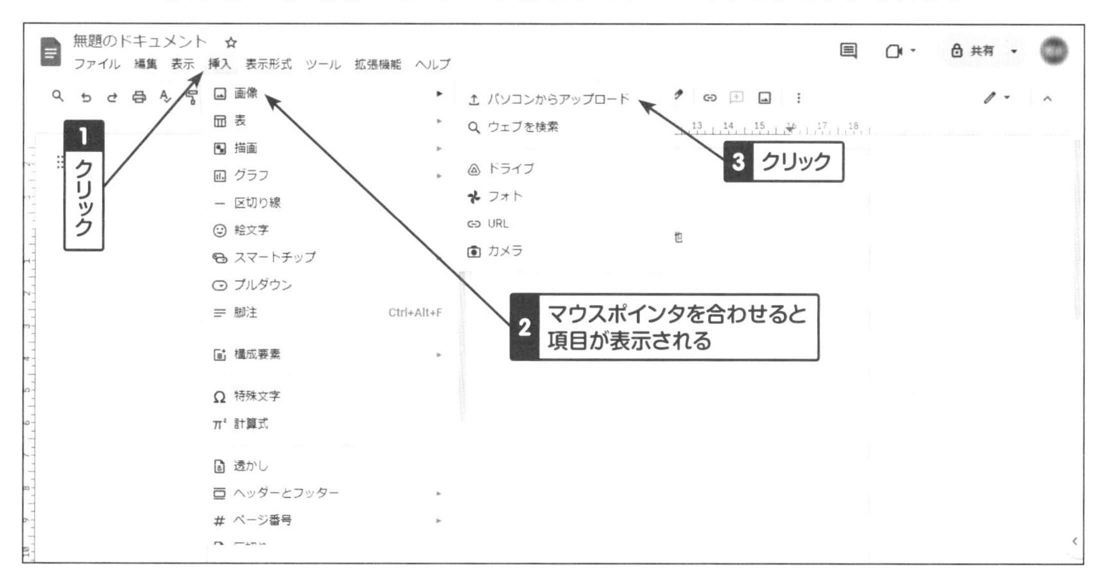

②画像の選択、挿入

ピクチャフォルダに移動し、画像データを選択し、[開く] ボタンをクリックします。

HINT

画像はWindowsパソコンのフォルダ以外に、マイドライブ、Googleフォト、URL、パソコン内蔵カメラなどから取り込むことができます。

HINT

画像を削除する場合は、削除したい画像を右クリックし、表示されるメニューから [削除] をクリックします。

画像をトリミング（切り抜き）する

挿入した画像をトリミング（切り抜き）できます。
ここでは猫の周りの余分な部分を切り取っていきます。

①画像を選択、操作ハンドルの表示

操作したい画像をクリックして選択し、⌗（画像を切り抜く）をクリックします。

②操作ハンドルで調整、切り抜き

画像の四隅と四辺中央に太い黒線の操作ハンドルが表示されるので、画像サイズを調整します。切り抜きサイズが決まったら、⌗（画像を切り抜く）をクリックします。

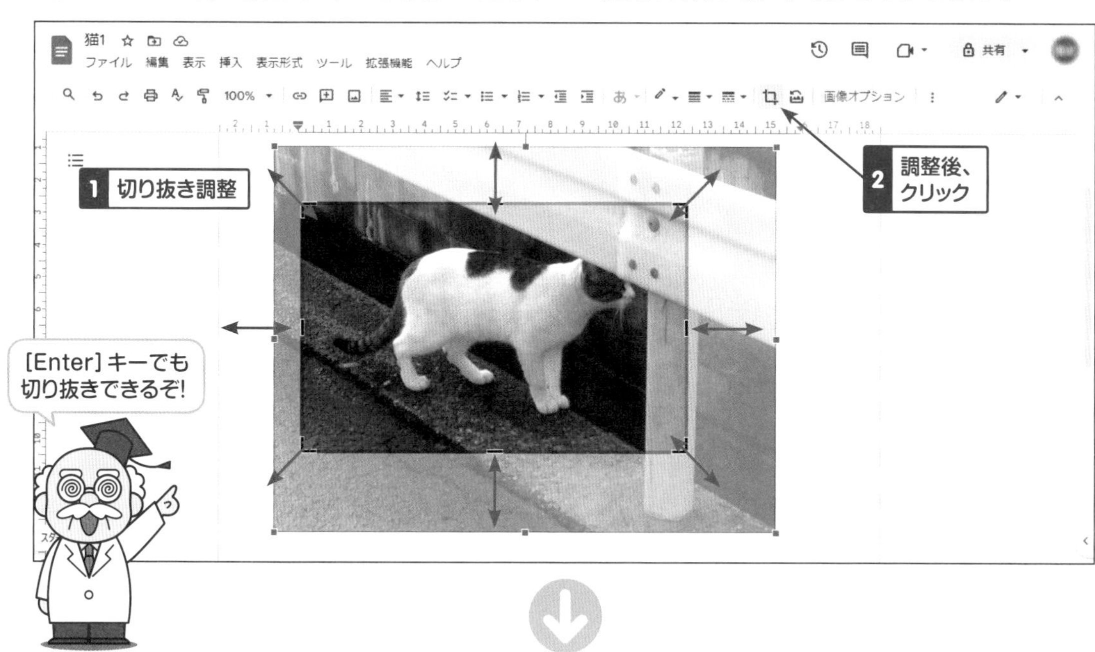

HINT

トリミングした画像は元のサイズの画像が残っているので、再度トリミングの操作で元の状態に戻したり、切り抜きをやり直すことができます。

画像のサイズを変更する

画像のサイズを拡大、縮小できます。
ここでは画像を小さくしていきます。

①画像を選択、サイズ調整

画像をクリックし、表示される画像の四隅もしくは四辺の中央にある■をドラッグしてサイズを調整します。

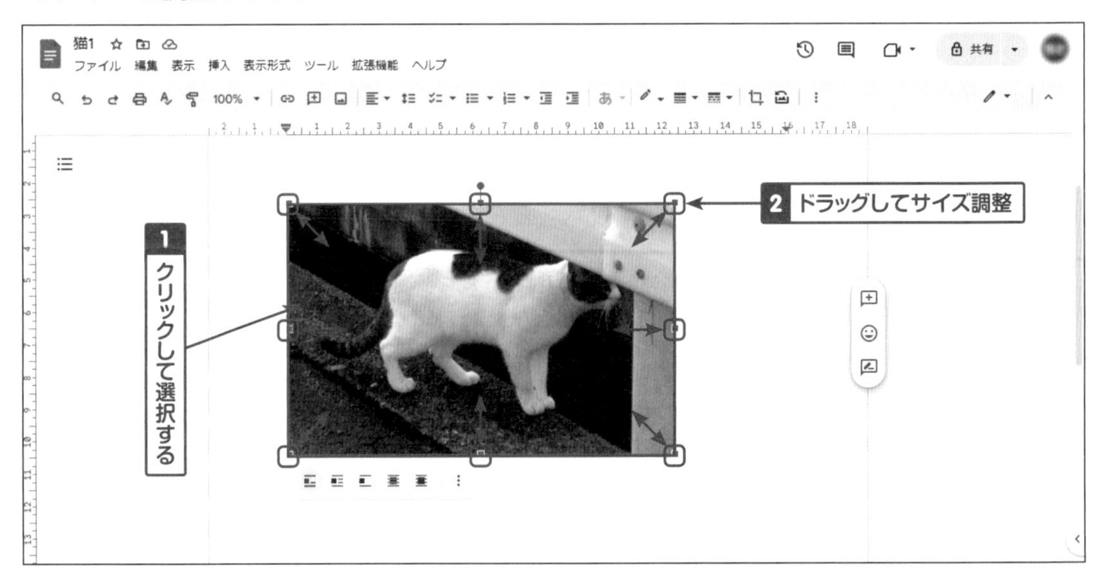

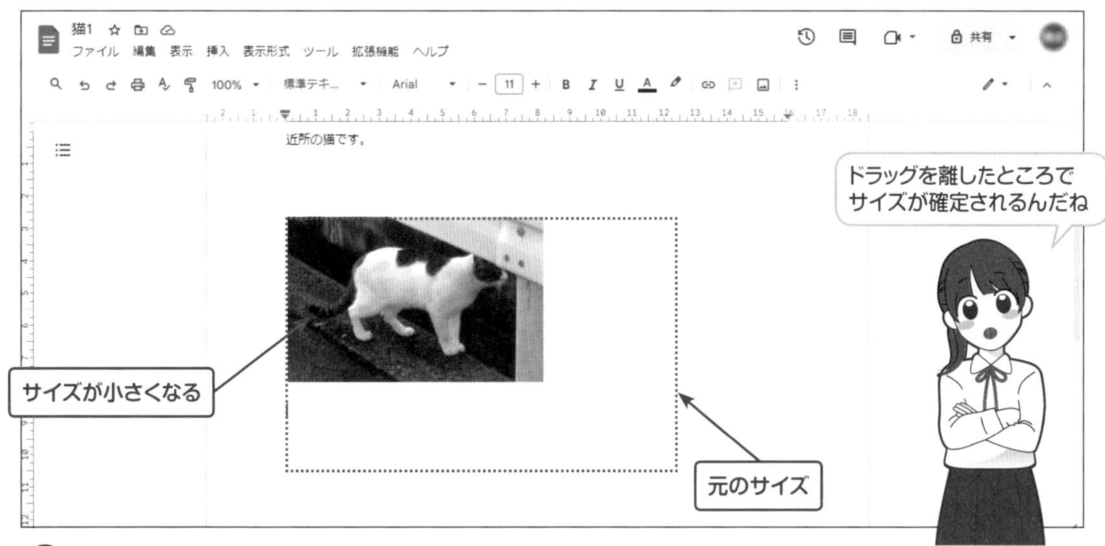

HINT

画像の四隅（角）の■をドラッグすると縦横比を変えずに拡大・縮小します。四辺の中央の■をドラッグすると、高さのみ・幅のみを変更できます。この場合、縦横比が変わります。

画像を回転する

画像は切り抜き、拡大・縮小だけでなく回転して文書上に配置することもできます。回転して配置することにより、ビジュアル的に目を引き、文書上の良いアクセントになります。

①画像を選択、回転

画像をクリックし、表示された●にカーソルを合わせると十字マークに切り替わります。その状態でドラッグをし、画像を回転させます。

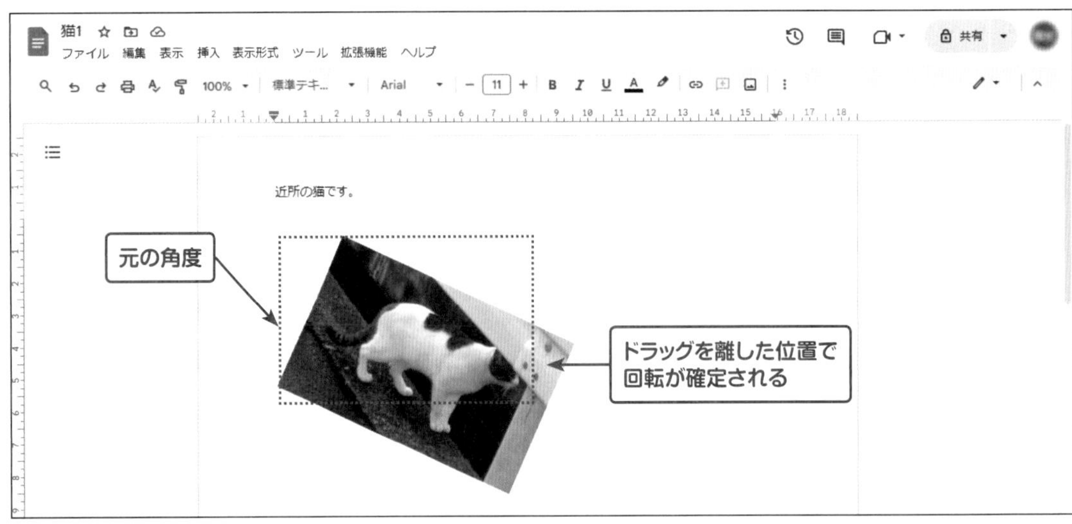

ONE POINT

その他の画像の操作

画像は他にも、画像のサイズや回転を数値で設定、詳細や文字列の折り返し、色の調整などもできます。画像をクリックし、ツールバーの 画像オプション (画像オプション)をクリックすると、画面右側に画像オプションのメニューが表示されます。

図形描画

編集ツール上部にあるアイコンで図形描画や編集を行い、ドキュメント(Document)に貼り付けます。

❶ メニュー[挿入]→[描画]→[+新規]をクリックし、編集ツールを表示します。
❷ ツールバーから図形を選択し、図形を描画します。
❸ 描画後、右上の[保存して終了]ボタンをクリックすると、作成描画がドキュメント(Document)上に貼り付けられます。

▼図形編集画面

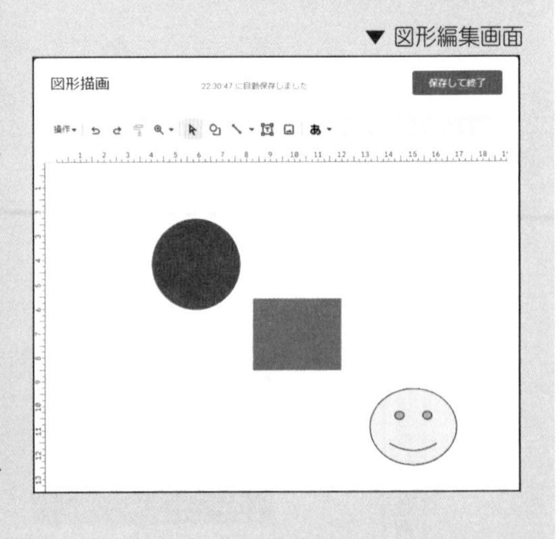

Wordと異なり、文書上に直接描画することができないので、なかなか煩雑です。Windowsのペイントや普段使用している描画アプリがあれば、それで画像を作成してドキュメント(Document)に貼り付けたほうが簡単です。

ONE POINT

グラフの挿入

メニュー[挿入]→[グラフ]でグラフの種類を選ぶと仮グラフが表示されます。グラフの右上にある[⋮]→[ソースデータを開く]クリックで、グラフの元データとなるスプレッドシート(Spreadsheet)が開きますので、必要に応じ項目や値の修正を行います。

▼ グラフの挿入

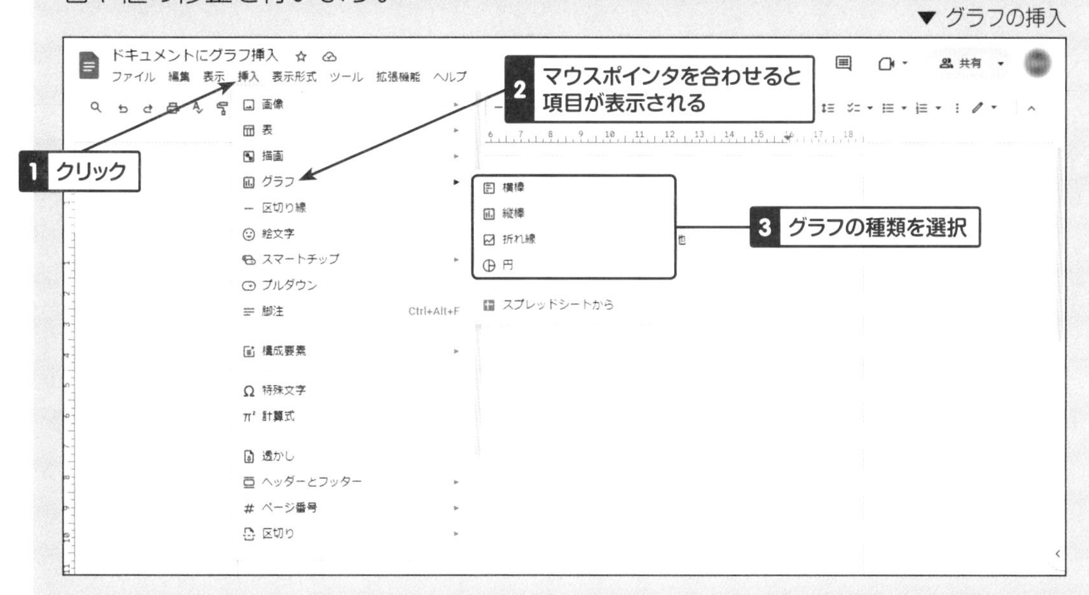

▼ ソースデータを開く

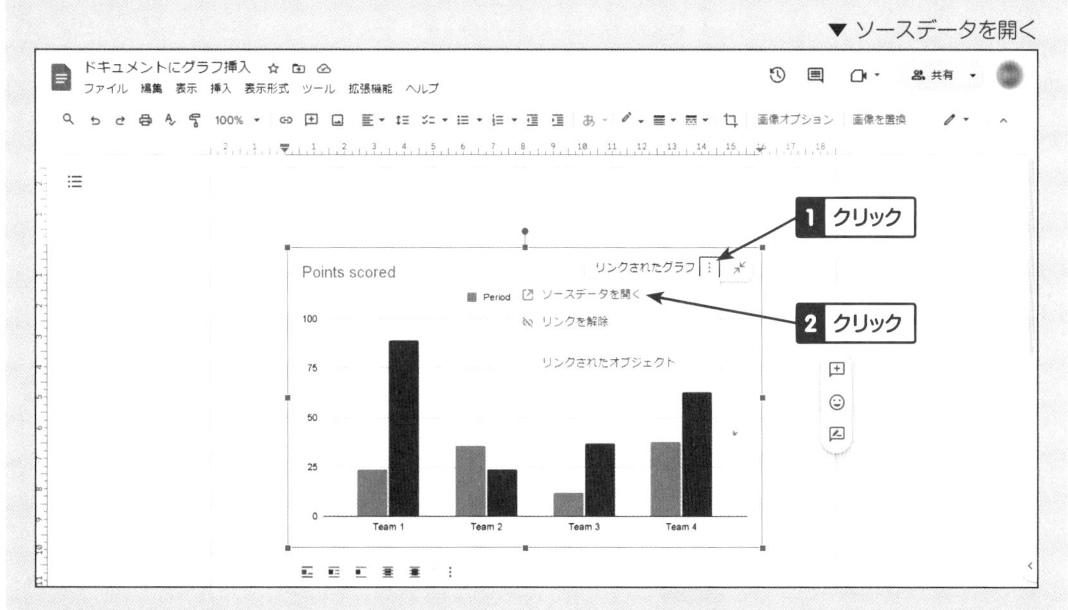

このようにスプレッドシート(Spreadsheet)が起動し、その場でグラフを作成することになりますので、ここで作成するよりも、事前にスプレッドシート(Spreadsheet)でグラフを作成しておき、ドキュメント(Document)に貼り付けたほうが余裕をもってグラフ作成作業ができると思います。

【6章-40 グラフを作成する】 P193

文書にコメントする

作成した文書にコメントを挿入します。共有している場合、共有レベルが閲覧者（コメント可）もしくは編集者の場合、コメントができます。
「親善野球大会のご案内」を使用して、文書にコメントを挿入してみましょう。

コメントを挿入する

ここではプログラム内「16:00」に対し、コメントを挿入します。

①コメントしたい箇所を選択

文字列をドラッグして選択します。

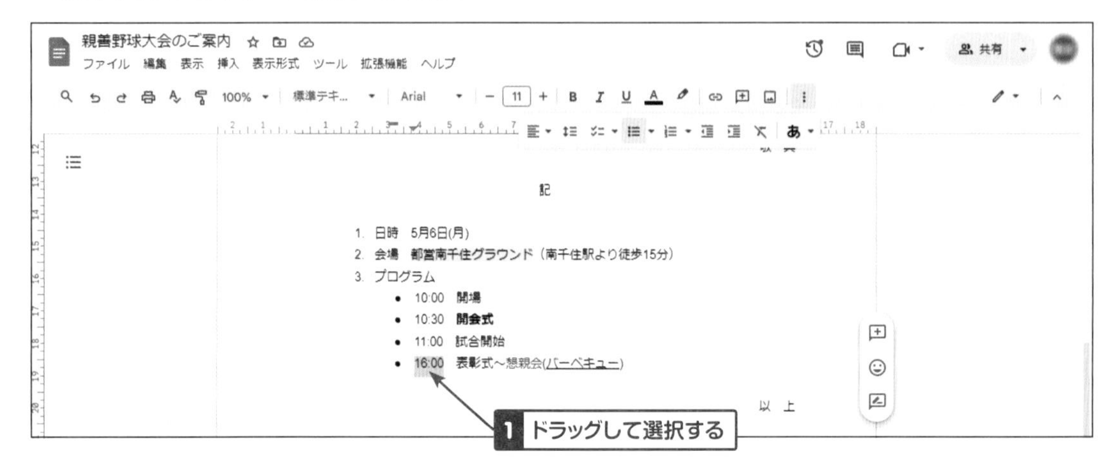

②コメントを選択

右クリックし、表示されるメニューから［コメント］をクリックします。

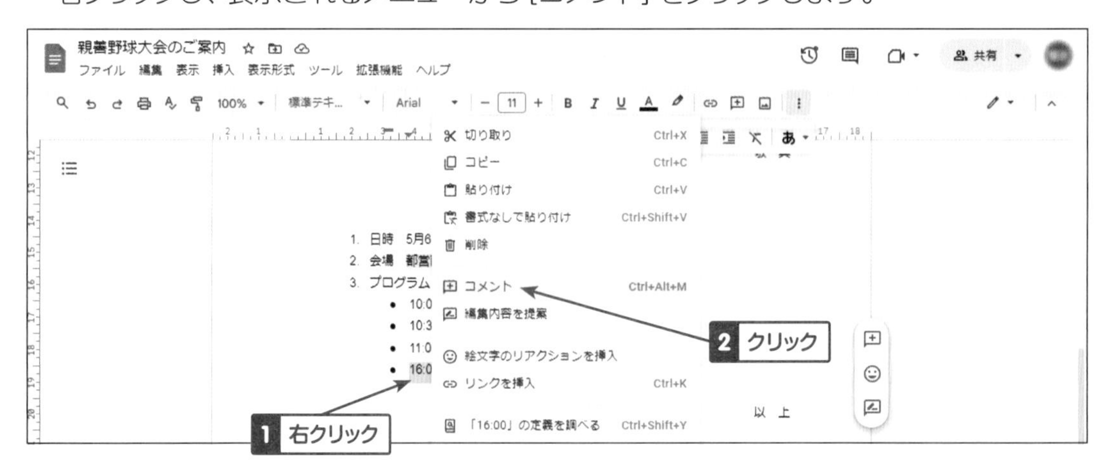

［コメント］はツールバー ⊞（コメントを追加）から、または、マウスポインタを文書右側に持ってきた際に表示される ⊞（コメントを追加）からも選択できます。

③ ダイアログにコメントを入力、表示

右側に表示されたダイアログに、選択した箇所に対するコメントを入力し、［コメント］ボタンをクリックします。

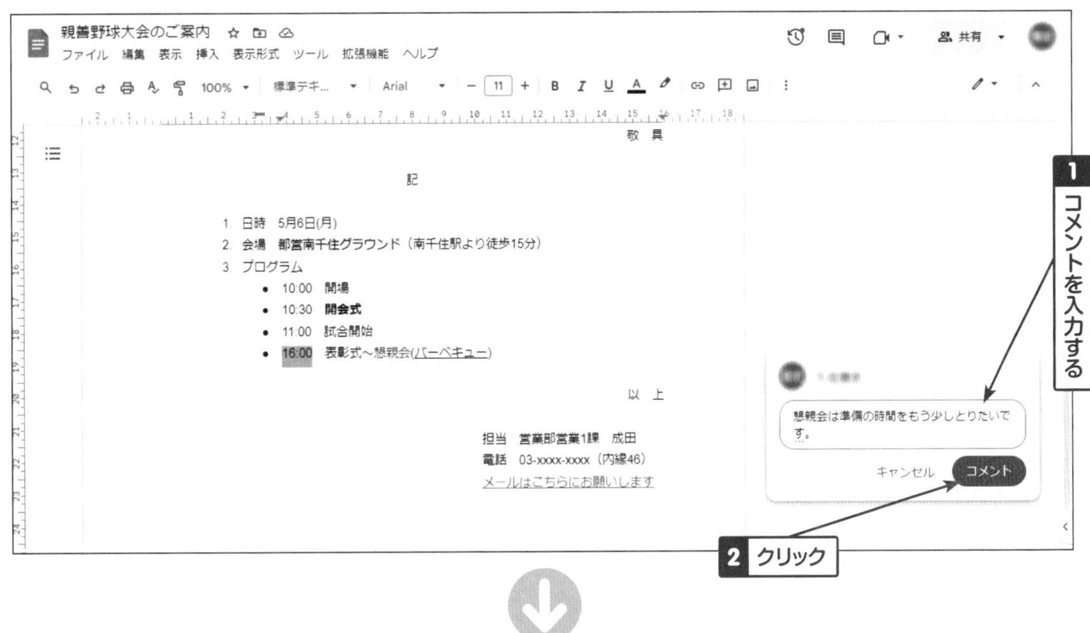

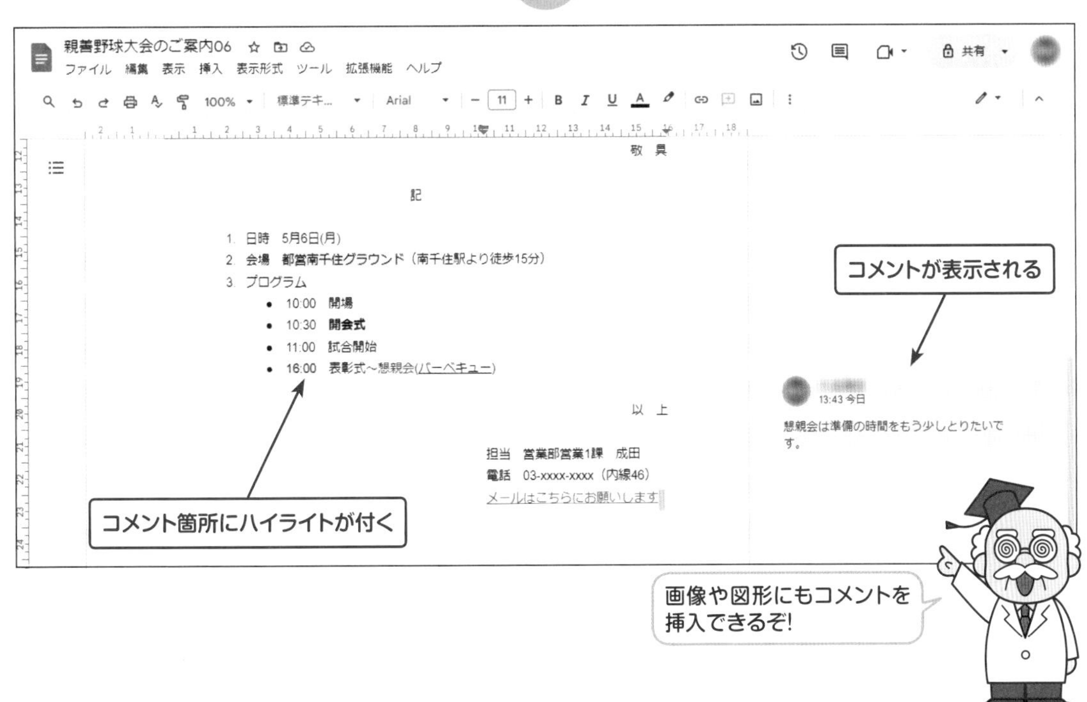

コメントを解決する

コメント部分への対応が終わったら、解決済みにします。

① コメントを解決済みにする

コメントの✓マークをクリックすると、解決済みのコメントは非表示になります。

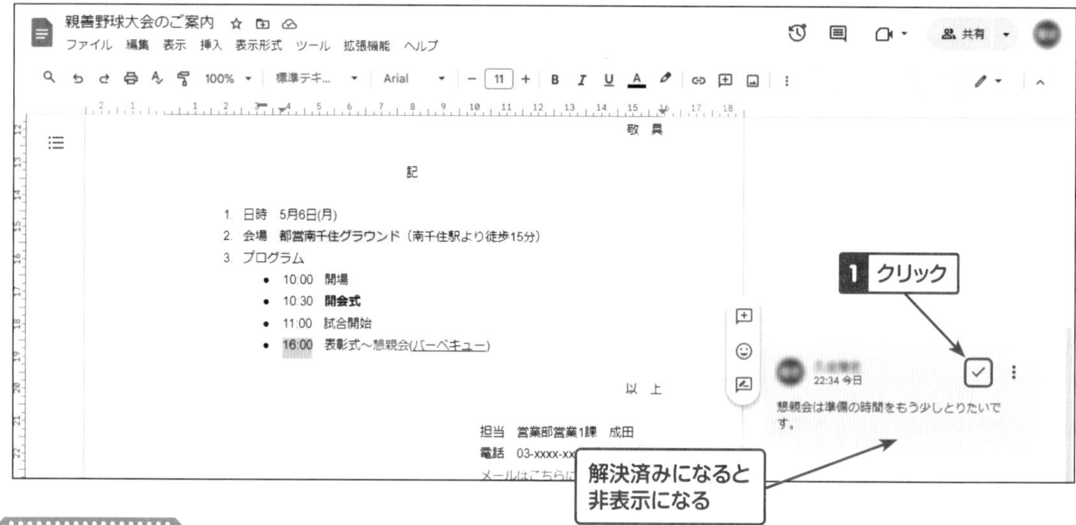

ONE POINT

すべてのコメントを表示する

文書内に追加されたコメントをまとめて表示することができます。挿入されたコメントと[解決済み]欄にすでに解決したコメントも表示もされます。

❶ メニュー[表示]→[コメント]→[すべてのコメントを表示]をクリックします。
❷ コメントが表示されます。

▼すべてのコメントを表示

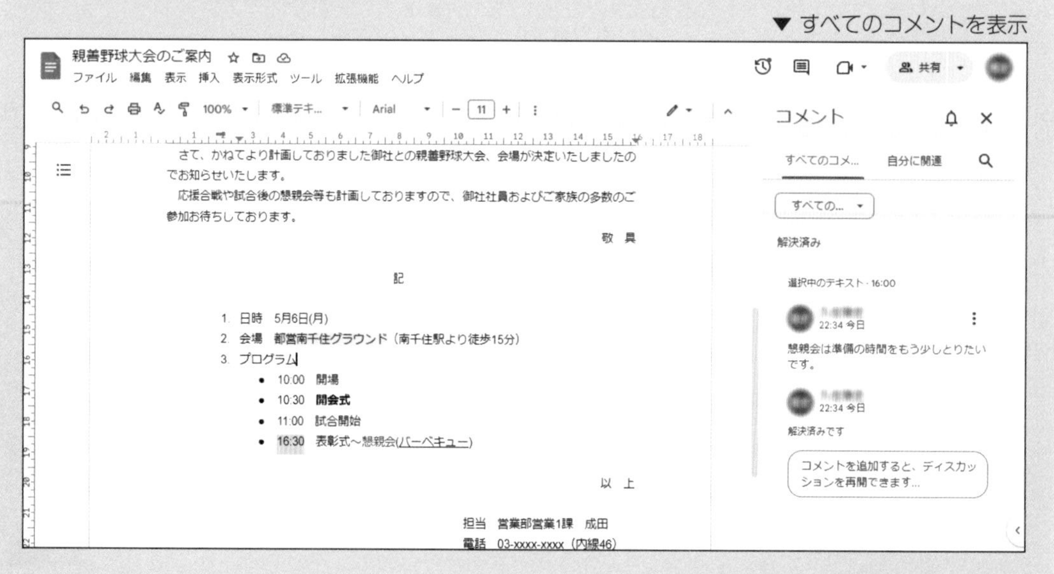

31 印刷する

印刷の操作を行います。次に表示する印刷メニューでは、プリンタで印刷する操作、PDFに出力する操作を選択できます。

印刷メニューを表示する

メニュー［ファイル］→［印刷］をクリックし、印刷メニューを表示させます。

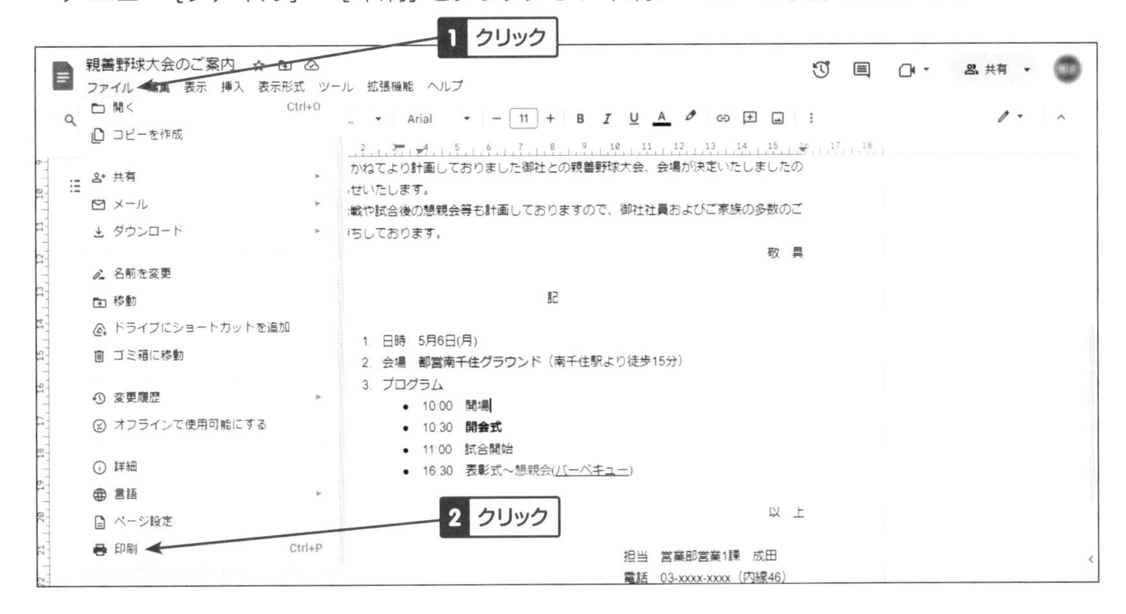

プリンタで印刷する

プレビューと印刷の設定メニューが表示されます。プレビューに表示された内容と以下の5点を確認し、[印刷] ボタンをクリックすると印刷が開始します。

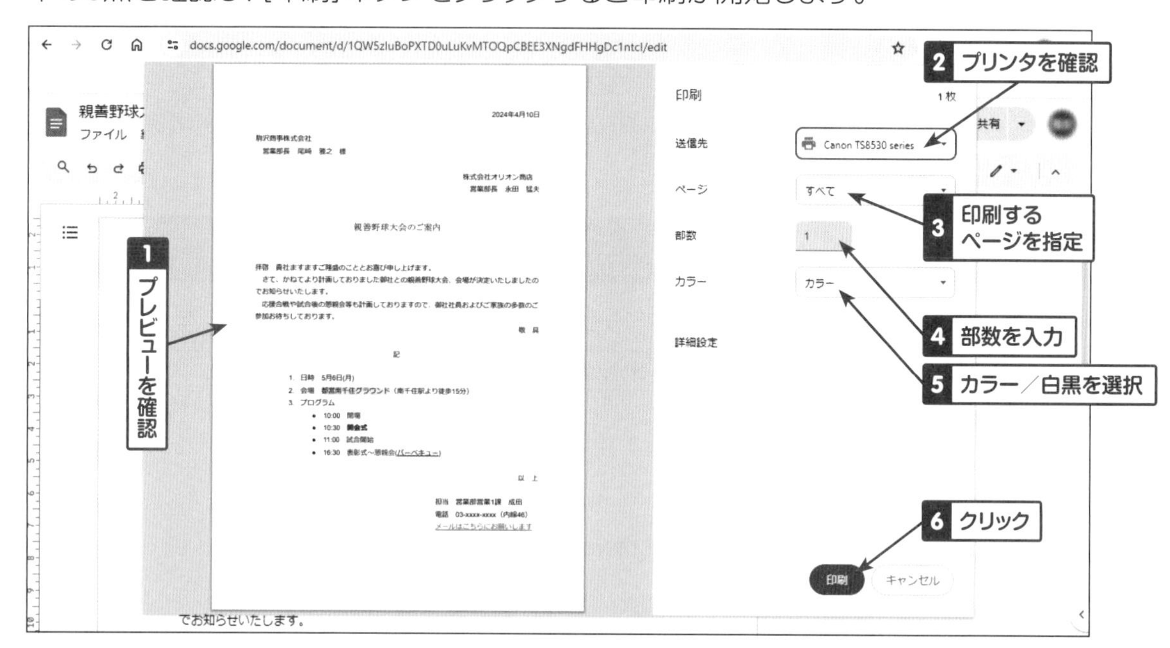

PDFに出力する

文書をPDFファイルにする場合は設定メニューが異なります。

① [PDFに保存] を選択

[PDFに保存] を選択すると印刷メニューの内容が変わります。

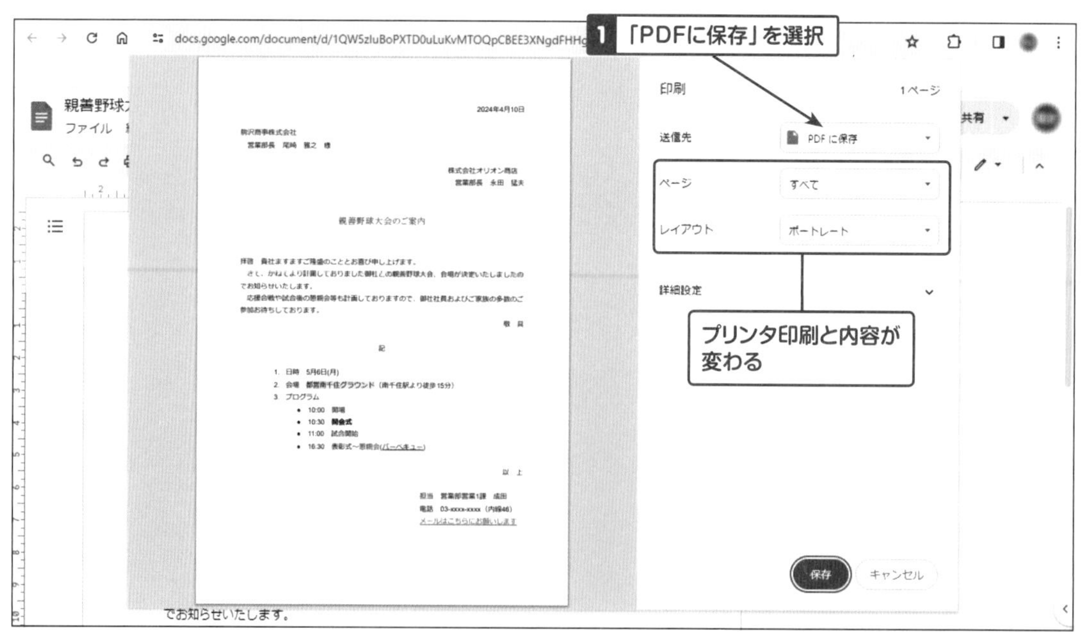

第5章 ドキュメントで文書を作ってみよう

② [ページ]、[レイアウト] 確認、[保存]

[ページ] で出力するページを指定する場合入力し、[レイアウト] で用紙の向きをポートレイト（縦）／横で指定して、[保存] ボタンをクリックします。

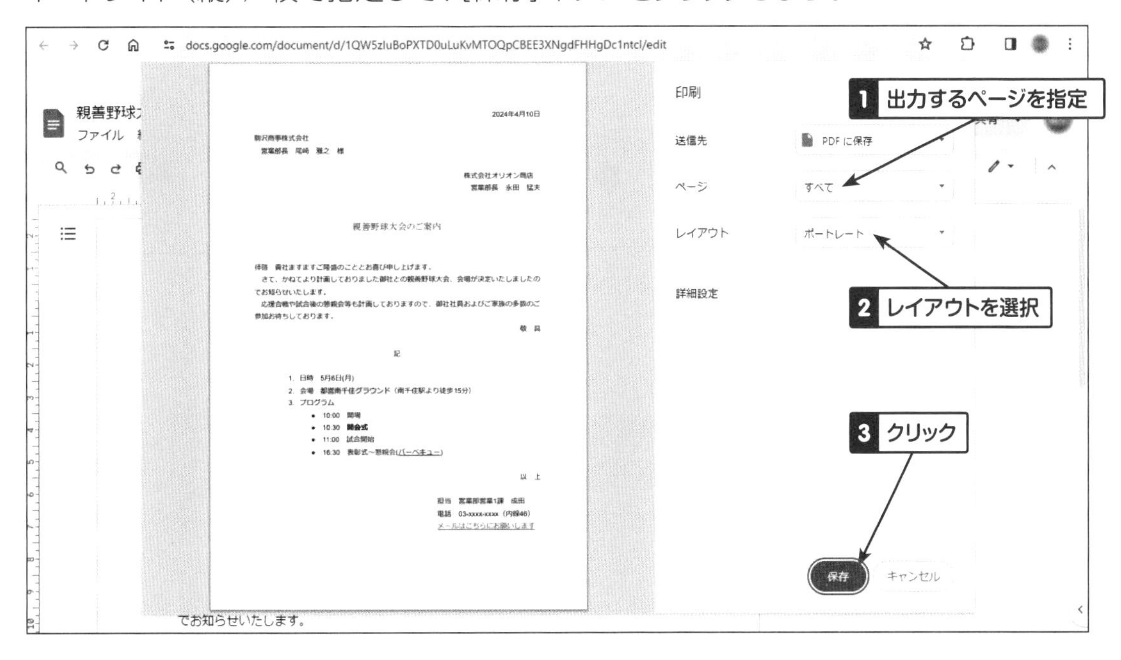

③ PDFを保存

保存するPDFのファイル名を指示します。保存ダイアログにて、保存先、ファイル名を指定し、[保存] ボタンをクリックすると、PDFが保存されます。

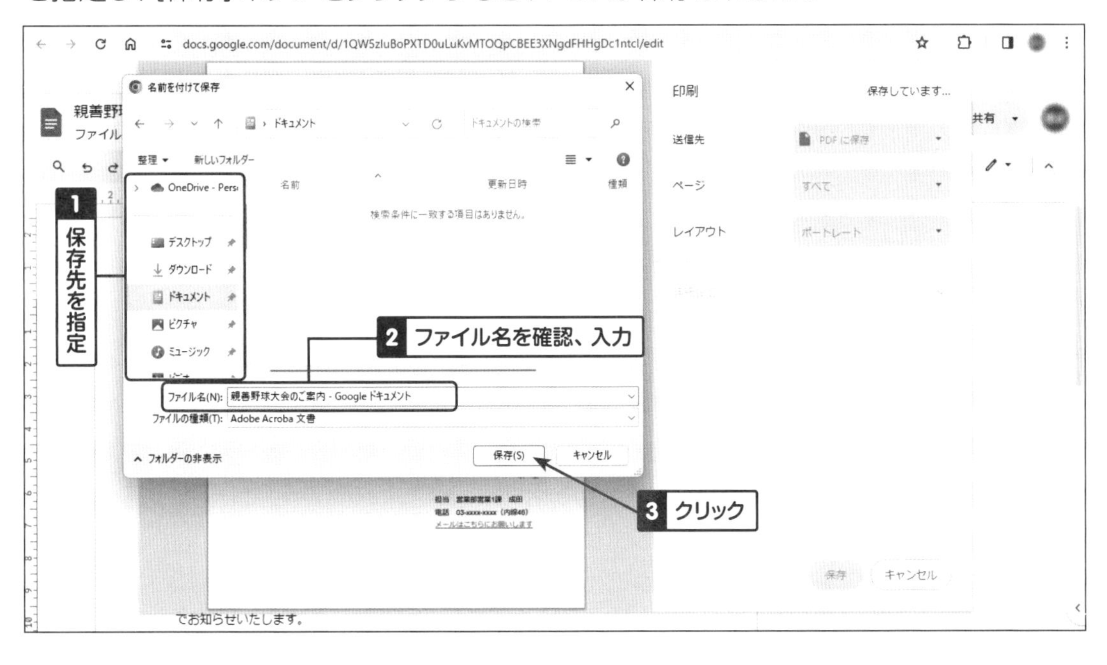

ONE POINT

印刷の詳細設定メニュー

詳細設定の行の右端にある[∨]をクリックすると、以下の設定ができます。プリンタとPDFで若干内容が異なります。詳細設定を行った後、[印刷]ボタン、[保存]ボタンをクリックします。

▼プリンタの場合の詳細設定内容

▼PDF出力の場合の詳細設定内容

PDFに出力すると
印刷イメージそのものを
電子メールで送付したりWebで
公開したりできるんじゃ

Windowsのプリンター設定を使用する

Windowsのシステムダイアログを使用し、プリンタの印刷設定を変更・確認できます。印刷メニューの詳細設定の一番下、[印刷]ボタンの上に「システムダイアログを使用して印刷(Ctrl+Shift+P)」の行の右端にある⧉(別ウインドウ)をクリックし、Windowsのプリンタ設定ダイアログを表示して印刷設定を行います。キーボードの[Ctrl]+[Shift]+[P]を押しても同様の操作ができます。

第6章

スプレッドシートで表の作成や計算をしてみよう

画面の概要

スプレッドシート(Spreadsheet)を起動し、表の編集ができる画面を表示します。

ホーム画面を表示する

スプレッドシート(Spreadsheet)起動後のホーム画面です。
【第3章-06 アプリを起動する】 P38
新規に作成する表のフォーマット、最近使用したファイルの履歴が表示されます。
この画面で空白のスプレッドシート、テンプレート、最近使用したスプレッドシートのいずれかを選択します。

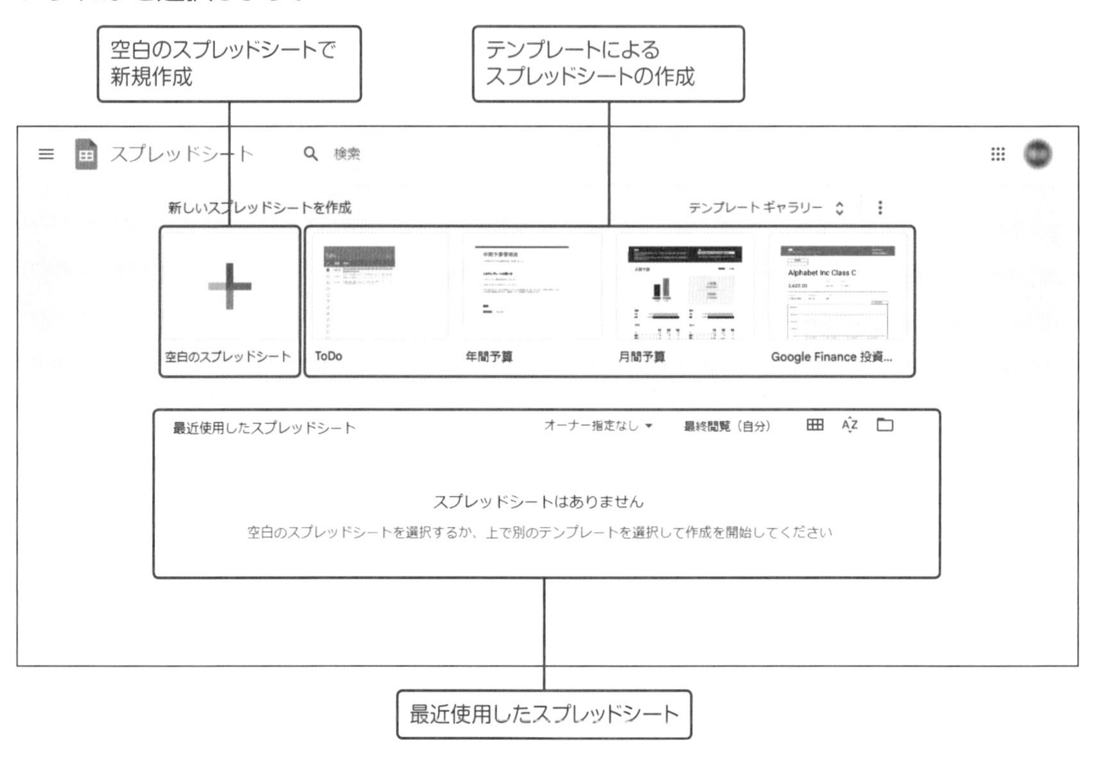

シート編集画面を表示する

編集を行う画面です。主要な部分の名称を示します。

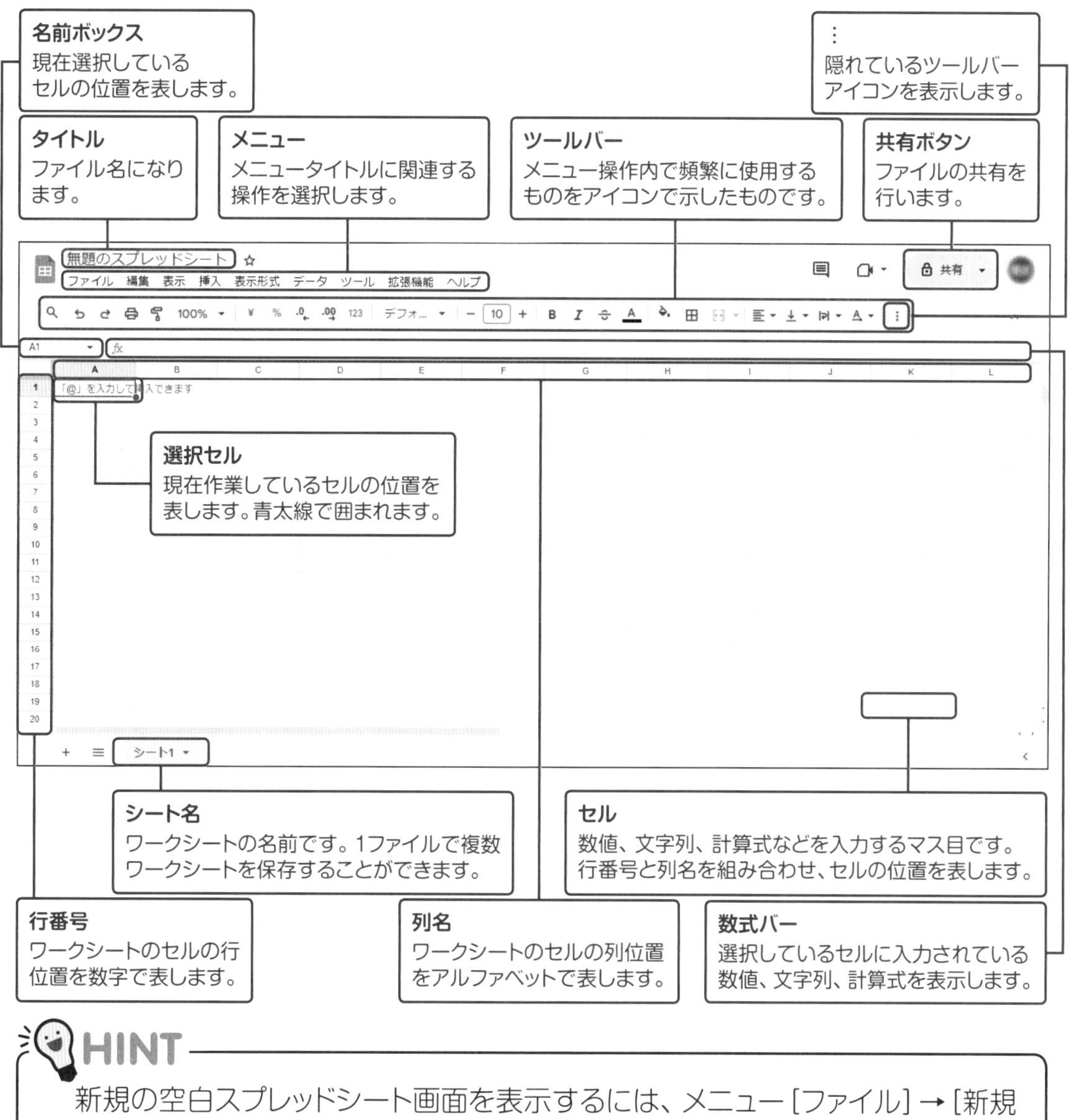

HINT

新規の空白スプレッドシート画面を表示するには、メニュー［ファイル］→［新規作成］→［スプレッドシート］で現在編集中のスプレッドシートと別に空白の文書編集画面を表示することができます。

ONE POINT

ワークシートの縦横の上限

ワークシートの広さは画面に見えているだけではありません。セル数の上限は1,000万個で、1列だけの表であれば1,000万行、2列の表であれば500万行となります。画面に見えない部分はスクロールバーやキーボードの矢印キーでワークシートを移動させ表示します。

表の作成前の準備

表の作成の準備を行います。

タイトルを入力する

①タイトルの選択

タイトルをクリックすると、タイトルの色が反転します。

②タイトル名を入力、確定

タイトルを入力し、[Enter] キーを押すと、タイトルが確定されます。

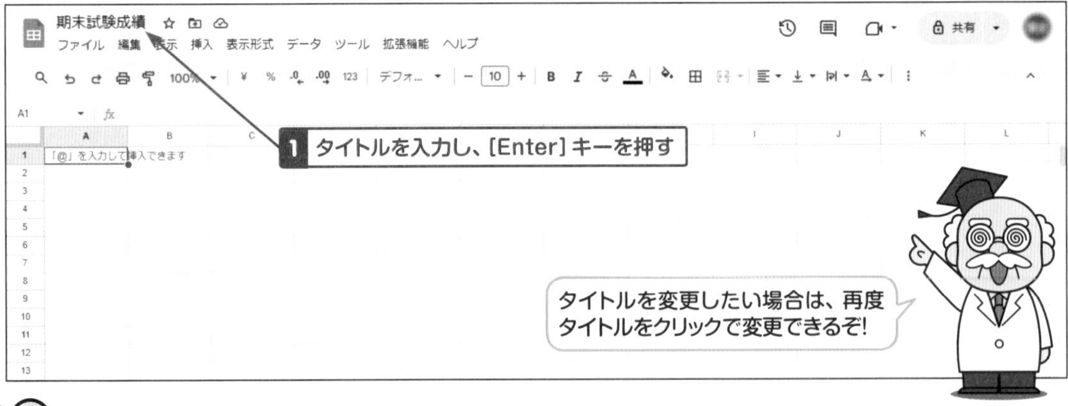

HINT

タイトル名はドライブ内に表示されるファイル名としても使われます。

タイトルの右側にあるフォルダのアイコンは、このアイコンをクリックするとファイルの移動ができます。【4章-17 フォルダ・ファイルの移動】 P66

シート名を設定する

必要に応じ、シート名を設定します。

①シート名の設定

シート名の右にある[▼]をクリックし、メニュー[名前を変更]をクリックします。

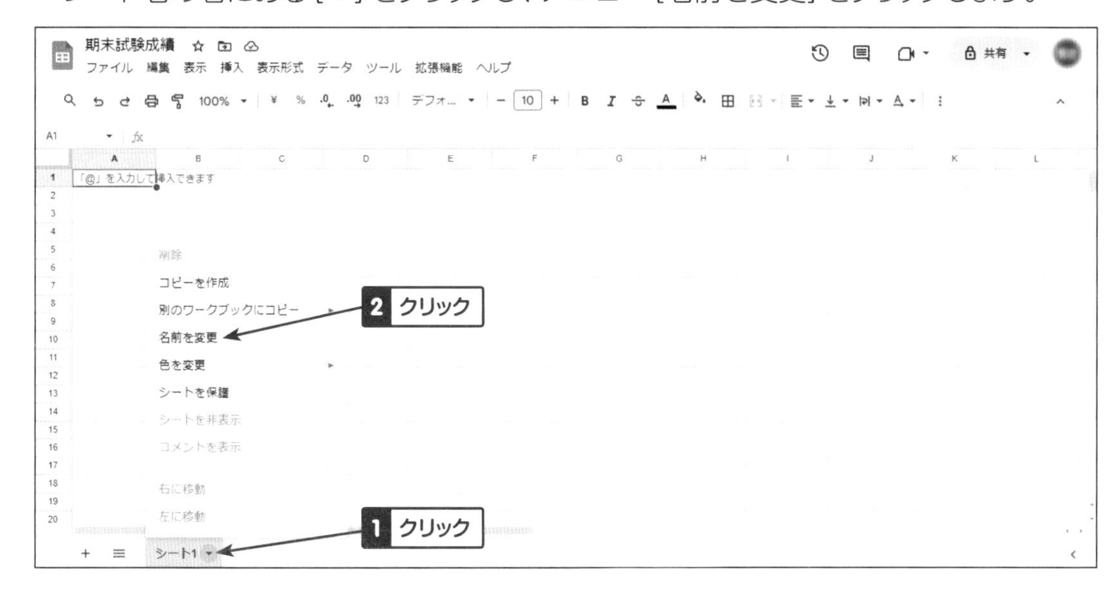

②シート名を入力、確定

シート名を入力し、[Enter]キーを押すと、シート名が確定されます。

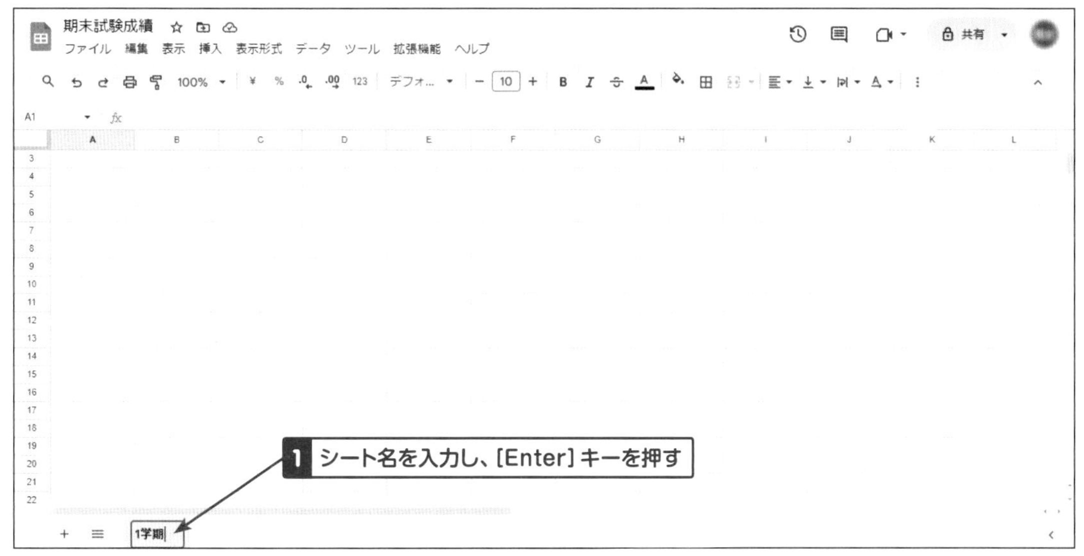

第6章 スプレッドシートで表の作成や計算をしてみよう

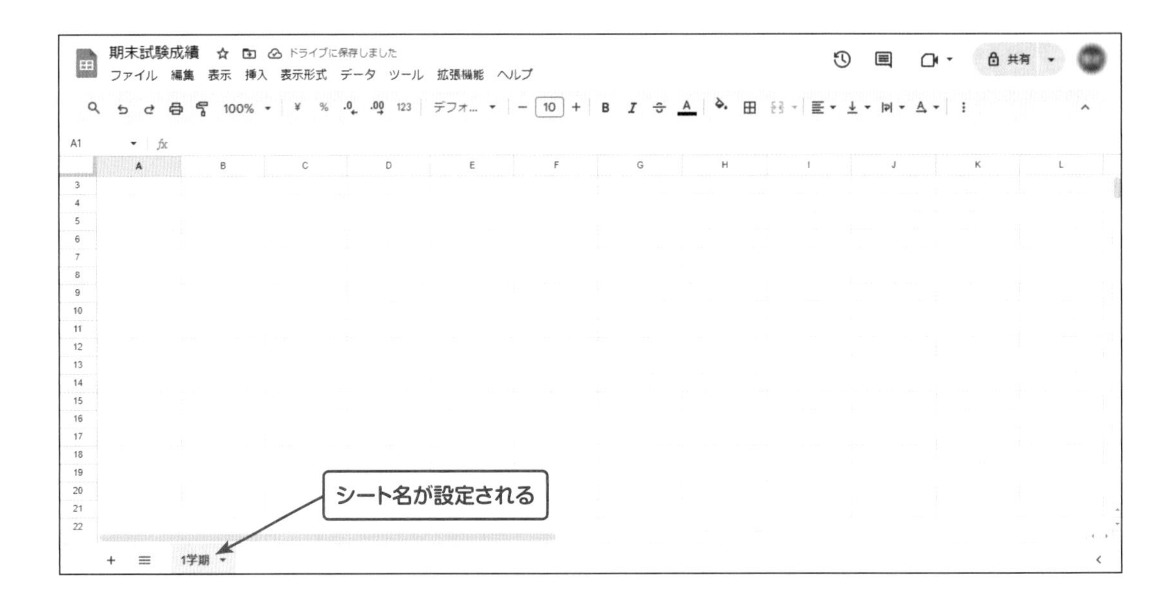

ONE POINT

シート名の命名規約

❶ **ファイル内で同じ名前のシートは複数作れない**

同じ名前のシートを作ろうとしますとエラーになります。

❷ **Excelへの変換を考えると、Excelのシート名の命名規約を守ったほうが賢明**

・シート名の長さは全角/半角ともに31文字以内。空欄にはできません。

・シート名に使えない文字は以下の通りです。

/ スラッシュ

¥ 円記号

? 疑問符

* アスタリスク

: コロン

[ ] 鍵括弧

セルへの文字入力と編集

セルへの文字入力と編集操作について説明します。

操作を行うセルを選択する

選択セルに文字を入力します。選択セルの移動方法は、マウスで入力したいセルをクリックするか、キーボードの矢印キーで移動できます。図だとセルC3が選択されており、入力ができます。

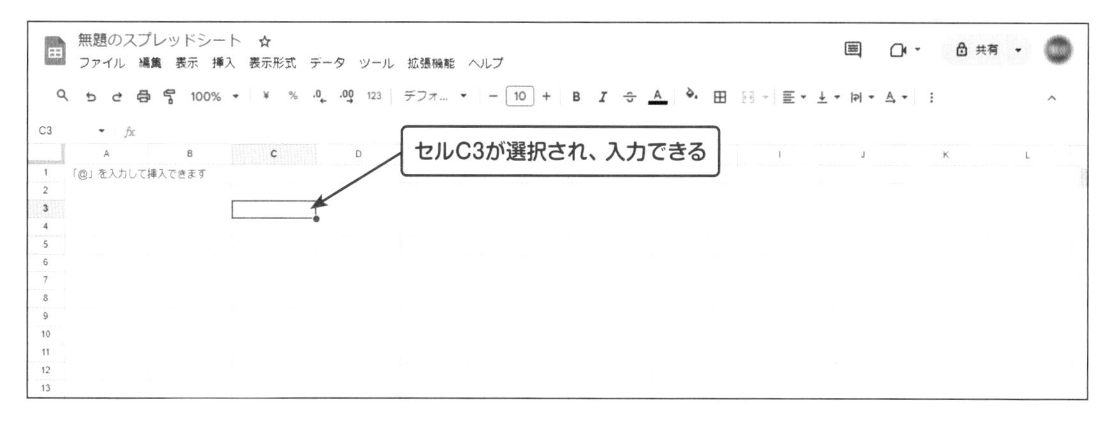

文字列を入力する

実際にセルに文字を入力します。ここではセルC3に「文字」と入力します。

① セルに文字を入力

セルC3をクリックして選択し、文字を入力、[Enter] キーで確定します。

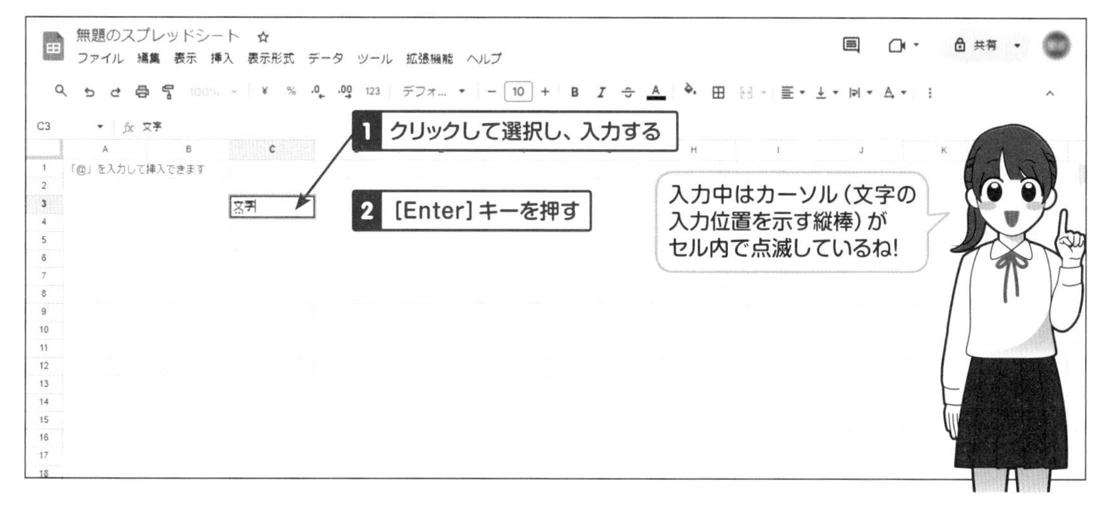

②確定後、選択セルは下の行に移動する

選択セルはC3からC4に移動しました。

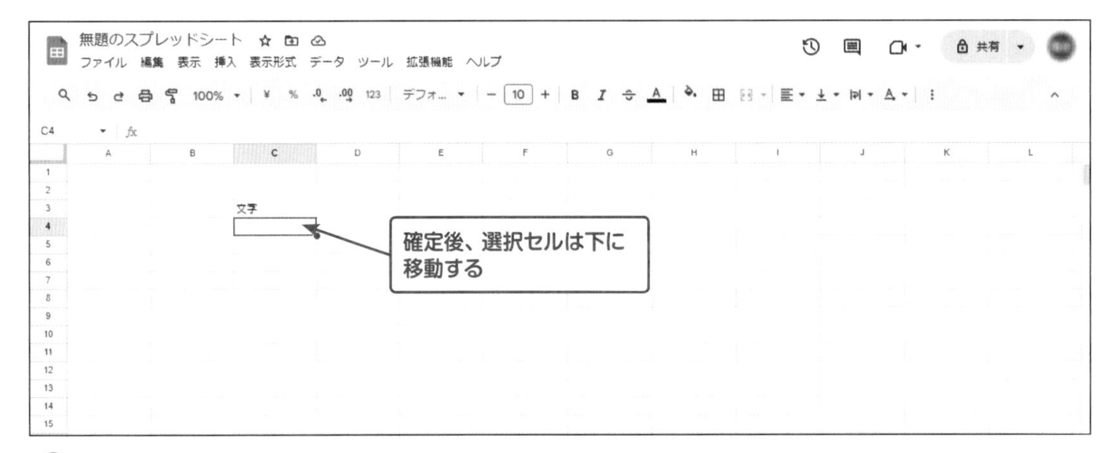

HINT

半角数字だけを入力した場合は自動的にセル内で右寄せになります。その他の文字は左寄せになります。

文字列を修正する

セル内の文字列を修正する方法です。
先ほど入力したセルC3「文字」を「文字列」に修正します。

①セルの選択

修正するセルを選択し、キーボードの[F2]キーを押します。セル内にカーソルが表示されます。

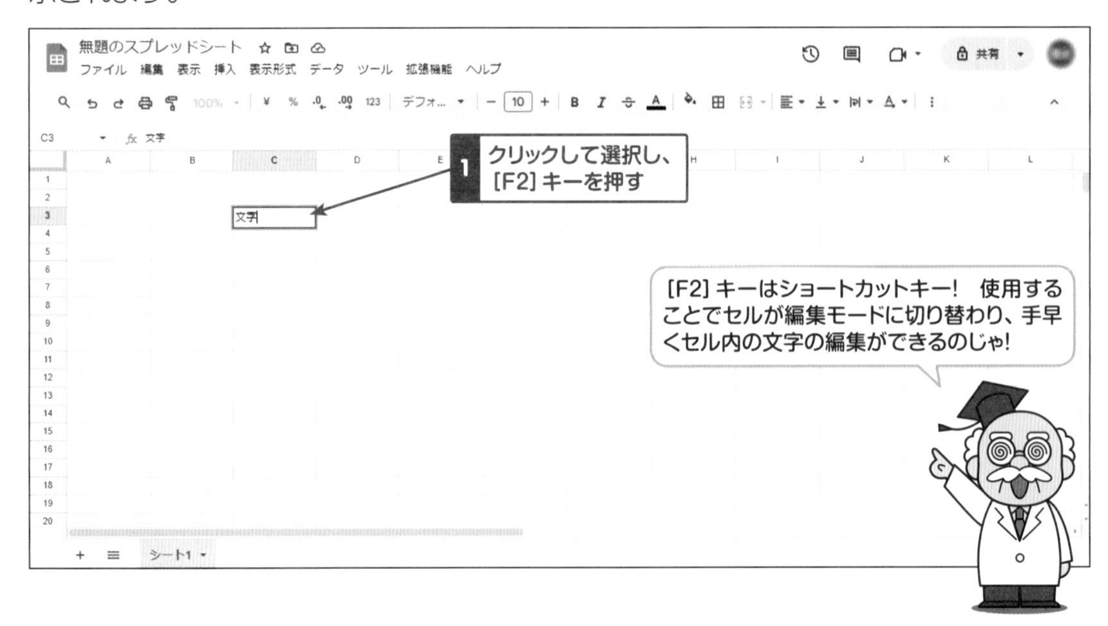

②文字列を修正

修正後、[Enter] キーで確定します。

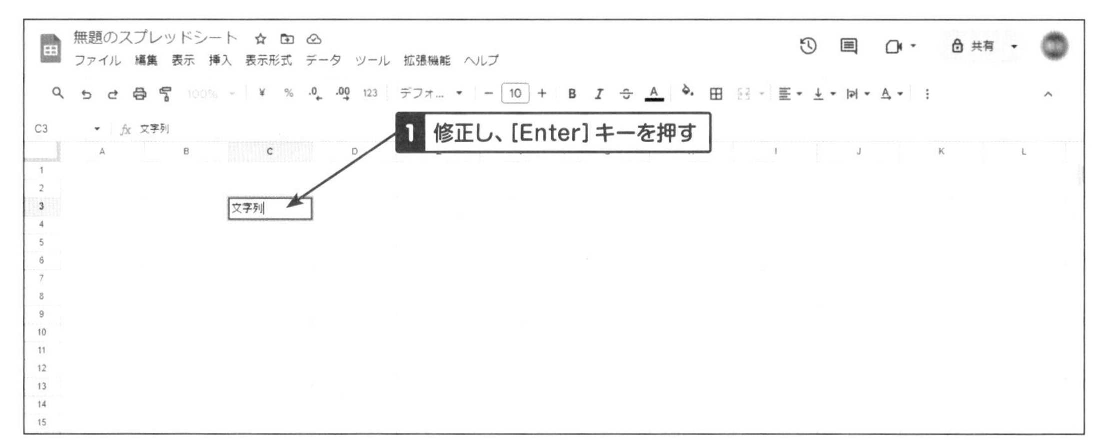

HINT

文字の削除は2通りあり、[Delete] キーを押すとカーソルの左側の文字が削除され、[Backspace] キーを押すとカーソルの右側の文字が削除されます。

HINT

セルの内容を削除したい場合は、セルを選択しキーボードの [Delete] キーを押すとセル内容が削除されます。複数のセルを選択した場合、選択したセルの値がすべて削除されます。

連続コピー（オートフィル）する

連続したセルに文字列をコピーする場合に使います。

①セルの入力、選択

コピーする値をセルに入力し確定した後、文字を入力したセルを選択します。

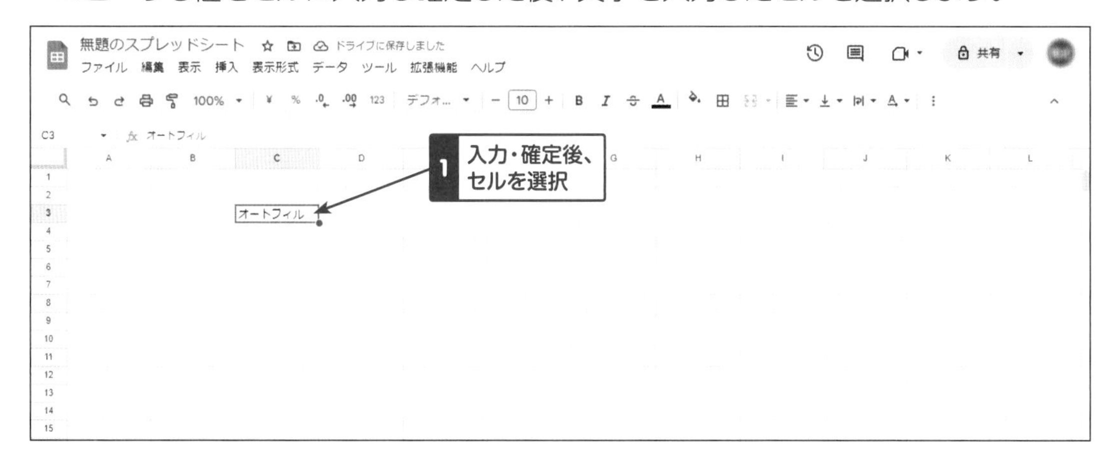

②●にマウスポインタを合わせる

選択セルの右下の角に●にマウスポインタを合わせると、マウスポインタの形が矢印から細線の十字に変わります。

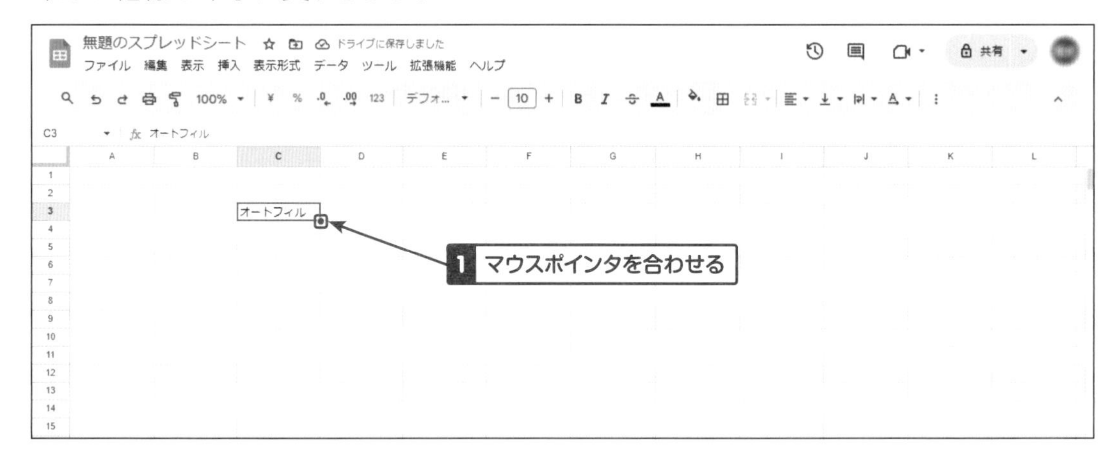

③オートフィル

十字に変わったタイミングで●をクリックしドラッグすると、文字列が連続してコピーされます。セルC3からセルC7までコピーしてみます。

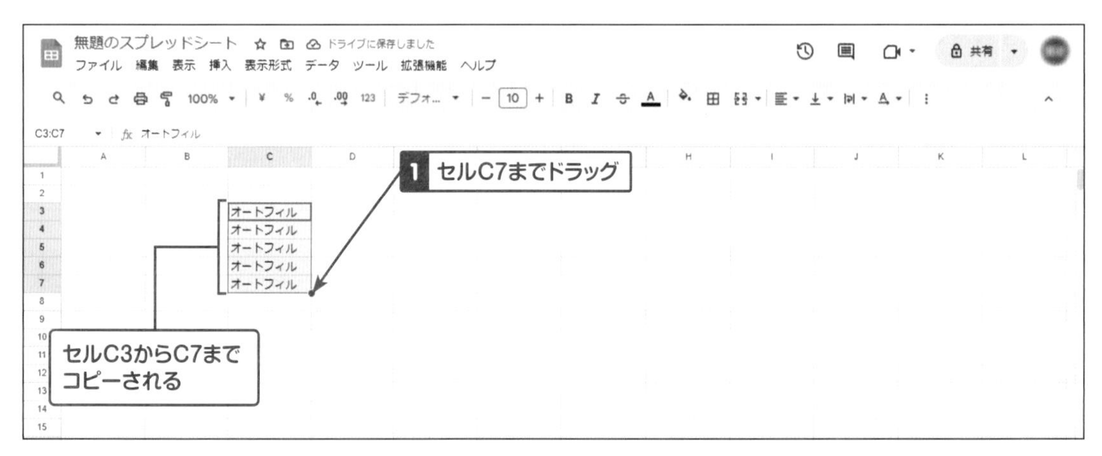

セルを移動・コピーする

セルの移動、オートフィル以外のコピーの操作を説明します。
セルF1の「駅名」をセルG1に移動します。

①セルの選択

セルF1をクリックして選択します。メニュー［編集］→［切り取り］をクリックします。

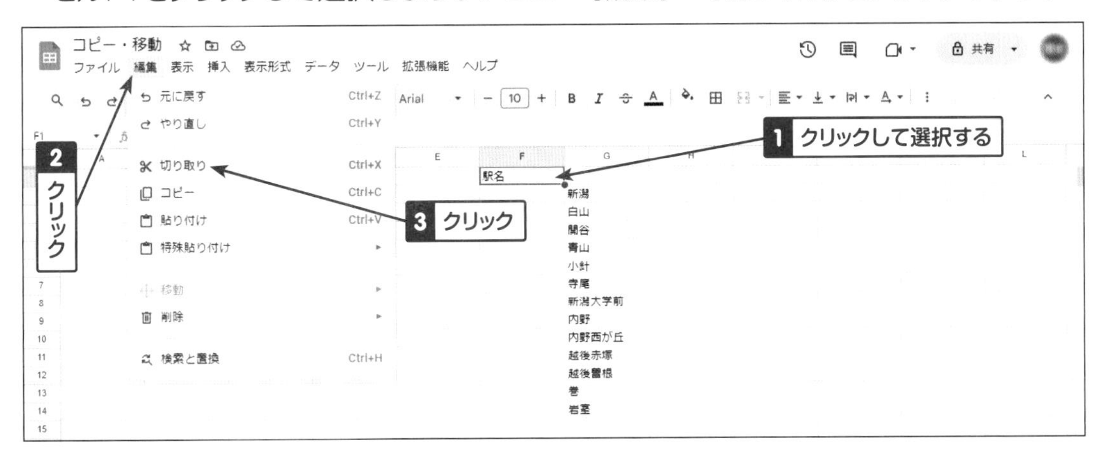

②コピーの貼り付け

次にセルG1をクリックして選択します。メニュー［編集］→［貼り付け］をクリックします。

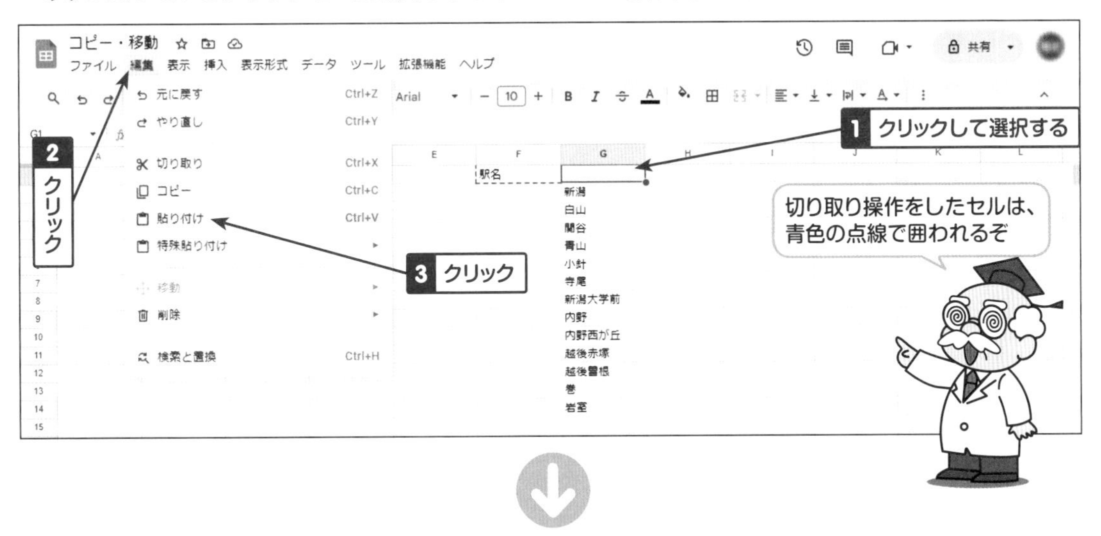

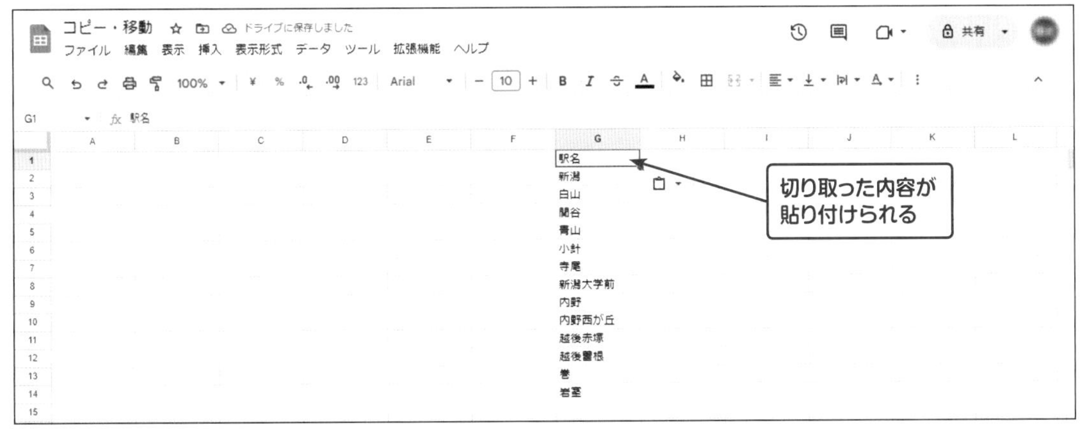

HINT

　すでに文字修飾がなされている文字列を文字修飾しない状態で貼り付けたい場合は、②の操作にてメニュー［編集］→［特殊貼り付け］→［書式なしで貼り付け］をクリックします。

文字列を検索する

入力した表の中にある文字列を検索する操作です。ここでは「新潟」を検索します。

①検索と置換メニューの表示

メニュー［編集］→［検索と置換］をクリックします。

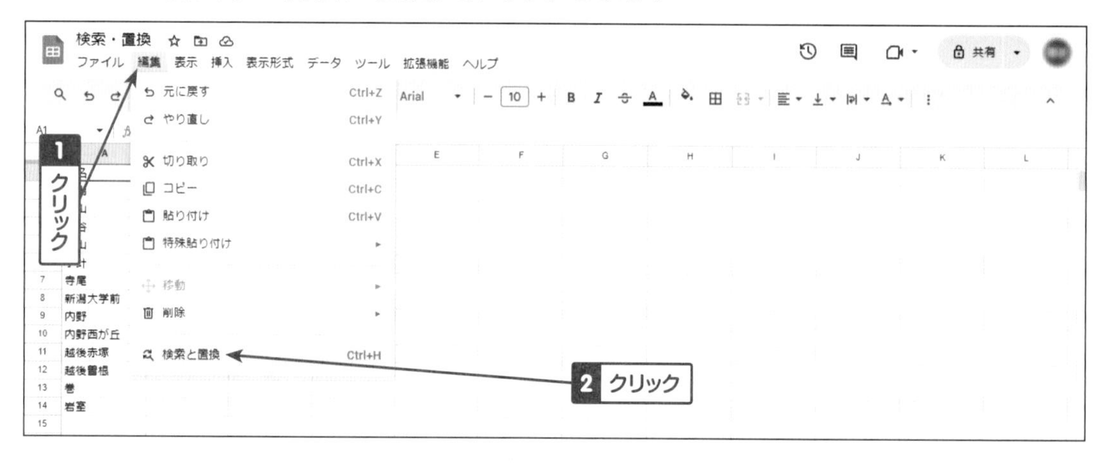

②文字列の検索

検索欄に「新潟」を入力し、［検索］ボタンをクリックします。

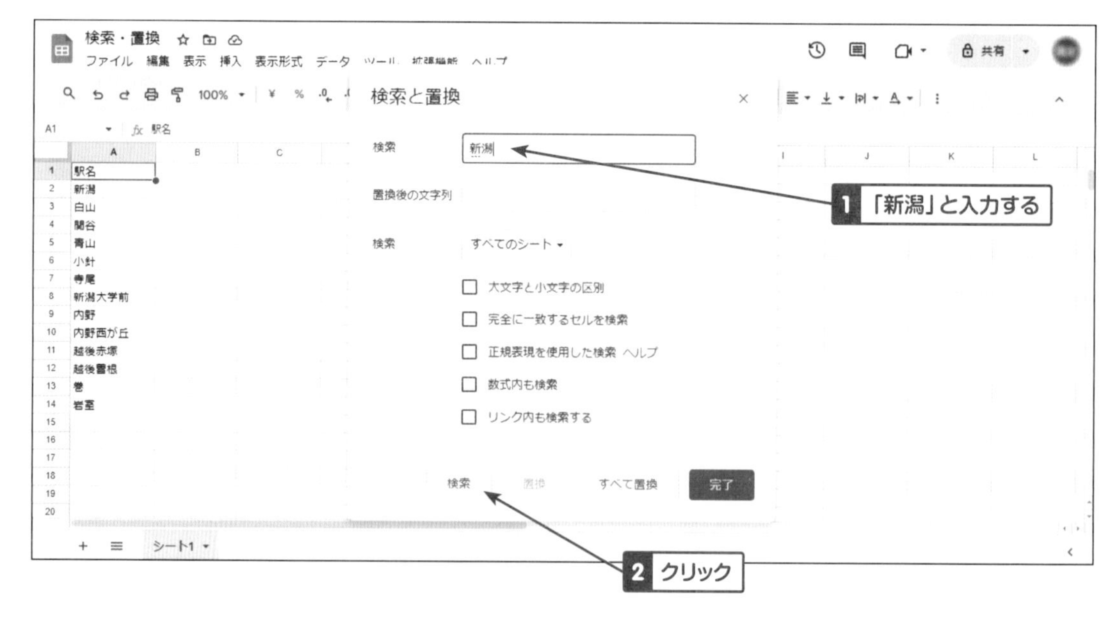

③選択セルの移動

検索文字列が見つかったセルが選択されます。再度［検索］ボタンをクリックすると、次の検索文字列が見つかったセル（このシートでは次は「新潟大学前」）に選択が移動します。

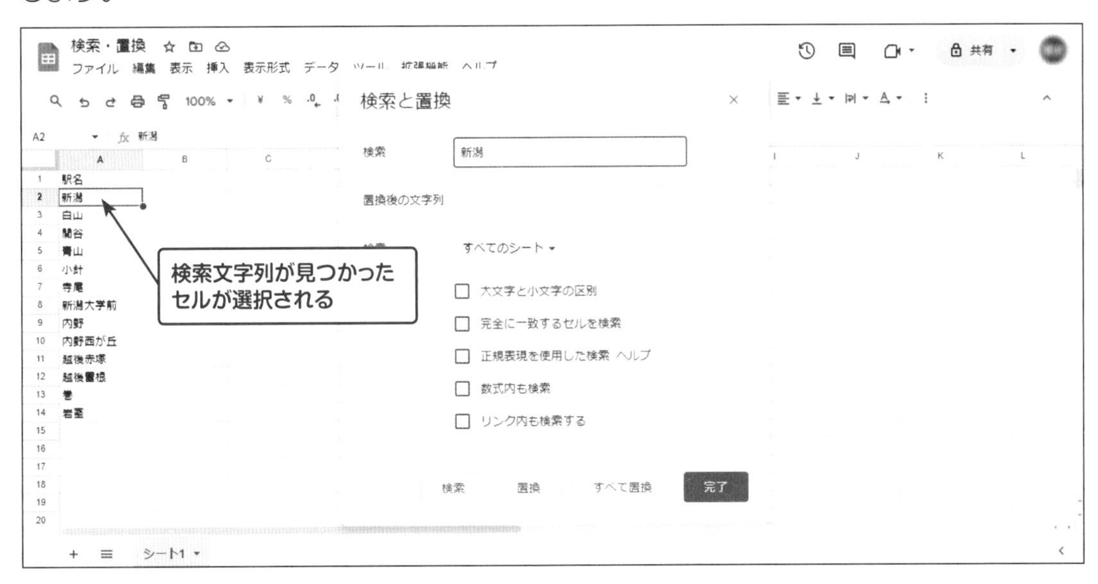

文字列を置換する

入力した表の中にある文字列を検索し、置換する操作です。一旦検索の操作を行い、検索文字列が見つからないと置換の操作ができません。ここでは「関谷」を「関屋」に置換します。

①検索と置換メニューの表示

メニュー［編集］→［検索と置換］をクリックします。

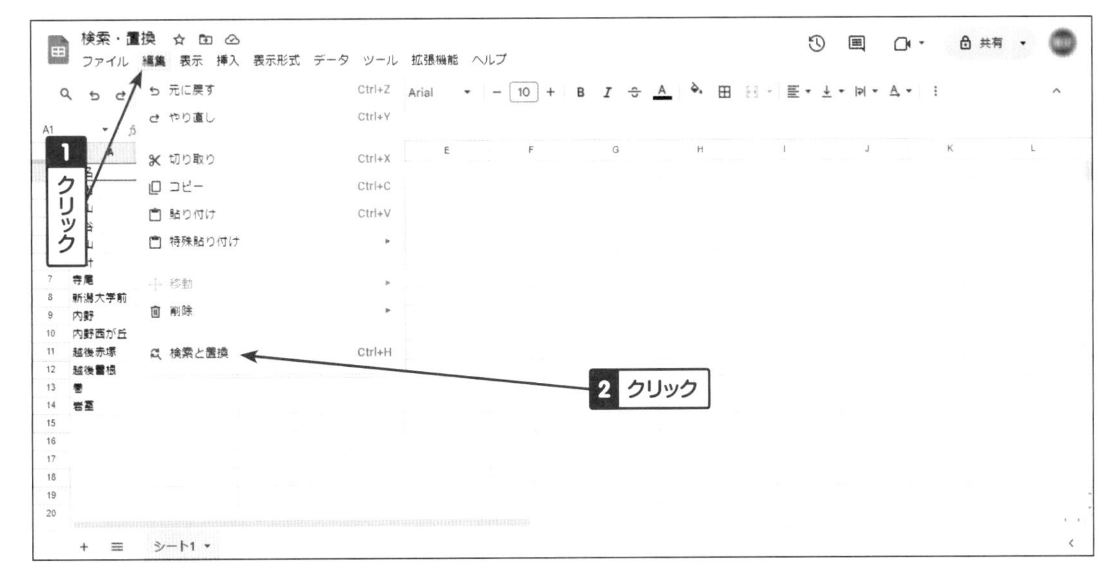

②文字列の検索

検索欄に「関谷」を入力し、[検索] ボタンをクリックします。

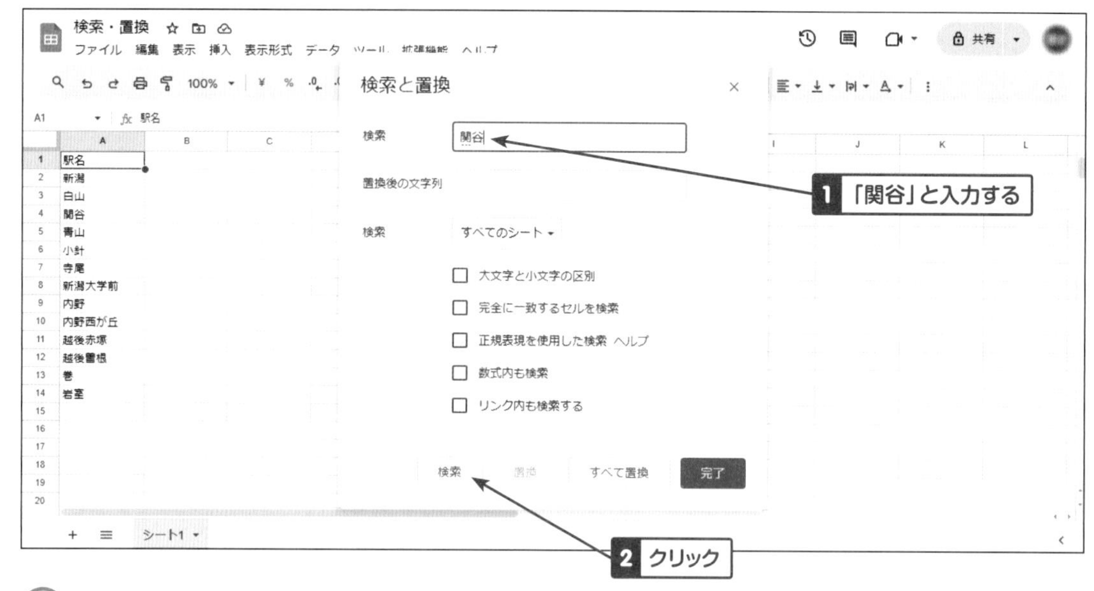

③文字列の置換

検索文字列が見つかると、[置換] ボタンをクリックできるようになります。置換後の文字列欄に「関屋」を入力し、[置換] ボタンをクリックすると、文字列が置き換わります。

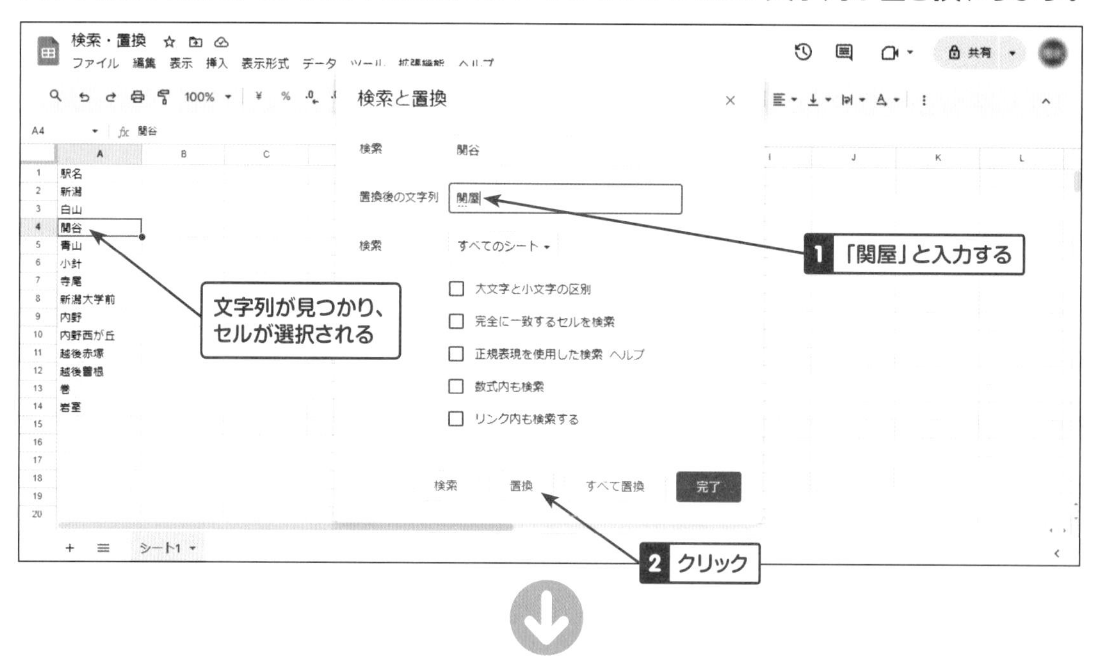

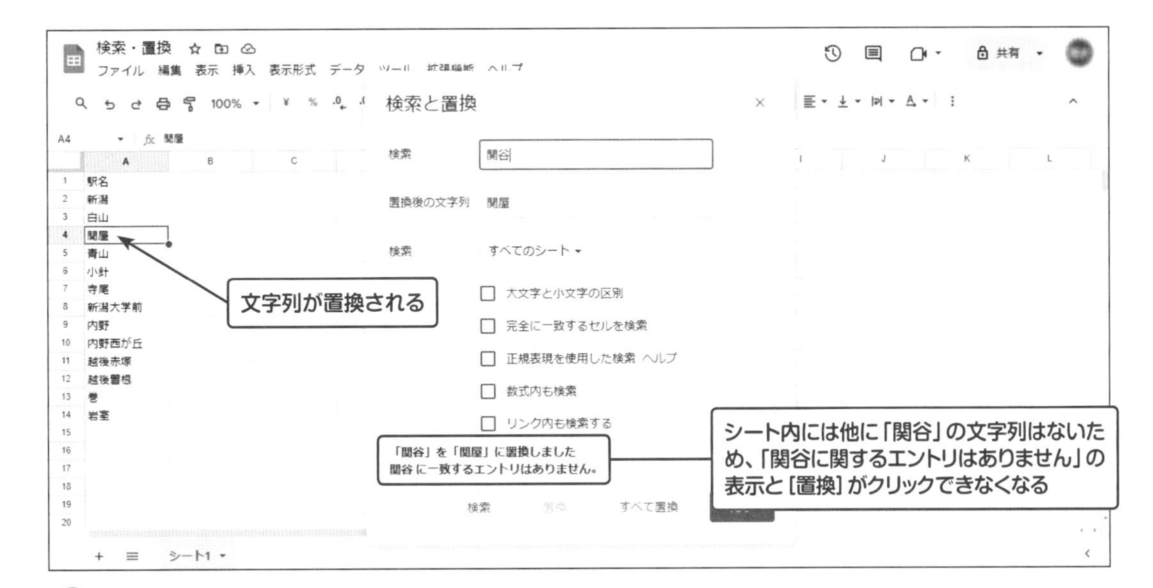

HINT

［すべて置換］は、検索文字列を一気に置換しますが、こちらは検索の操作を行わなくてもクリックできます。検索と置換ダイアログのオプションを使用し、検索・置換するシートや検索条件などを付け加えることもできます。

行を挿入する

表の途中に新たに行を挿入します。ここでは「荻川」と「新津」の間に1行挿入します。①を操作前にF列、G列に内容を入力してください。

①挿入位置の選択

「新津」の行（今回だと7行目）を右クリックし、表示されるメニューから［＋上に1行挿入］をクリックします。「新津」の行の上に、1行挿入されます

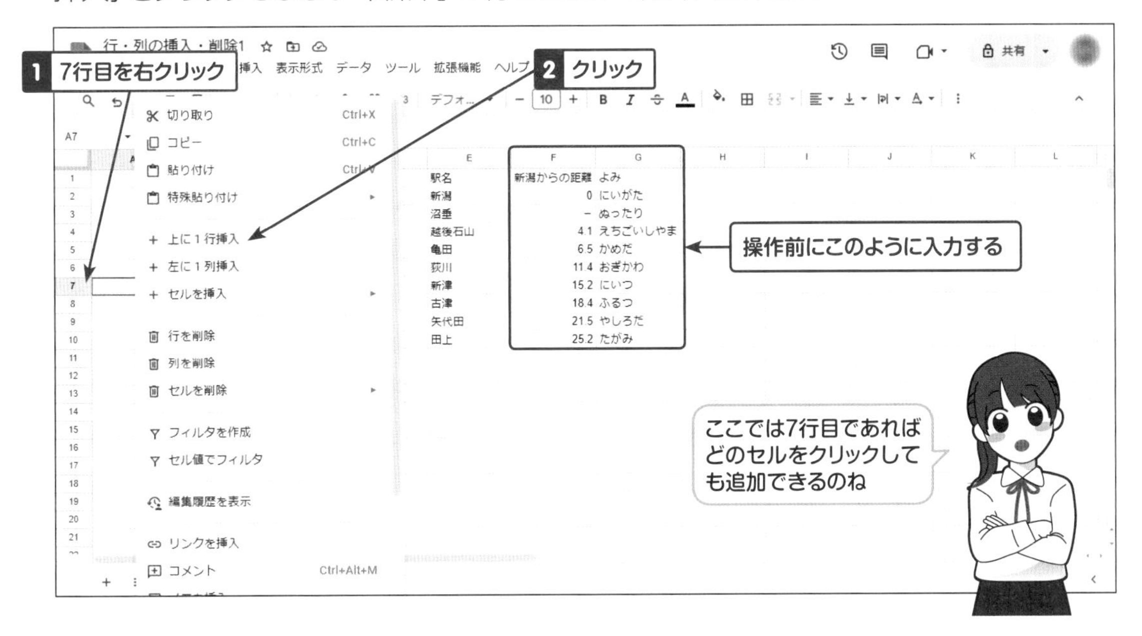

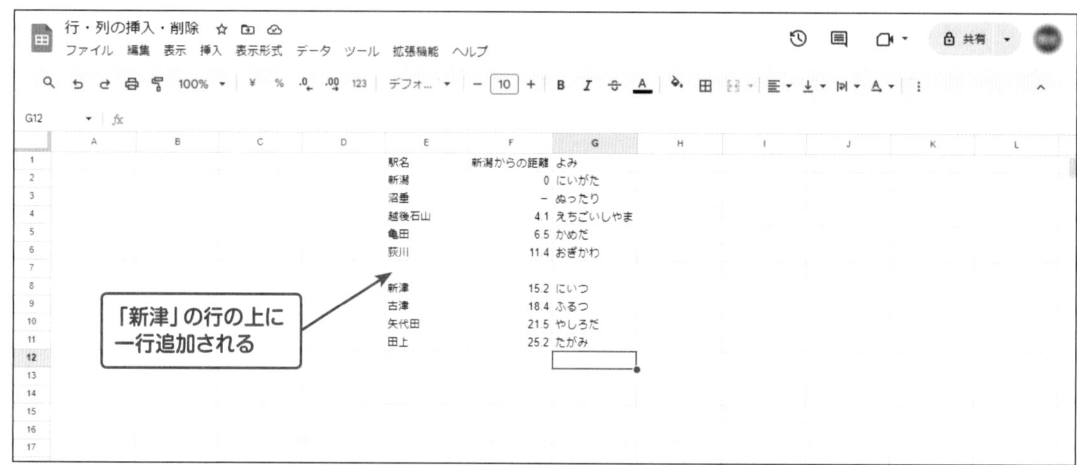

HINT

「荻川」の行で[+下に1行挿入]でも同じ結果になります。

HINT

メニューから行う場合は[挿入]→[行]→[上に1行挿入](もしくは[下に1行挿入])になります。

②内容の入力

挿入した行に下記のように内容を入力します。

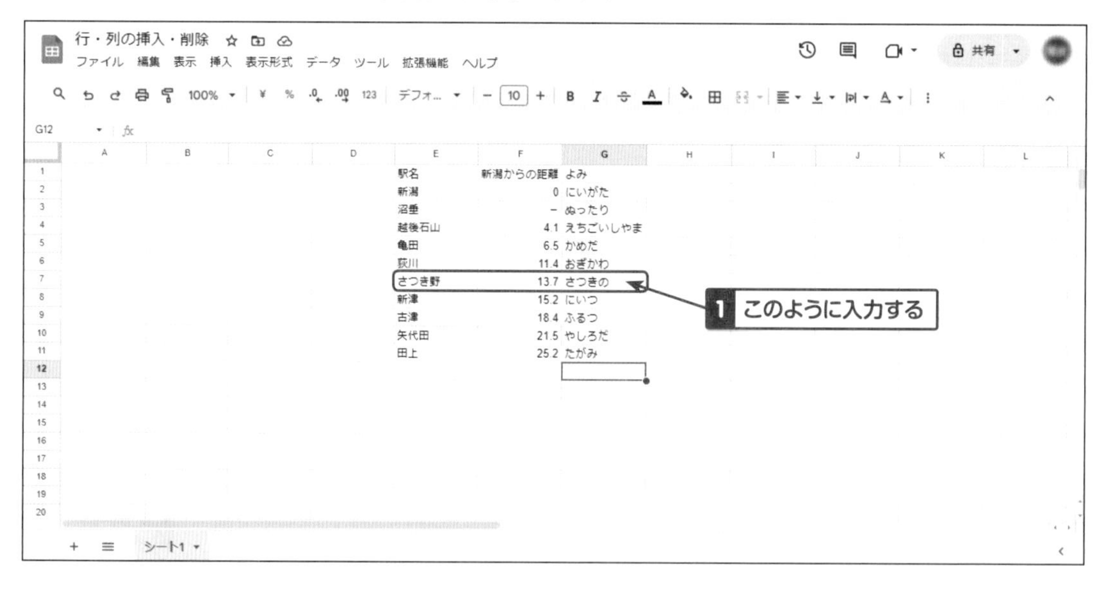

行を削除する

表から不要な行を削除します。
ここでは「沼垂」の行を削除します。

①行の選択、削除

「沼垂」の行の（今回だと3行目）を右クリックし、表示されるメニューから［行を削除］をクリックします。「沼垂」の行が削除されます。

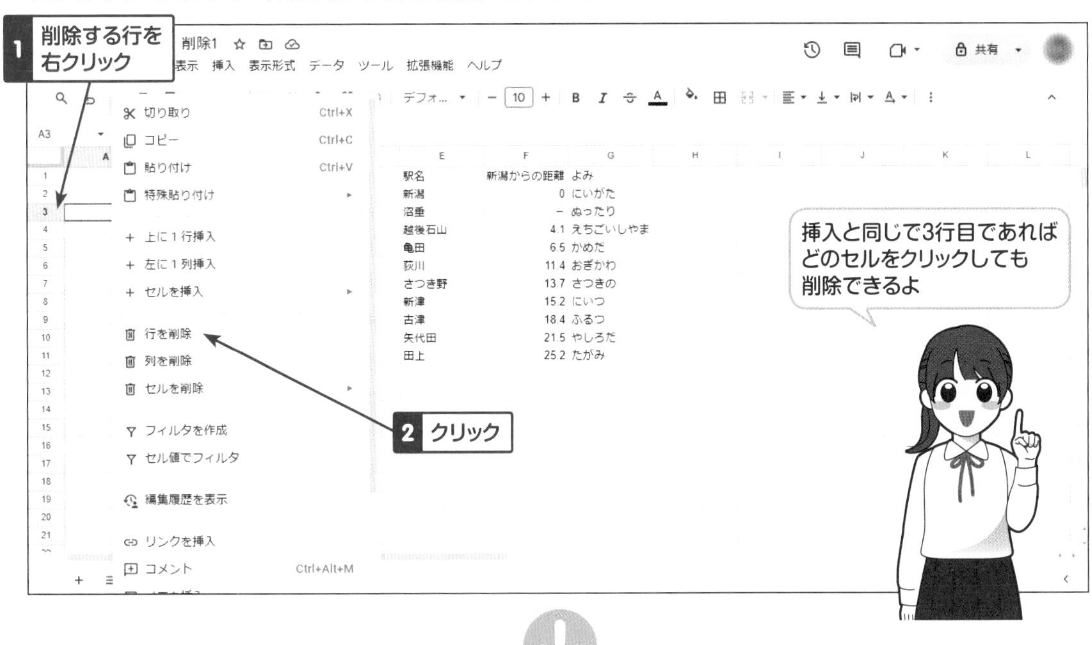

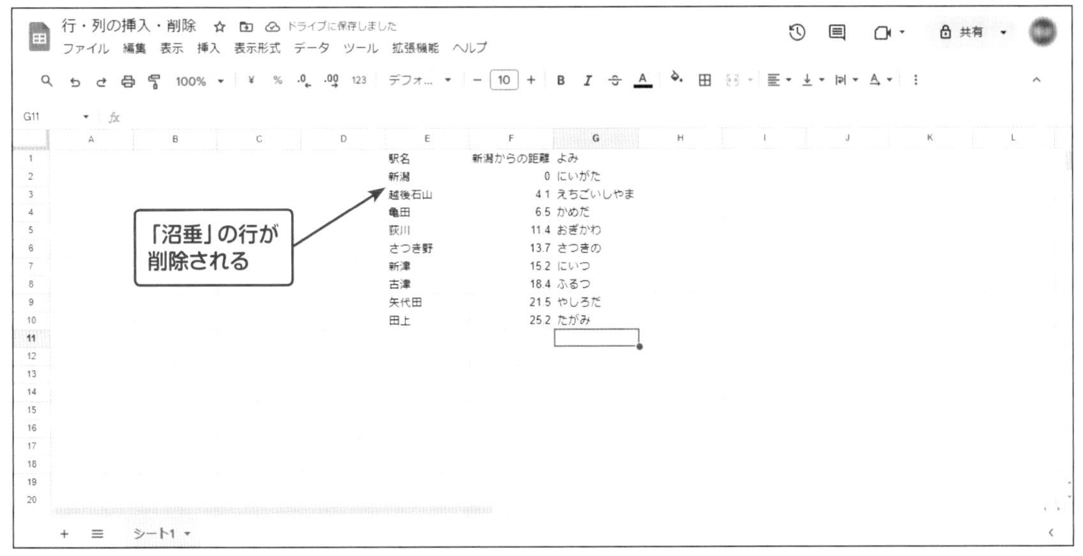

メニューから行う場合は［編集］→［削除］→［行xを削除］になります。

列を挿入する

表の途中に列を挿入します。
ここでは「駅名」と「新潟からの距離」の間に1列挿入します。

①挿入位置の選択

「新潟からの距離」の列の列名（図だと列F）を右クリックします。表示されるメニューから［＋左に1列挿入］をクリックすると、「新潟からの距離」の列の左に1列挿入されます。

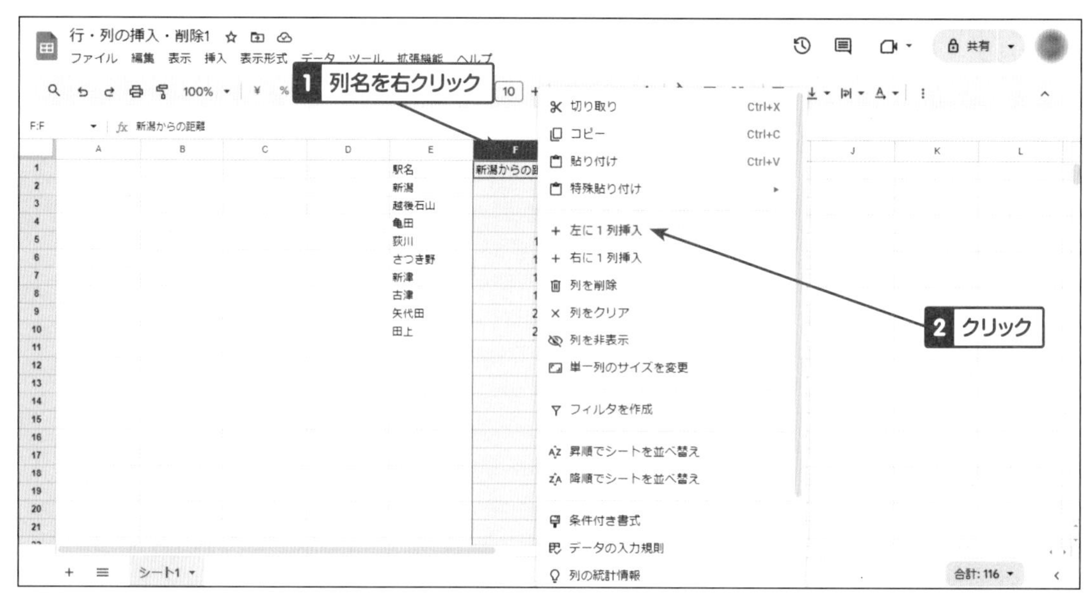

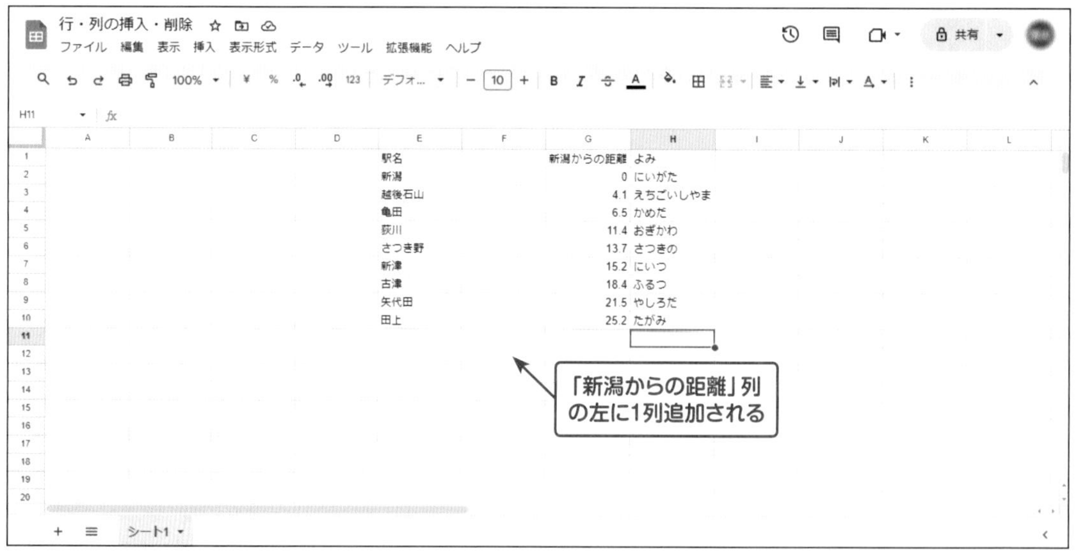

「駅名」の列で［＋右に1列挿入］でも同じ結果になります。

メニューから行う場合は削除する列番号をクリックし、[挿入]→[列]→[左に1列挿入](もしくは[右に1列挿入])になります。

②内容の入力

挿入した列に下記のように内容を入力します。

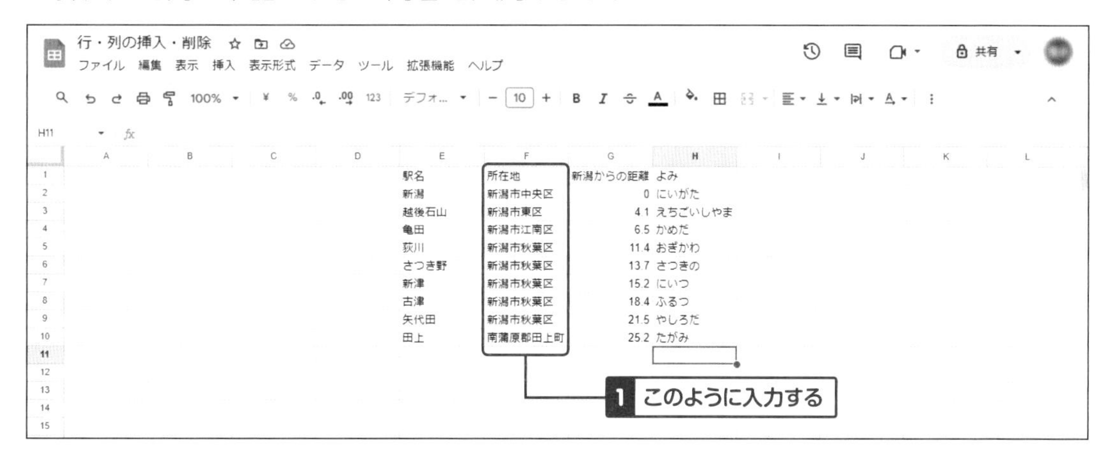

列を削除する

表から不要な列を削除します。
ここでは「新潟からの距離」の列を削除します。

①列の選択、削除

「新潟からの距離」の列の列名(図だと列G)を右クリックします。表示されるメニューから[列を削除]をクリックすると、列が削除されます。

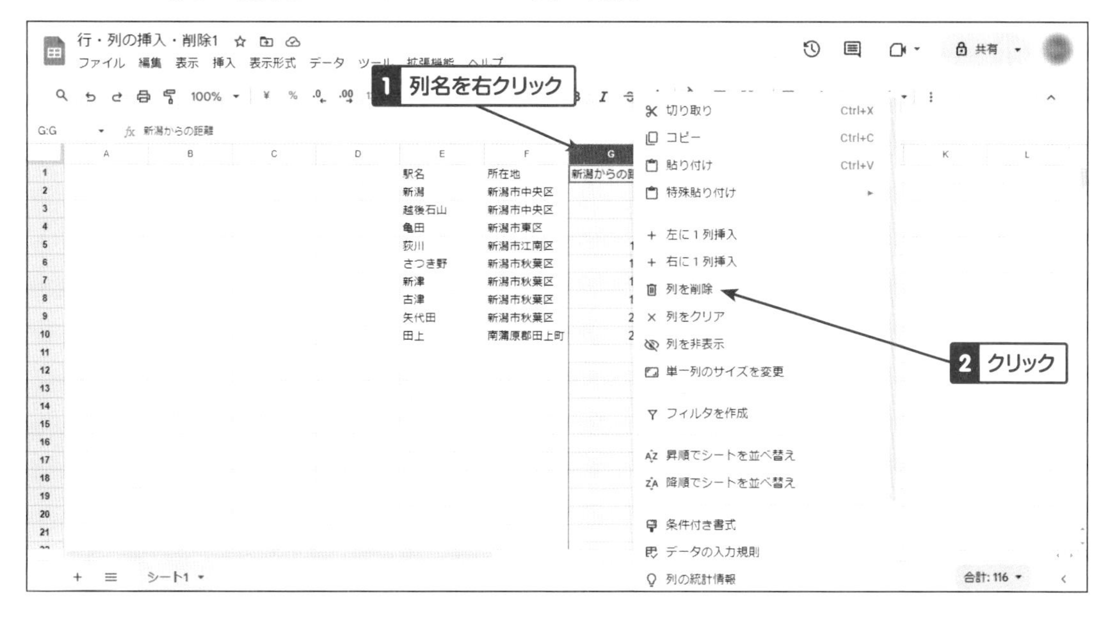

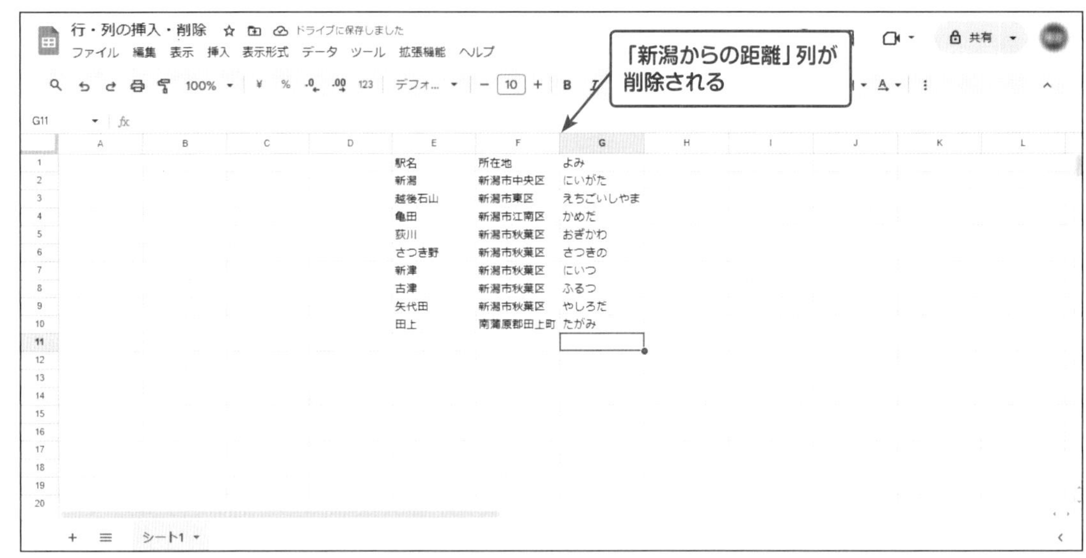

HINT

メニューから行う場合は削除する列名をクリックし、[編集] → [削除] → [列xを削除] になります。

ONE POINT

数式バーを用いた文字の入力・修正

数式バーを用いても文字列の入力・修正ができます。セルよりも多くの文字が表示できるので、入力文字列が長い計算式などの場合にお勧めです。

数値・日付をオートフィルする

セルに数字を入力し、キーボードの[Ctrl]キーを押しながらドラッグすると、数字が1ずつ増えてオートフィルされます。

連続する2つのセルに数値を入力し、入力したセルを選択しオートフィルを行うと、2つの数値の差で数値が増えてオートフィルされます。

日付をオートフィルすると、1日ずつ増えた状態でオートフィルされます。

計算式の入力

表計算ソフトの特長である、計算式を入力した数値の計算操作について説明します。文字配置や小数点の桁数、最高点・最低点の計算などは、次項で説明します。

	A	B	C	D	E	F	G	H	I
1	期末試験成績(1学期)								
2									
3	名前	国語	社会	算数	理科	生活	音楽	合計	合計点平均との差
4	小坂	70	83	69	71	88	73		
5	堀	68	70	81	86	72	96		
6	福浦	78	75	77	74	73	69		
7	里崎	85	90	92	89	86	77		
8	井上	90	84	88	83	76	62		
9	今江	74	67	61	79	70	86		
10	清水	65	72	75	81	66	75		
11	平均点								
12	最高点								
13	最低点								

計算式を使用した
合計点、平均点の算出

	A	B	C	D	E	F	G	H	I
1	期末試験成績(1学期)								
2									
3	名前	国語	社会	算数	理科	生活	音楽	合計	合計点平均との差
4	小坂	70	83	69	71	88	73	454	-9.714285714
5	堀	68	70	81	86	72	96	473	9.285714286
6	福浦	78	75	77	74	73	69	446	-17.71428571
7	里崎	85	90	92	89	86	77	519	55.28571429
8	井上	90	84	88	83	76	62	483	19.28571429
9	今江	74	67	61	79	70	86	437	-26.71428571
10	清水	65	72	75	81	66	75	434	-29.71428571
11	平均点	75.71428571	77.28571429	77.57142857	80.42857143	75.85714286	76.85714286	463.7142857	
12	最高点								
13	最低点								

四則演算

計算式の記述規則です。

・計算式は半角英数字で記述します。アルファベットは大文字・小文字どちらでもかまいません。式を確定すると小文字は自動的に大文字に変換されます。
・式の先頭には「=」(イコール)を入力し、計算式であることを示します。
・四則演算の記号は以下の通りです。掛ける(×)と割る(÷)は半角文字がないので、他の文字で代用します。
　足す→「+」(プラス)
　引く→「−」(マイナス)
　掛ける→「*」(アスタリスク)
　割る→「/」(スラッシュ)
・べき乗(○○の△乗)も計算できます。「^」を使います。(例:「7^11」→7の11乗)
・カッコを用いて計算順序の指定もできます。

計算をしてみる

期末試験成績の個人別合計を計算してみます。この表の小坂さんの期末試験の点数(セルB4からG4)を合計し、セルH4に合計を表示します。

表計算ソフトの場合は、数値が入力されているセル番地を使って計算します。セル番地とは、列名と行番号を用いて表したセルの位置のことです。例えば、「A列の3行目のセル」の場合、セル「A3」と表します。セル番地を使用することにより、数値を変更すると自動的に再計算され、数値と結果の整合をとることができます。

①セルを選択、計算式を入力

セルH4を選択し、計算式「=b4+c4+d4+e4+f4+g4」を入力して、[Enter]キーで確定します。計算結果がセルH4に表示されます。セルH4を選択すると、数式バーにはセルH4に入力した計算式が表示され、セルH4の数値は計算による値ということがわかります。

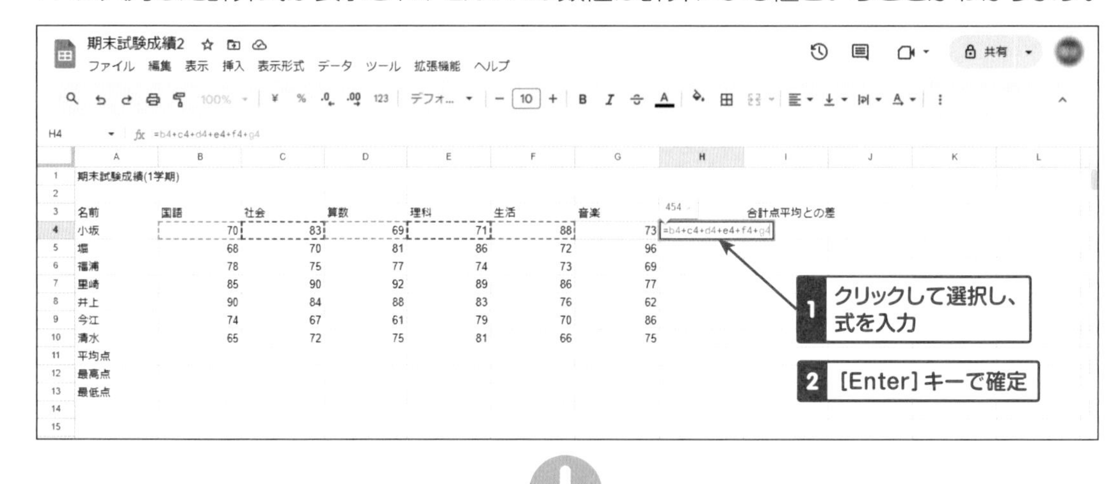

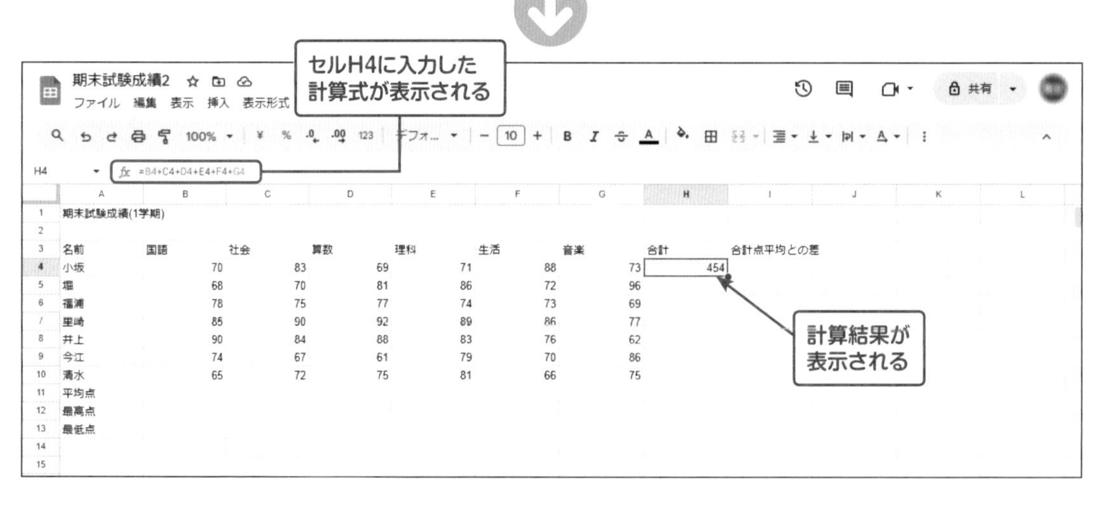

②計算式をオートフィルでコピー

10行目の清水さんまでセルH4の計算式をオートフィルでコピーします。【連続コピー（オートフィル）する】 ☞P135

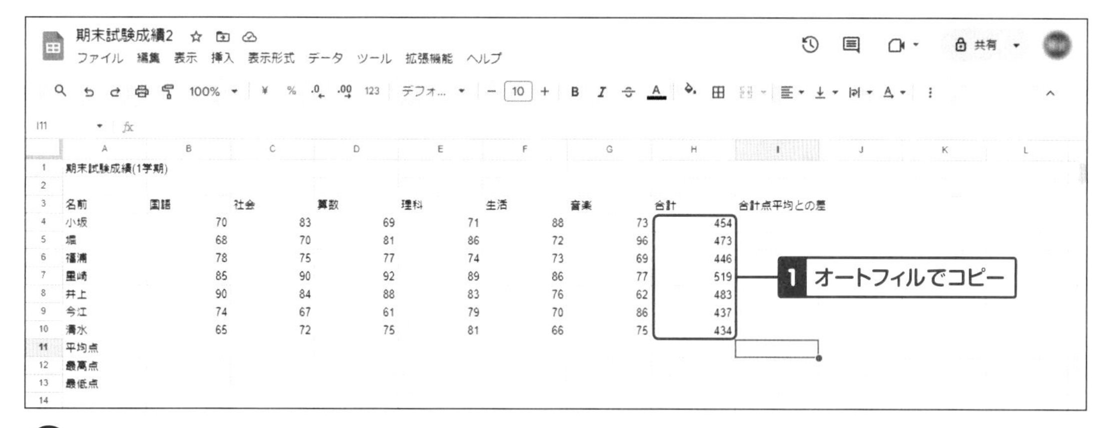

HINT

計算式をオートフィルでコピーすると、セル番地が自動的に変更されます。同じ列に同様の計算式が並ぶ場合、いちいち計算式のセル番地を書き換えなくてもよいようになっています。

HINT

①で［Enter］キーを押した後、同じ列に同様の計算式が並ぶ場合、計算式を自動的にオートフィルでき、要否の確認メッセージが表示されることがあります。問題なければ再度［Enter］キーを押して計算式が自動的にオートフィルされます。今回は説明のためキャンセルしました。

③平均値の計算式の入力、表示

次にセルB11に国語の平均点を表示します。セルB4からB10を合計し、人数（7名）で割ります。セルB11をクリックして選択し、計算式は「=（B4+B5+B6+B7+B8+B9+B10）/7」とカッコを使い、計算順序を指定します。入力後［Enter］キーを押すと、計算結果が表示されます。

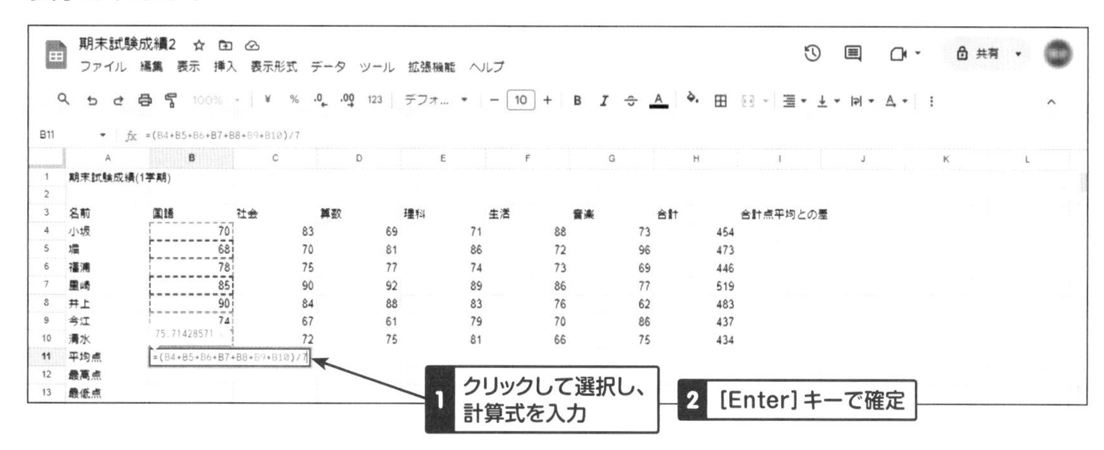

④計算式をオートフィルでコピー

H列の合計までセルB11の計算式をオートフィルでコピーし、全教科の平均点、全教科合計の平均点を表示します。

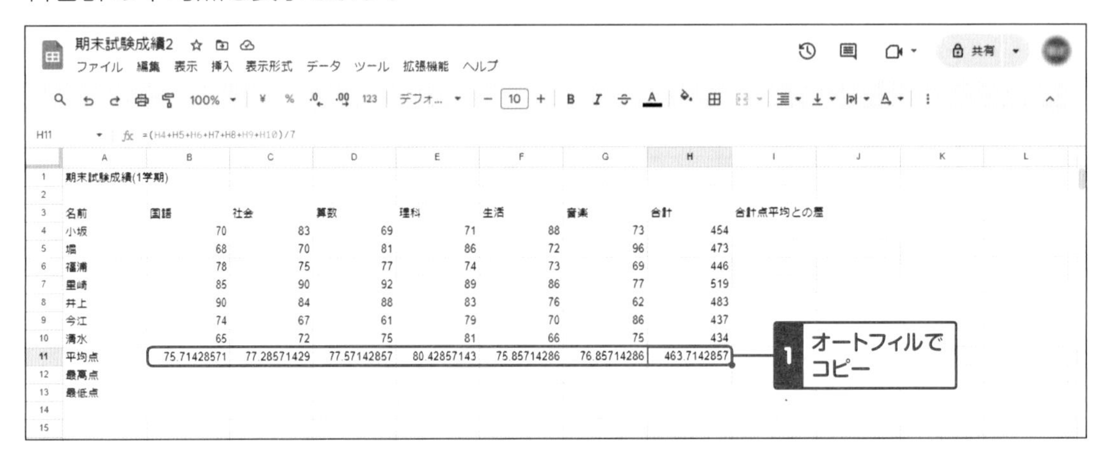

簡単な関数を使ってみる

関数とは、特定の計算を容易に行えるようにした命令のことです。複雑な式を記述する必要がなくなることや、ケアレスミスの防止に役立ちます。

前項では平均値の計算式を入力しましたが、科目が増えた場合は得点合計の計算式、合計人数が増えた場合は計算式の割る数（今回は7）を書き換えなければいけません。

ここでは再度合計と平均点について、マウスの操作で使用できる簡単な関数について説明します。期末試験成績を関数を使用して計算してみましょう。

①セルを選択

セルB4からG4をドラッグして選択します。

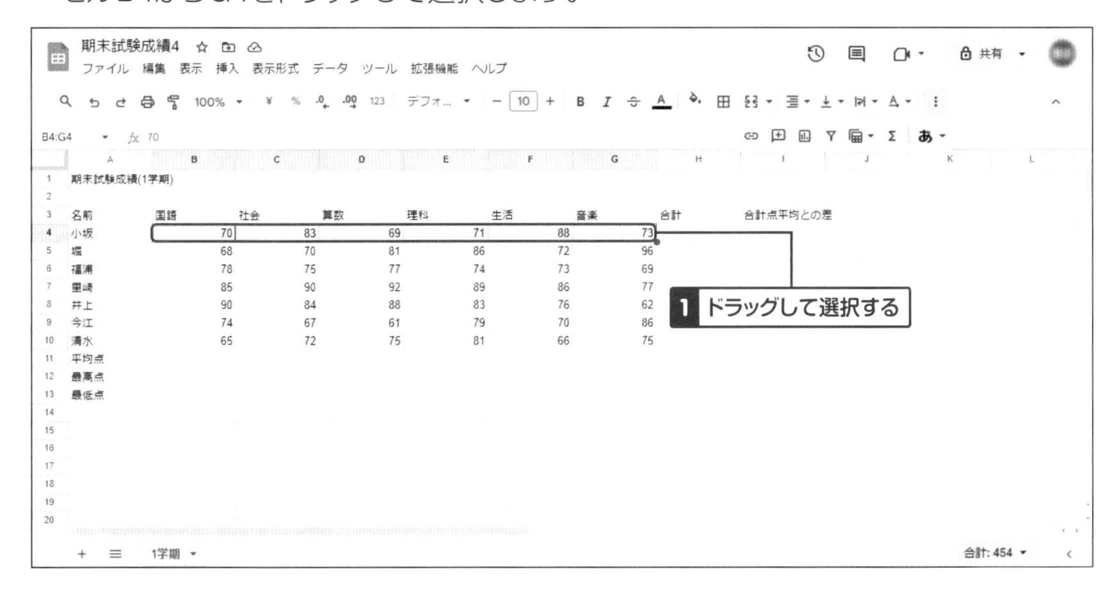

②SUM関数の選択

ツールバーの Σ（関数）をクリックして、表示されたメニューから［SUM］をクリックします。ツールバーが隠れている場合は、ツールバーの ⋮（もっと見る）をクリックし、すべてのツールバーを表示させて選択してください。

③SUM関数式の表示

セルH4に関数式が表示されます。「=SUM(B4:G4)」とは、「セルB4からG4を合計しなさい」という意味です。合計する範囲を確認し、OKならば[Enter]キーを押します。

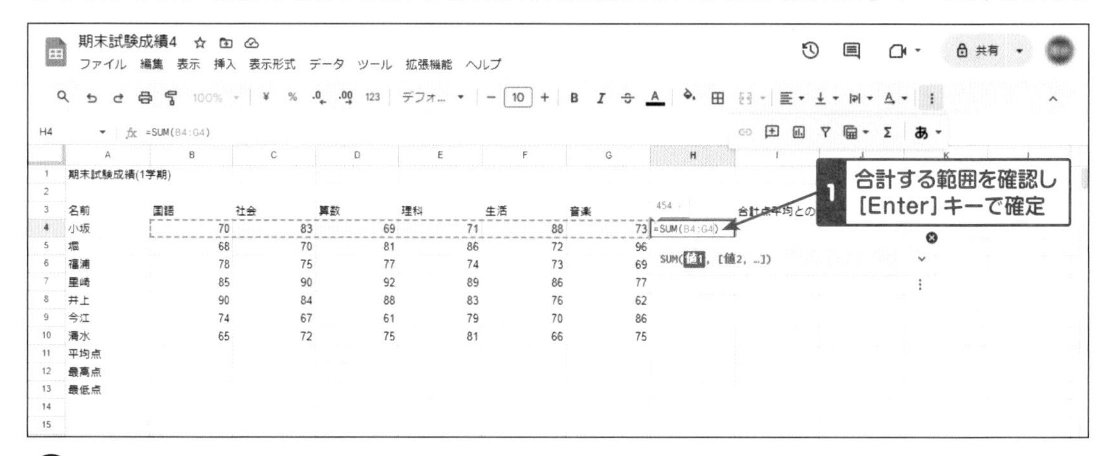

HINT

関数式の下に関数の記述方法が表示されます。関数の説明は記述方法右端の[V]をクリックし、説明表示が不要であれば[×]をクリックします。

④計算結果の表示

セルB4からG4の合計がH4に表示されました。

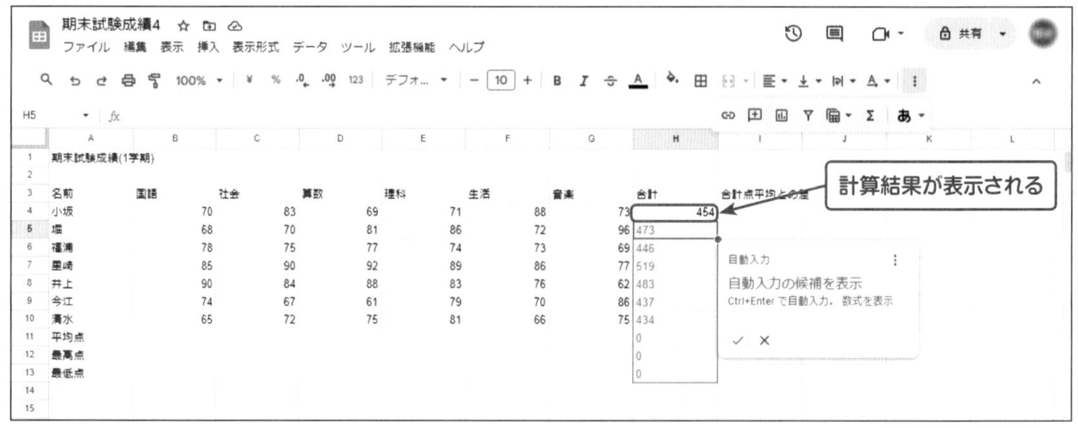

HINT

「自動入力の候補を表示」はパターンを検出し、データ入力の自動化に役立つ提案をします。上画面では計算式のオートフィルを提案された状態です。[Ctrl]キー+[Enter]キー、もしくはポップアップ左下のチェックマークをクリックするとオートフィルが自動で操作され、計算結果が表示されます。[×]をクリックすると、提案を却下できます。

⑤関数をオートフィルでコピー

セルH4からH10までオートフィルを使用し、全員分の合計を表示します。

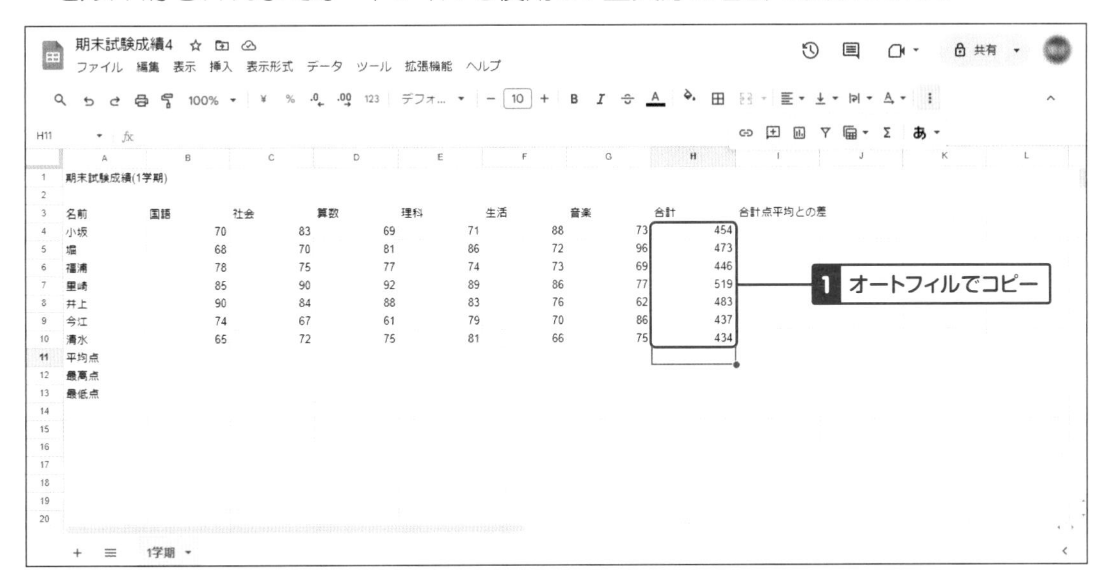

⑥平均値の関数を選択

次は平均値を関数で計算します。セルB4からB10をドラッグして選択し、ツールバーの Σ（関数）をクリックします。表示されたメニューから［AVERAGE］をクリックします。

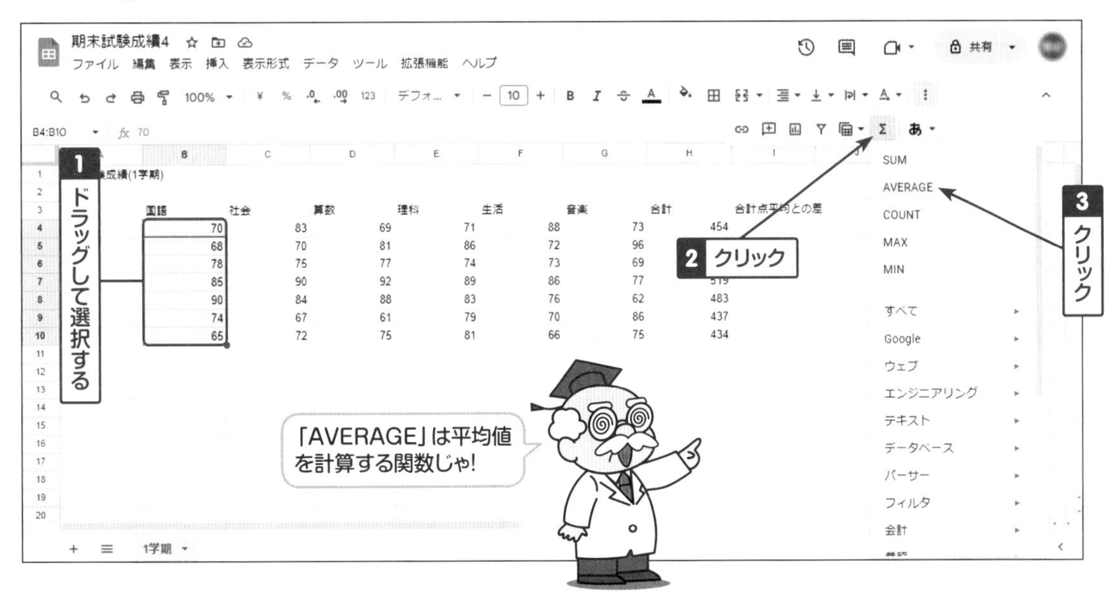

⑦関数式の表示

セルB11に関数式が表示されます。「=AVERAGE(B4:B10)」とは、「セルB4からB10の平均値を計算しなさい」という意味です。平均値を計算する範囲を確認し、OKならば[Enter]キーを押します。

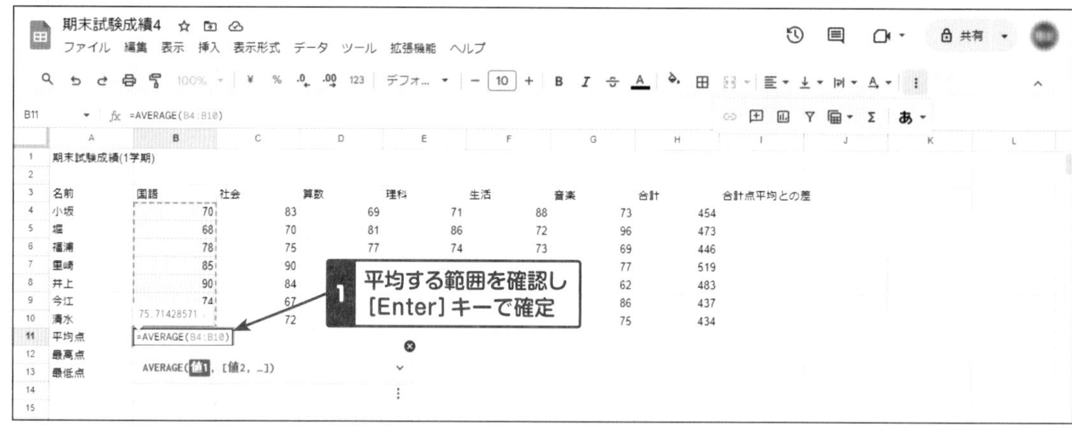

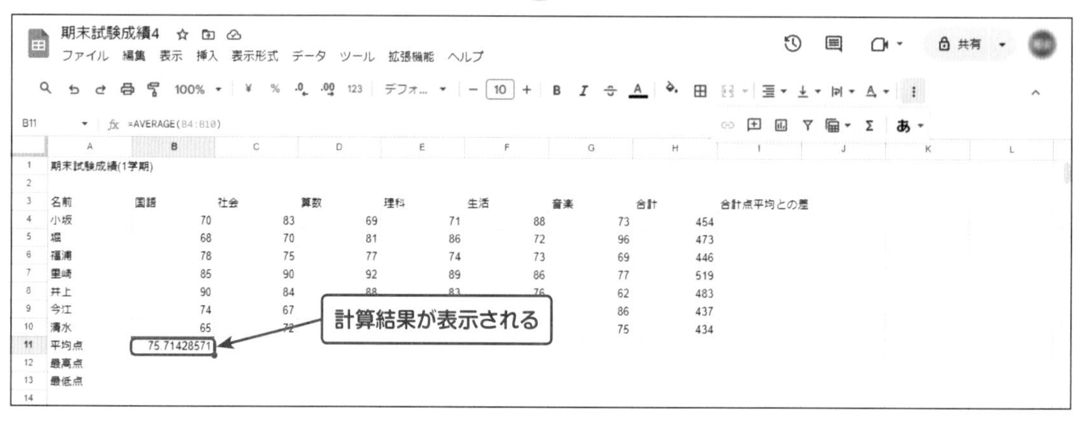

⑧関数をオートフィルでコピー

セルB11の計算式をC11からH11までオートフィルでコピーし、全教科の平均点、全員分の合計の平均点を算出します。

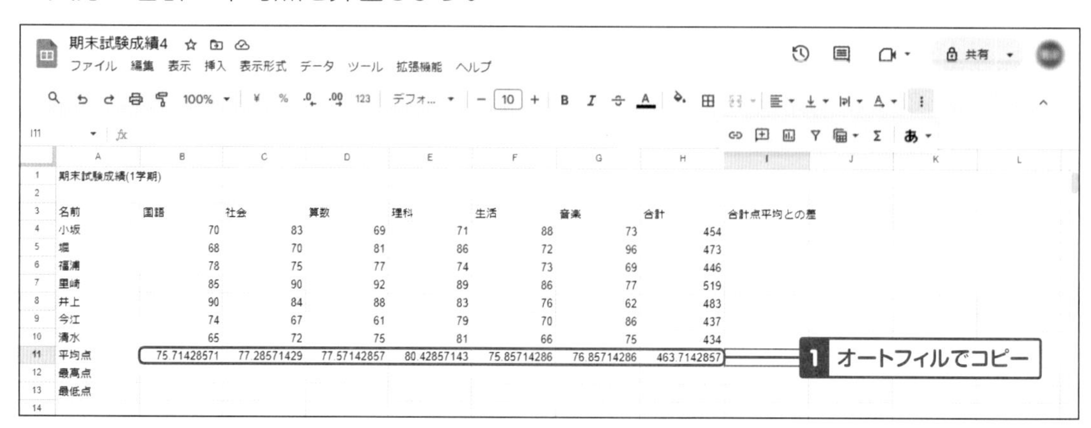

絶対参照を使った計算式を入力する

表内で同じ計算式を何回も入力しなければならない場合、計算式をコピーした方が作業効率が良いのですが、コピー後にセル番地を修正しなくてもよいように、自動的にセル番地が変更されるようになっています。これを「相対参照」といいます。

下の表では合計点の平均と各生徒の合計点の差を計算しています。計算式としては「=各自の合計点(セルI4〜I10)-合計点平均(セルI11)」なのですが、セルI4に計算式を入力し、オートフィルで計算式をコピーすると、相対参照の機能により、計算式の合計点平均のセル番地(I11)がどんどんずれていきます。

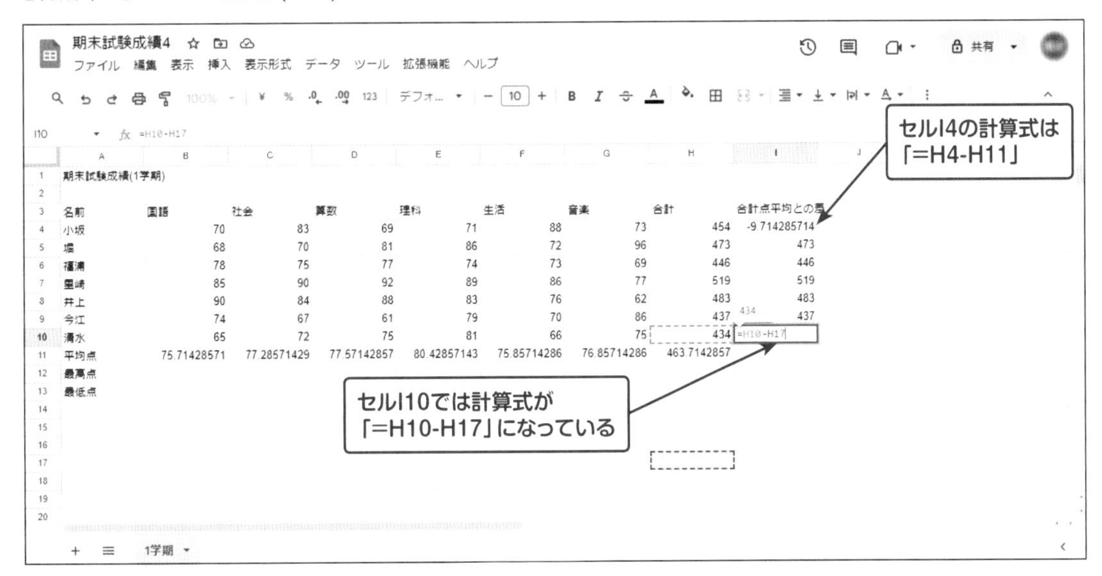

そこで、式をコピーしてもセル番地が変更されないように式の中で指示を行うことができます。このセル番地を変更しないようにする指示を「絶対参照」といいます。

絶対参照を行う(セル番地を移動したくない)場合、列名または行番号の前に「$」を付け、絶対参照であることを表します。これにより、列名を固定、行番号を固定、列名・行番号とも固定の3種類の設定ができます。

以降の操作では、セル番地の絶対参照操作について説明します。

①計算式を入力

セルI4にクリックして選択し、計算式「=H4-H11」を入力します。まだ[Enter]キーを押さず、H11の右側にカーソルが点滅している状態にします。

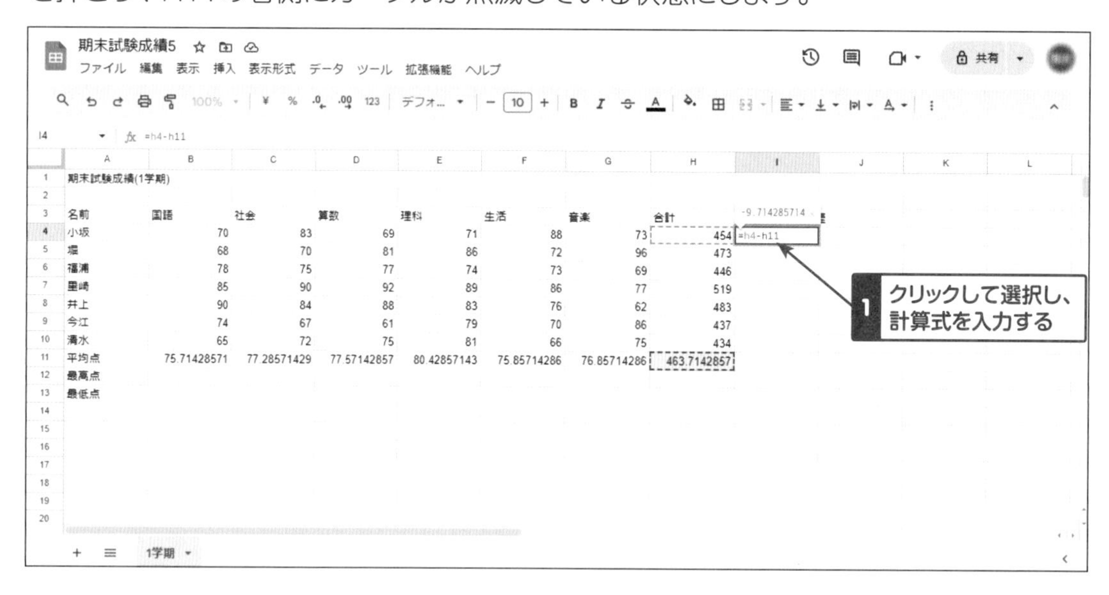

②絶対参照

点滅した状態で、[F4]キーを押すと、「H11」の記述が「$H$11」になります。[F4]キーを繰り返し押すと、「H$11」→「$H11」→「H11」→「$H$11」と順に変わっていきます。今回は行番号がずれなければいいので、行番号だけ絶対参照にします。「H$11」が表示された状態で[Enter]キーを押し、計算式を確定します。

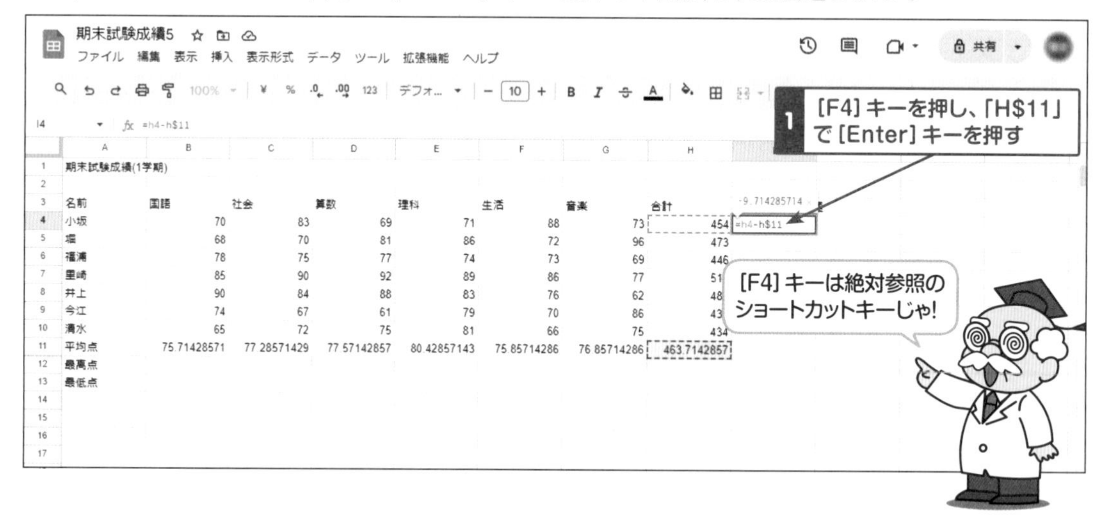

③計算式をオートフィルでコピー

セルI4の計算結果が表示されたら、オートフィルでセルI5からI10に計算式をコピーします。

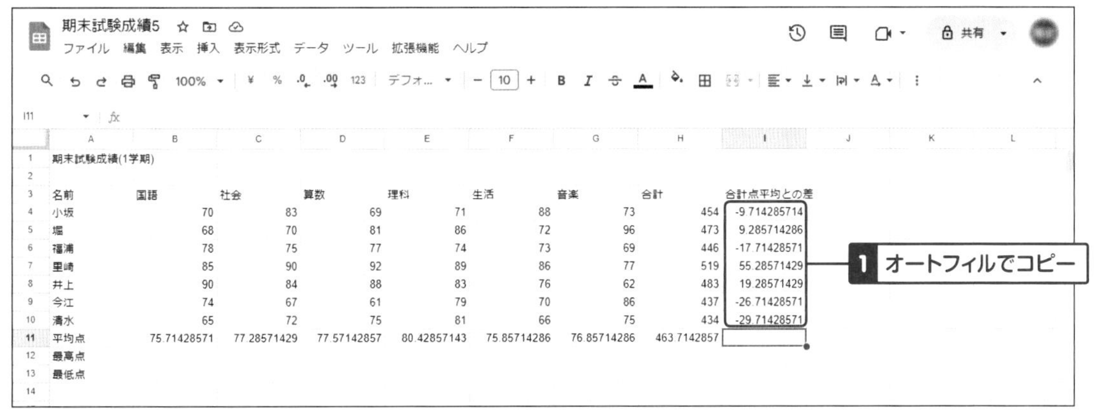

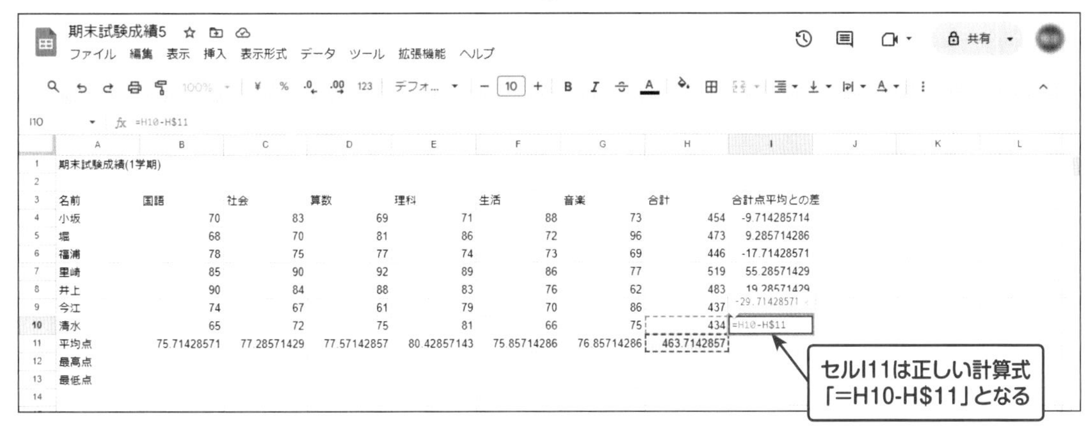

ONE POINT

絶対参照のパターンと範囲指定

例としてセルA1を絶対参照にした場合のパターンを示します。

$A1 列のみ絶対参照

A$1 行のみ絶対参照

$A$1　行・列とも絶対参照

セル範囲を絶対参照にすることもできます。例として、セルA1~C3を絶対参照で範囲を参照する場合は以下の通りとなります。範囲指定の場合、行・列とも絶対参照にするのが一般的です。

($A$1:$C$3)

文字列の修飾

セルに入力した文字列について、フォントサイズやフォントの変更、太字・斜体・下線などの文字修飾、セル内の文字配置、文字列の折り返しについて説明します。

文字修飾　文字列の折り返し

期末試験成績(1学期)　小宮山先生連絡先

名前	国語	社会	算数	理科	生活	音楽	合計	合計点平均との差
小坂	70	83	69	71	88	73	454	-9.7
堀	68	70	81	86	72	96	473	9.3
福浦	78	75	77	74	73	69	446	-17.7
里崎	85	90	92	89	86	77	519	55.3
井上	90	84	88	83	76	62	483	19.3
今江	74	67	61	79	70	86	437	-26.7
清水	65	72	75	81	66	75	434	-29.7
平均点	75.7	77.3	77.6	80.4	75.9	76.9	463.7	
最高点								
最低点								

文字修飾

文字位置を変更する

セル内の文字は半角数字のみの場合自動的に右揃え、その他の文字列は自動的に左揃えに配置されますが、変更することも可能です。

ここでは表の見出しの文字を中央揃えにします。

①セルの選択、文字位置の指定

セルA3をクリックして選択し、≡▾（水平方向の配置）→ ≡（中央）をクリックします。

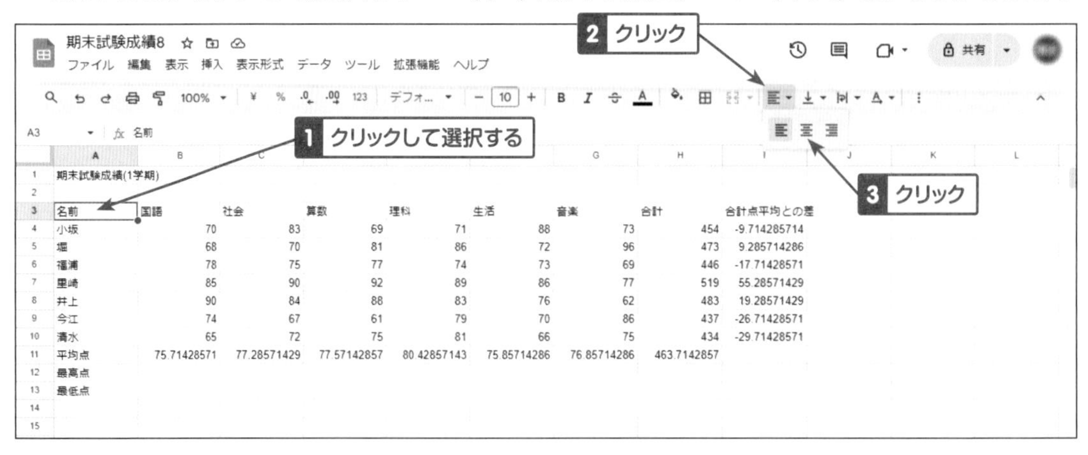

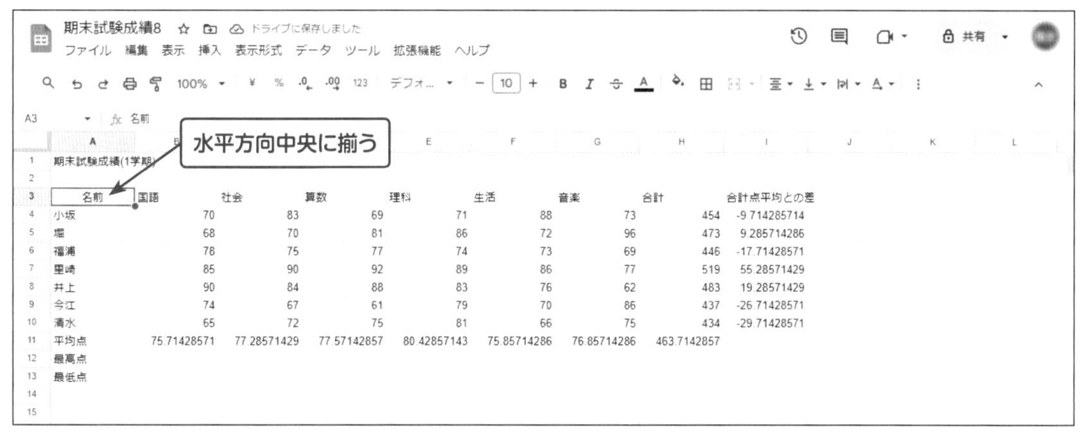

②同様に操作

同様に3行目の他のセルを水平方向中央に配置します。

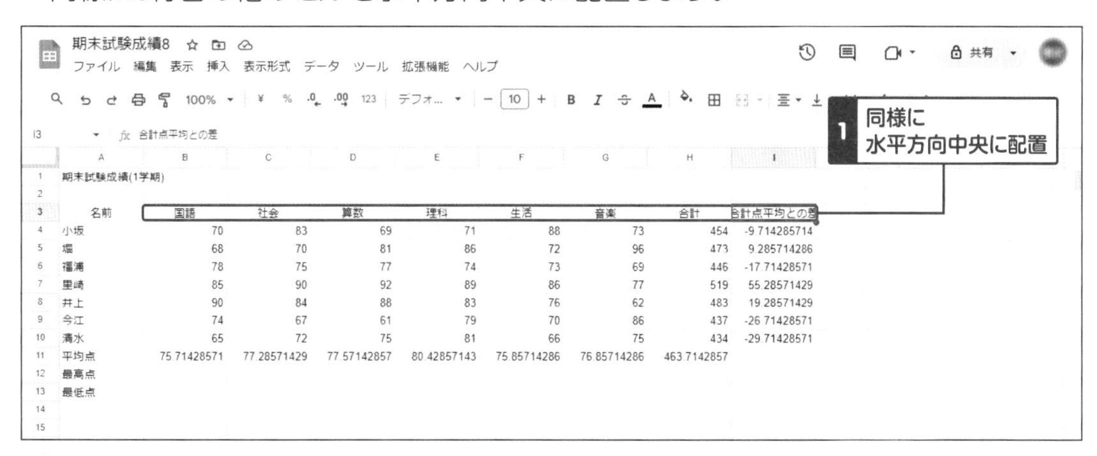

HINT

文字位置を変更するセルをドラッグして選択し、まとめて変更することも可能です。以降の操作も、複数セルの選択でまとめて変更できます。

文字列を折り返す

セルI3の文字列の長さが列幅を超えているので、両端が欠けて表示されています。表示させるために ⊡（折り返す）もしくは ⊡（はみ出す）または ⊡（切り詰める）操作があります。

ここでは文字列を折り返し、全部の文字がセル内に表示されるようにします。

① セルの選択、テキストの折り返し

セルI3をクリックして選択し、ツールバーの ⊡▾（テキストを折り返す）→ ⊡（折り返す）をクリックします。

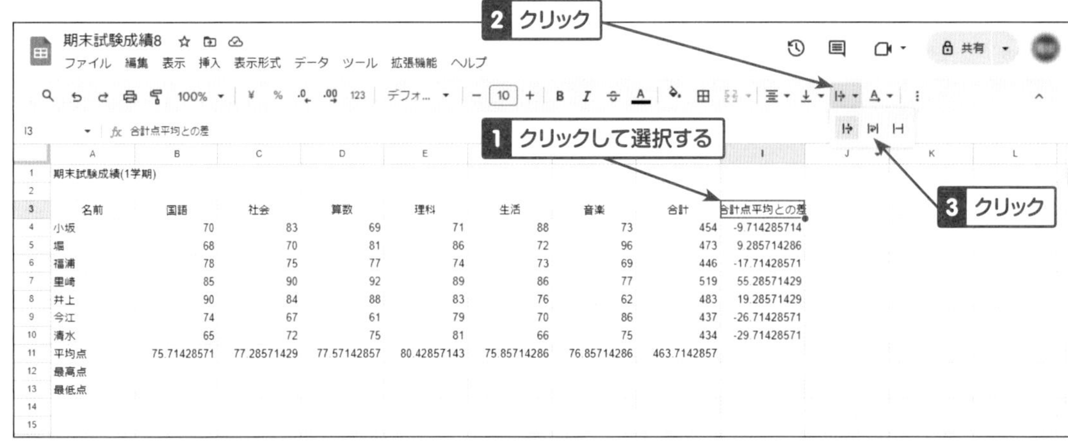

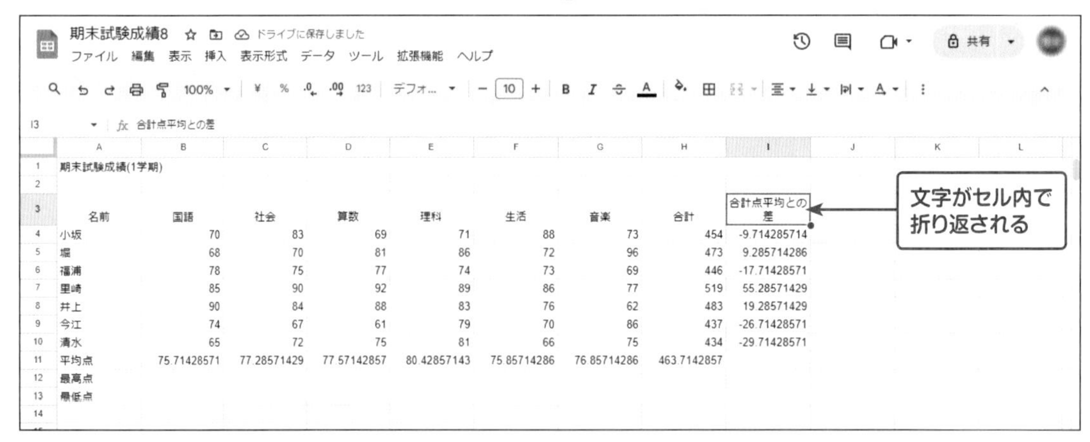

HINT

テキストの折り返し位置は列の幅によって変わります。列の幅と行の高さの調整については、【6章−37 表の枠線を引く】にて説明します。 ☞P178

セル内で改行する

折り返し操作により、見出し「合計点平均との差」が中途半端に折り返しされているので、途中で改行し読みやすくします。「合計点平均」で改行します。

①改行位置の選択

セルI3をクリックして選択し[F2]キーを押します。カーソルが表示されたら矢印キーで「合計点平均」と「との差」にカーソルを移動します。

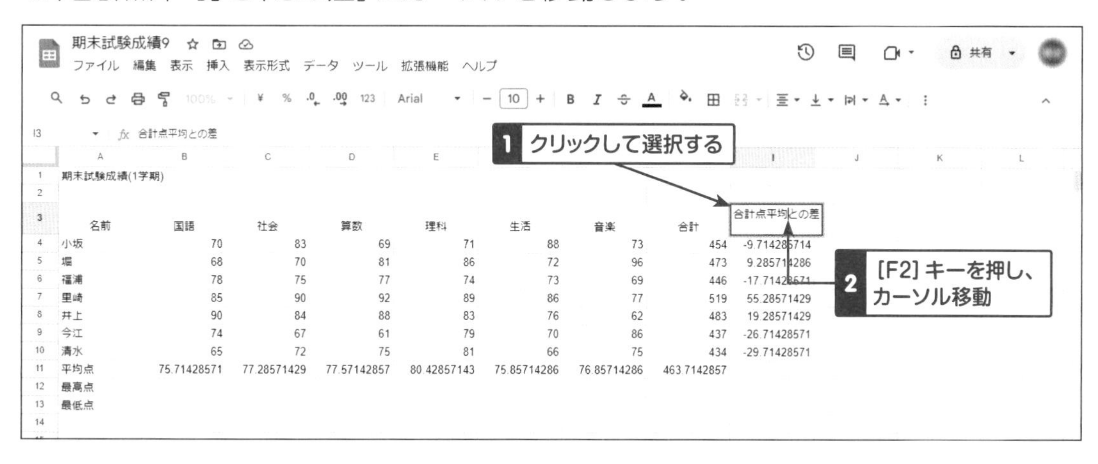

②改行

[Alt]キーを押しながら[Enter]キーを押すと、セル内で改行できます。

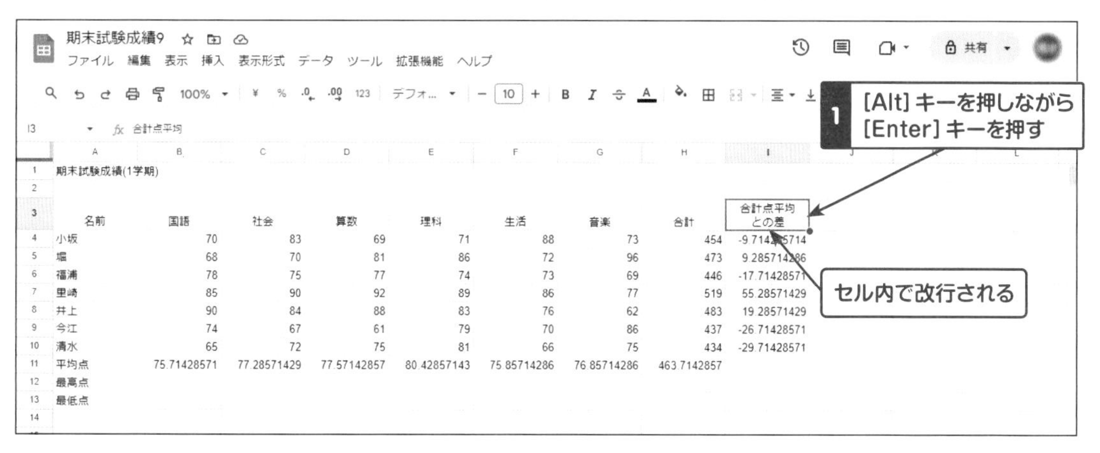

垂直方向に配置する

折り返し、改行操作により見出しの縦幅が 2 行分になりました。セル内の文字列の垂直方向の位置（上・中央・下）を指定し、見出しを揃えていきます。

ここではセルの上下中央に文字を配置します。

①セルの選択、垂直方向の配置

セルA3をクリックして選択し、ツールバーの ⊥▾（垂直方向の配置）→ ÷（中央）をクリックします。

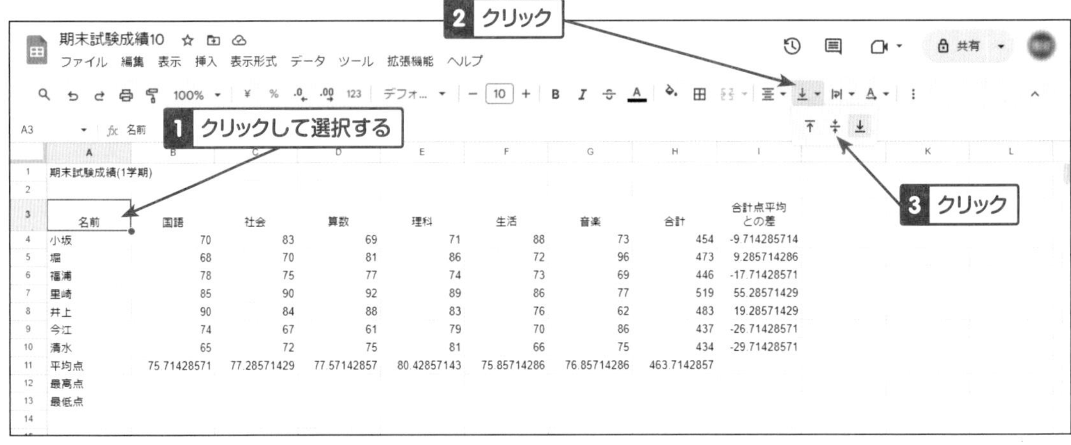

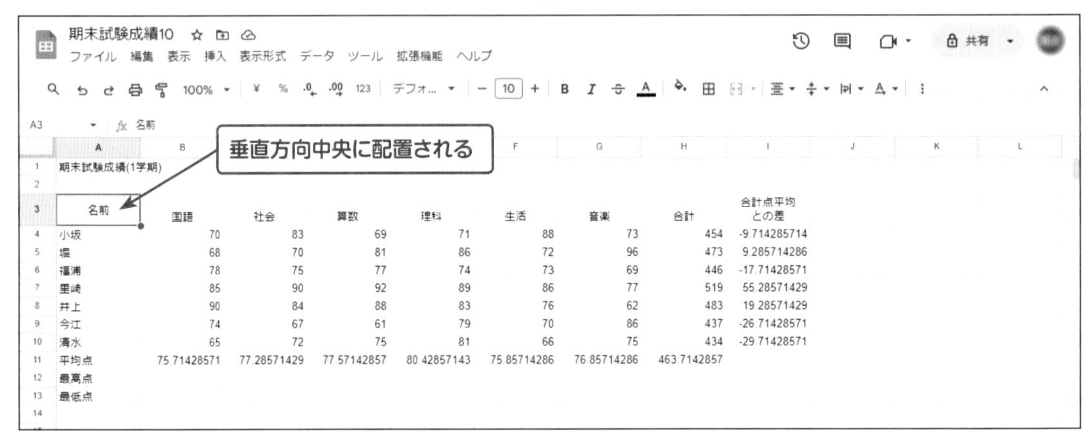

②同様に操作

同様に3行目の他のセルも垂直方向中央に配置します。

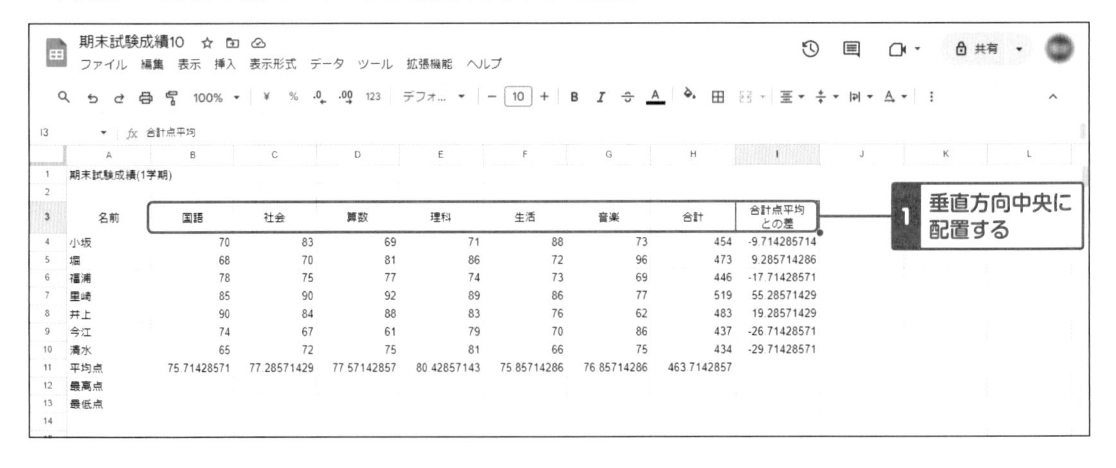

文字のサイズを変更する

セルA1表タイトルのフォントサイズを変更します。
ここでは14ptに拡大します。

①セルの選択、フォントサイズの変更

セルA1を選択し、ツールバーの ＋（フォントサイズを拡大）を何回かクリックし、フォントサイズの数値を14にします。 －（フォントサイズを縮小）をクリックすれば、フォントサイズは小さくなります。

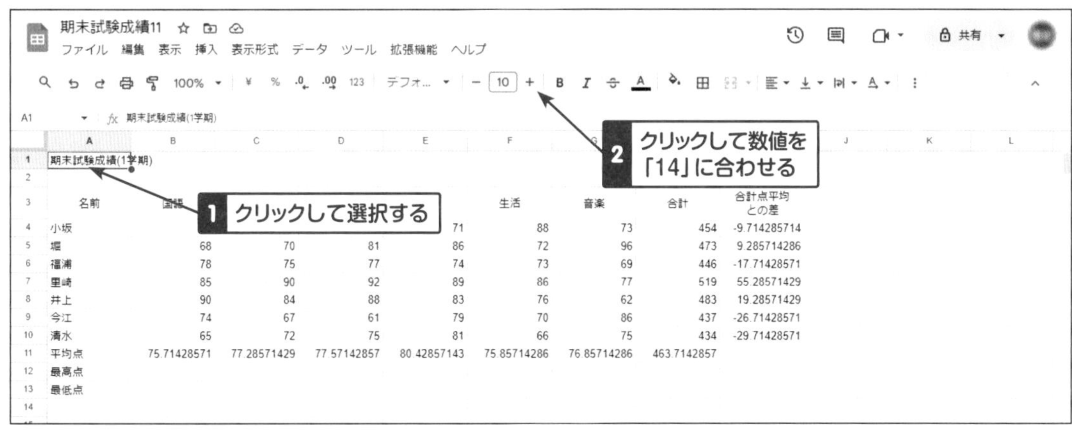

	A	B	C	D	E	F	G	H	I
1	期末試験成績(1学期)								
2									
3	名前	国語				生活	音楽	合計	合計点平均との差
4	小坂				71	88	73	454	-9.714285714
5	堀	68	70	81	86	72	96	473	9.285714286
6	福浦	78	75	77	74	73	69	446	-17.71428571
7	里崎	85	90	92	89	86	77	519	55.28571429
8	井上	90	84	88	83	76	62	483	19.28571429
9	今江	74	67	61	79	70	86	437	-26.71428571
10	清水	65	72	75	81	66	75	434	-29.71428571
11	平均点	75.71428571	77.28571429	77.57142857	80.42857143	75.85714286	76.85714286	463.7142857	
12	最高点								
13	最低点								

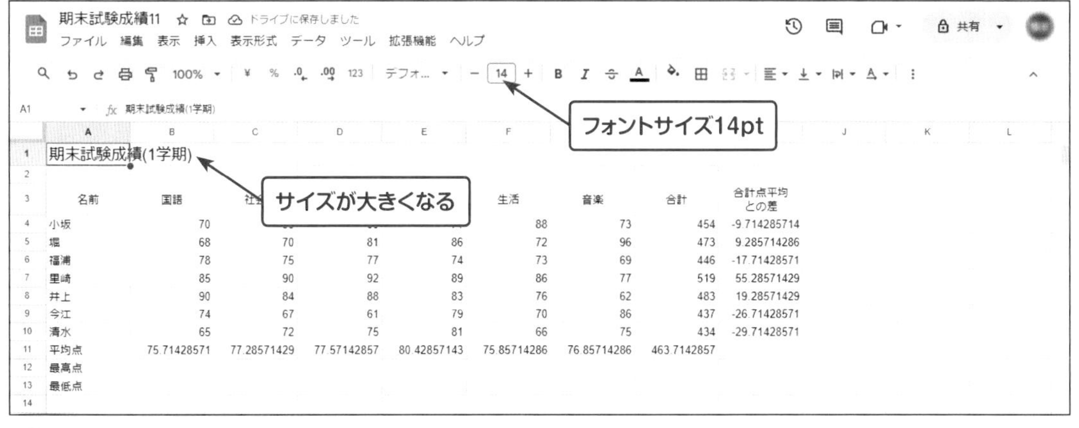

	A	B	C	D	E	F	G	H	I
1	期末試験成績(1学期)								
2									
3	名前	国語				生活	音楽	合計	合計点平均との差
4	小坂	70				88	73	454	-9.714285714
5	堀	68	70	81	86	72	96	473	9.285714286
6	福浦	78	75	77	74	73	69	446	-17.71428571
7	里崎	85	90	92	89	86	77	519	55.28571429
8	井上	90	84	88	83	76	62	483	19.28571429
9	今江	74	67	61	79	70	86	437	-26.71428571
10	清水	65	72	75	81	66	75	434	-29.71428571
11	平均点	75.71428571	77.28571429	77.57142857	80.42857143	75.85714286	76.85714286	463.7142857	
12	最高点								
13	最低点								

HINT

ツールバーの － 11 ＋（フォントサイズ）の数値を直接入力し、フォントサイズを変更することもできます。

太字・斜体・下線を設定する

3行目の表見出しを太字にします。
ここではセルA3からI3までをまとめて太字にします。

①セルの選択、太字操作

セルA3からI3をドラッグして選択し、ツールバーの B（太字）をクリックします。

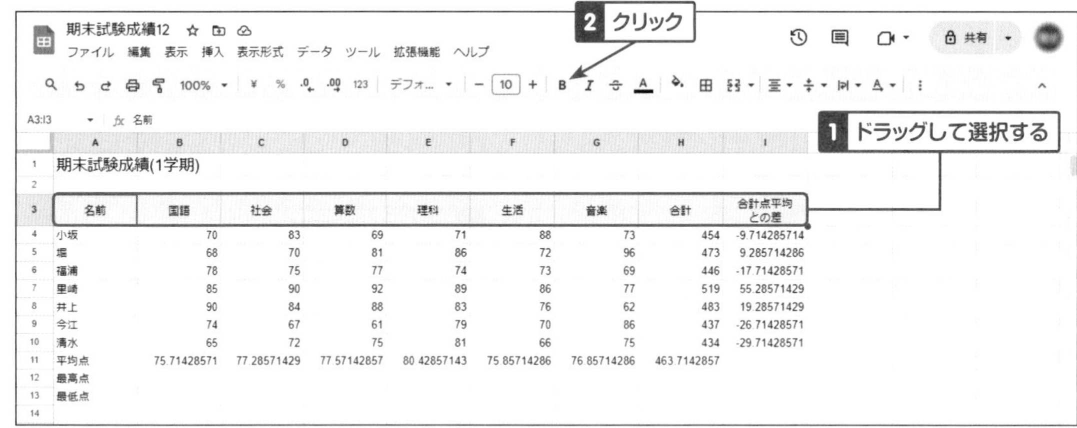

	A	B	C	D	E	F	G	H	I
1	期末試験成績(1学期)								
2									
3	名前	国語	社会	算数	理科	生活	音楽	合計	合計点平均との差
4	小坂	70	83	69	71	88	73	454	-9.714285714
5	堀	68	70	81	86	72	96	473	9.285714286
6	福浦	78	75	77	74	73	69	446	-17.71428571
7	里崎	85	90	92	89	86	77	519	55.28571429
8	井上	90	84	88	83	76	62	483	19.28571429
9	今江	74	67	61	79	70	86	437	-26.71428571
10	清水	65	72	75	81	66	75	434	-29.71428571
11	平均点	75.71428571	77.28571429	77.57142857	80.42857143	75.85714286	76.85714286	463.7142857	
12	最高点								
13	最低点								
14									

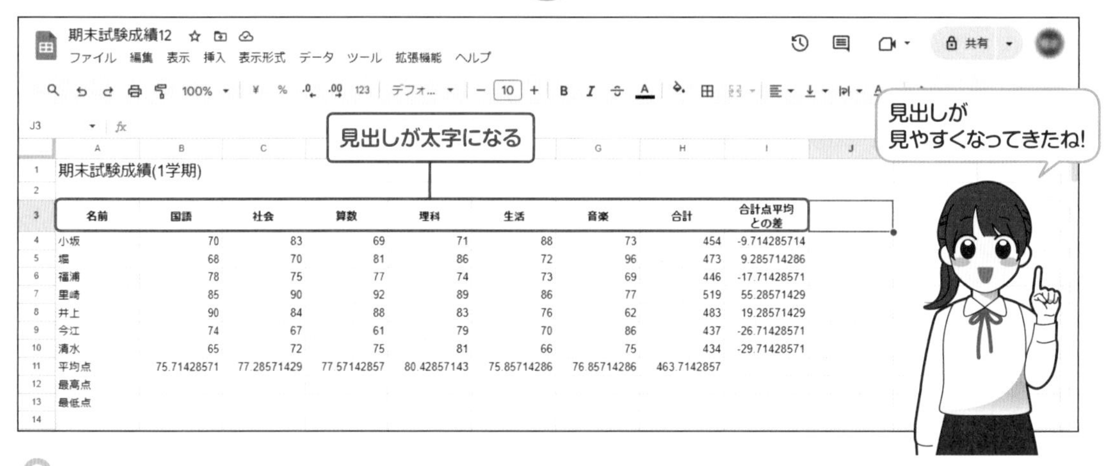

	A	B	C	D	E	F	G	H	I
1	期末試験成績(1学期)								
2									
3	**名前**	**国語**	**社会**	**算数**	**理科**	**生活**	**音楽**	**合計**	**合計点平均との差**
4	小坂	70	83	69	71	88	73	454	-9.714285714
5	堀	68	70	81	86	72	96	473	9.285714286
6	福浦	78	75	77	74	73	69	446	-17.71428571
7	里崎	85	90	92	89	86	77	519	55.28571429
8	井上	90	84	88	83	76	62	483	19.28571429
9	今江	74	67	61	79	70	86	437	-26.71428571
10	清水	65	72	75	81	66	75	434	-29.71428571
11	平均点	75.71428571	77.28571429	77.57142857	80.42857143	75.85714286	76.85714286	463.7142857	
12	最高点								
13	最低点								
14									

フォント（書体）を変更する

ここではセルA4からA10のフォントをまとめて「MS P明朝」に変更します。

①セルの選択

セルA4からA10をドラッグして選択します。

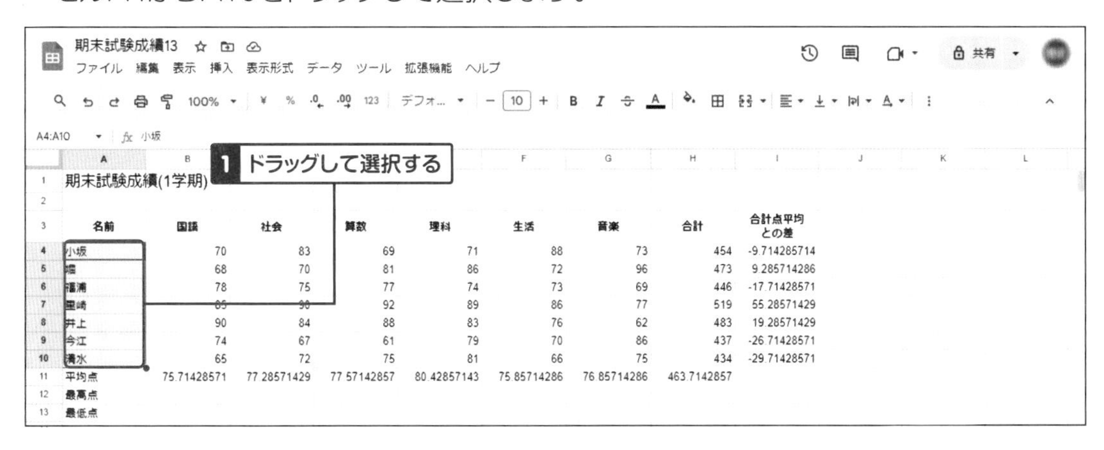

②フォントの選択

ツールバーの Arial ▾（フォント）をクリックし、一覧から「MS P明朝」をクリックします。

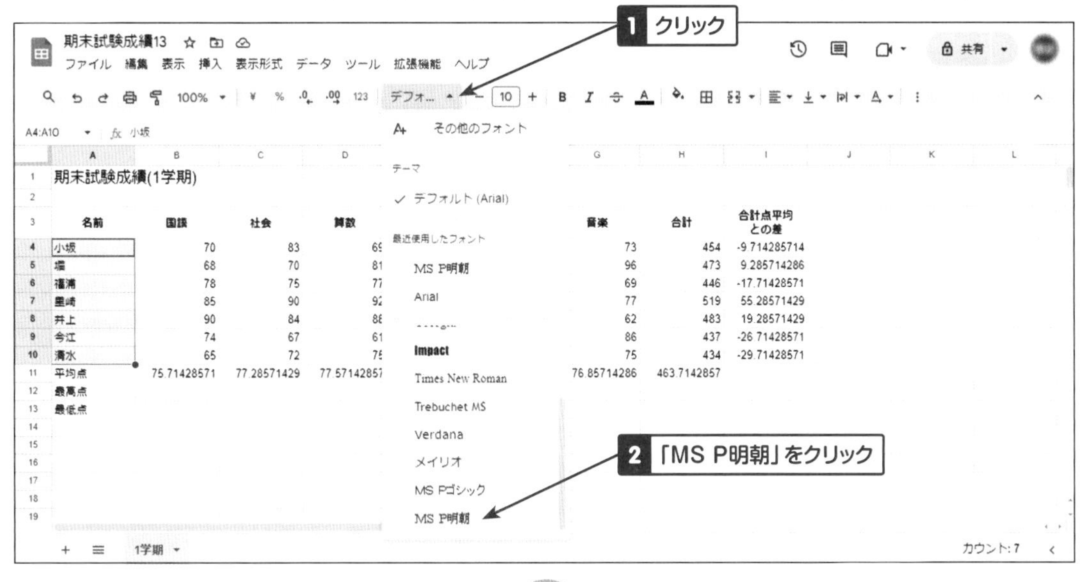

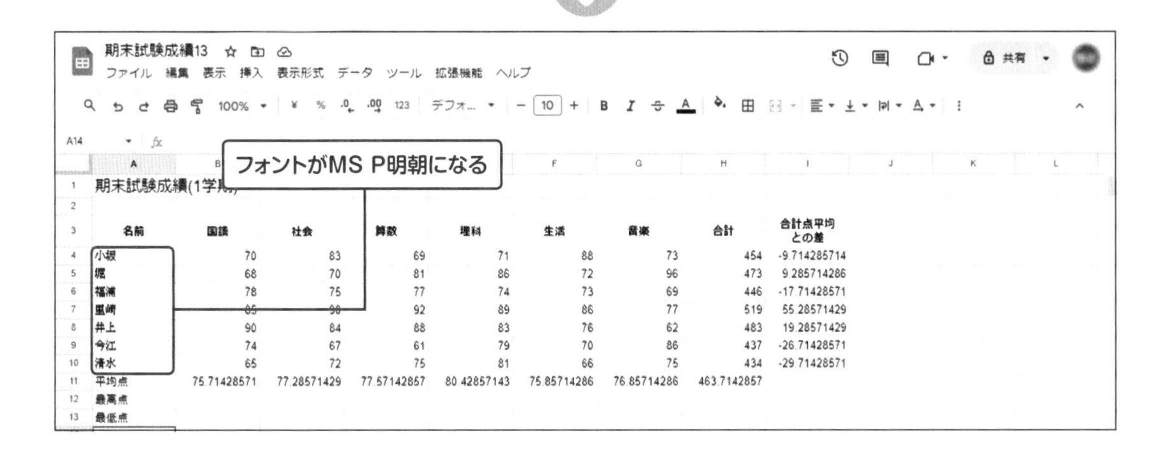

HINT

一覧にないフォントを追加したいときは、フォントの選択メニューで［その他のフォント］をクリックすると追加ができます。

文字の色を変更する

セルA12とA13の文字の色を変更します。
ここでは青に変更します。

①セルの選択

セルA12、A13をドラッグして選択します。ツールバーの A（テキストの色）をクリックします。

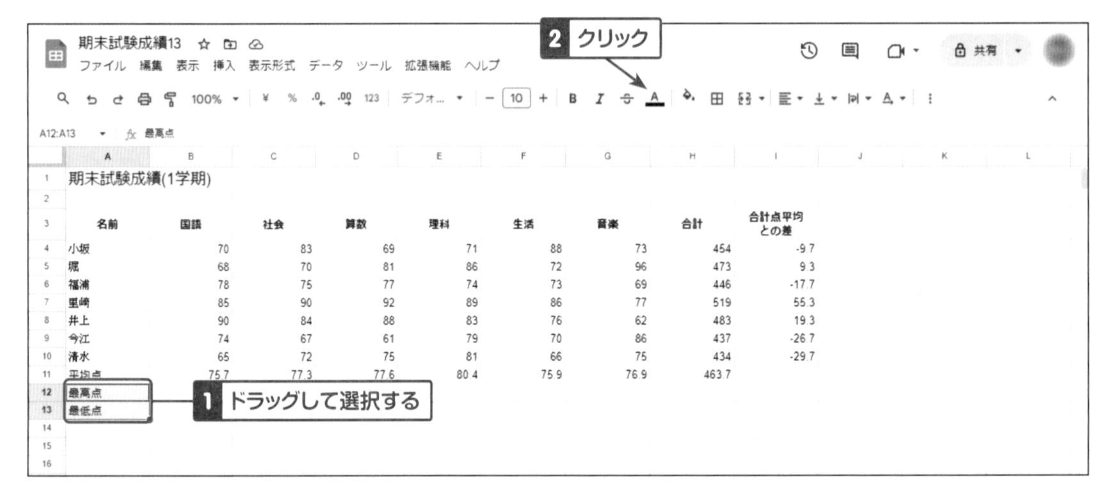

②色の選択

表示されたカラーパレットから青色をクリックすると、文字の色が青に変わります。

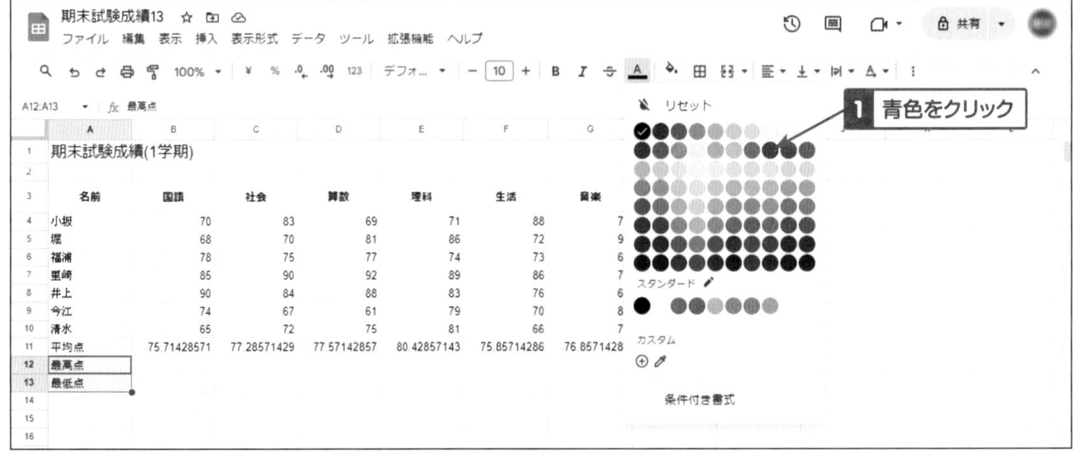

期末試験成績13
ファイル 編集 表示 挿入 表示形式 データ ツール 拡張機能 ヘルプ

	A	B	C	D	E	F	G	H	I
1	期末試験成績(1学期)								
2									
3	名前	国語	社会	算数	理科	生活	音楽	合計	合計点平均との差
4	小坂	70	83	69	71	88	73	454	-9.714285714
5	堀	68	70	81	86	72	96	473	9.285714286
6	福浦	78	75	77	74	73	69	446	-17.71428571
7	里崎	85	90	92	89	86	77	519	55.28571429
8	井上	90	84	88	83	76	62	483	19.28571429
9	今江	74	67	61	79	70	86	437	-26.71428571
10	清水	65	72	75	81	66	75	434	-29.71428571
11	平均点	[illegible]	[illegible]	[illegible]	80.42857143	75.85714286	76.85714286	463.7142857	
12	最高点								
13	最低点								
14									

文字色が青色になる

数値の小数点桁数を変更する

割り切れない数値の場合、小数点以下の桁数は列幅いっぱいに表示されます。ツールバーの操作で小数点以下の桁数を増減できます。

ここではセルB11からH11とセルI4からI10の小数点桁数を1桁にします。

①セルの選択

セルB11からH11をドラッグして選択します。小数点以下の桁数が1桁になるまで、ツールバーの .0← (小数点以下の桁数を減らす) をクリックします。

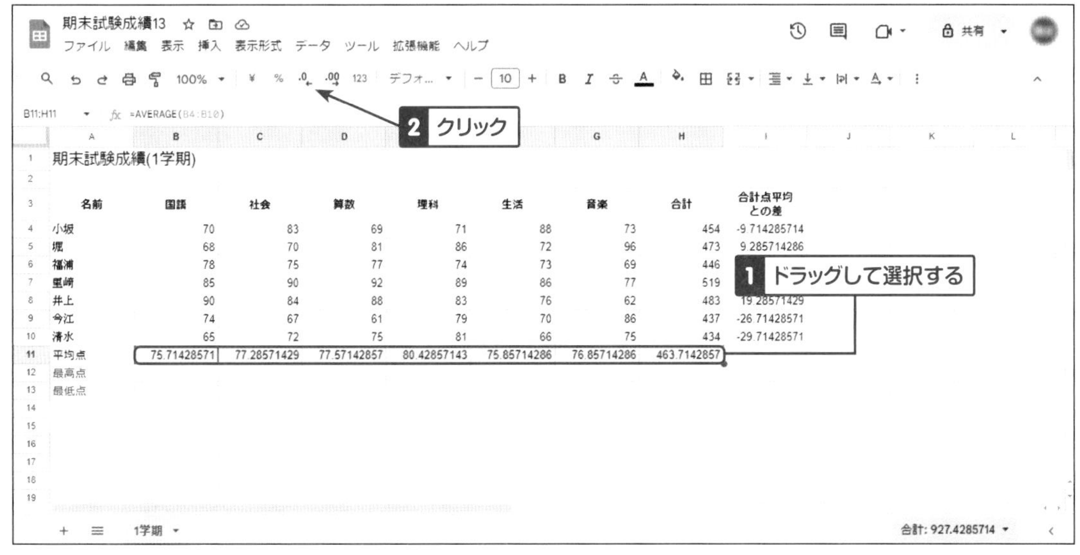

期末試験成績13
ファイル 編集 表示 挿入 表示形式 データ ツール 拡張機能 ヘルプ

B11:H11 =AVERAGE(B4:B10)

	A	B	C	D	E	F	G	H	I
1	期末試験成績(1学期)								
2									
3	名前	国語	社会	算数	理科	生活	音楽	合計	合計点平均との差
4	小坂	70	83	69	71	88	73	454	-9.714285714
5	堀	68	70	81	86	72	96	473	9.285714286
6	福浦	78	75	77	74	73	69	446	-17.71428571
7	里崎	85	90	92	89	86	77	519	55.28571429
8	井上	90	84	88	83	76	62	483	19.28571429
9	今江	74	67	61	79	70	86	437	-26.714285
10	清水	65	72	75	81	66	75	434	-29.714285
11	平均点	75.7	77.3	77.6	80.4	75.9	76.9	463.7	
12	最高点								
13	最低点								
14									

小数点以下の桁数が1桁になる

操作を誤り小数点以下の桁数が消えてしまった場合は .00（小数点以下の桁数を増やす）をクリックすれば小数点以下の桁数を再度表示することができます。

②同様に操作

セルI4からI10も同様に小数点以下の桁数を1桁にします。

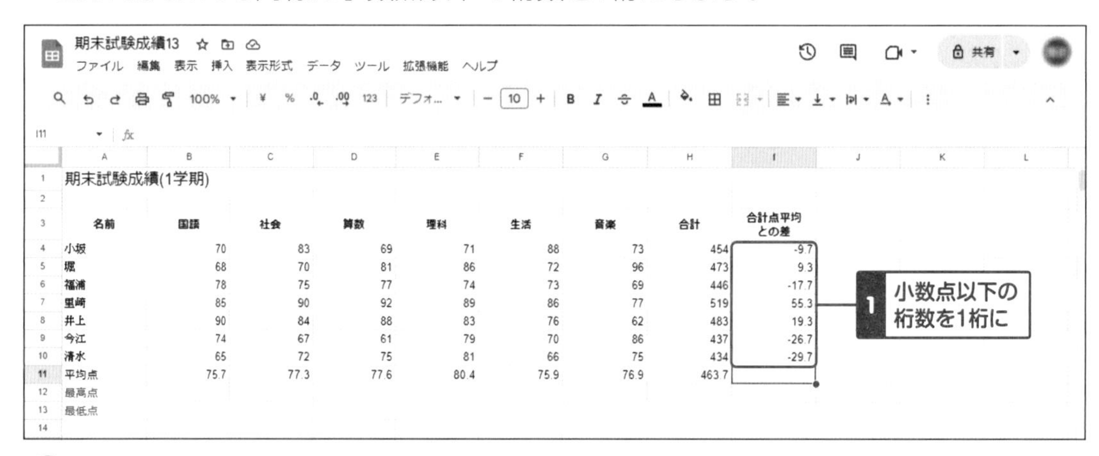

期末試験成績13
ファイル 編集 表示 挿入 表示形式 データ ツール 拡張機能 ヘルプ

I11

	A	B	C	D	E	F	G	H	I
1	期末試験成績(1学期)								
2									
3	名前	国語	社会	算数	理科	生活	音楽	合計	合計点平均との差
4	小坂	70	83	69	71	88	73	454	-9.7
5	堀	68	70	81	86	72	96	473	9.3
6	福浦	78	75	77	74	73	69	446	-17.7
7	里崎	85	90	92	89	86	77	519	55.3
8	井上	90	84	88	83	76	62	483	19.3
9	今江	74	67	61	79	70	86	437	-26.7
10	清水	65	72	75	81	66	75	434	-29.7
11	平均点	75.7	77.3	77.6	80.4	75.9	76.9	463.7	
12	最高点								
13	最低点								
14									

HINT

小数点以下の桁数を減らした場合、数値は自動的に四捨五入されます。切り上げや切り捨てにしたい場合は関数を使用します。

リンクを設定する

セル内の文字列にメールアドレスやホームページへジャンプするリンクを設定することができます。メールアドレスをリンク設定しセルをクリックすると、自動的にメールアドレスが宛先に入ったメール作成画面が起動されます。

ここでは先生の連絡先セルを追加し、メールアドレスをリンクに設定します。

①セルの入力、リンクの挿入

セルD1に「小宮山先生連絡先」を入力し、[Enter] キーを押します。再度セルD1を選択し、⊖ (リンクを挿入) をクリックします。

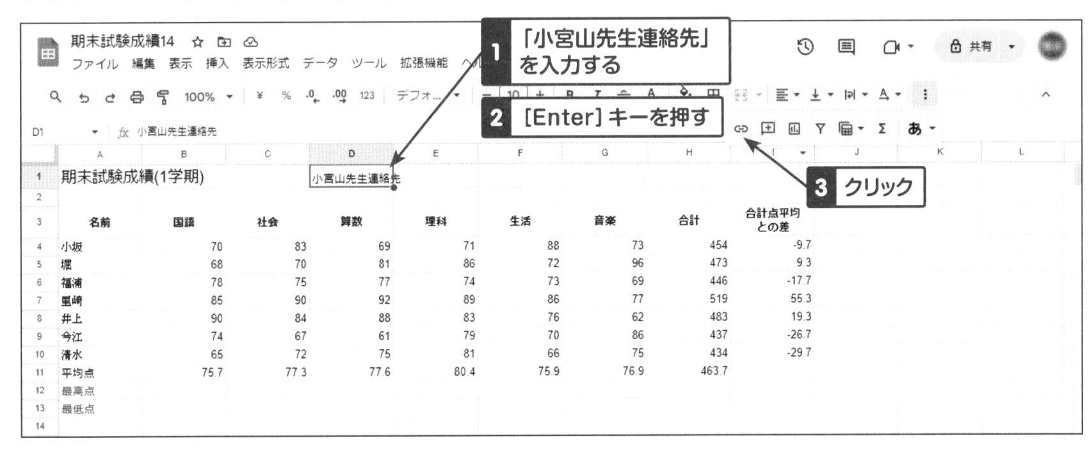

②メールアドレスを入力、適用

リンク設定のダイアログにメールアドレスを入力し、[適用] をクリックすると、リンクが設定されます。

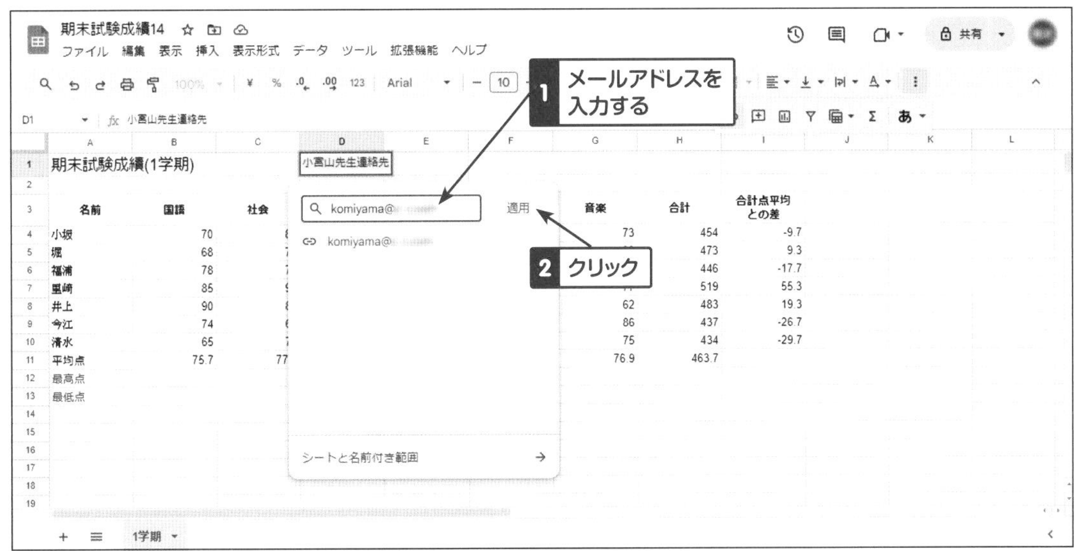

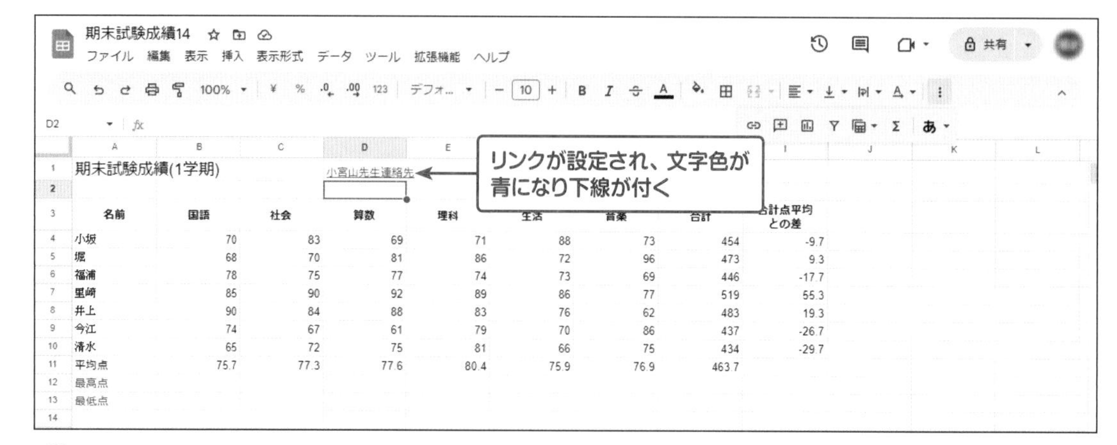

	A	B	C	D	E	F	G	H	I
1	期末試験成績(1学期)			小宮山先生連絡先					
2									
3	名前	国語	社会	算数	理科	生活	音楽	合計	合計点平均との差
4	小坂	70	83	69	71	88	73	454	-9.7
5	堀	68	70	81	86	72	96	473	9.3
6	福浦	78	75	77	74	73	69	446	-17.7
7	里崎	85	90	92	89	86	77	519	55.3
8	井上	90	84	88	83	76	62	483	19.3
9	今江	74	67	61	79	70	86	437	-26.7
10	清水	65	72	75	81	66	75	434	-29.7
11	平均点	75.7	77.3	77.6	80.4	75.9	76.9	463.7	
12	最高点								
13	最低点								

HINT

リンクのダイアログには同じドライブ内にあるリンクできるファイルが一覧で表示されます。リンクしたいファイル名をクリックします。

HINT

リンクを解除する場合はリンクを設定した文字列をクリックするとリンクのポップアップメニューが表示されるので、(リンクを削除)をクリックします。同じメニューの(リンクを編集)でリンクの修正もできます。

テキストを回転する

文字列を斜めにしたり縦書きにすることができます。
ここではセルA3からH3を縦書きにします。

①セルの選択、回転

セルA3からH3をドラッグして選択し、ツールバーの(テキストの回転)→(縦書き)をクリックします。

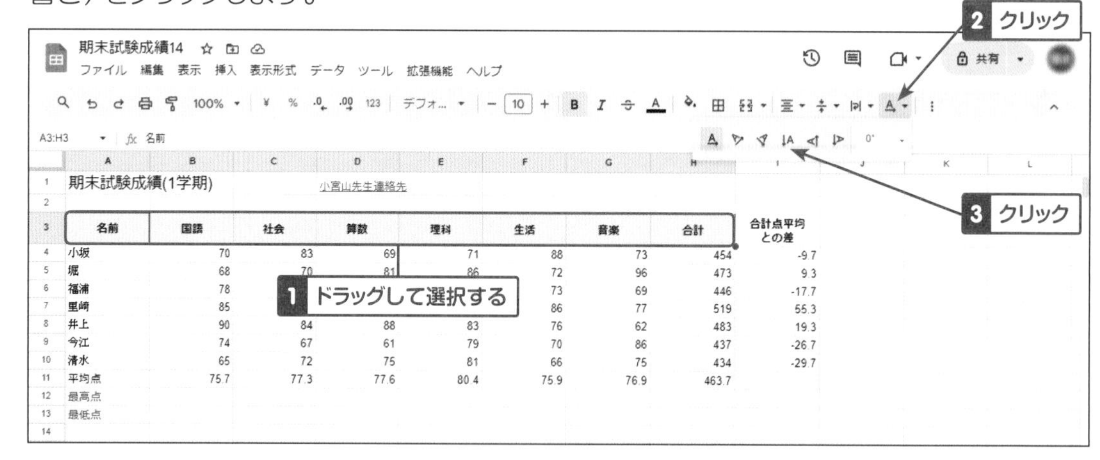

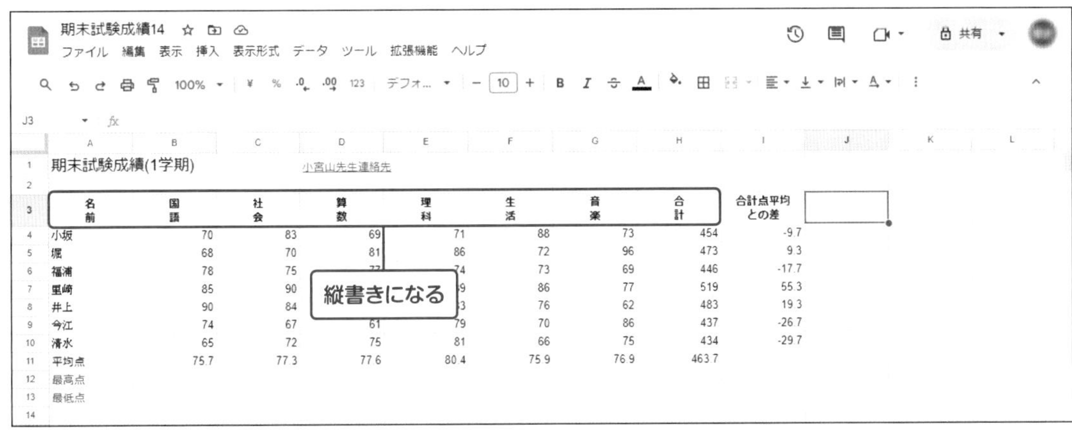

HINT

縦書きの文字数が多い場合、セルからはみ出しますが、行高を広げたり、文字列を途中で改行するなどの操作で対応します。【6章-37 行高を調整する】

P180

書式をクリアする

設定した書式をクリアする操作です。セルA12、A13の書式（文字色）をクリアします。

①クリアするセルを選択

クリアするセルを選択し、[表示形式]→[書式のクリア]をクリックします。

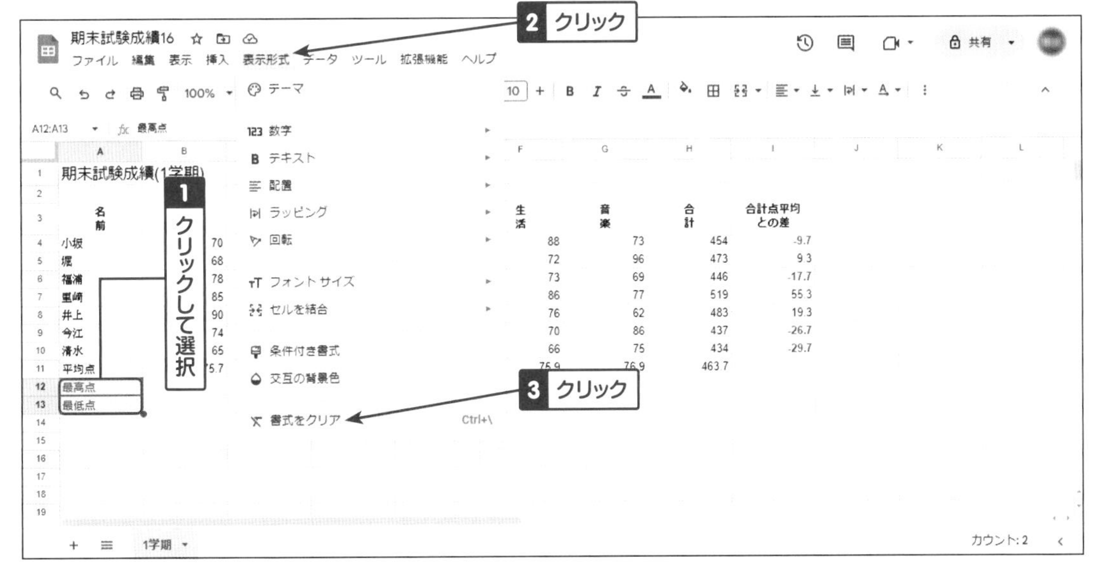

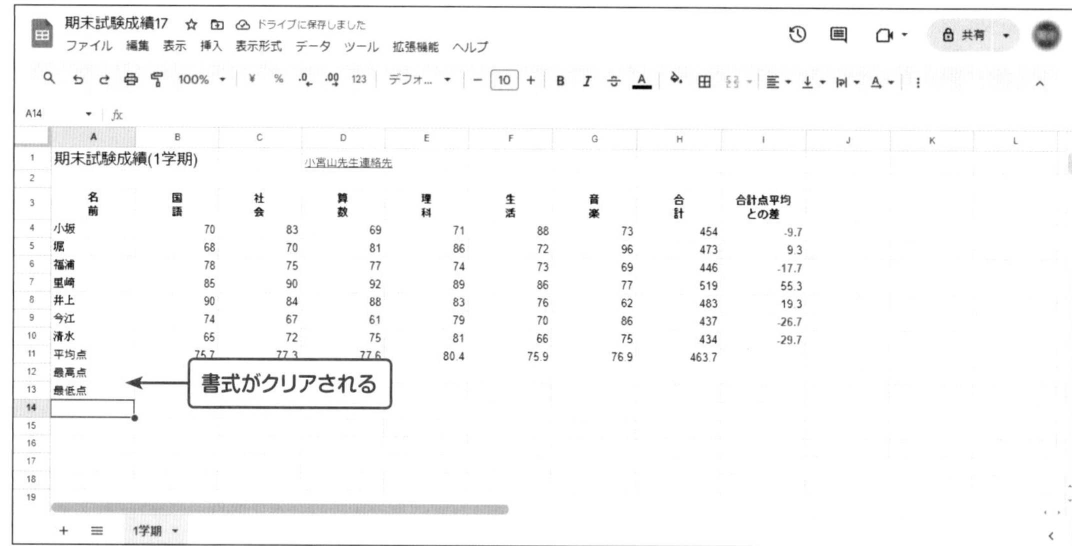

	A	B	C	D	E	F	G	H	I
1	期末試験成績(1学期)			小宮山先生連絡先					
2									
3	名前	国語	社会	算数	理科	生活	音楽	合計	合計点平均との差
4	小坂	70	83	69	71	88	73	454	-9.7
5	堀	68	70	81	86	72	96	473	9.3
6	福浦	78	75	77	74	73	69	446	-17.7
7	里崎	85	90	92	89	86	77	519	55.3
8	井上	90	84	88	83	76	62	483	19.3
9	今江	74	67	61	79	70	86	437	-26.7
10	清水	65	72	75	81	66	75	434	-29.7
11	平均点	75.7	77.3	77.6	80.4	75.9	76.9	463.7	
12	最高点								
13	最低点								

ONE POINT

数値・日付の表示形式の設定変更

メニュー[表示形式]→[数字]で、通貨スタイルや指数など数値の表示形式の設定、日付の表示形式(yyyy/mm/dd、mm/dd/yyなど)の設定ができます。カスタマイズも可能です。ただし、和暦表示はできません。

表の枠線を引く

作成した表に枠線を引きます。加えてセルの塗りつぶしや列幅・行高を変更することにより、表を見やすく整えます。

セルの塗りつぶし

表に枠線を引く

名前	国語	社会	算数	理科	生活	音楽	合計	合計点平均との差
小坂	70	83	69	71	88	73	454	-9.7
堀	68	70	81	86	72	96	473	9.3
福浦	78	75	77	74	73	69	446	-17.7
里崎	85	90	92	89	86	77	519	55.3
井上	90	84	88	83	76	62	483	19.3
今江	74	67	61	79	70	86	437	-26.7
清水	65	72	75	81	66	75	434	-29.7
平均点	75.7	77.3	77.6	80.4	75.9	76.9	463.7	
最高点								
最低点								

列幅・行高の調整

枠線を引く

ここでは表全体に引きます。

①範囲を選択

枠線を引く範囲をドラッグして選択し、田（枠線）をクリックします。

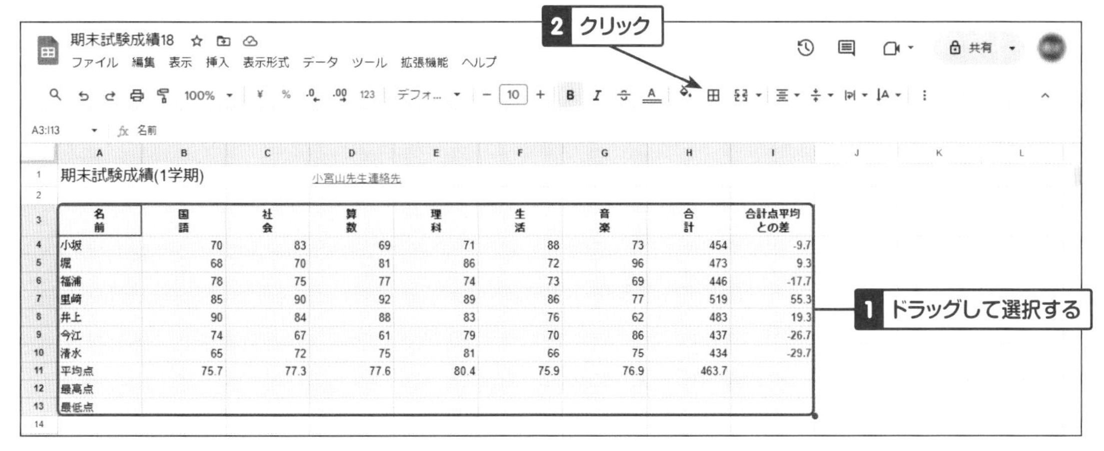

②色の選択

(枠線の色) をクリックし、線の色を選択します。標準は黒です。

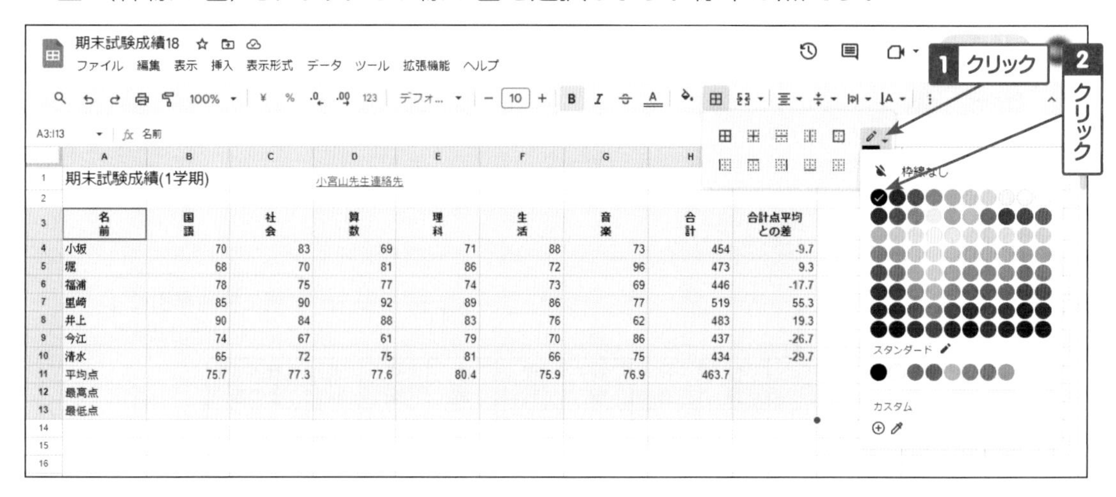

③線種の選択

(枠線のスタイル) をクリックし、線種を選択します。標準値は細線です。

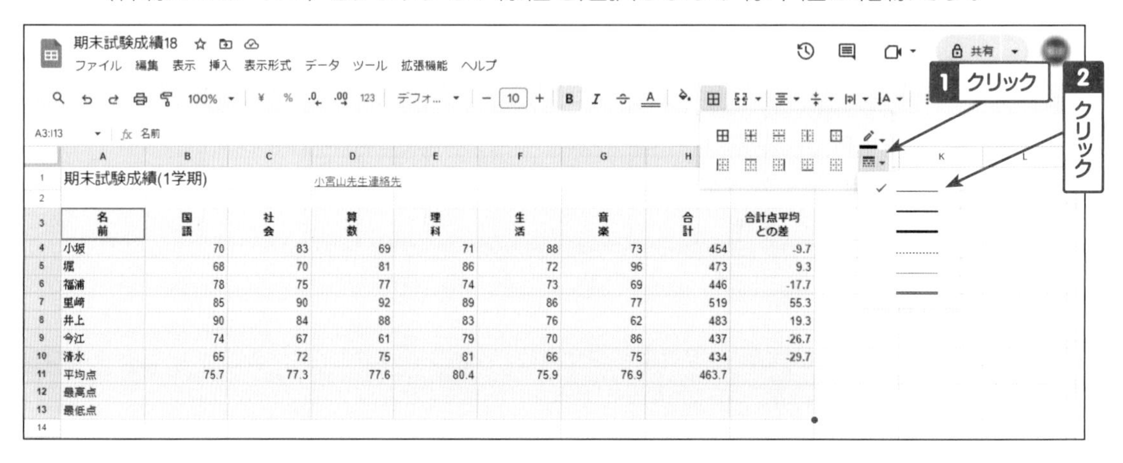

④引き方の選択

枠線の引き方を選択します。ここでは ⊞ を選択します。

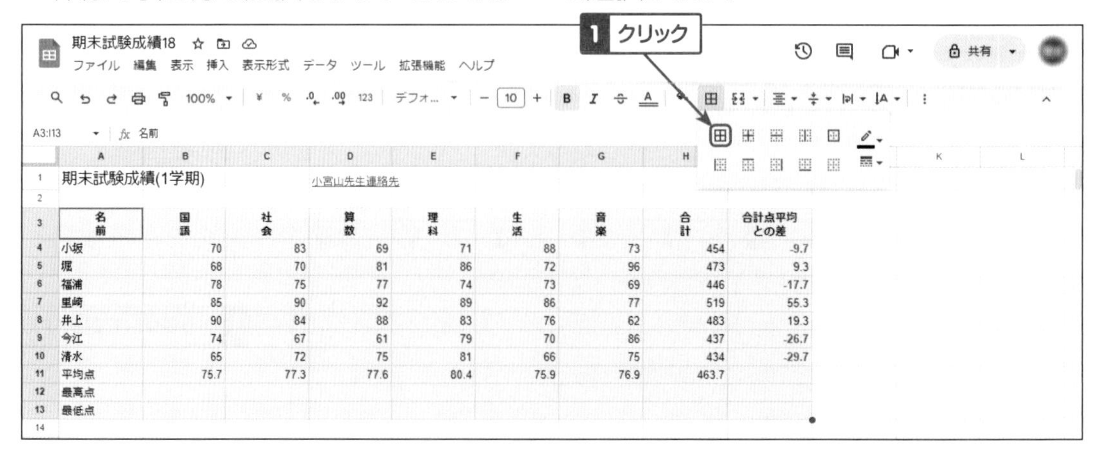

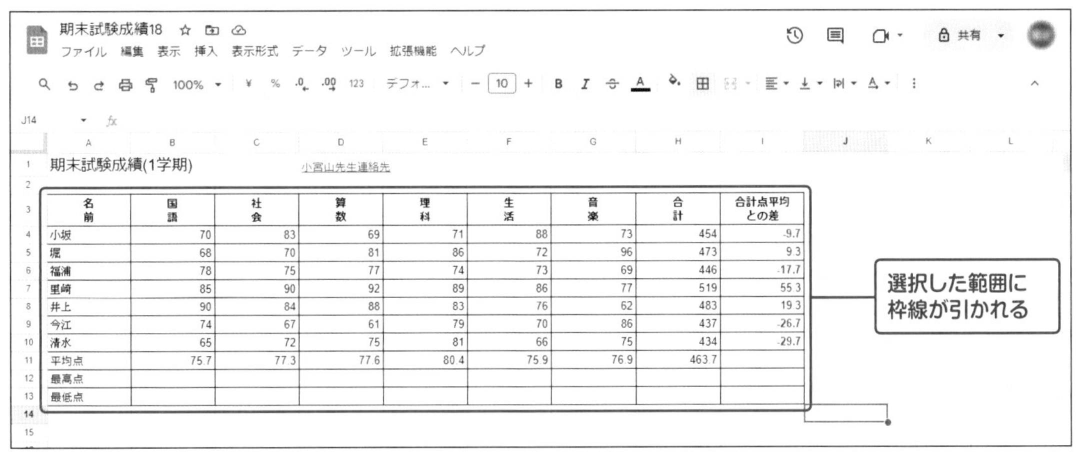

HINT

枠線の引き方にはいくつか種類があるので、上辺のみや下辺のみなど、特定の枠線のみ書式を変更することも可能です。

枠線を消す

枠線メニューの中にある「枠線のクリア」を使います。セルI11からI13の枠線を消します。

①枠線を消すセルを選択

セルI11からI13をドラッグして選択し、⊞（枠線）→ ⬚（枠線のクリア）をクリックします。

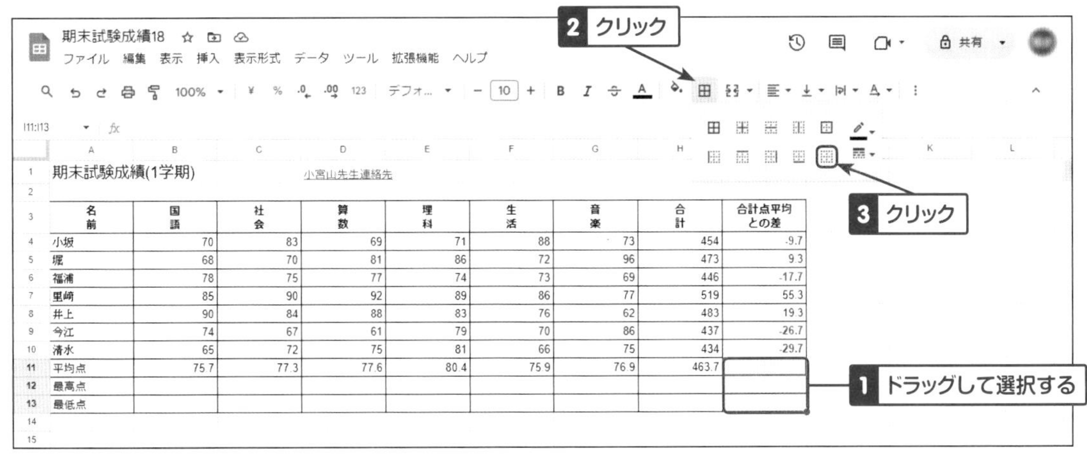

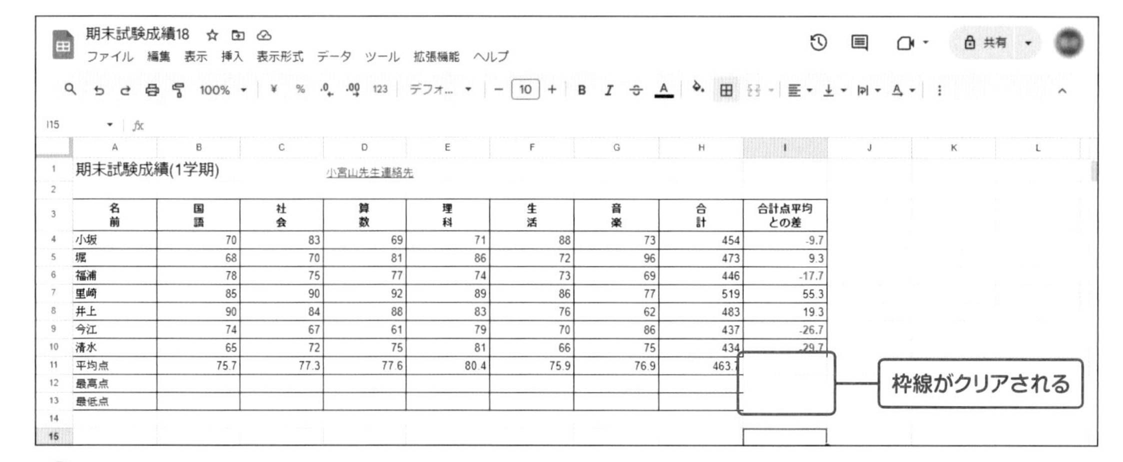

HINT

枠線クリアはドラッグして選択した範囲のすべての枠線がクリアされます。今回の操作ですと、セルI10の下辺、セルH11からH13の右辺もクリアされてしまうので、枠線がクリアされた部分については枠線を再度設定します。

セルに色を付ける

3行目の見出しに色を付けます。

①セルの選択

セルA3からI3をドラッグして選択し、 (塗りつぶしの色) をクリックします。

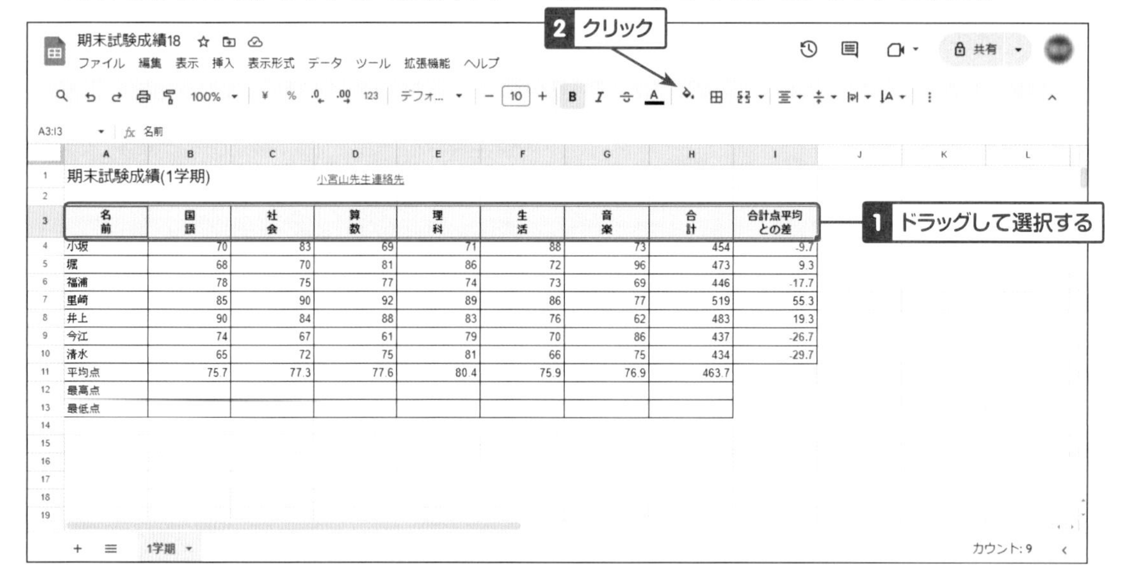

②色の選択

表示されたカラーパレットから黄色を選択すると、セルに背景色が付きます。

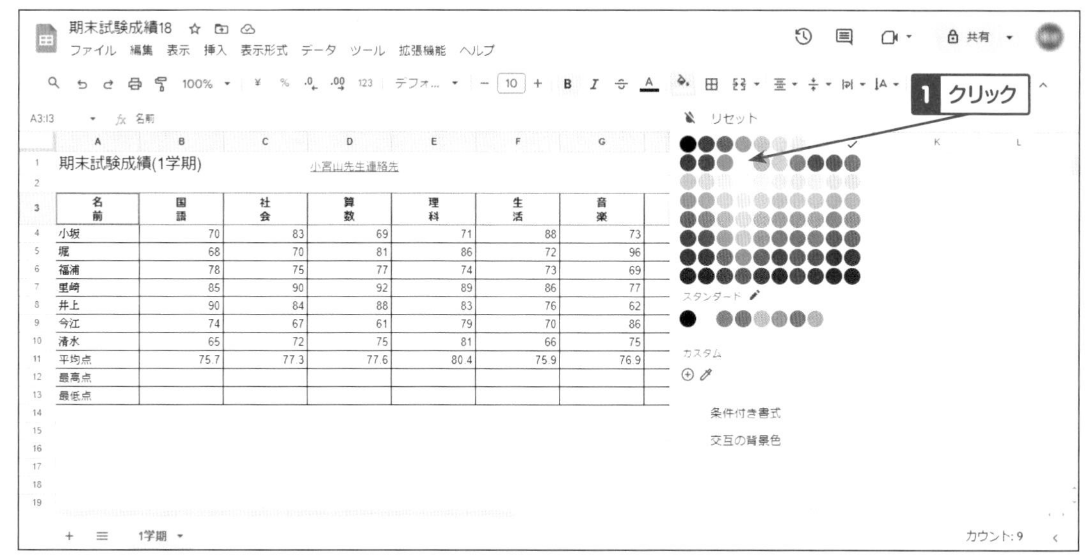

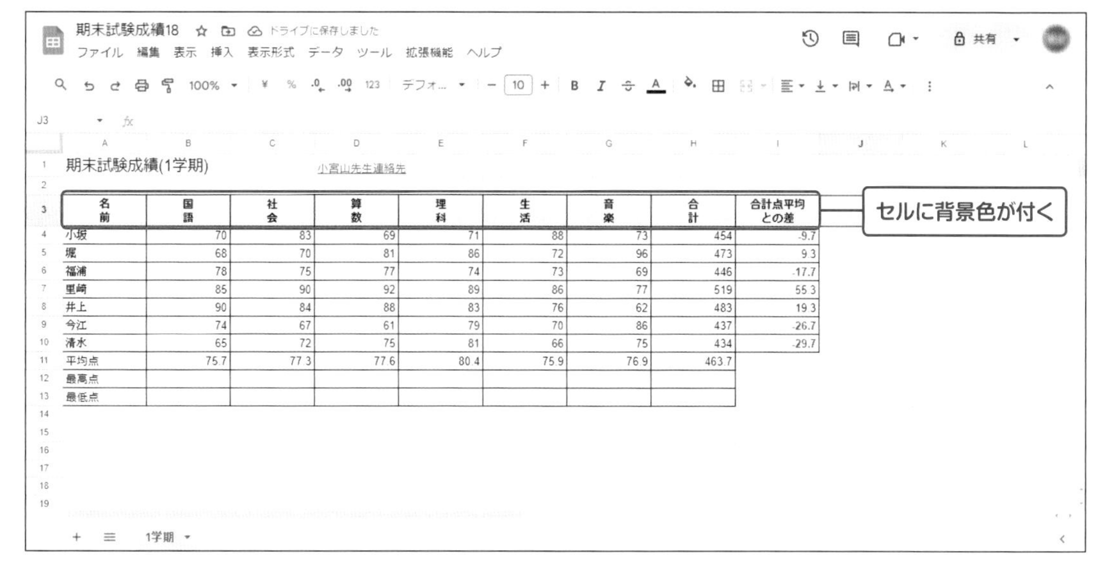

HINT

セルの色をクリアする場合は、②の色の選択操作において「リセット」を選択します。

列幅を調整する

列幅は列名の境目をドラッグすることにより拡大・縮小できます。
ここではE列の幅を狭くします。

① 列名の境目にマウスポインタを合わせる

マウスポインタを列名の境目に合わせると、縦2本線が表示され、マウスポインタの形が ⇹ (左右が矢印になった十字) に変わります。マウスポインタが変わったタイミングでドラッグします。ドラッグを離した位置で列幅が確定します。

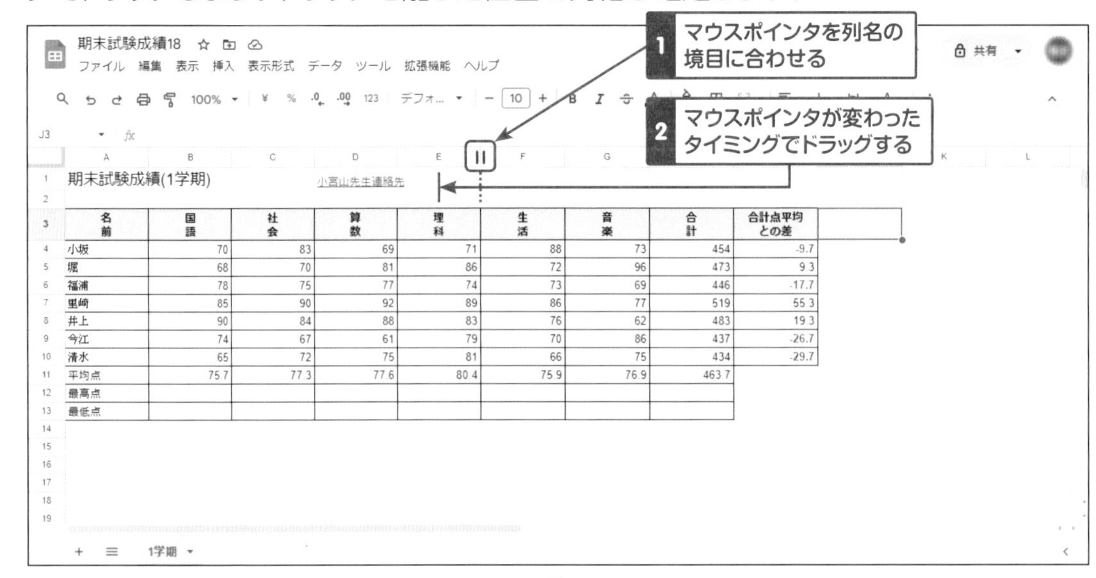

名前	国語	社会	算数	理科	生活	音楽	合計	合計点平均との差
小坂	70	83	69	71	88	73	454	-9.7
堀	68	70	81	86	72	96	473	9.3
福浦	78	75	77	74	73	69	446	-17.7
里崎	85	90	92	89	86	77	519	55.3
井上	90	84	88	83	76	62	483	19.3
今江	74	67	61	79	70	86	437	-26.7
清水	65	72	75	81	66	75	434	-29.7
平均点	75.7	77.3	77.6	80.4	75.9	76.9	463.7	
最高点								
最低点								

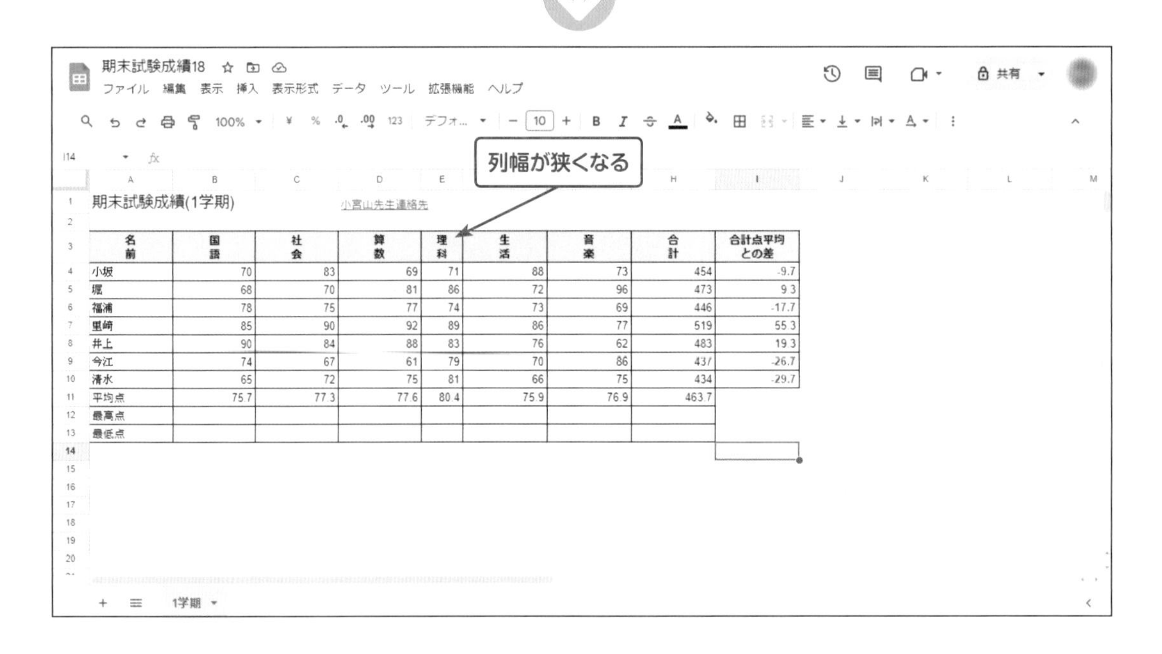

名前	国語	社会	算数	理科	生活	音楽	合計	合計点平均との差
小坂	70	83	69	71	88	73	454	-9.7
堀	68	70	81	86	72	96	473	9.3
福浦	78	75	77	74	73	69	446	-17.7
里崎	85	90	92	89	86	77	519	55.3
井上	90	84	88	83	76	62	483	19.3
今江	74	67	61	79	70	86	437	-26.7
清水	65	72	75	81	66	75	434	-29.7
平均点	75.7	77.3	77.6	80.4	75.9	76.9	463.7	
最高点								
最低点								

②同様に操作

同様に他の列幅も調整をします。

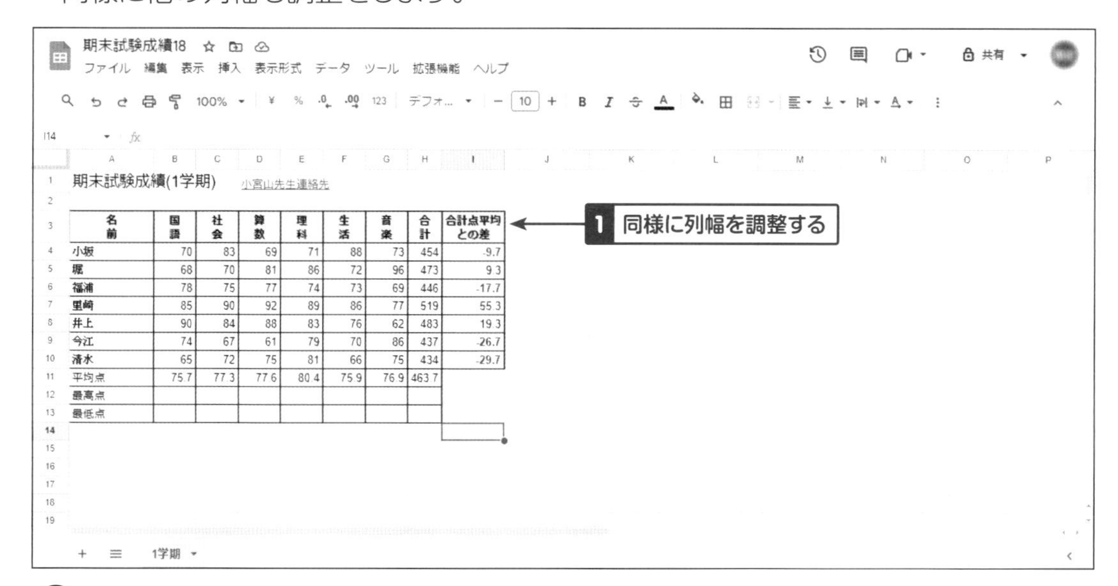

名前	国語	社会	算数	理科	生活	音楽	合計	合計点平均との差
小坂	70	83	69	71	88	73	454	-9.7
堀	68	70	81	86	72	96	473	9.3
福浦	78	75	77	74	73	69	446	-17.7
里崎	85	90	92	89	86	77	519	55.3
井上	90	84	88	83	76	62	483	19.3
今江	74	67	61	79	70	86	437	-26.7
清水	65	72	75	81	66	75	434	-29.7
平均点	75.7	77.3	77.6	80.4	75.9	76.9	463.7	
最高点								
最低点								

HINT

列幅は数値で設定することができます。列名を右クリックで表示されるメニューから［単一列のサイズを変更］（複数列ドラッグして選択の場合は［列x-yのサイズを変更］）クリックすると、列幅を数値で指定するダイアログが表示されるので数値で列幅を指示します。

HINT

列名の境目にマウスポインタを合わせ、マウスポインタの形が変わったタイミングでダブルクリックすると、自動的に列内で一番長い文字列の幅に調整されます。

行高を調整する

行高は行番号の境目をドラッグすることにより拡大・縮小できます。
ここでは4行目の幅を広くします。

①行番号の境目にマウスポインタを合わせる

マウスポインタを行番号の境目に合わせると、横2本線が表示され、マウスポインタの形が ÷ (上下が矢印になった十字) に変わります。マウスポインタが変わったタイミングでドラッグします。ドラッグを離した位置で行高が確定されます。

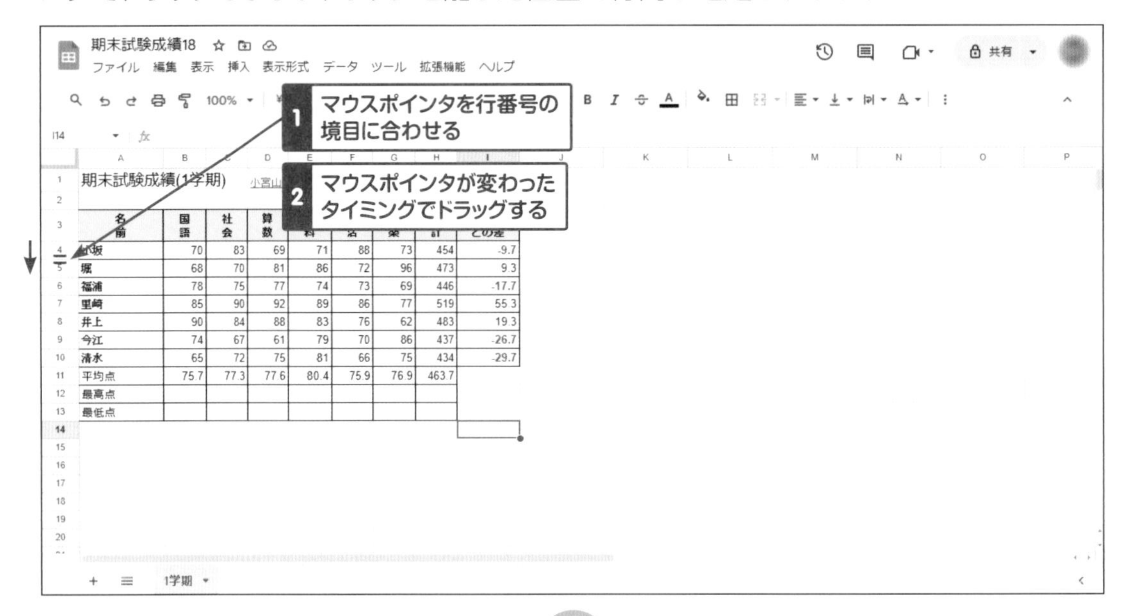

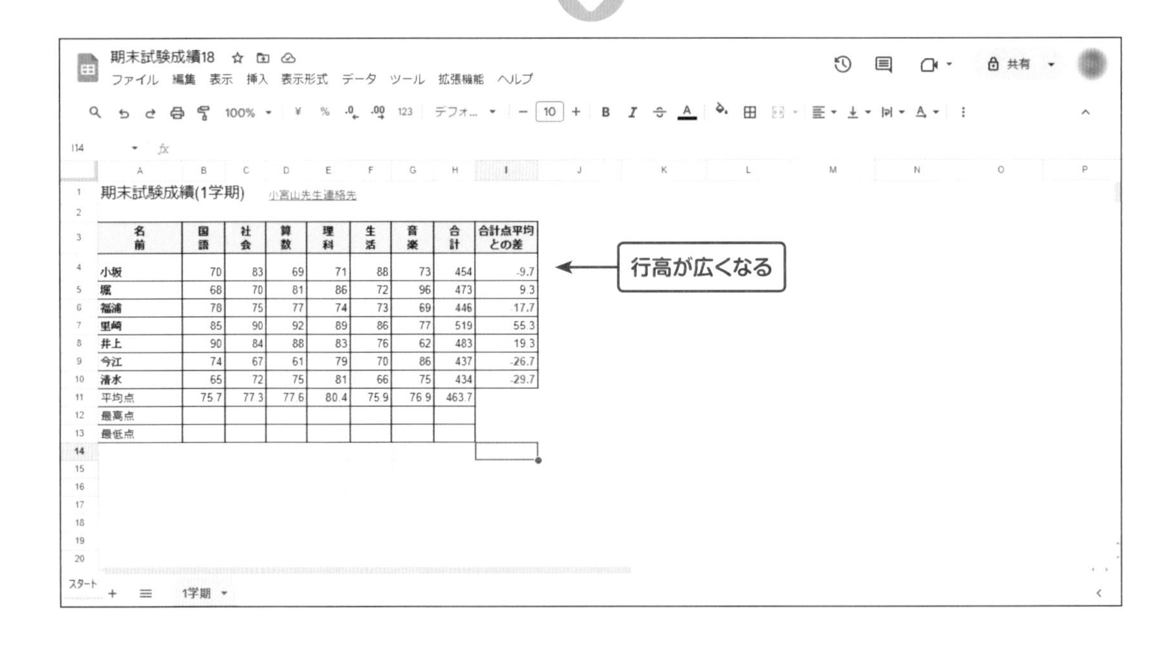

②同様に操作

同様に他の行高を調整します。

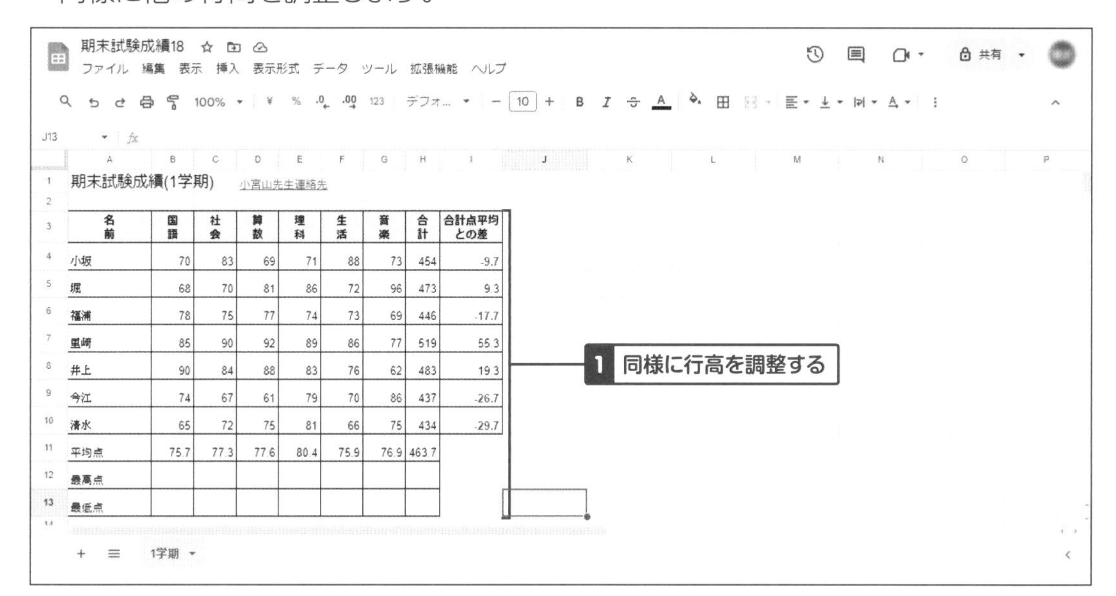

HINT

行高は数値で設定することができます。行番号を右クリックで表示されるメニューから[単一行のサイズを変更](複数行ドラッグして選択の場合は[行x-yのサイズを変更])クリックしますと、行高を数値で指定するダイアログが表示されますので数値で行高を指示します。

セルを結合、解除する

複数のセルを結合することができ、解除もできます。
ここではセルD1からF1を結合します。

①セルの選択

結合したいセルをドラッグして選択し、 (セルを結合)をクリックします。

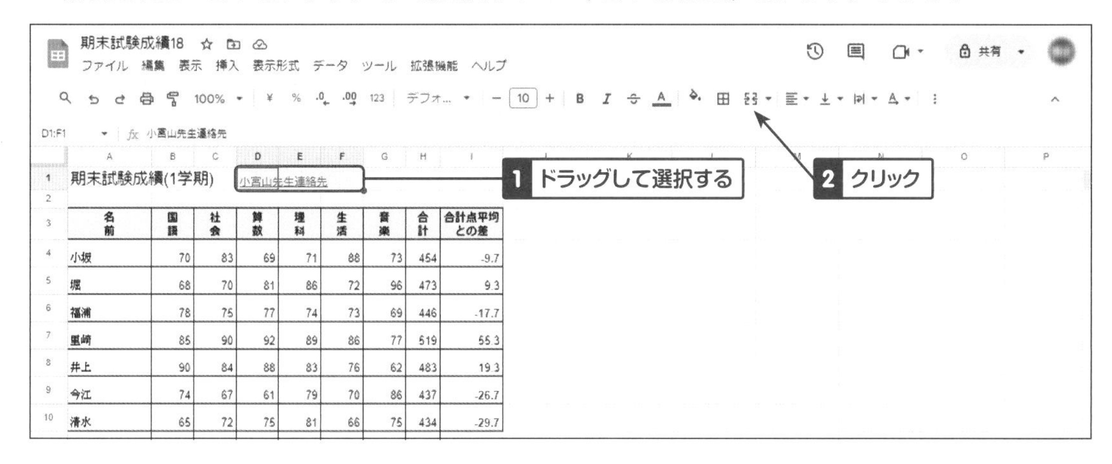

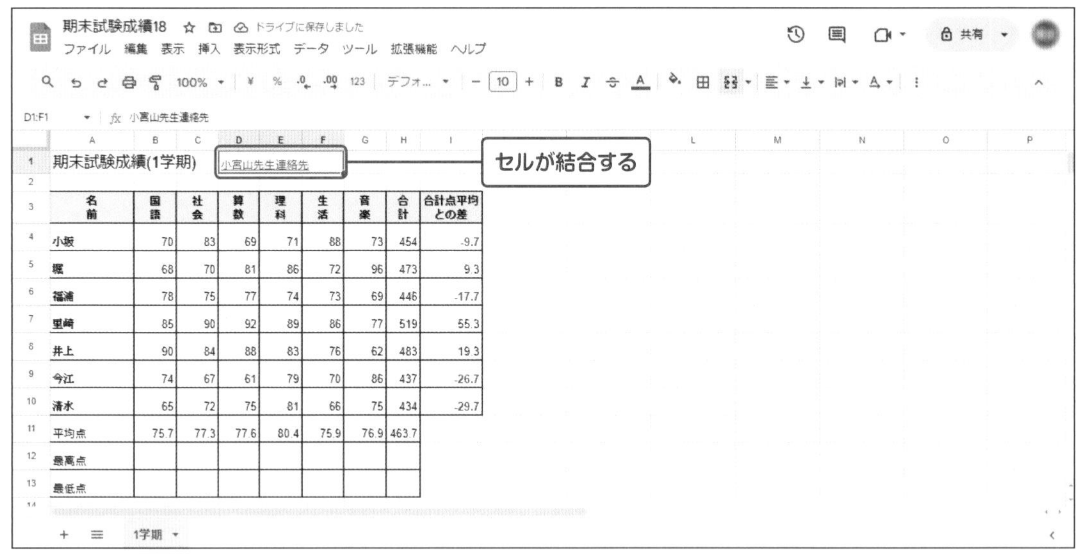

名前	国語	社会	算数	理科	生活	音楽	合計	合計点平均との差
小坂	70	83	69	71	88	73	454	-9.7
堀	68	70	81	86	72	96	473	9.3
福浦	78	75	77	74	73	69	446	-17.7
里崎	85	90	92	89	86	77	519	55.3
井上	90	84	88	83	76	62	483	19.3
今江	74	67	61	79	70	86	437	-26.7
清水	65	72	75	81	66	75	434	-29.7
平均点	75.7	77.3	77.6	80.4	75.9	76.9	463.7	
最高点								
最低点								

HINT

セル結合を解除するには結合したセルを選択し、(セルを結合)をクリックするか、アイコン横の[▼]から[結合を解除]を押すとセルの結合が解除されます。

HINT

セル結合操作時、(セルを結合)の右側にある[▼]をクリックすると、結合のやり方を選べます。縦横複数セルをドラッグして選択し、[横方向に結合]をクリックすると横方向のみ、[縦方向に結合]をクリックすると縦方向のみ結合されます。[すべて結合]をクリックすると、ドラッグして選択したセルすべてが結合されます。

HINT

結合する複数セル内に文字があった場合、文字列は結合されません。横方向に結合する場合は一番左のセル、縦方向に結合する場合は一番上のセルの文字だけになります。セル結合を解除しても元には戻りません。

行を固定する

行を固定すると、スクロールしても特定のデータを常に同じ場所に表示できます。ここでは見出し行を固定します。

①行の選択

固定する3行めを右クリックし、表示されるメニューから［行での他の操作項目を表示］→［行xまで固定］をクリックします。行が固定され、4行目以降がスクロールできる状態になります。

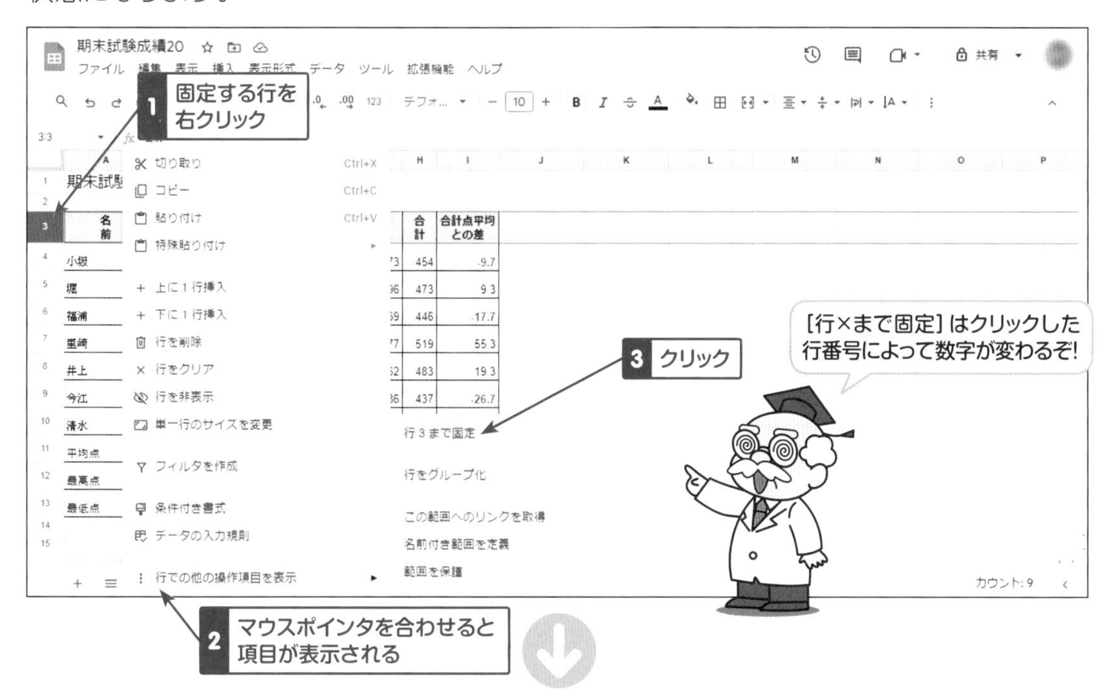

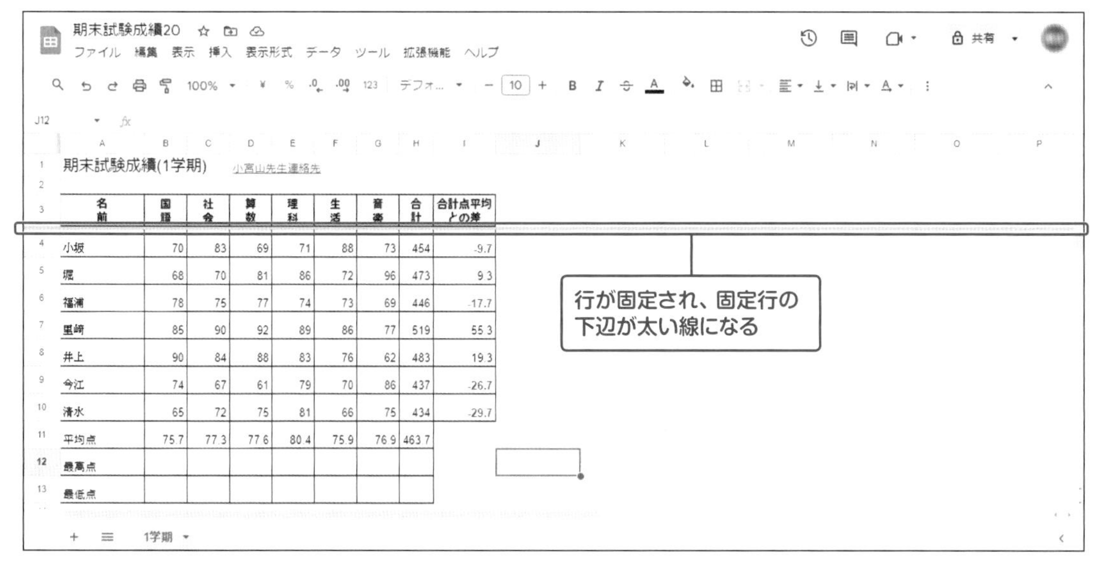

列を固定する

行と同様に列を固定すると、スクロールしても特定のデータを常に同じ場所に表示できます。

ここでは名前の列を固定します。

①列の選択

固定するA列を右クリックし、表示されるメニューから［列での他の操作項目を表示］→［列xまで固定］をクリックします。列が固定され、B列以降が横にスクロールできるようになります。

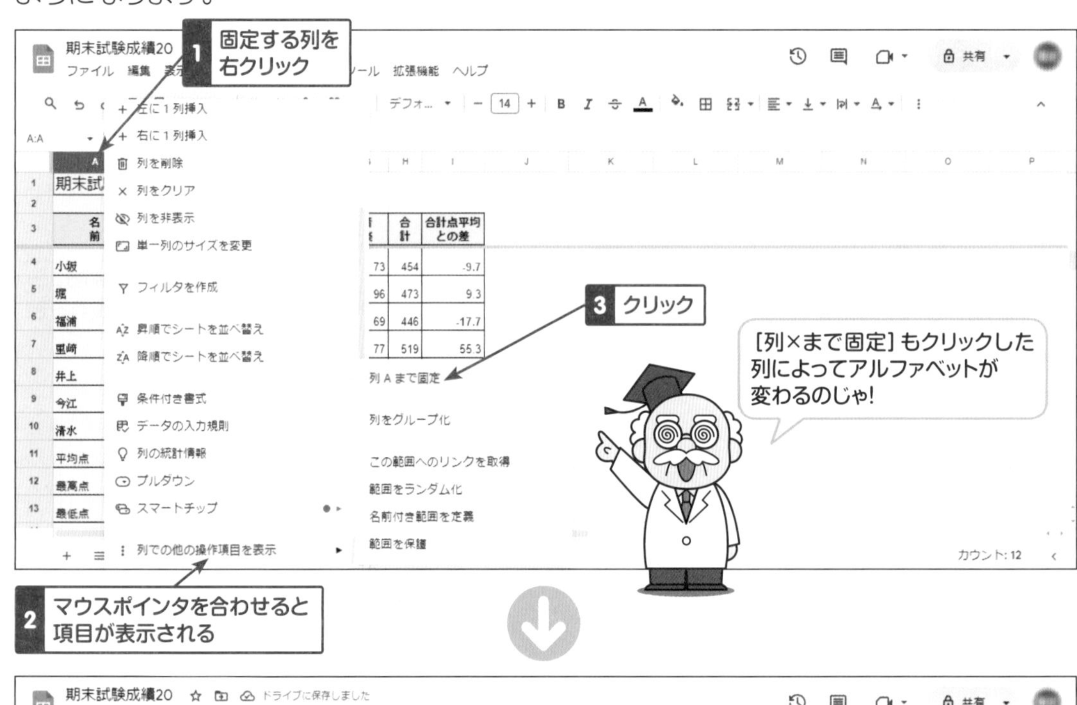

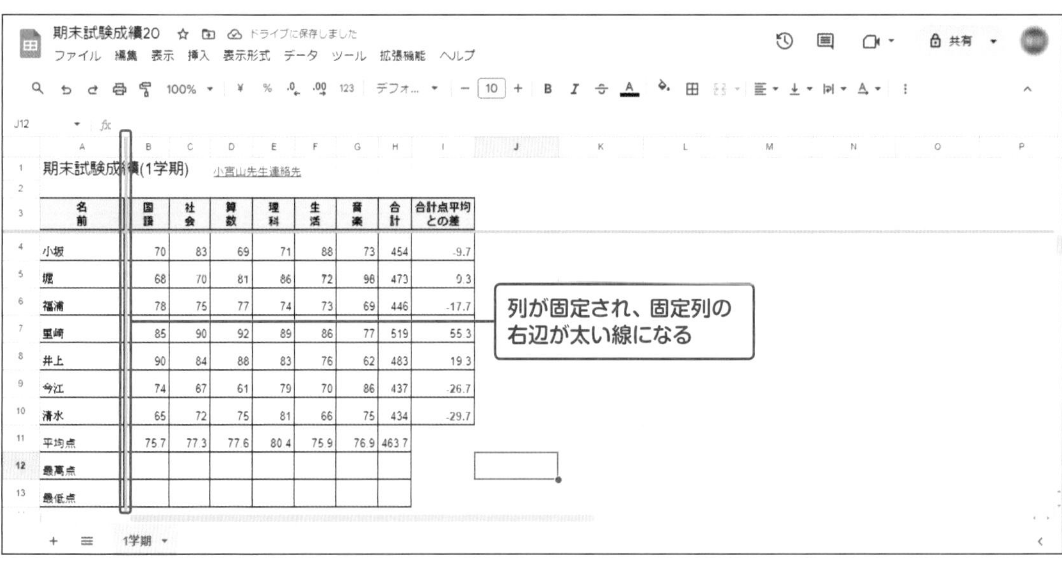

名前	国語	社会	算数	理科	生活	音楽	合計	合計点平均との差
小坂	70	83	69	71	88	73	454	-9.7
堀	68	70	81	86	72	96	473	9.3
福浦	78	75	77	74	73	69	446	-17.7
里崎	85	90	92	89	86	77	519	55.3
井上	90	84	88	83	76	62	483	19.3
今江	74	67	61	79	70	86	437	-26.7
清水	65	72	75	81	66	75	434	-29.7
平均点	75.7	77.3	77.6	80.4	75.9	76.9	463.7	
最高点								
最低点								

コメントする

ドキュメント（Document）同様、コメントを挿入できます。作成した表にコメントを挿入します。

コメントを挿入する

共有している場合は、閲覧者（コメント可）もしくは編集者の場合、コメントができます。

①セルを選択

コメントしたいセルを右クリックし、表示されるメニューから［コメント］をクリックします。

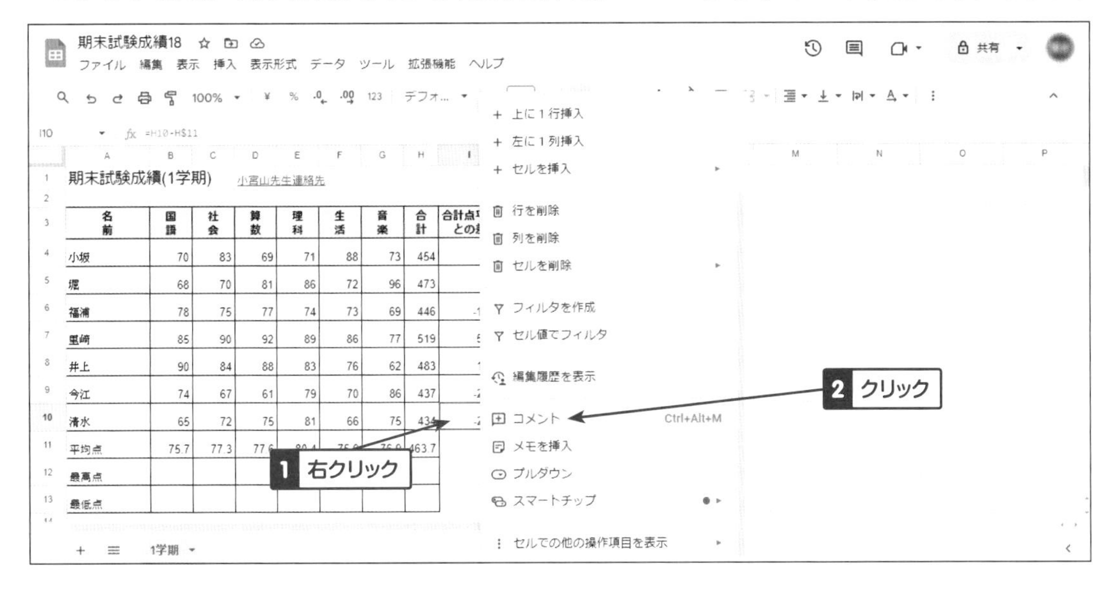

②コメントを入力

表示されたダイアログにコメントを入力し、［コメント］ボタンをクリックします。

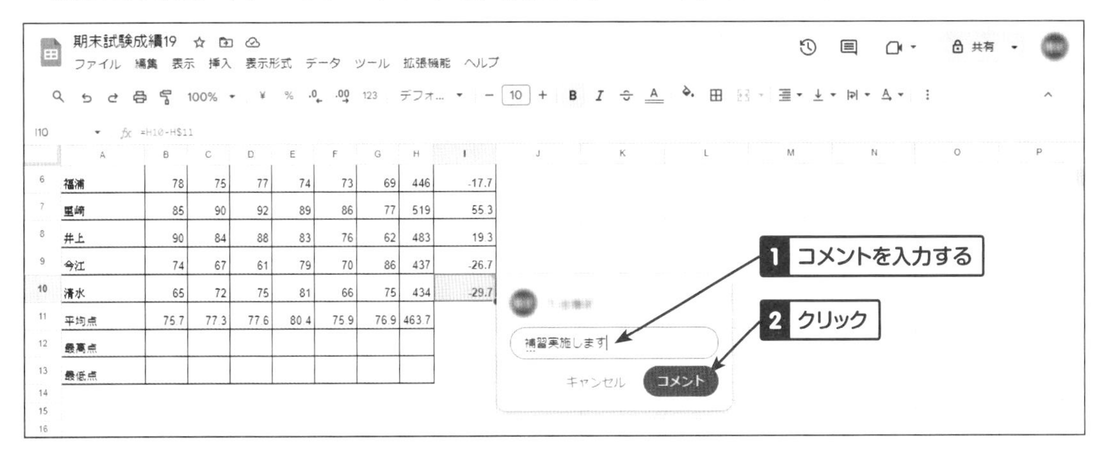

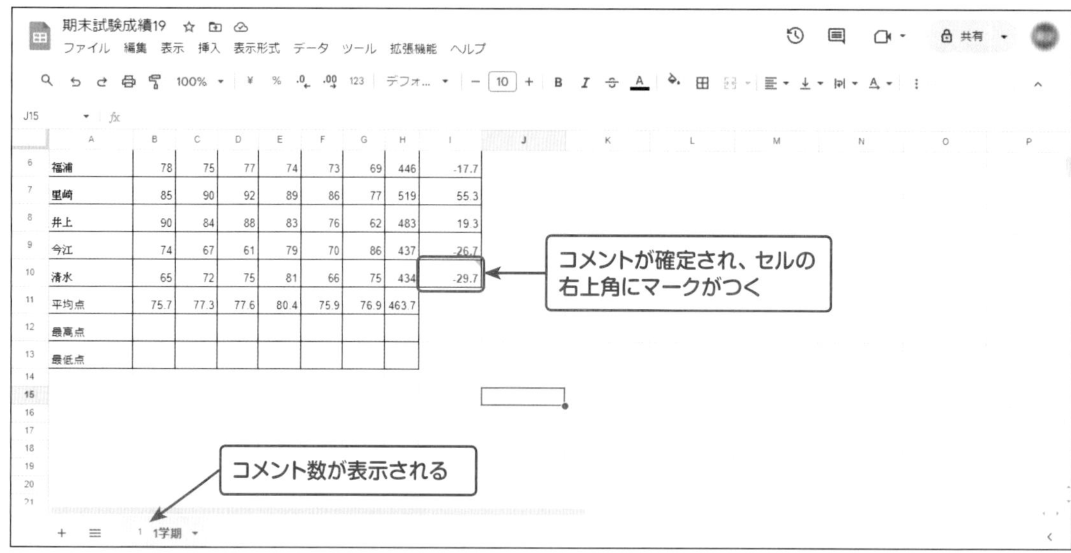

コメントを付けたセルをクリックすると、コメントが表示されます。
画面下のシート名のタブにもコメント数が表示されます。

コメントを確認する

コメントの内容を確認し、コメントに対する返答を行います。対応が完了したコメントをクローズすることもできます。

①コメントされたセルを選択、確認

コメントしたセルをクリックすると、コメントが表示されコメントに対するリアクションができます。

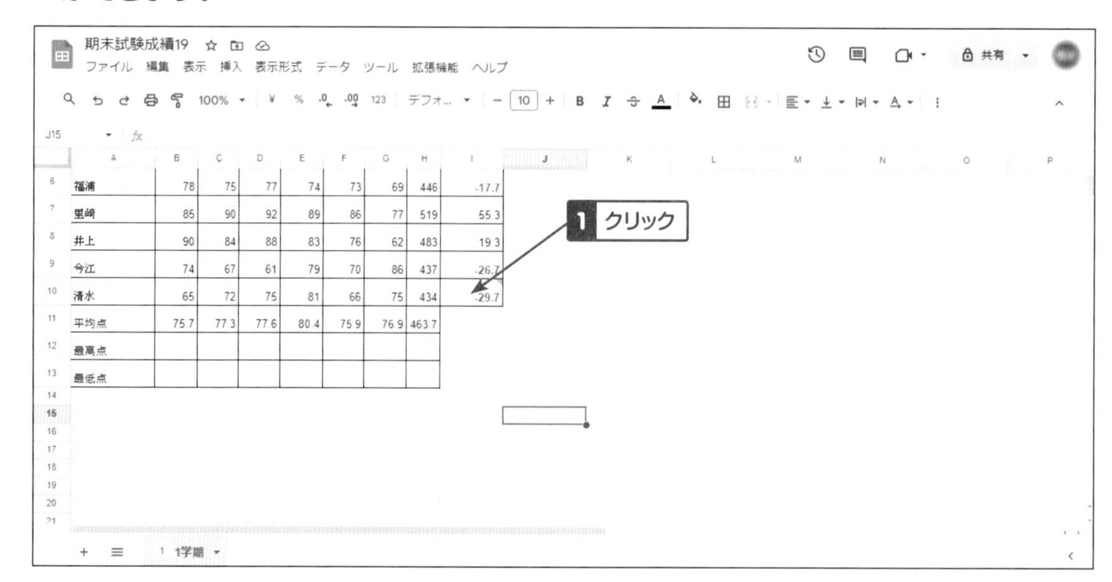

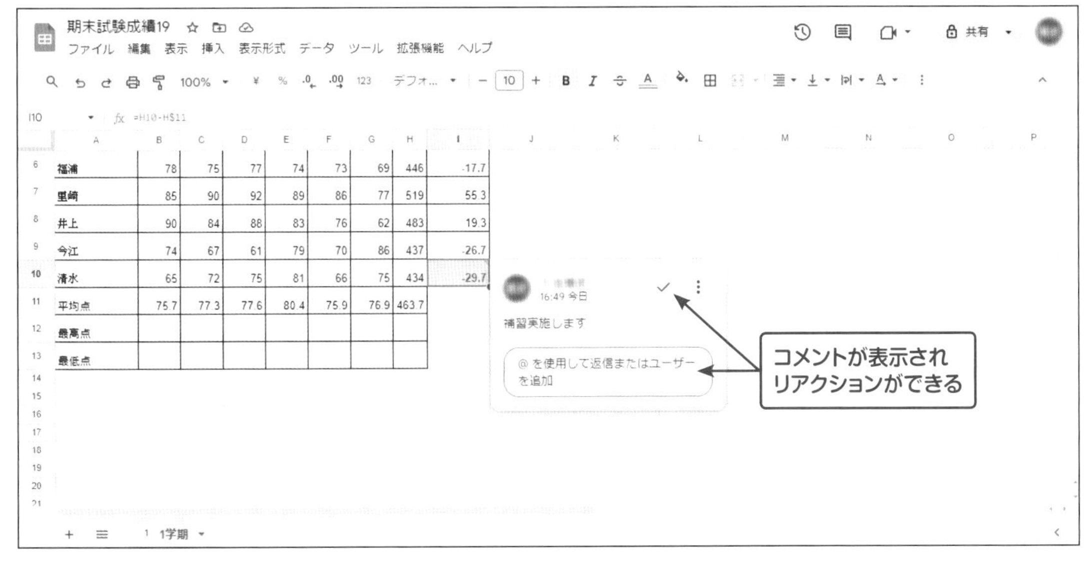

ONE POINT

すべてのコメントを表示する方法

　ドキュメント(Document)同様、すべてのコメントを一覧にして出すことができます。

❶ メニュー［表示］→［コメント］→［すべてのコメントを表示］をクリックします。
❷ 画面右側に、コメントが表示されます。解決済みのコメントについては解決済みの表示もされます。

▼ すべてのコメントを表示

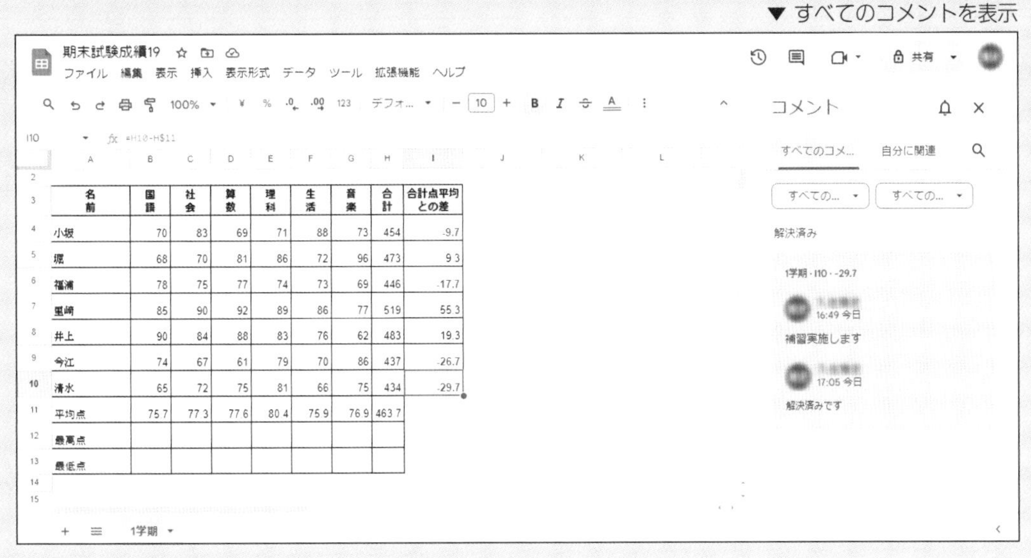

作成した表を印刷する

作成した表を印刷します。プリンタへの出力およびPDFファイルの作成ができます。用紙サイズ、用紙の向き、印刷範囲など細かい設定ができます。

印刷メニューを表示する

メニュー［ファイル］→［印刷］をクリックします。

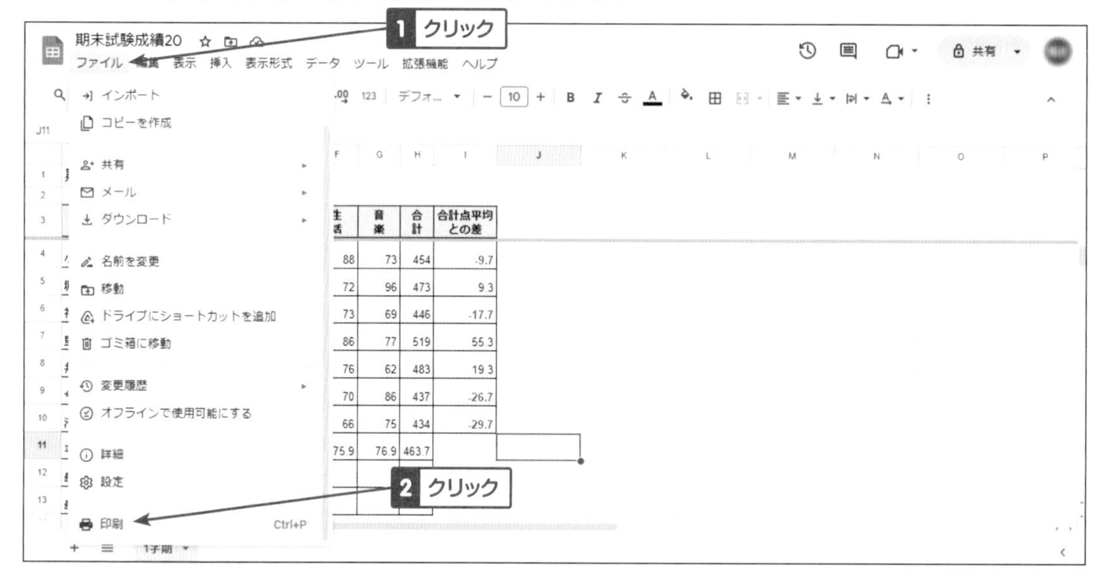

印刷書式を設定する

プレビューと印刷の設定メニューが表示されます。ここでは下記のように設定します。

①基本メニュー

各項目を設定します。

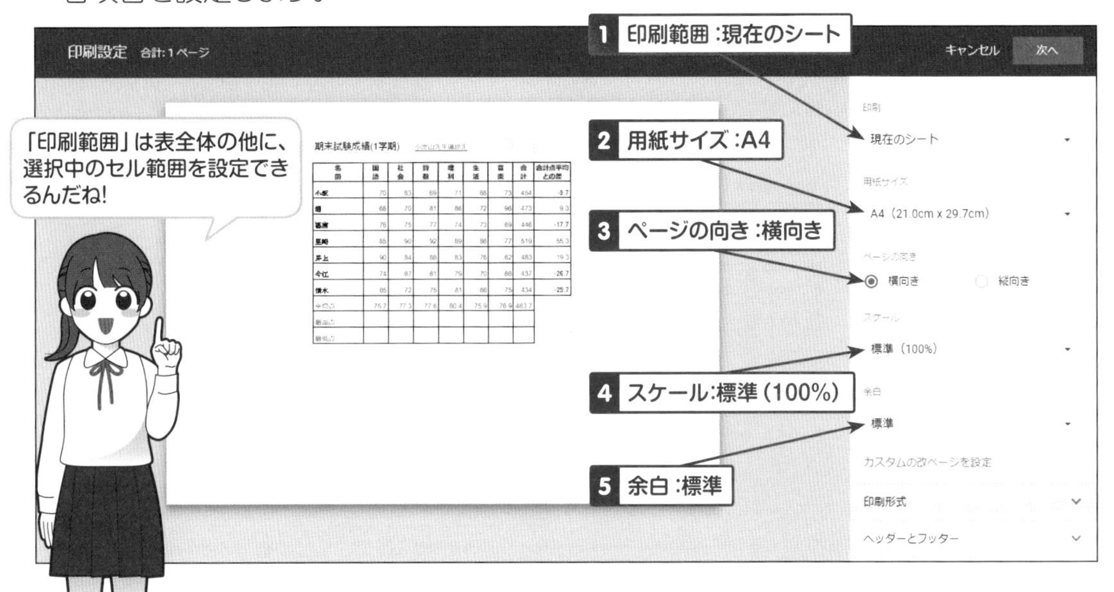

HINT

「スケール」とは、表のサイズが用紙サイズより大きい場合の印刷サイズ指示です。標準で3パターンの印刷サイズ（幅に合わせて／高さに合わせて／ページに合わせる）を選択することができます。

②印刷形式の指示

「印刷形式」右にある［∨］をクリックし、表示された項目を設定します。

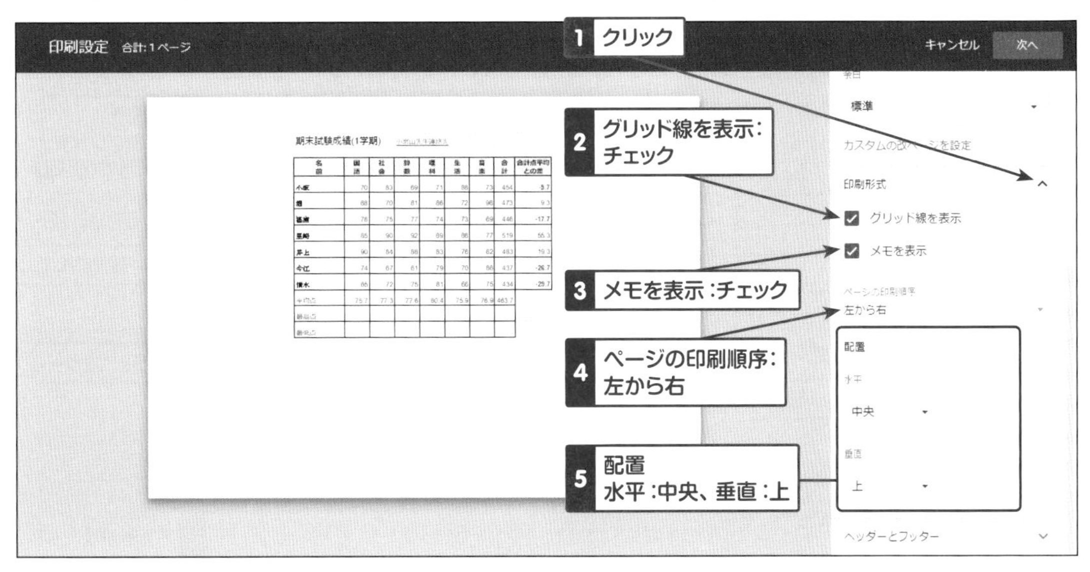

③ヘッダー・フッターの指示

「ヘッダーとフッター」右にある［∨］をクリックし、表示された項目を設定します。設定後、「次へ」ボタンをクリックします。

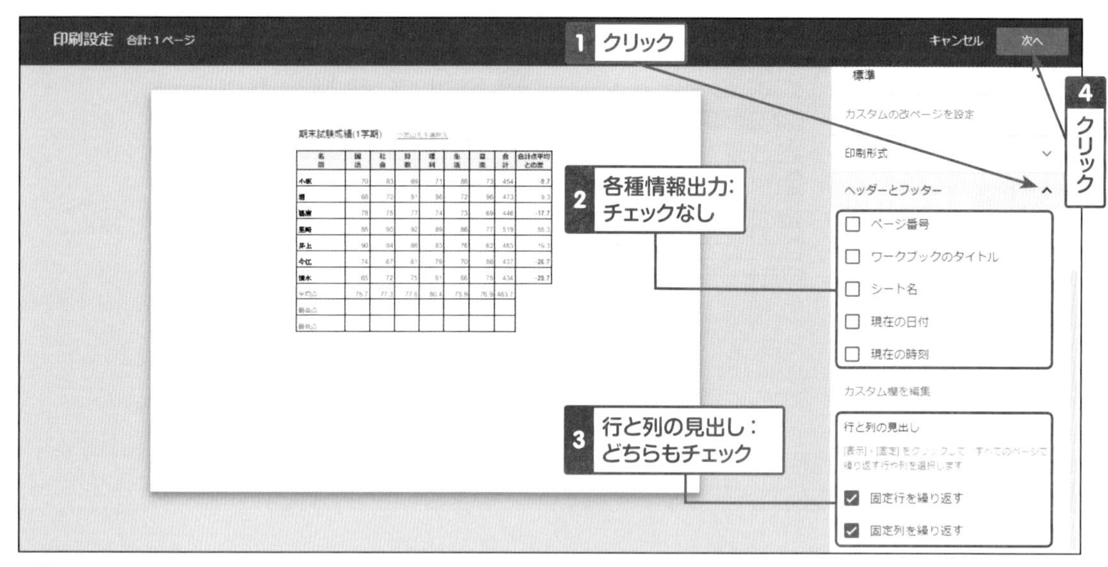

HINT

「行と列の見出し」は、6章-37の「列を固定する」の操作を行った場合、改ページしても行・列の固定した部分を印刷するか指定します。固定行・列の設定があると、チェックボックスは自動的にオンになります。

プリンタで印刷する

印刷書式を設定後、プレビューと印刷の設定メニューが表示されます。ここではプレビューに表示された内容と、以下のように設定し、［印刷］ボタンをクリックします。

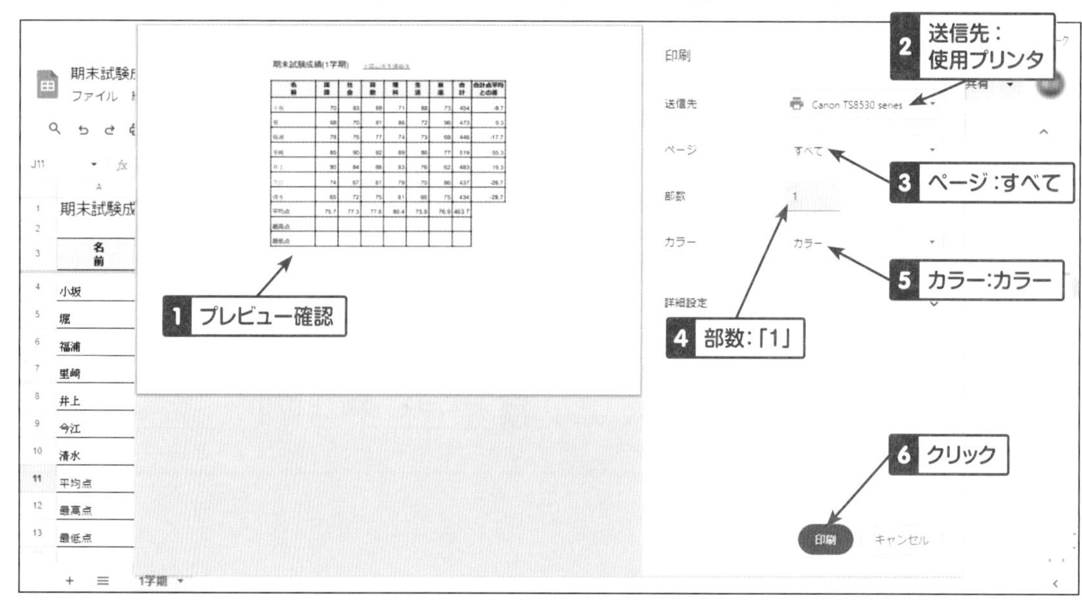

PDFに出力する

文書をPDFファイルにする場合は設定メニューが異なります。

① PDF設定の確認

以下のように設定し、[保存] ボタンをクリックします。

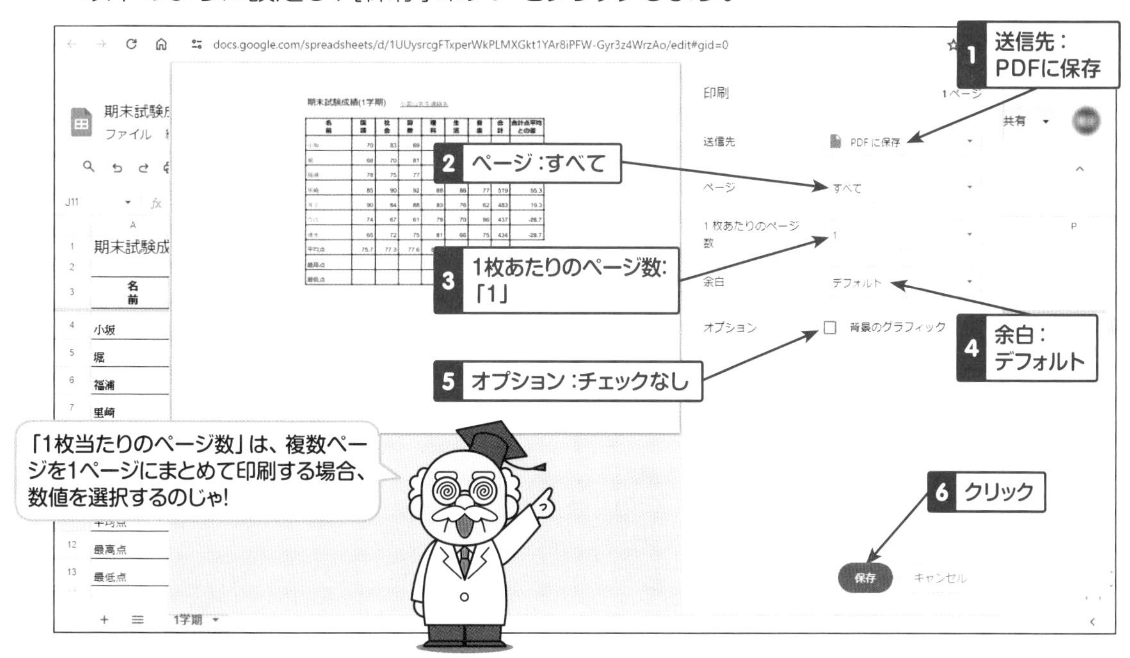

② PDFのファイル名、保存先

保存するPDFのファイル名を指示します。保存ダイアログにて、保存先、ファイル名を指定し、[保存] ボタンをクリックします。

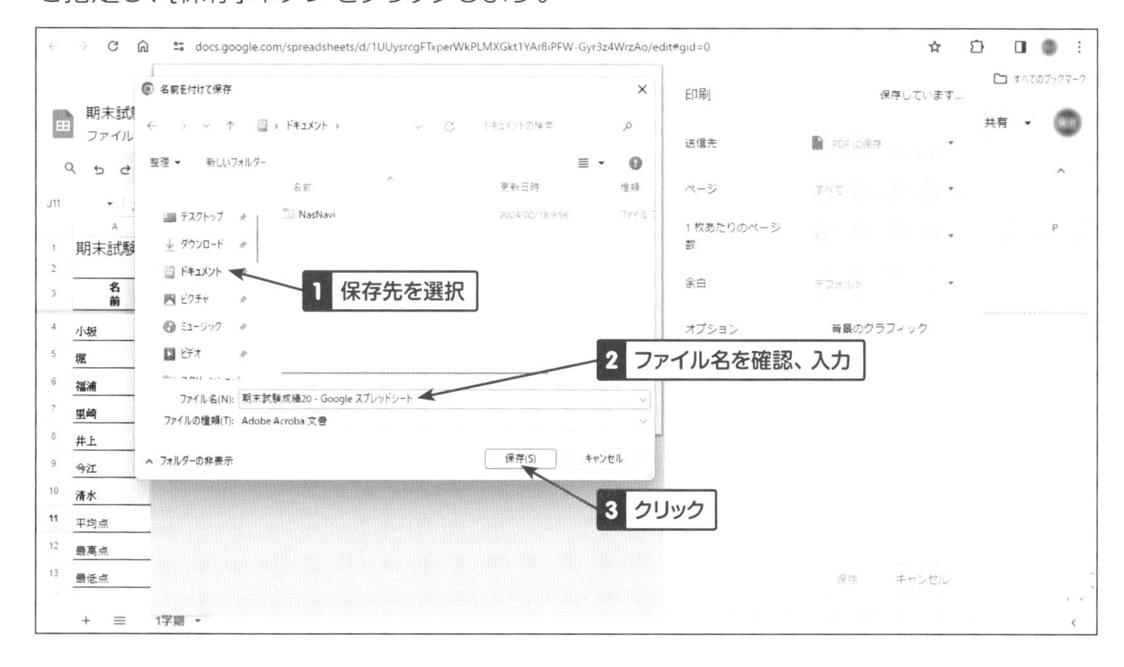

ONE POINT

印刷の詳細設定メニュー

詳細設定の行の右端にある[∨]をクリックすると、以下の設定ができます。プリンタとPDFで若干内容が異なります。詳細設定を行った後、[印刷]ボタンをクリックします。

Windowsのプリンター設定を使用する場合

Windowsのシステムダイアログを使用し、プリンタの印刷設定を変更・確認する場合は、印刷メニューの詳細設定の一番下、[印刷]ボタンの上に「システムダイアログを使用して印刷(Ctrl+Shift+P)」の行の右端にある ⧉(別ウインドウ)をクリックし、Windowsのプリンタ設定ダイアログを表示して印刷設定を行います。キーボードの[Ctrl]+[Shift]+[P]を押しても同様の操作ができます。

▼ 印刷メニューの詳細設定下部「システムダイアログを使用して印刷」

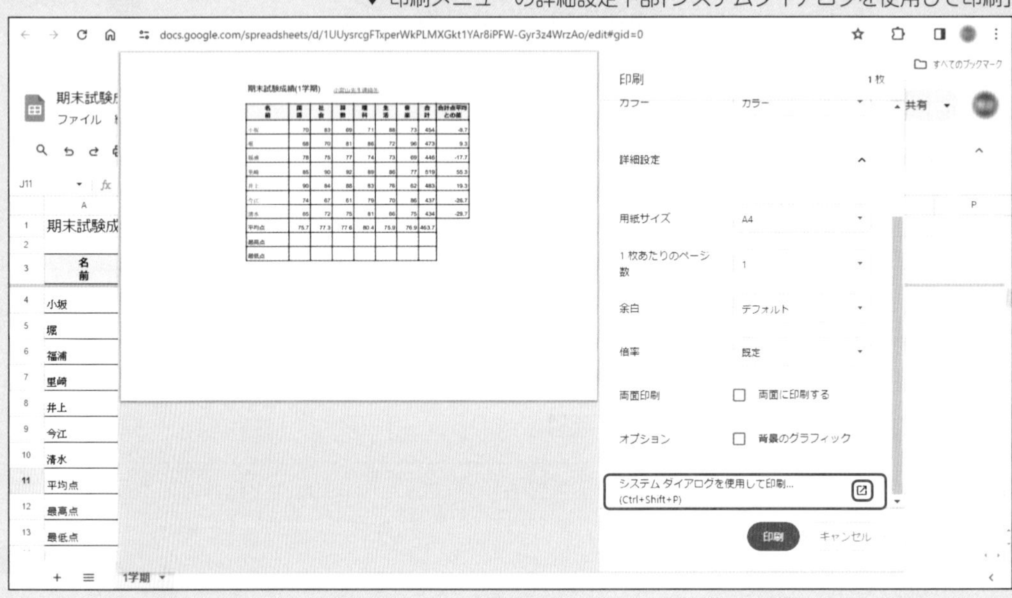

グラフを作成する

作成した表のデータを使用してグラフを作成します。作成したグラフはコピーしてスプレッドシート（Spreadsheet）やスライド（Slide）に画像として貼り付けることができます。

グラフメニューを表示する

ここでは期末試験成績の国語の点数をグラフにします。

①範囲の選択

グラフにする表の範囲をドラッグして選択します。

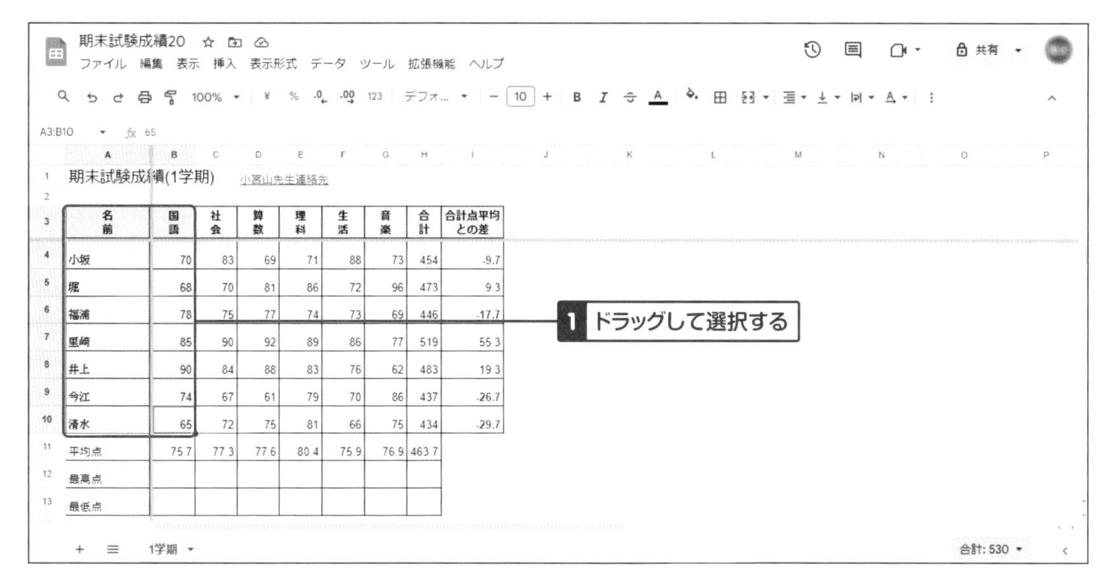

> **HINT**
>
> となり合っていない列をグラフで使う場合は、[Ctrl] キーを押しながら選択すると、複数箇所を選択できます。

②グラフ化

メニュー［挿入］→［グラフ］をクリックします。自動的に選択した範囲のデータのグラフが作成されます。

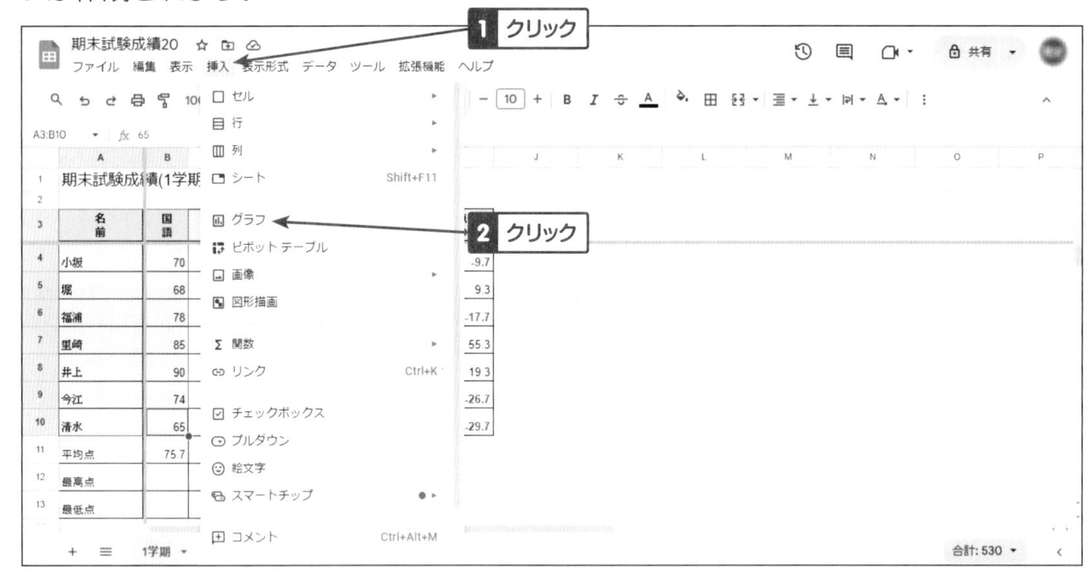

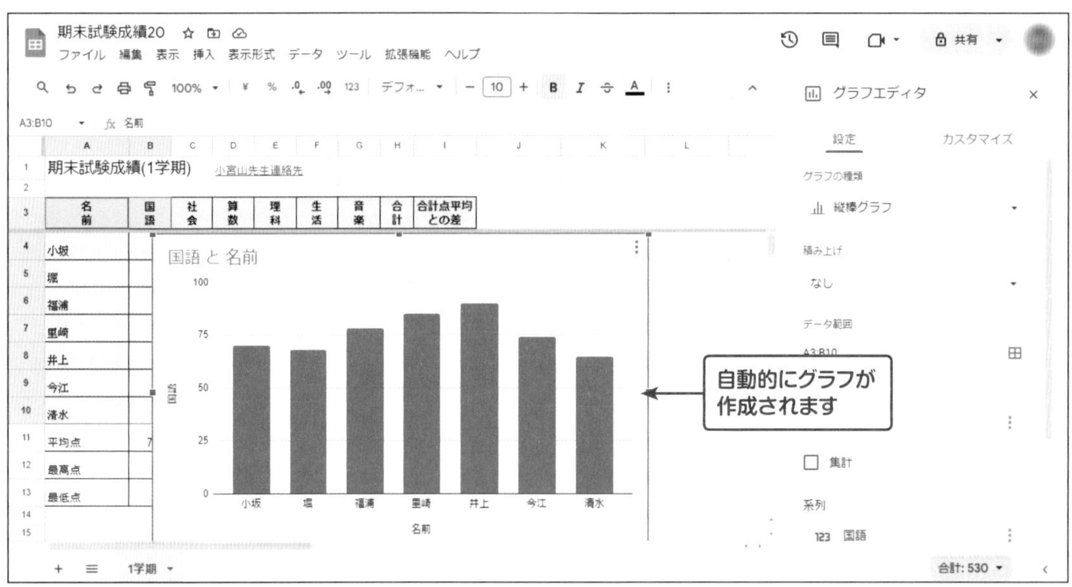

グラフを調整する

グラフが作成されると、右側に［グラフエディタ］が表示され、グラフの調整ができます。必要に応じ調整を行います。

①グラフ設定メニューその1

ここでは作成されたグラフの設定を確認していきます。

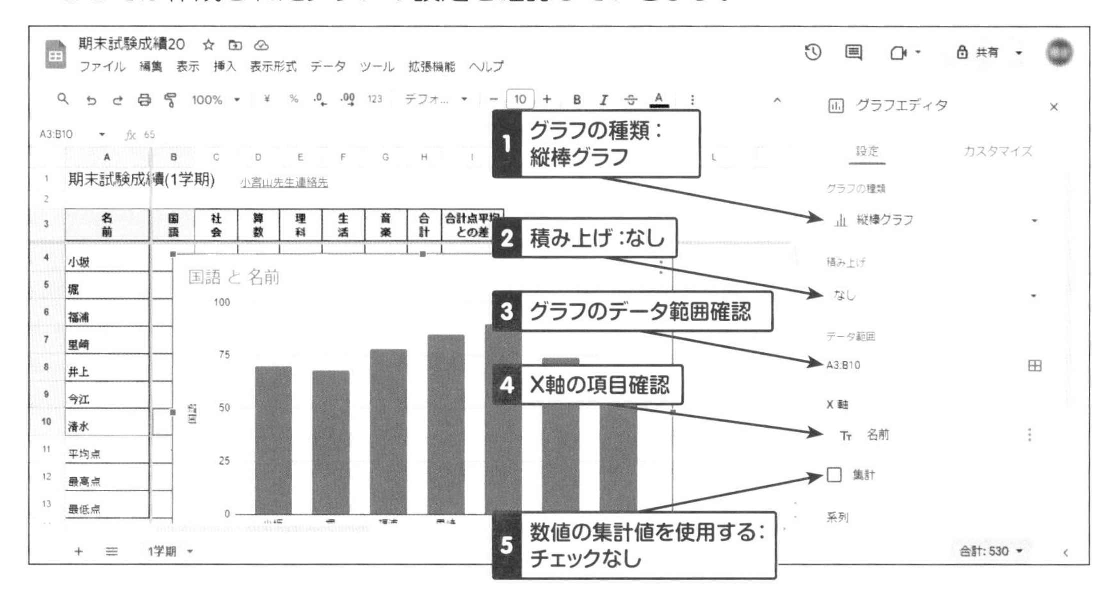

②グラフ設定メニューその2

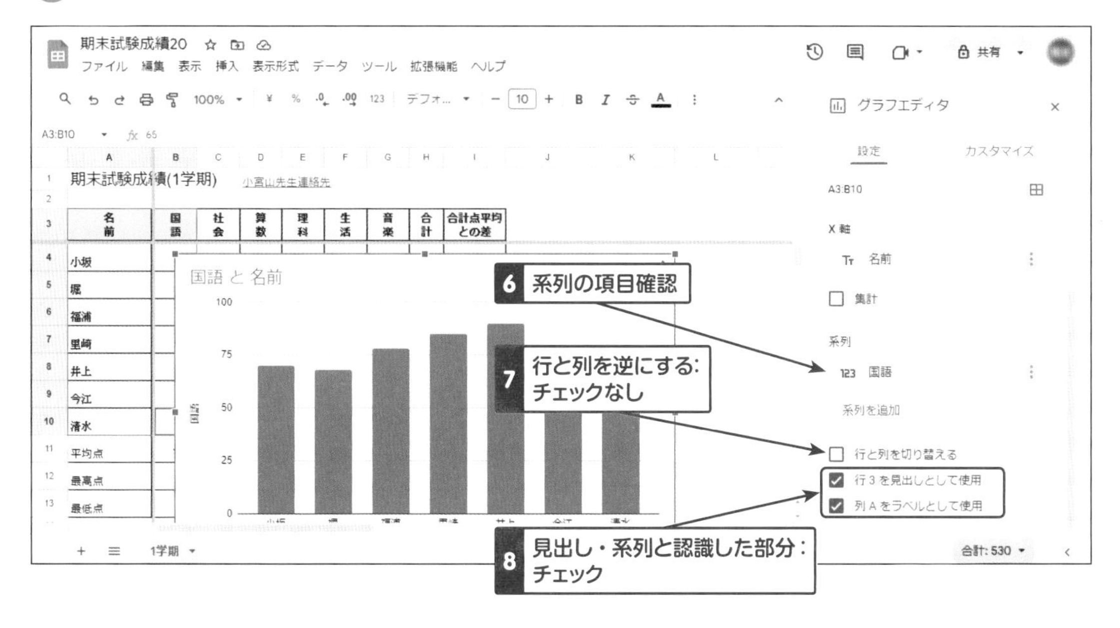

HINT

グラフの使い分けは主に以下の通りです。
- 棒グラフ：数値の大小比較
- 折れ線グラフ：数値の推移を見る場合
- 円グラフ、帯グラフ：割合を見る場合

作成したグラフの操作

作成したグラフについての操作は、グラフ右角の［⋮］クリックで行います。再度編集、削除、画像として保存、ネット上への公開、グラフ画像のコピー、別シートへの移動、代替テキストの設定などが行えます。

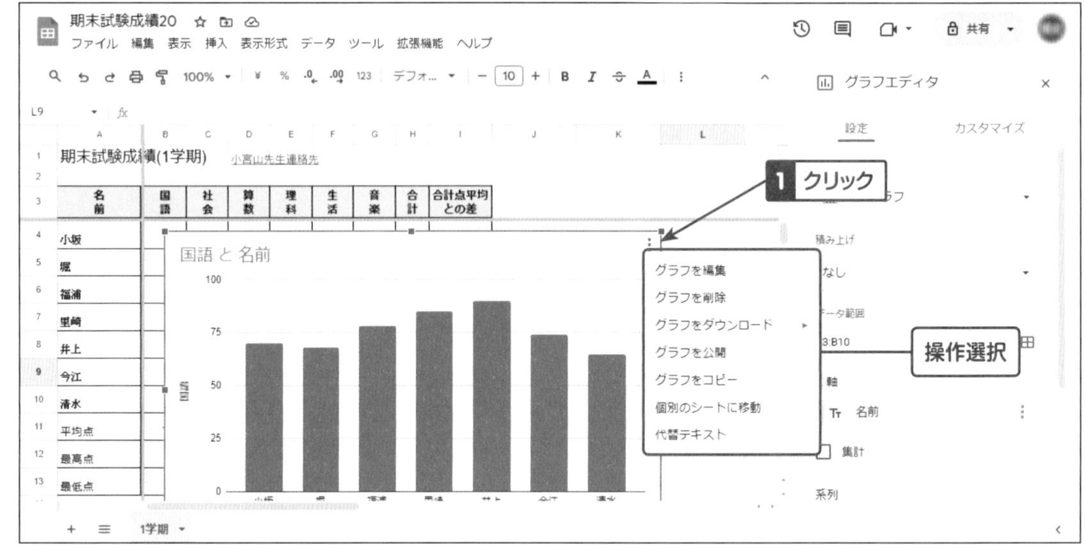

HINT

グラフタイトルの修正、グラフの色、凡例表示など細かい調整は、グラフメニューの［カスタマイズ］で行います。

ONE POINT

作成できるグラフの種類

棒グラフ、折れ線グラフ、円グラフ、帯グラフのような一般的なグラフ以外に、以下のようなグラフも作成することができます。

散布図、バブルチャート、マップチャート、マーカー付きマップチャート、滝グラフ（ウォーターフォールチャート）、ヒストグラム、レーダーチャート、ゲージグラフ、スコアカードグラフ、ローソク足チャート、組織図、ツリーマップ、タイムライングラフ、表グラフ

データを操作する

作成した表のデータに条件を与えて並べ替えを行う、条件に合致したデータのみを表示するなどのデータ操作を行います。

データを並べ替える

合計点を大→小の順（降順）で並べ替えを行います。

①範囲を選択

並べ替えを行う範囲を見出しを含めドラッグして選択します。

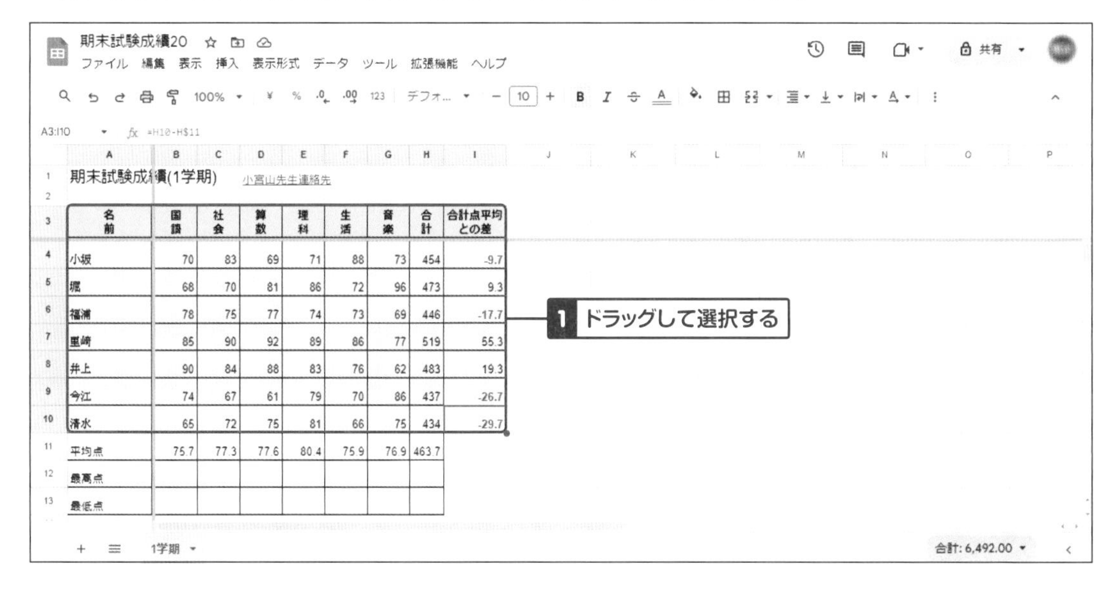

名前	国語	社会	算数	理科	生活	音楽	合計	合計点平均との差
小坂	70	83	69	71	88	73	454	-9.7
堀	68	70	81	86	72	96	473	9.3
福浦	78	75	77	74	73	69	446	-17.7
里崎	85	90	92	89	86	77	519	55.3
井上	90	84	88	83	76	62	483	19.3
今江	74	67	61	79	70	86	437	-26.7
清水	65	72	75	81	66	75	434	-29.7
平均点	75.7	77.3	77.6	80.4	75.9	76.9	463.7	
最高点								
最低点								

②メニューの設定

メニュー [データ] → [範囲を並べ替え] → [範囲の並べ替え詳細オプション] をクリックします。

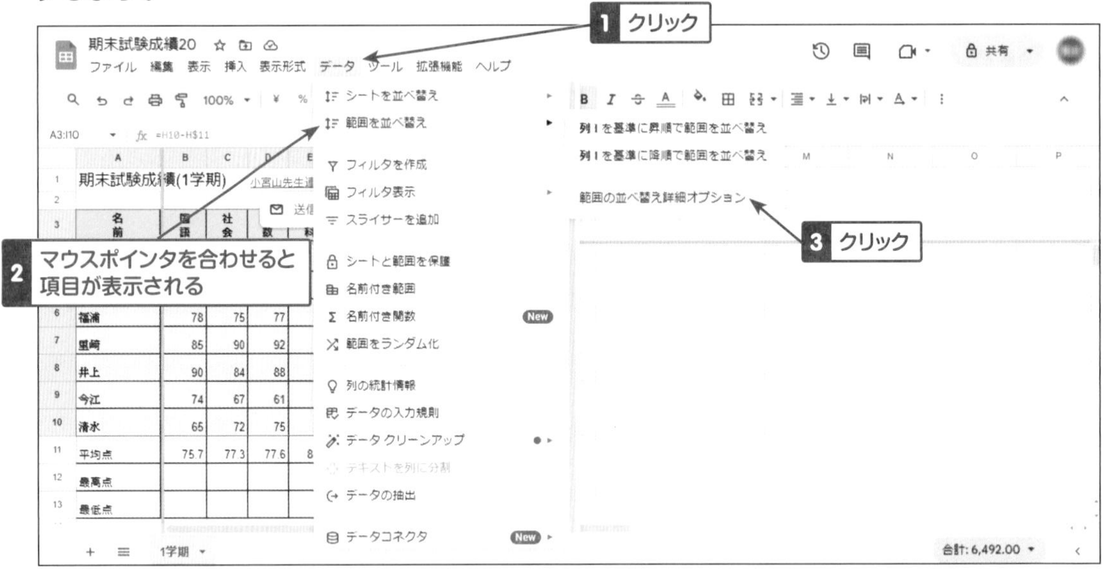

③範囲の並べ替え詳細オプションの設定

条件指定ダイアログで並べ替えのキーを画像のように指定し、[並べ替え] ボタンをクリックします。

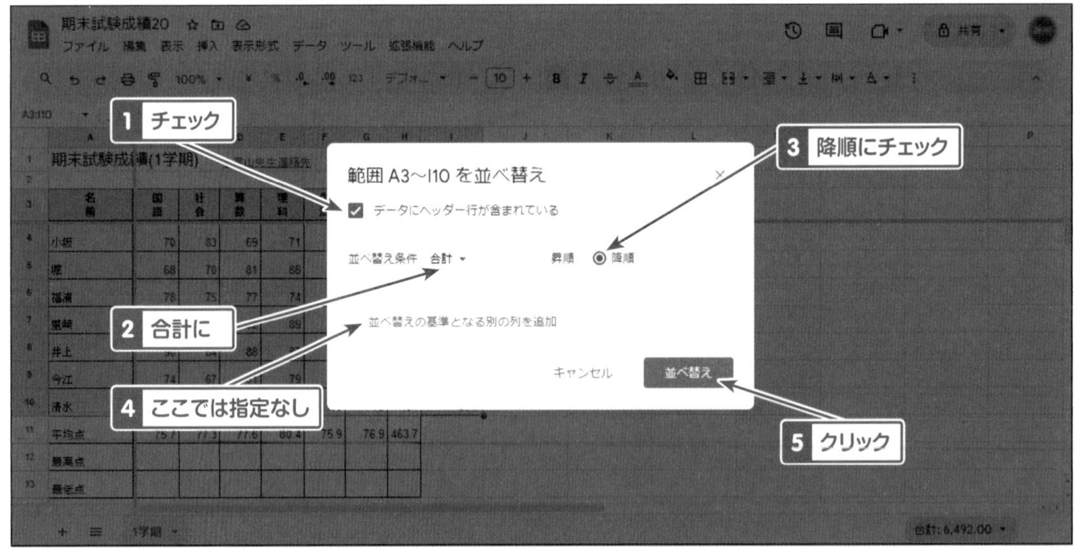

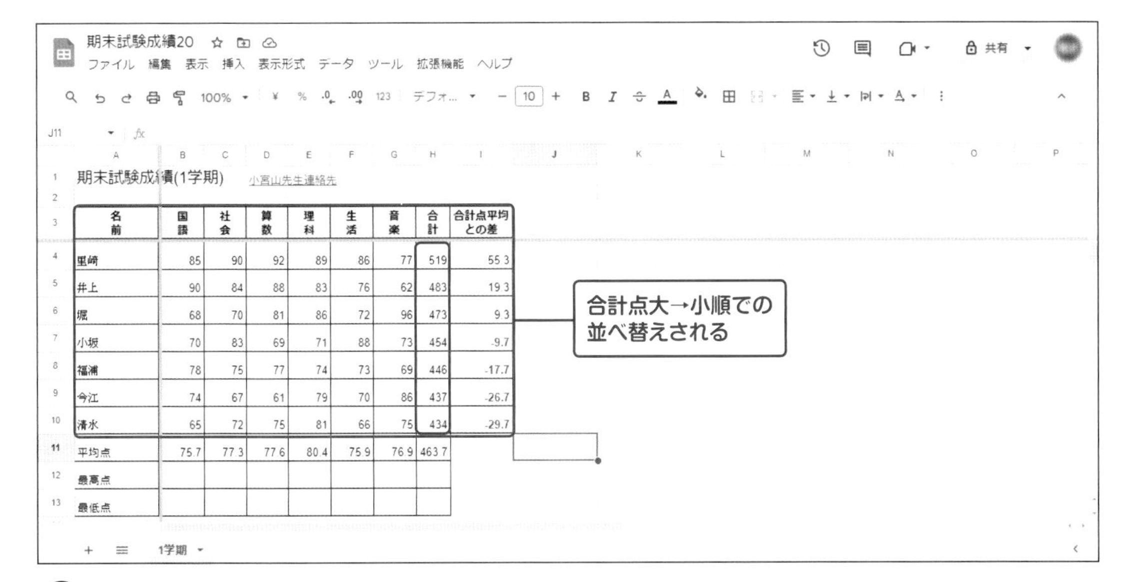

名前	国語	社会	算数	理科	生活	音楽	合計	合計点平均との差
黒崎	85	90	92	89	86	77	519	55.3
井上	90	84	88	83	76	62	483	19.3
堀	68	70	81	86	72	96	473	9.3
小坂	70	83	69	71	88	73	454	-9.7
福浦	78	75	77	74	73	69	446	-17.7
今江	74	67	61	79	70	86	437	-26.7
清水	65	72	75	81	66	75	434	-29.7
平均点	75.7	77.3	77.6	80.4	75.9	76.9	463.7	
最高点								
最低点								

HINT

並べ替えたデータを元の順序に戻す場合、元の並べ替え順序となる条件がないと元通りになりません。行に順序を示す番号（名簿番号など）を加えておきましょう。

フィルタでデータを抽出する

表のデータに条件を与え、条件に見合うデータのみを表示する機能です。

①範囲の選択

表の範囲セルA3からI10をドラッグして選択します。

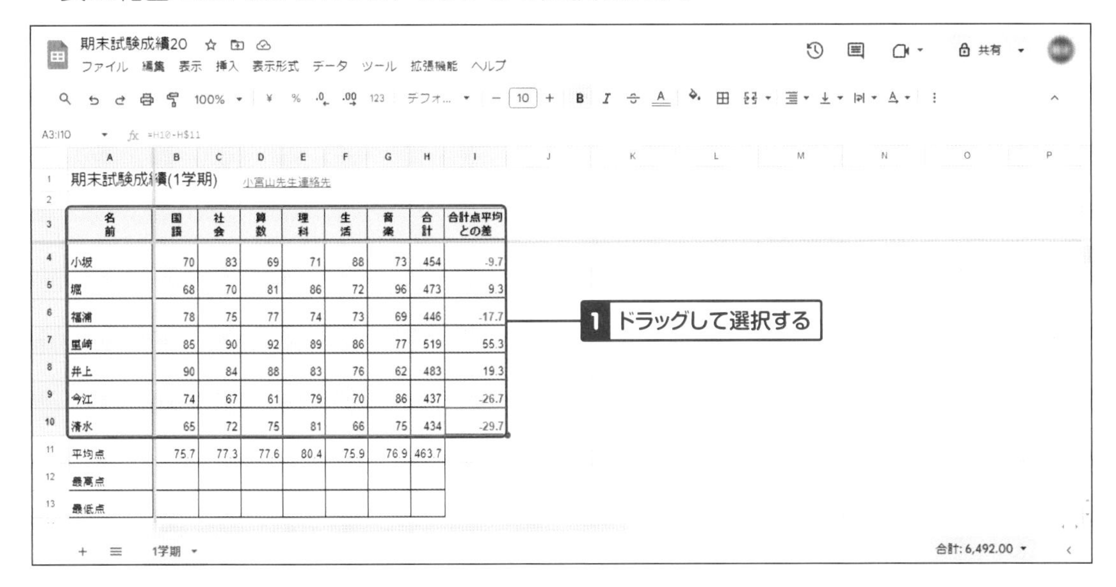

名前	国語	社会	算数	理科	生活	音楽	合計	合計点平均との差
小坂	70	83	69	71	88	73	454	-9.7
堀	68	70	81	86	72	96	473	9.3
福浦	78	75	77	74	73	69	446	-17.7
黒崎	85	90	92	89	86	77	519	55.3
井上	90	84	88	83	76	62	483	19.3
今江	74	67	61	79	70	86	437	-26.7
清水	65	72	75	81	66	75	434	-29.7
平均点	75.7	77.3	77.6	80.4	75.9	76.9	463.7	
最高点								
最低点								

②フィルタの作成

メニュー［データ］→［フィルタを作成］をクリックします。見出しの行にフィルタのマークがつきます。

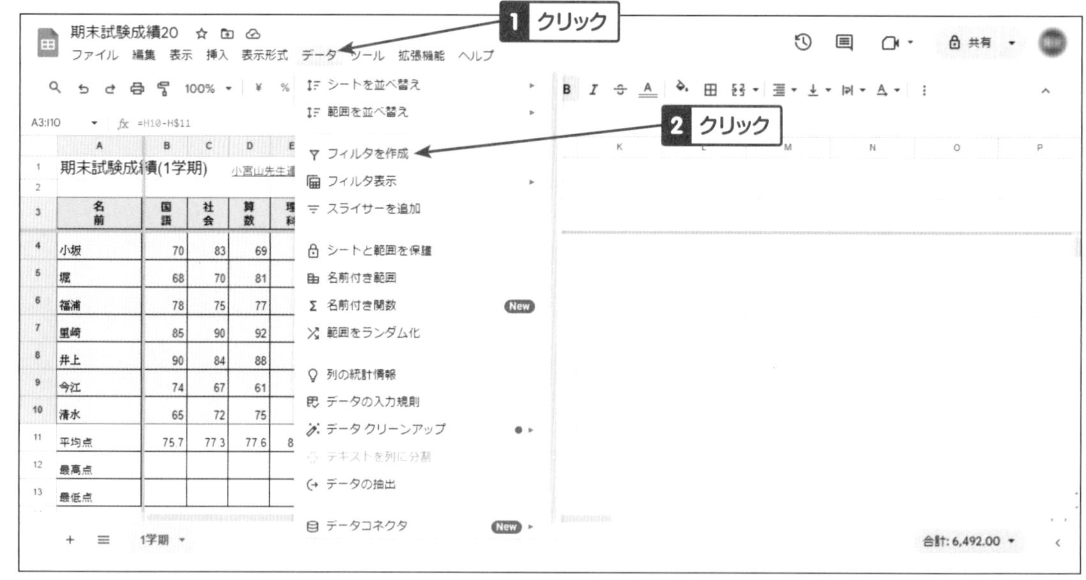

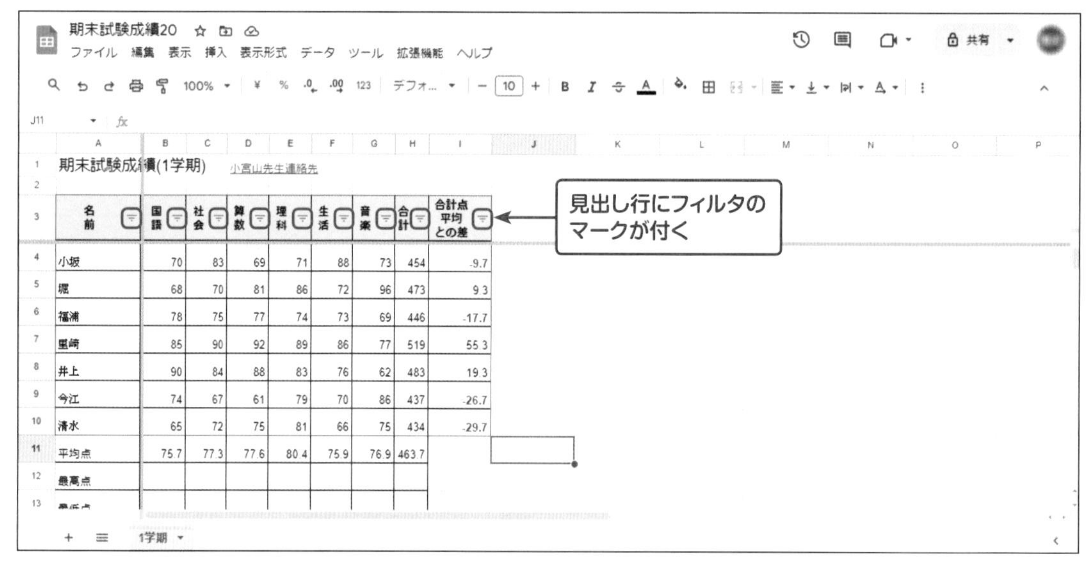

	名前	国語	社会	算数	理科	生活	音楽	合計	合計点平均との差
4	小坂	70	83	69	71	88	73	454	-9.7
5	堀	68	70	81	86	72	96	473	9.3
6	福浦	78	75	77	74	73	69	446	-17.7
7	黒崎	85	90	92	89	86	77	519	55.3
8	井上	90	84	88	83	76	62	483	19.3
9	今江	74	67	61	79	70	86	437	-26.7
10	清水	65	72	75	81	66	75	434	-29.7
11	平均点	75.7	77.3	77.6	80.4	75.9	76.9	463.7	
12	最高点								

③条件設定見出しの選択

データ抽出条件を設定する見出しのフィルタマーク（今回は生活）をクリックします。

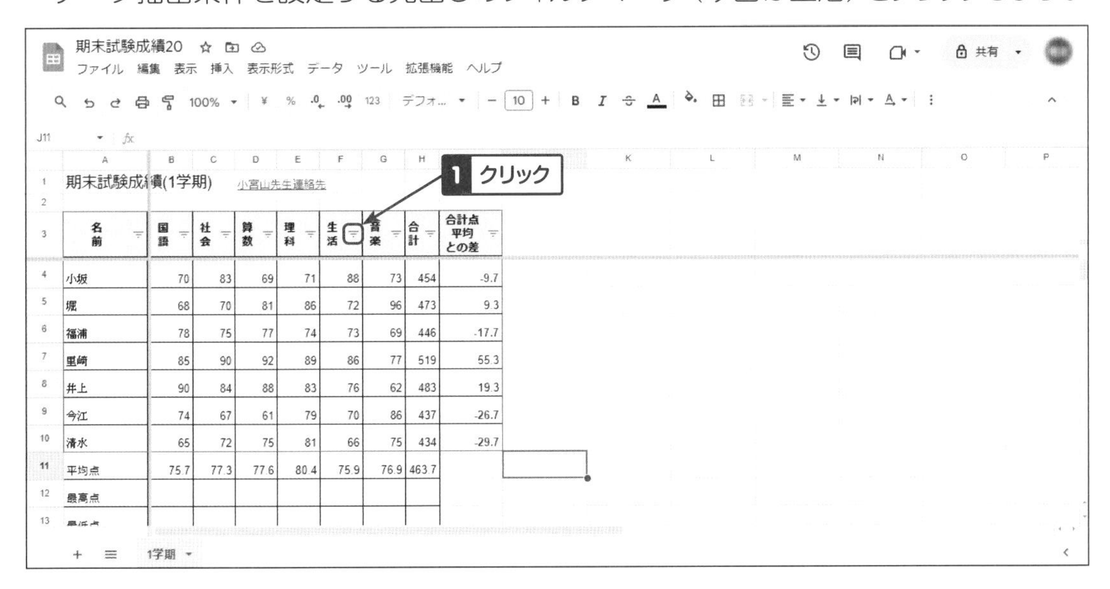

④条件でフィルタ

表示されたメニューの［条件でフィルタ］をクリックします。

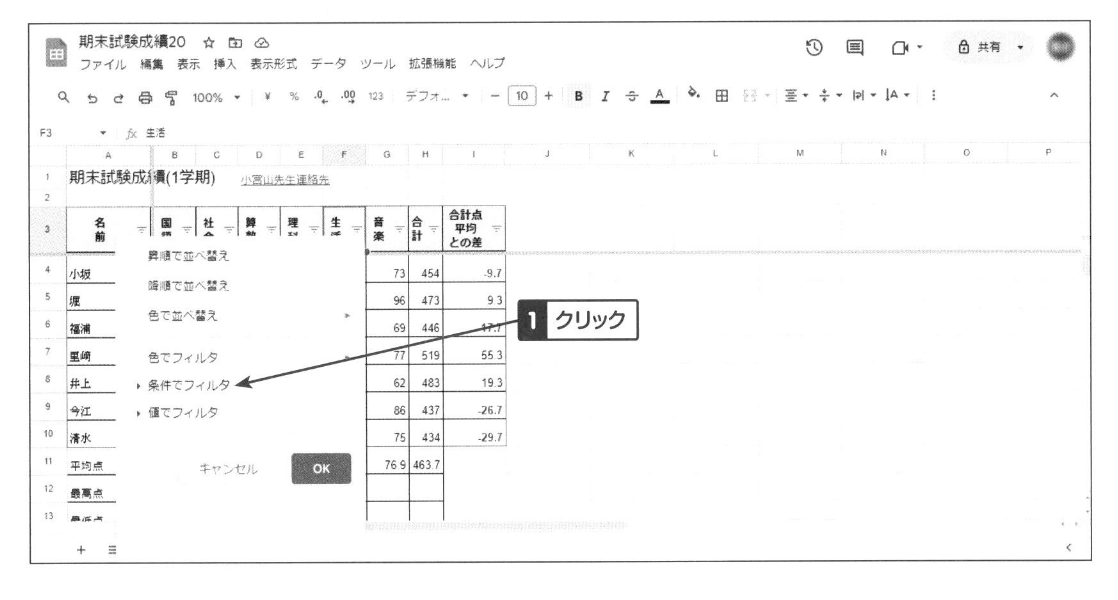

⑤条件を設定

クリックすると表示される、フィルタの条件を設定します。今回は80点以上の人を抽出します。設定後、[OK] ボタンをクリックします。

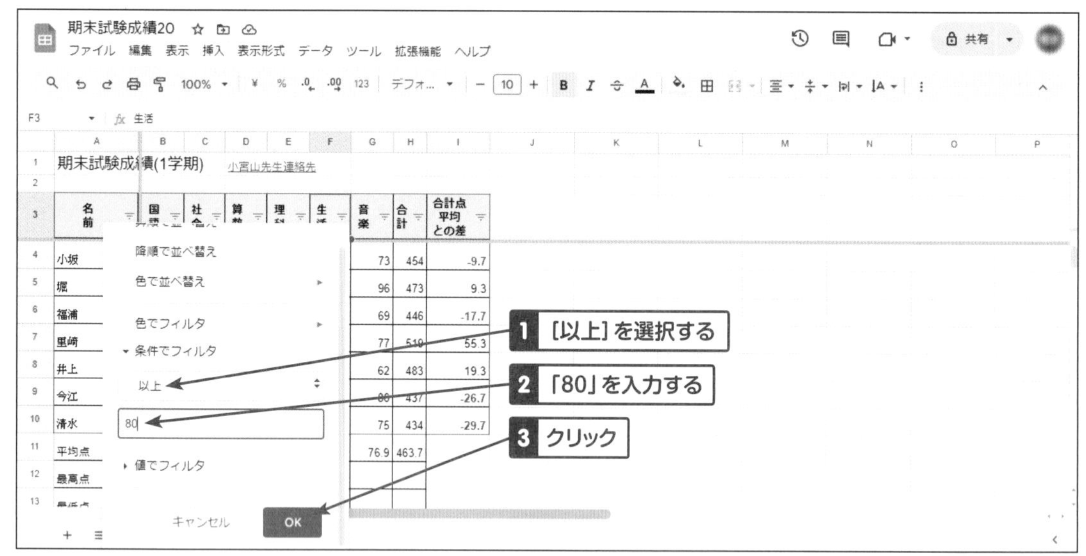

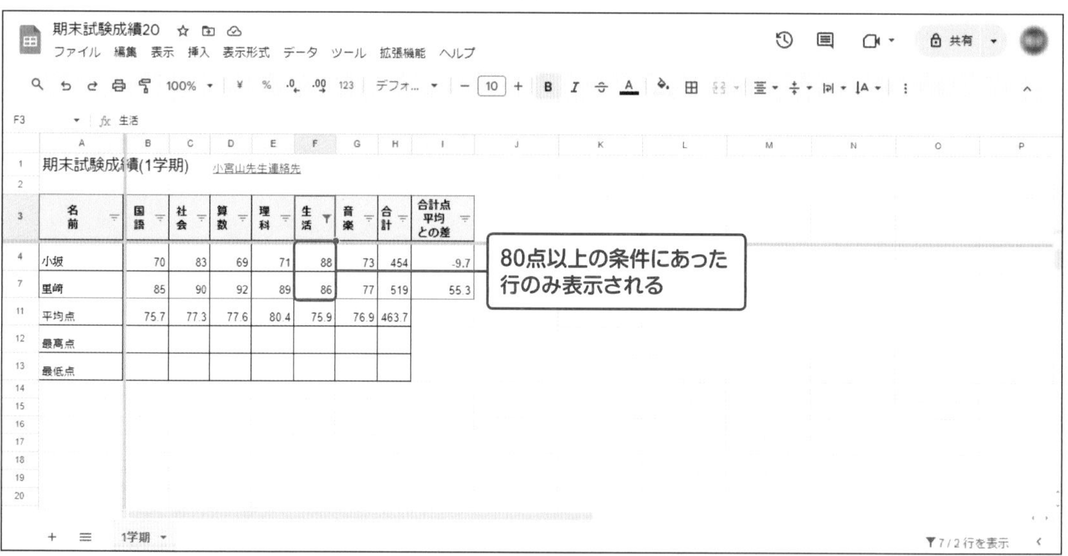

⑥フィルタを削除

フィルタを削除する場合は、メニュー［データ］→［フィルタを削除］をクリックします。

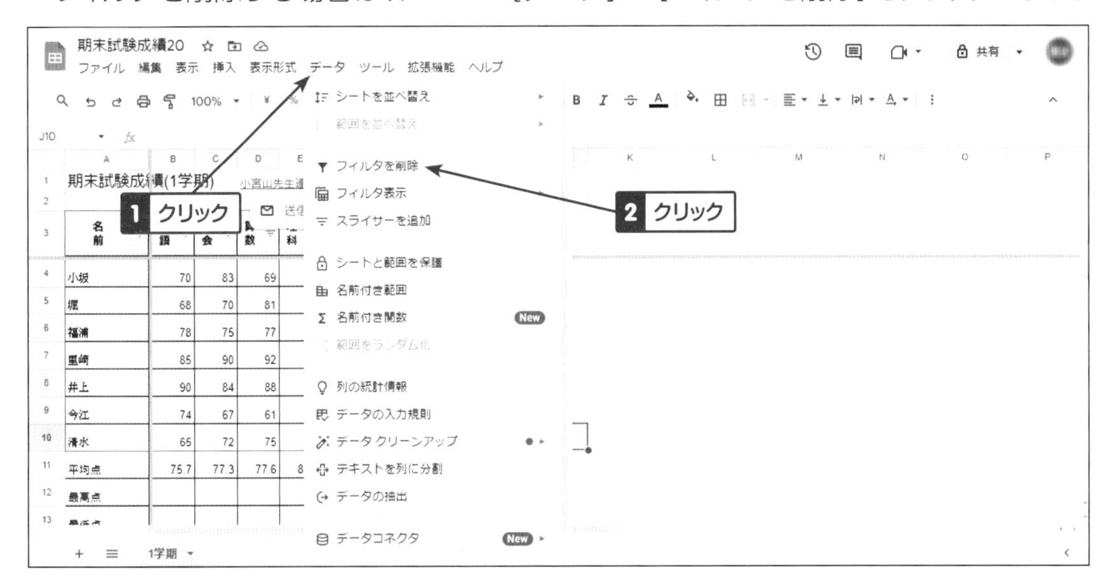

ONE POINT

「色でフィルタ」とは

表のセルの塗りつぶし色やセル内文字色をフィルタの条件にすることができます。塗りつぶし色、文字色の中から1色を選んでデータの抽出ができます。

「条件でフィルタ」の条件

数値条件の他に、空白か否か、文字列条件（部分一致、完全一致、他）、日付（当日、以前、以後）なども条件にすることができます。

「値でフィルタ」とは

フィルタの条件とする列に入力されている値が一覧で表示されます。その中からフィルタで抽出する値を選ぶものです。選択する値の個数は1個でも複数でもできます。

手入力で高度な関数を使う

6章-35ではツールバーより呼び出せる簡単な関数について説明しましたが、ここでは関数式を手入力し、数値や文字列の処理を行います。条件分岐についても説明します。

関数式を手入力する

最高値はMAX関数、最低値はMIN関数で求めることができます。関数式を手入力し、答えを求めます。ここでは国語の点数の範囲を求めます。

①MAX関数式「=max (」の入力

セルB12に「=max (」と入力すると、関数ガイドが表示されます。

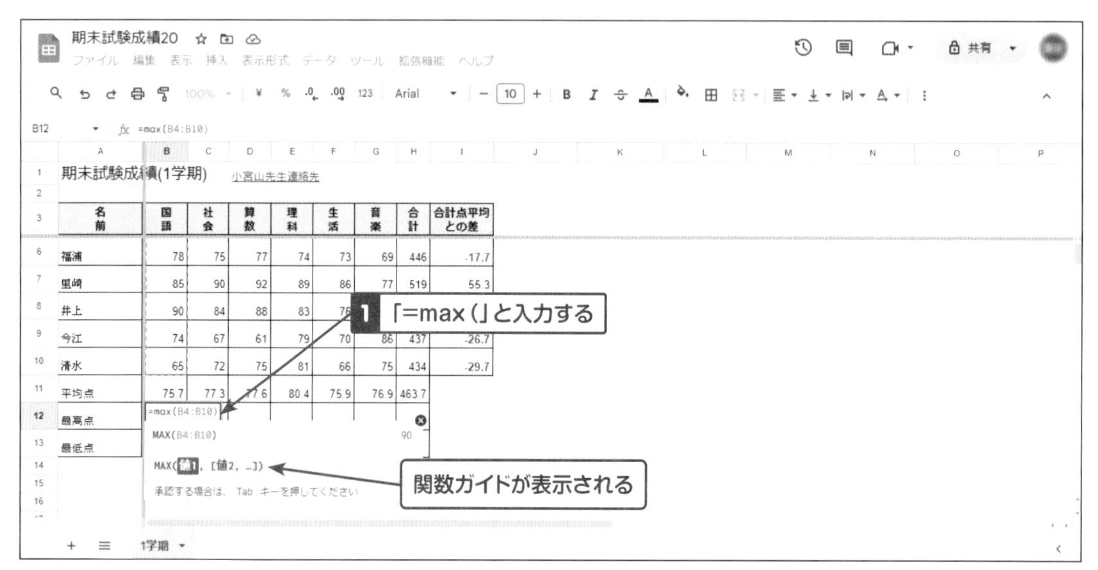

HINT

関数のガイドに入力するであろう関数式が表示されます。この式でよければクリックすると式が設定されます。

②最高値を求める範囲を入力

最高値を求める範囲「B4:B10」と閉じカッコを入力後、[Enter] キーを押すと、計算結果が表示されます。

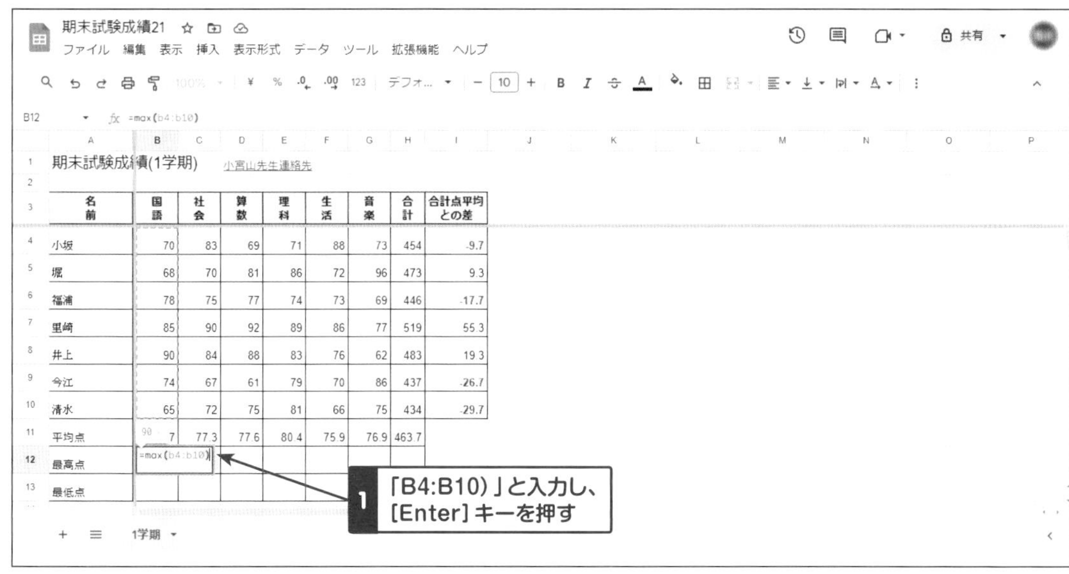

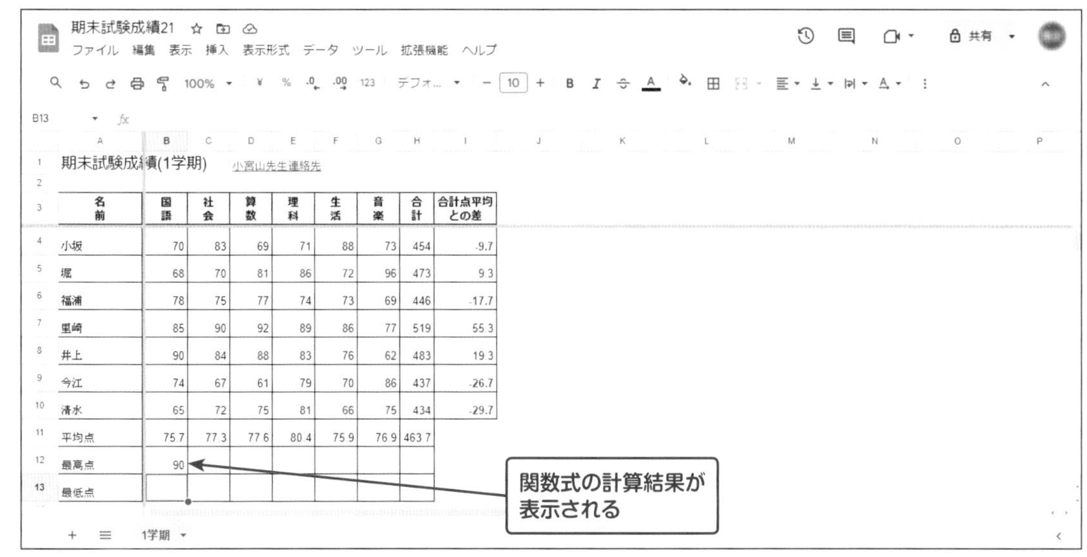

数値の範囲は「開始セル番地+半角コロン (:) +終了セル番地」で表します。

③MIN関数式「=min(」の入力

最低点についても同様に関数式を入力します。セルB13に「=min(」、最低値を求める範囲「B4:B10」と閉じカッコを入力後、[Enter] キーを押すと、計算結果が表示されます。

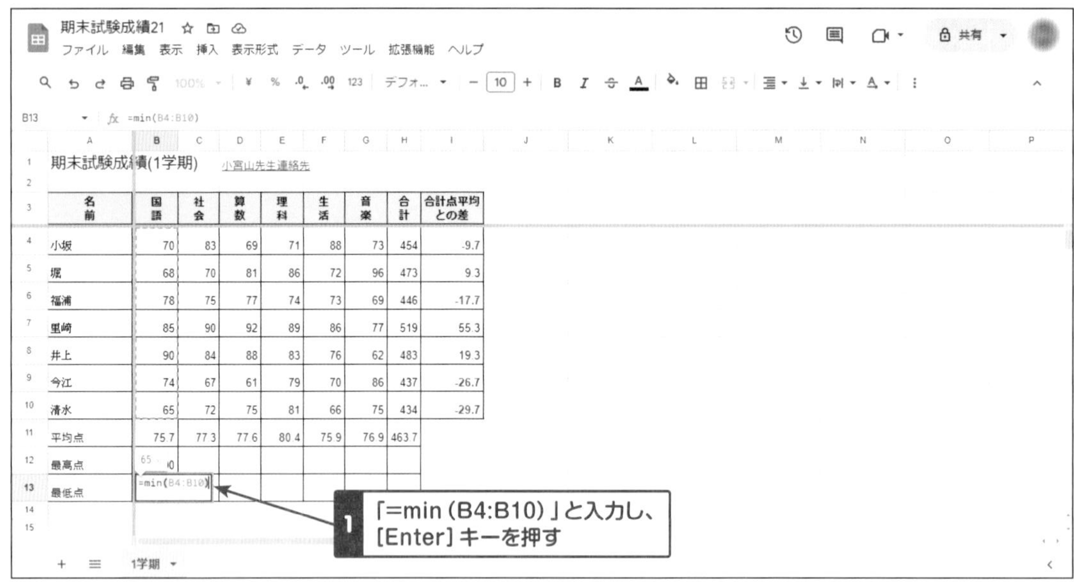

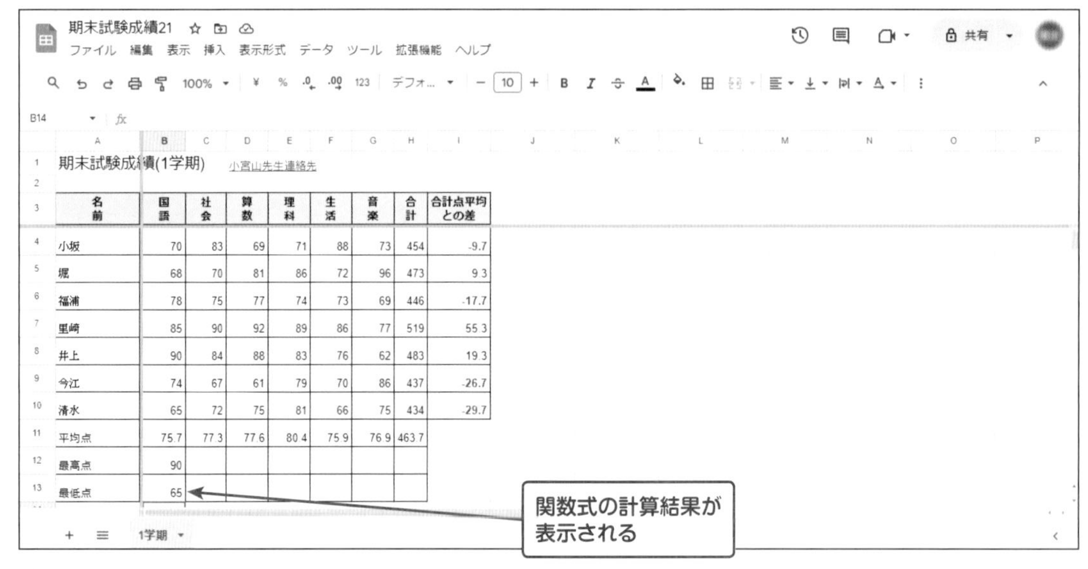

④オートフィルでコピー

最高点、最低点をB列からH列までオートフィルでコピーします。

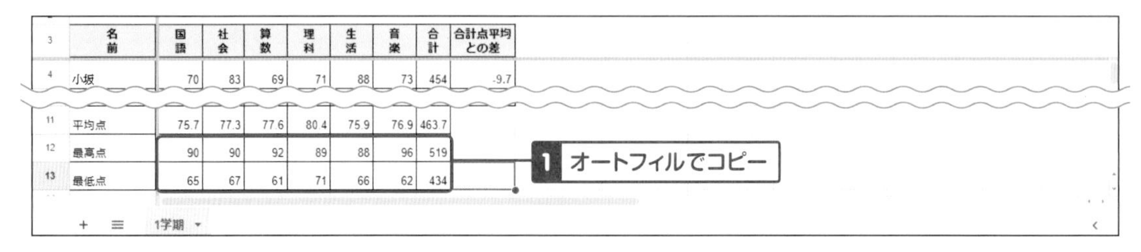

条件判定

IF関数を使うことにより、条件を与え表示を変更することができます。ここでは合計点450点以上で「合格」、450点未満で「不合格」と表示する関数式を入力します。

①IF関数式「=if(」の入力

セルJ4にIF関数「=if(」を入力します。

期末試験成績22

	名前	国語	社会	算数	理科	生活	音楽	合計	合計点平均との差	J
4	小坂	70	83	69	71	88	73	454	9.7	=if(
5	堀	68	70	81	86	72	96	473	93	
6	福浦	78	75	77	74	73	69	446	-17.7	
7	里崎	85	90	92	89	86	77	519	55.3	
8	井上	90	84	88	83	76	62	483	19.3	
9	今江	74	67	61	79	70	86	437	-26.7	

1 IF関数「=if(」を入力する

②条件の入力

条件のセルH4が450以上を意味する「H4>=450」と、カンマを入力します。

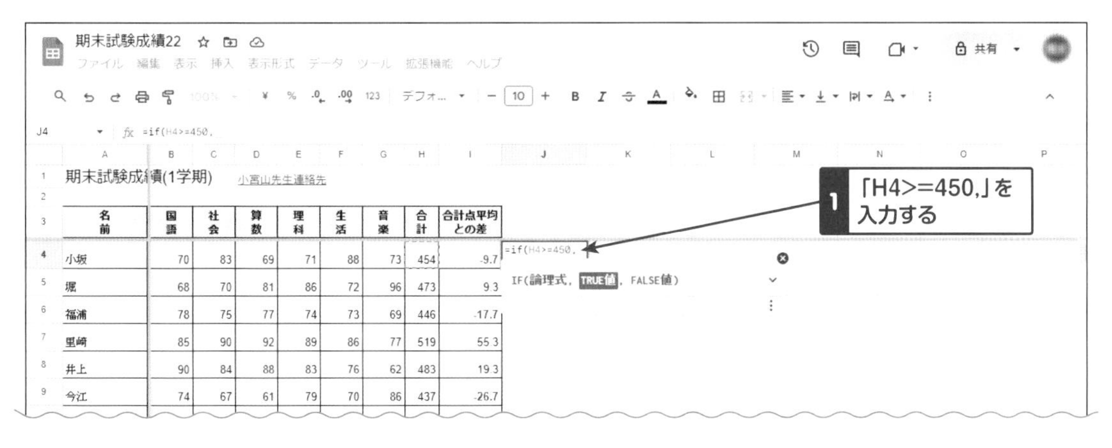

HINT

「>=」は比較演算子といい、この場合「左辺の値は右辺の値以上」を意味します。他には以下のようなものがあります。「=」と「<>」は文字列でも使えます。

- 「>」左辺の値は右辺の値より大きい
- 「<=」左辺の値は右辺の値以下
- 「<」左辺の値は右辺の値より小さい
- 「=」左辺の値と右辺の値は等しい
- 「<>」左辺の値と右辺の値は等しくない

③条件を満たす場合に表示する値の入力

条件を満たす場合に表示する値「"合格"」を入力し、カンマを入力します。

=if(H4>=450,"合格",

IF(論理式, TRUE値, FALSE値)

1 「"合格",」を入力する

④条件を満たさない場合に表示する値の入力、結果

条件を満たさない場合に表示する値「"不合格"」を入力し、カッコで閉じ、[Enter]キーを押すと、IF関数の計算結果が表示されます。

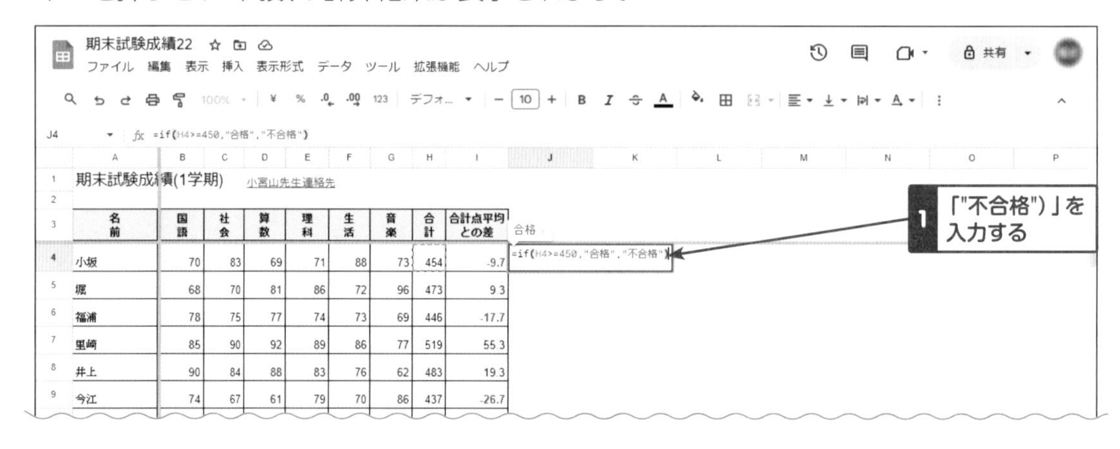

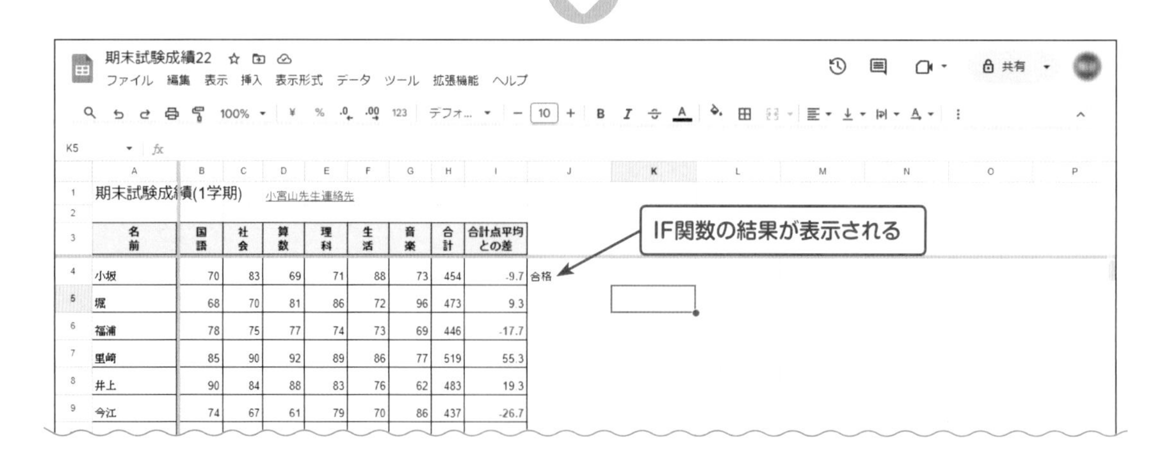

⑤オートフィルでコピー

セルJ10までオートフィルでコピーします。

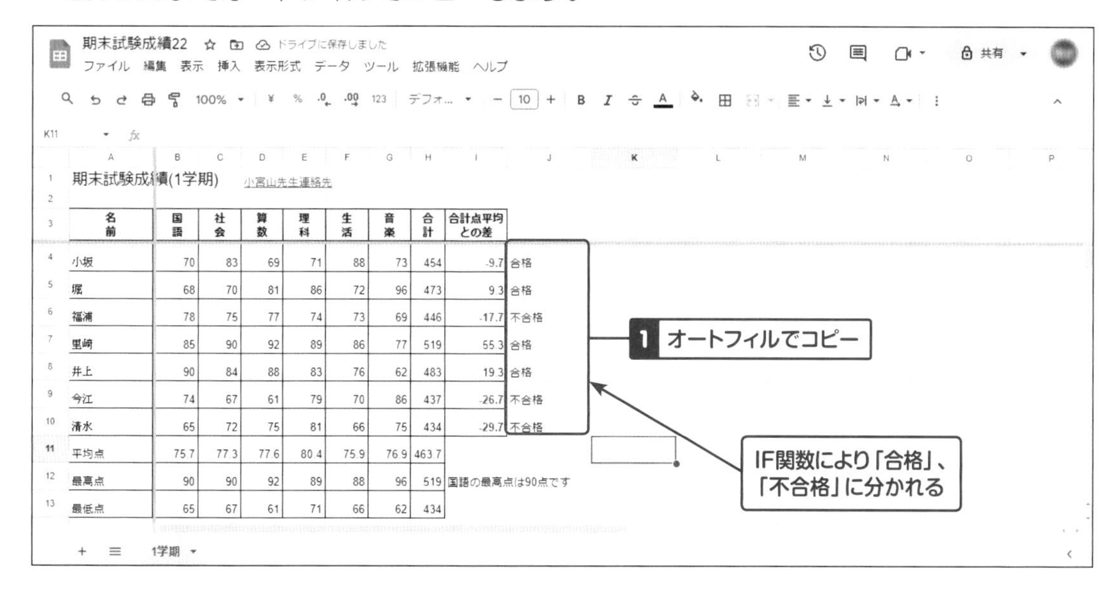

名前	国語	社会	算数	理科	生活	音楽	合計	合計点平均との差	
小坂	70	83	69	71	88	73	454	-9.7	合格
堀	68	70	81	86	72	96	473	9.3	合格
福浦	78	75	77	74	73	69	446	-17.7	不合格
里崎	85	90	92	89	86	77	519	55.3	合格
井上	90	84	88	83	76	62	483	19.3	合格
今江	74	67	61	79	70	86	437	-26.7	不合格
清水	65	72	75	81	66	75	434	-29.7	不合格
平均点	75.7	77.3	77.6	80.4	75.9	76.9	463.7		
最高点	90	90	92	89	88	96	519	国語の最高点は90点です	
最低点	65	67	61	71	66	62	434		

ONE POINT

その他の関数を使うには

スプレッドシート(Spreadsheet)の関数はマイクロソフト社のExcelと互換性があります。どのような処理を行いたいか「Excel　関数　〇〇(処理内容)」をキーワードに検索すると、どのような関数を使うかわかります。

使用する関数がわかり、スプレッドシート(Spreadsheet)で使用する場合は、関数式を入力するセルを選択し、ツールバーの Σ (関数)をクリックすると、関数のメニューがジャンル別に表示されるので、使用したい関数を選びクリックします。

▼関数のメニュー

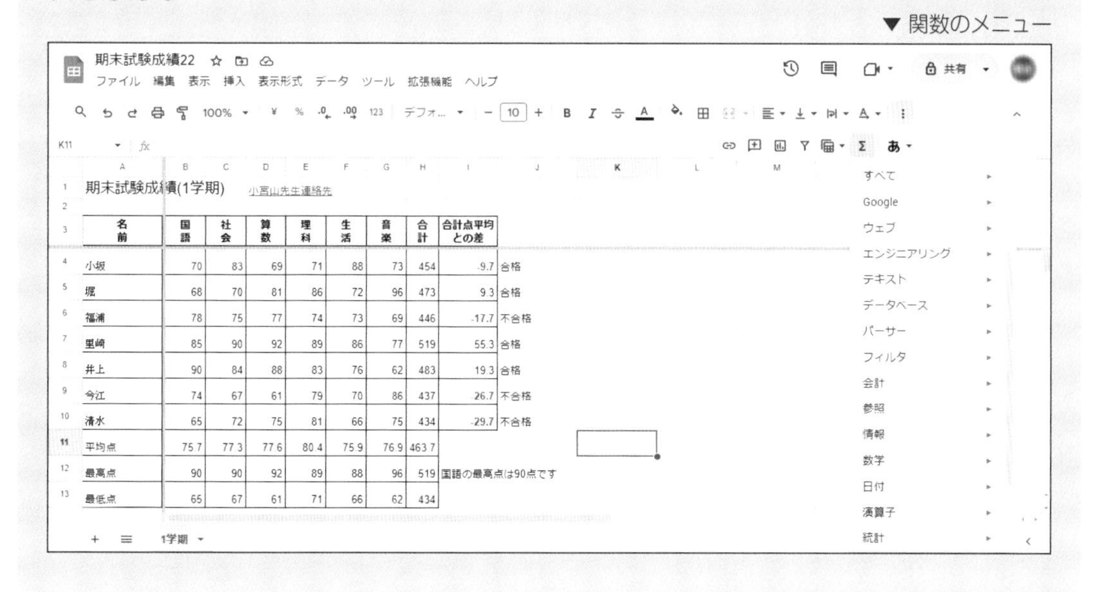

シートの操作を行う

スプレッドシート(Spreadsheet)は1つのファイルで複数のシートを保存することができます。複数の表をシートとしてまとめることもできますし、シート間でのデータ処理も可能です。

ここではシートの操作ならびにシート間の計算方法について説明します。

シートを追加する

既存のファイルに新たなシートを追加します。追加されたシートの名前は「シートn」(nは連番)になります。前述の通り変更が可能です。

①シートの追加

シート名の行の左端にある「+」をクリックすると、新しいシートが追加されます。

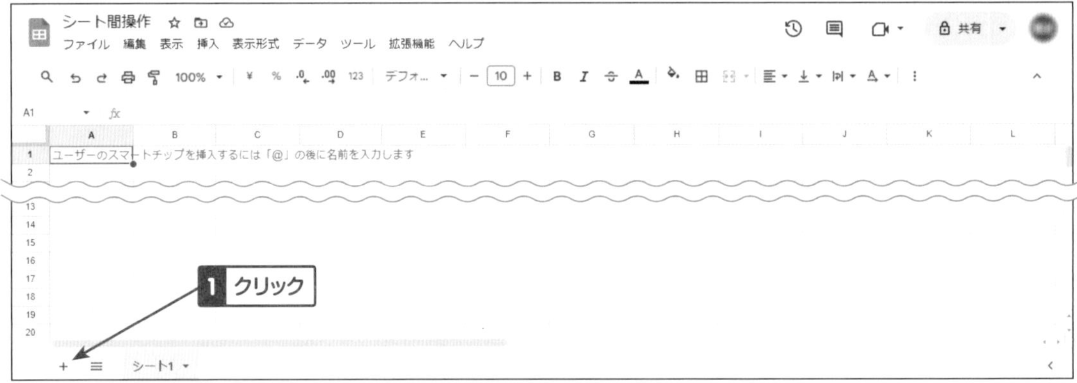

HINT

シートは現在アクティブになっている（画面にシートが表示されている）シートの右側に追加されます。

シートを削除する

シートを削除します。削除前に削除するシートに重要なデータが入力されていないか、シートの値を他のシートでの計算に使用していないか、確認しておきましょう。

①シートを削除

削除したいシート名のタブ右端にある［▼］をクリックし、表示されたメニューから［削除］をクリックします。

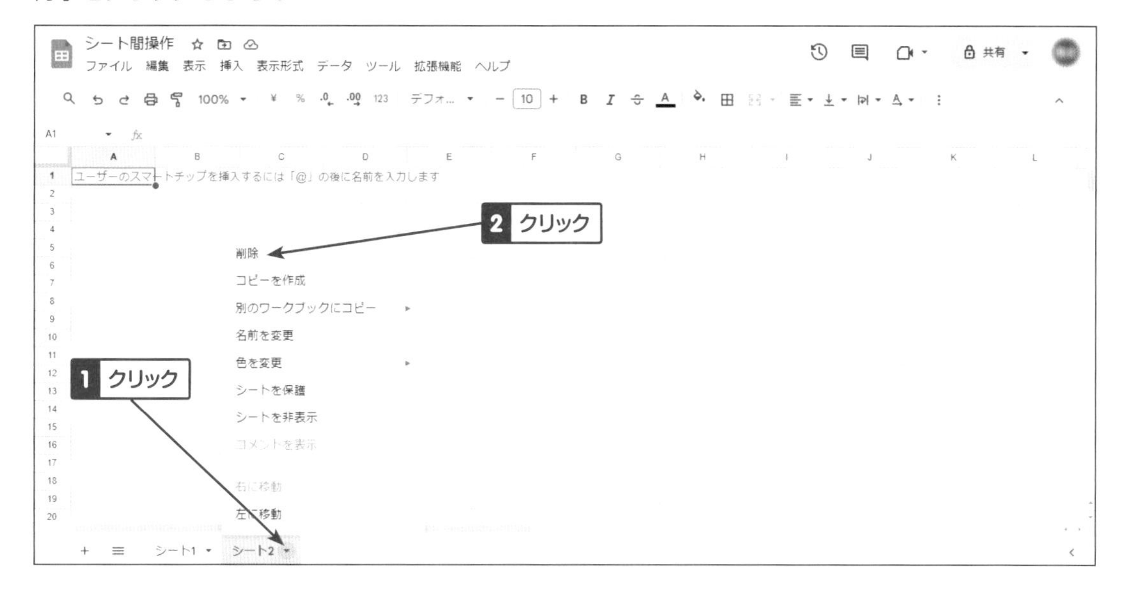

②シートを削除

確認メッセージが表示されるので［OK］ボタンをクリックすると、シートが削除されます。

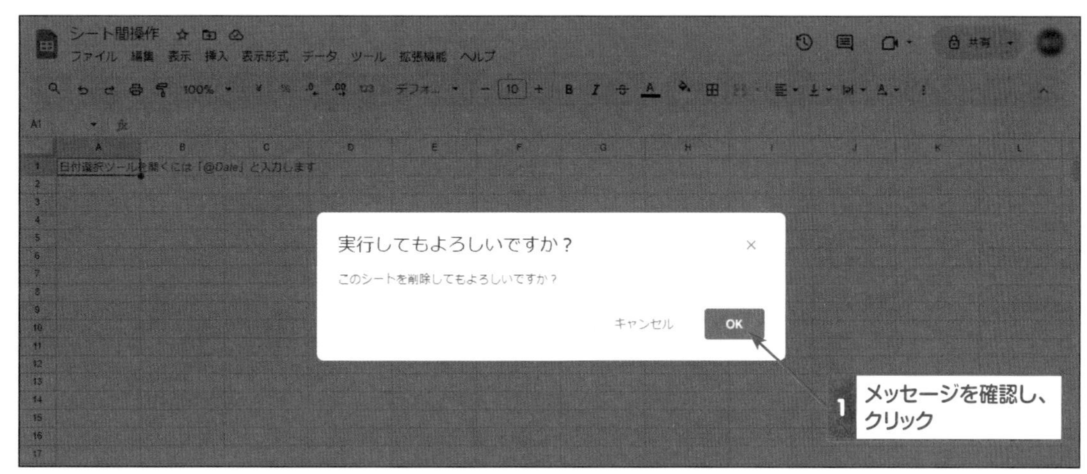

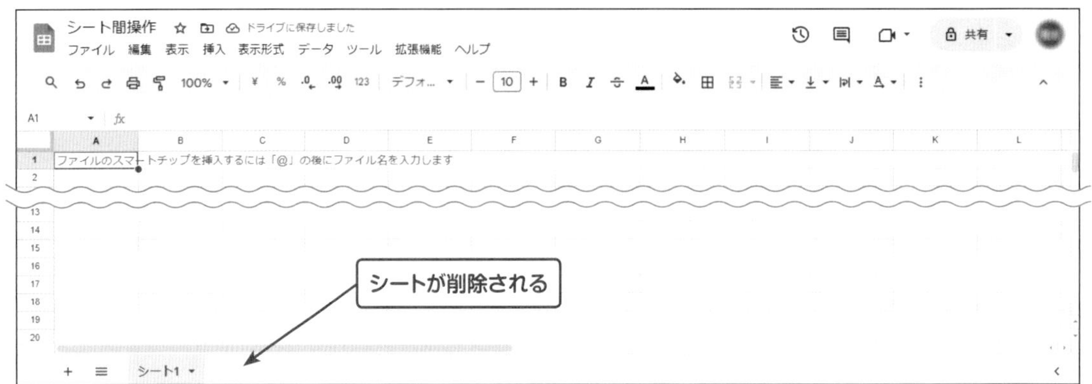

シートをコピーする

既存のシートをコピーしてシートを追加します。学校のクラスなど同じ表を何人分も作成し使用する場合などに便利です。

①シートをコピー

コピーしたいシート名のタブ右端にある[▼]をクリックし、表示されたメニューから[コピーを作成]をクリックします。隣のタブにコピーが追加されます。

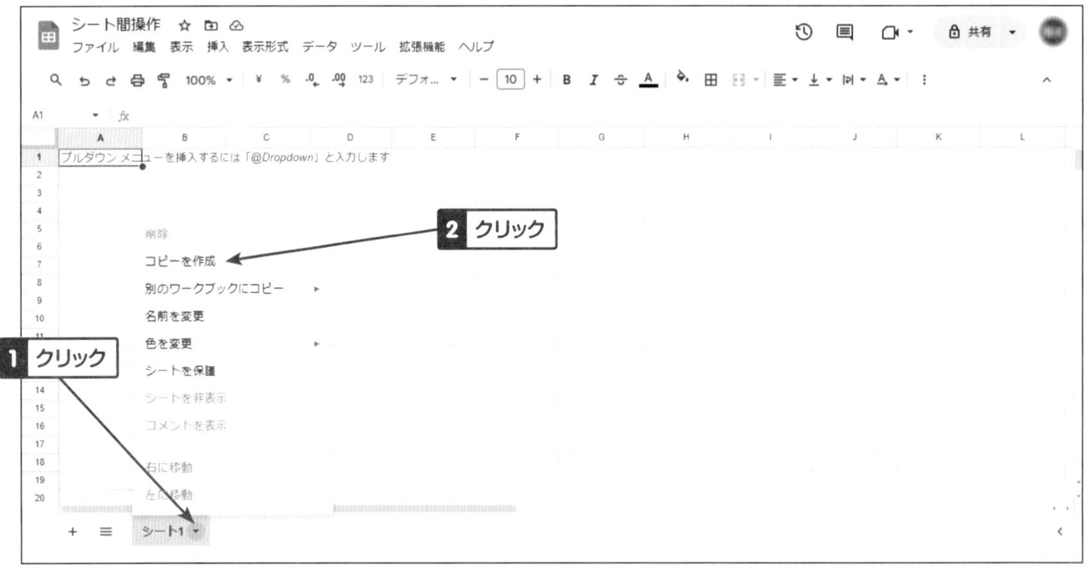

HINT

コピーされたシートのシート名は「〜のコピー」が末尾に付きます。

シートを移動する

シートの順序を入れ替え、目視確認がしやすい順序にします。

①シートを移動

「シート1」のタブを「シート1のコピー」のタブの右隣にドラッグします。

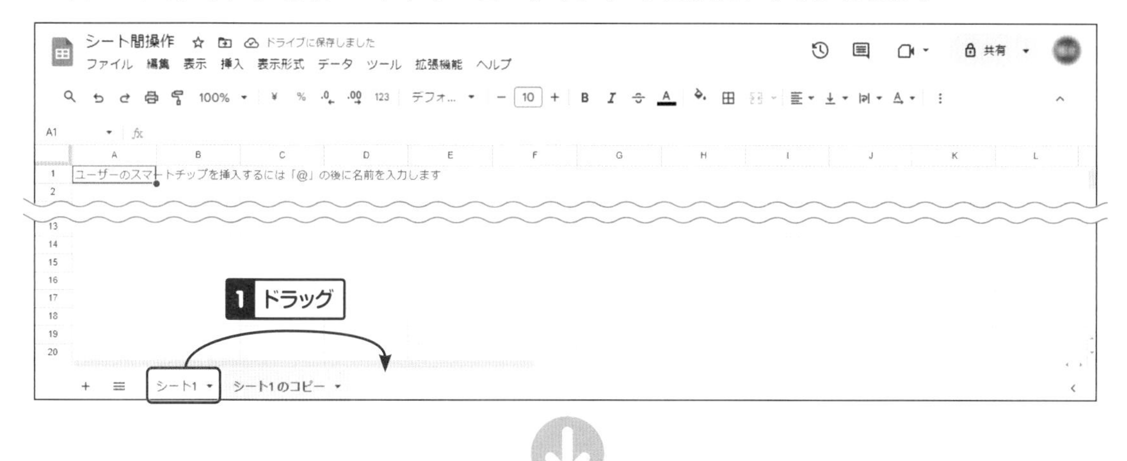

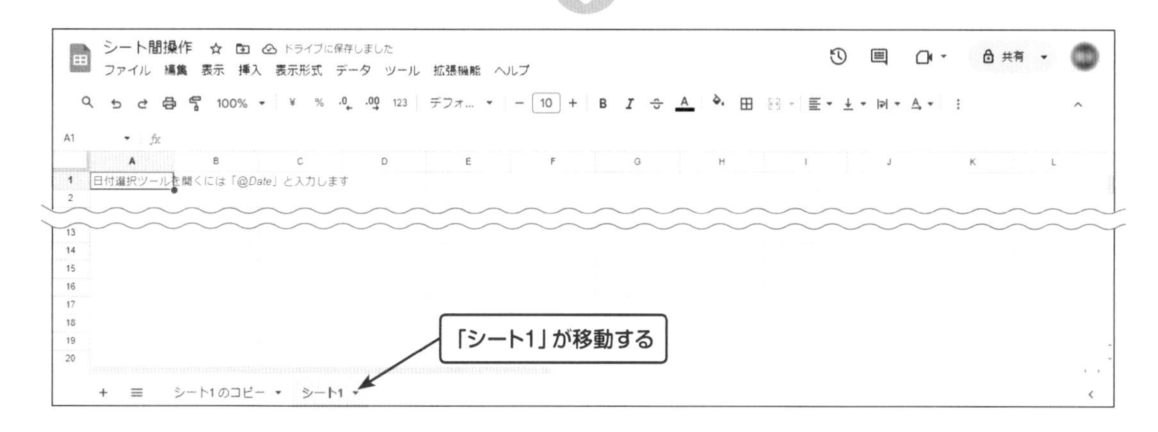

シート名を変更する

P131「シート名を設定する」でシート名の設定について説明しましたが、同様の操作でシート名の変更もできます。

①シート名を変更

変更したいシート名のタブ右端にある[▼]をクリックし、表示されたメニューから[名前を変更]をクリックします。

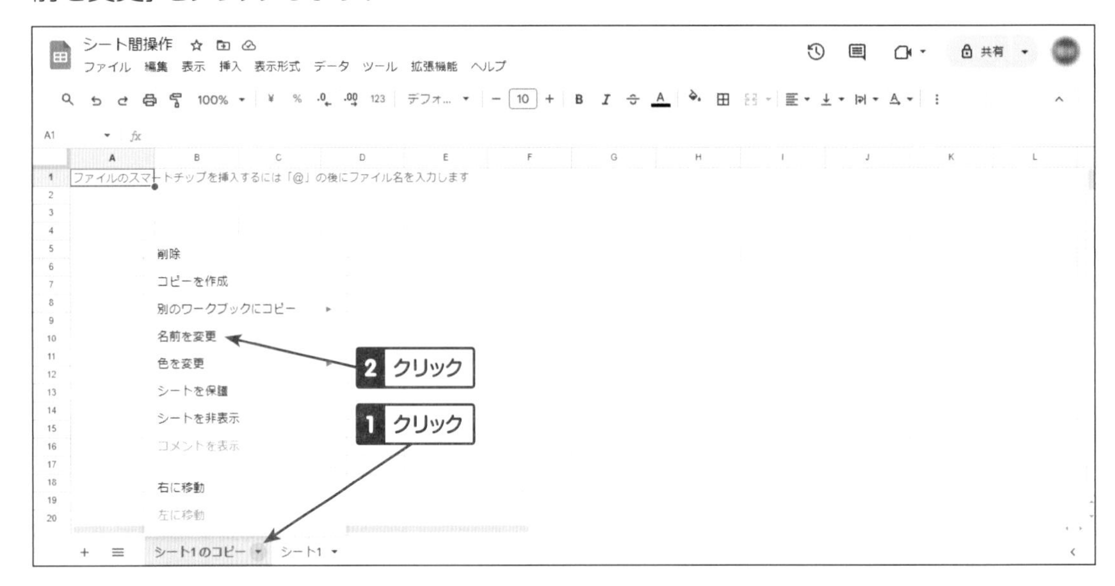

②シート名を入力

シート名を変更して[Enter]キーを押すと確定します。

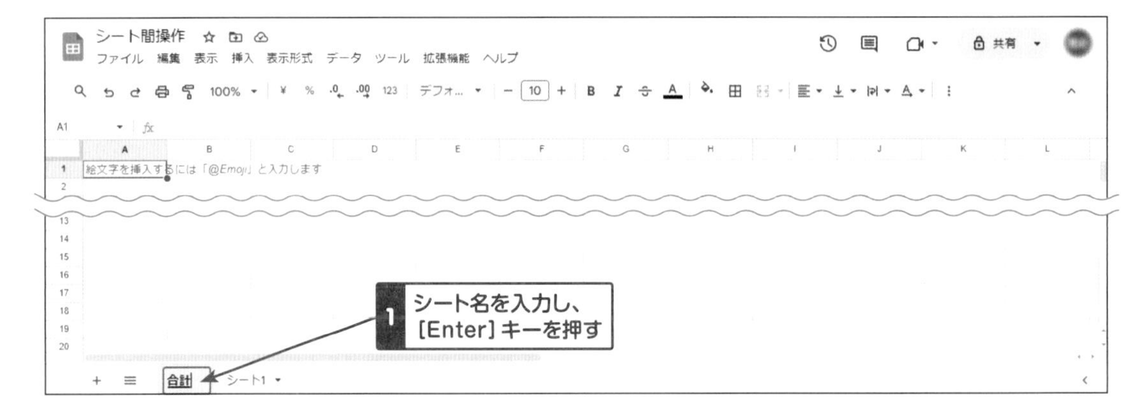

シートをまたいだ処理

別のシートの数値を使用して計算をすることができます。ここでは別のシートを参照して計算を行います。

①シートを用意

3つのシートを用意します。

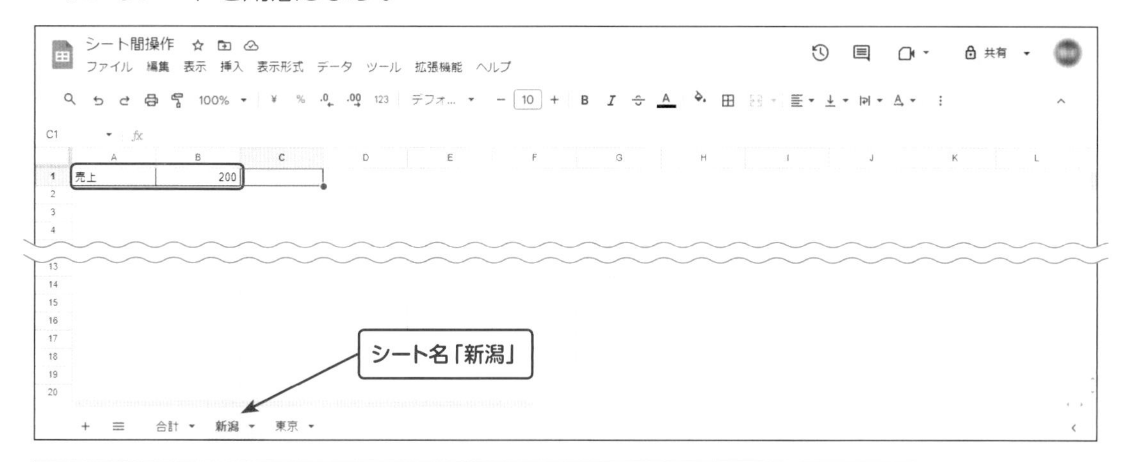

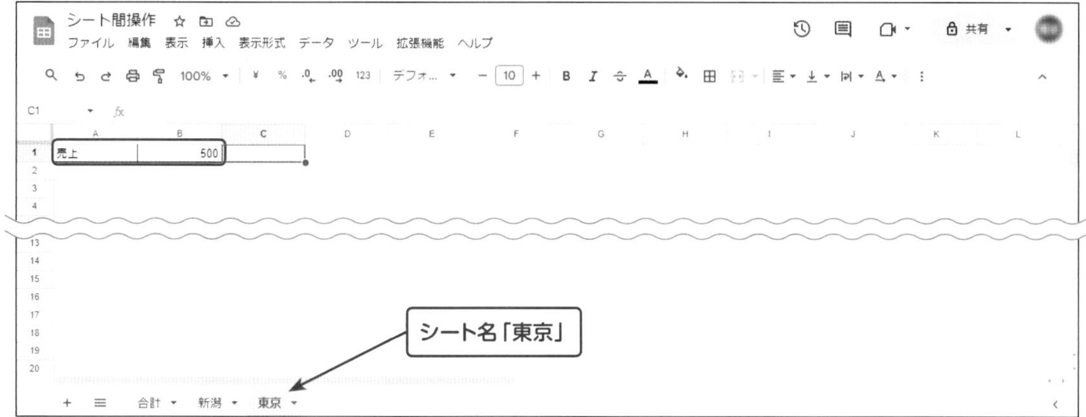

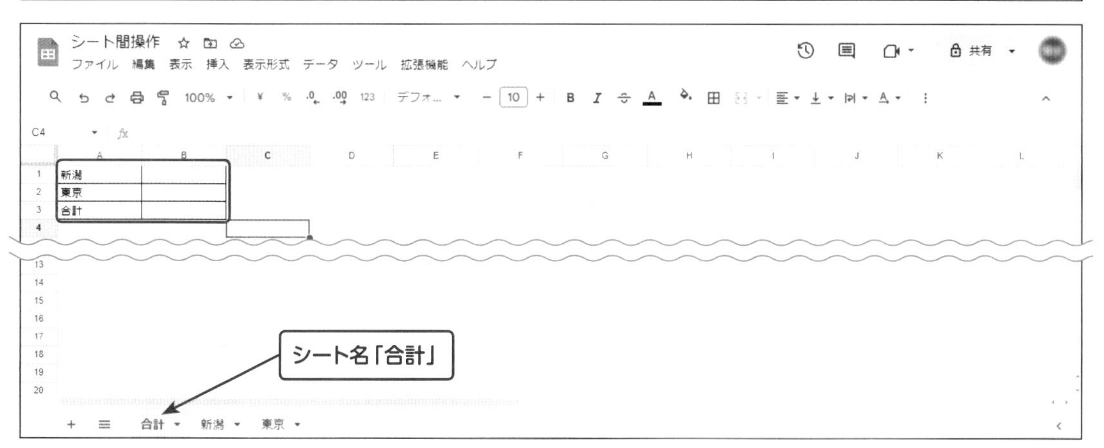

②別シートの値を参照

シート「合計」を開きます。セルB1に、シート「新潟」のセルB1の数値を参照するため「'新潟'!B1」を入力します。別シートの値を参照する場合はセル番地の前に「シート名」+「!」を付けます。

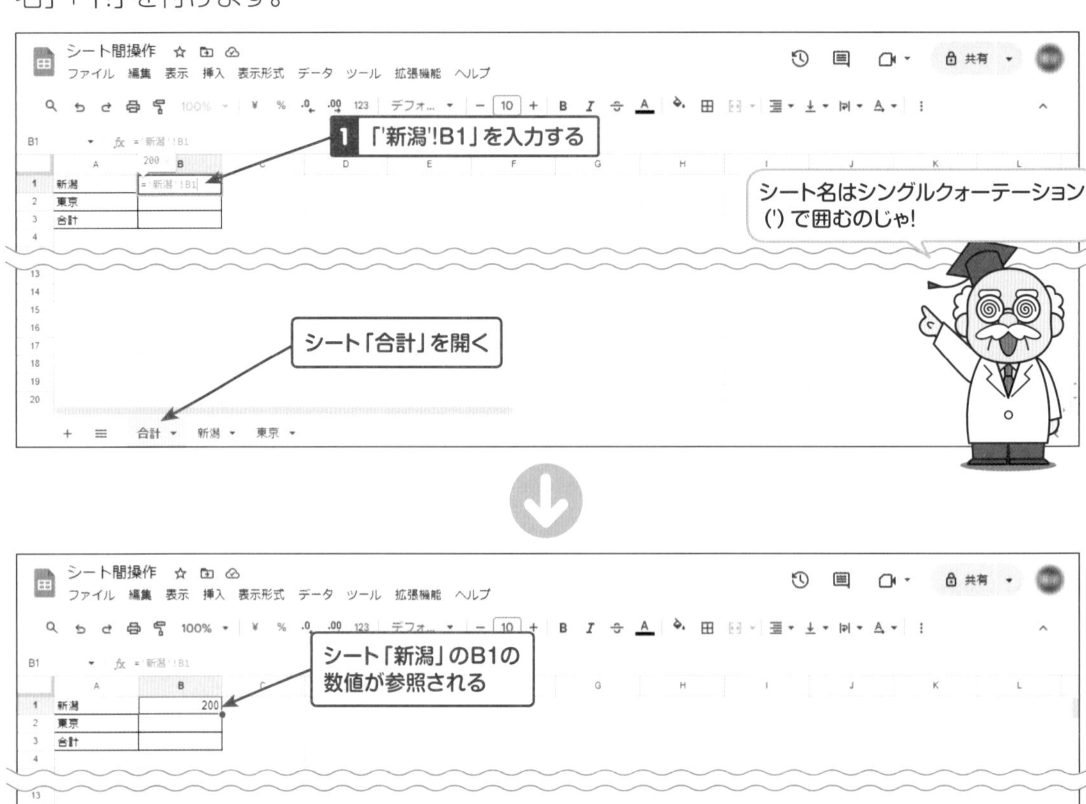

③同様に操作

同様にシート「東京」の数値を参照し、合計を計算します。

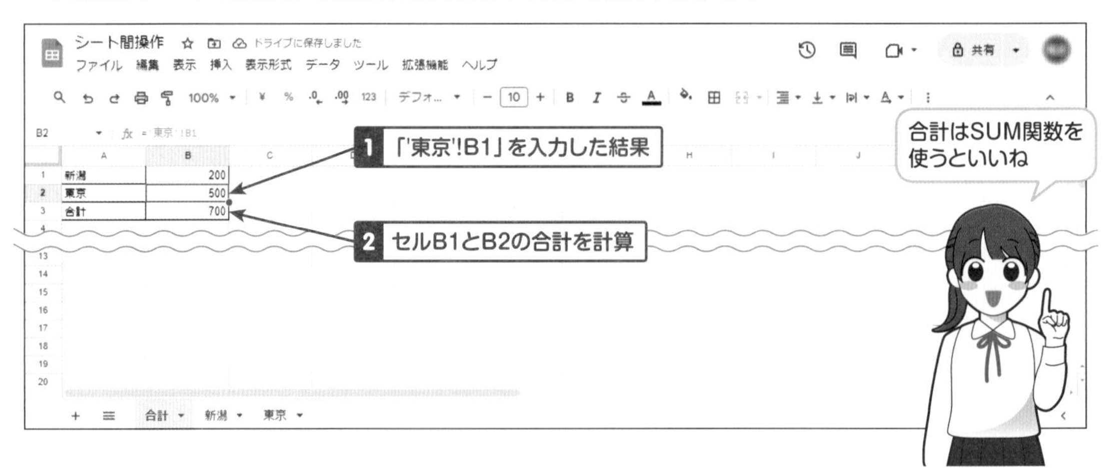

第6章 スプレッドシートで表の作成や計算をしてみよう

シートを別のファイルにコピー

シートの操作で現在使っているシートを別のスプレッドシートのファイルにに追加することができます。

❶ 変更したいシート名のタブ右端にある▼をクリックし、表示されたメニューかあら［別のワークブックにコピー］をクリックします。

❷ 表記された［スプレッドシートを選択］からコピー先のスプレッドシートを選択します。

▼ スプレッドシートを選択

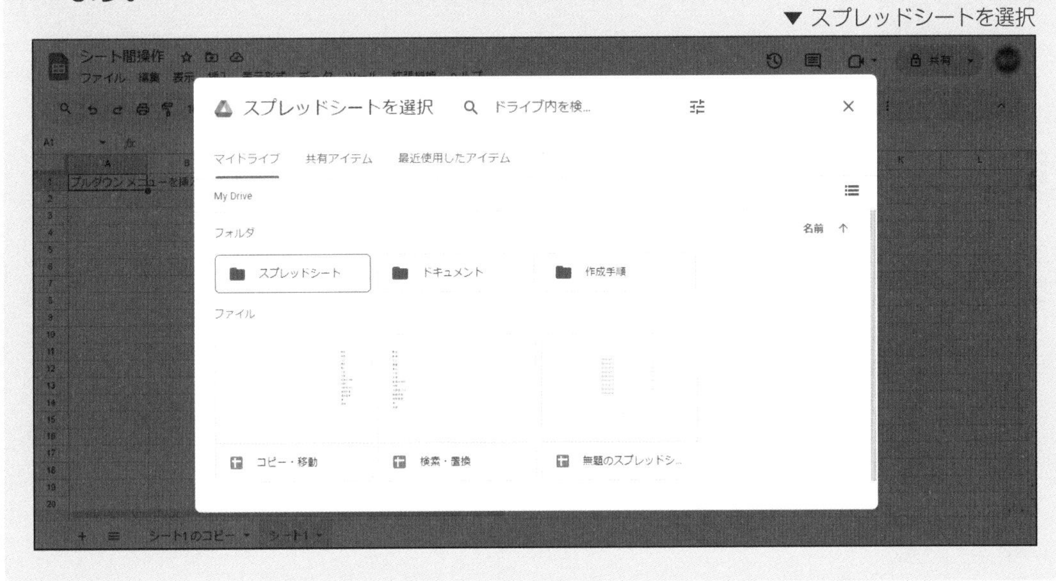

44 シートに画像を挿入する

ドキュメント（Document）同様、シートに画像を挿入することができます。

シートに画像を挿入する

シートに画像を挿入します。ドキュメント（Document）の画像挿入との違いは、画像をセル上に配置するか、セル内に配置するか2通りの方法が選べることです。

①セル上に画像を挿入

メニュー［挿入］→［画像］→［セル上に画像を挿入］をクリックします。

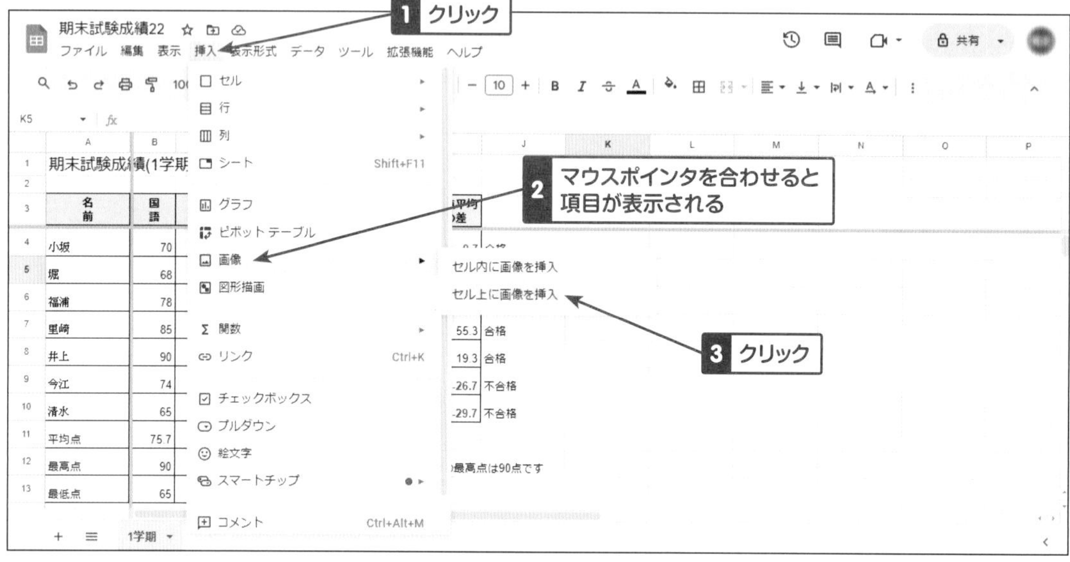

HINT

「セル内に画像を挿入」を選択すると、セルのサイズに収まるように画像が縮小され挿入されます。

②画像をアップロード

画像をアップロードします。［アップロード］→［参照］をクリックします。

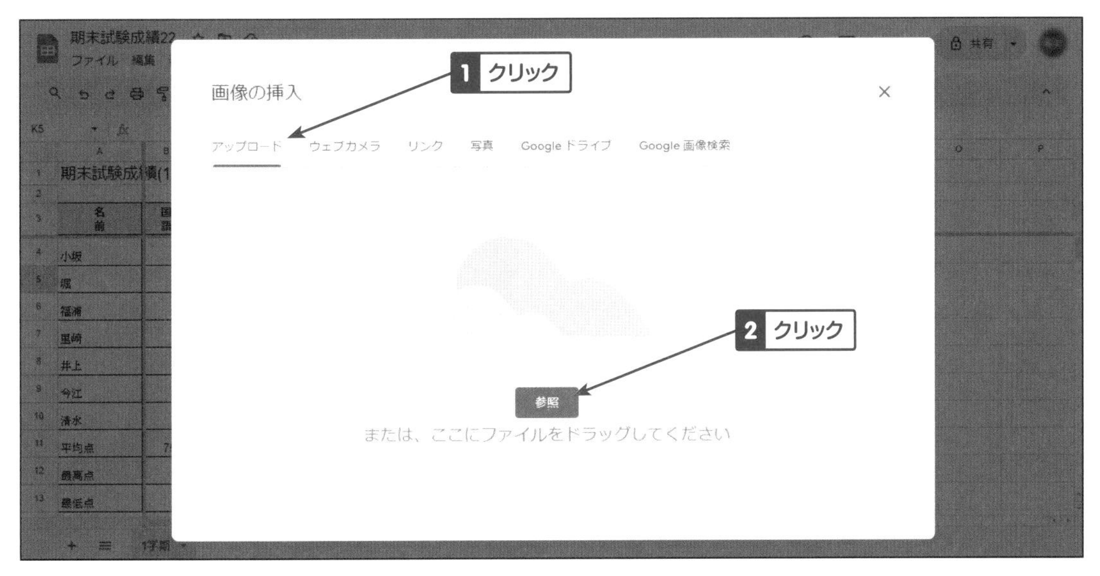

HINT

今回はWindowsのピクチャフォルダからアップロードする操作を説明しますが、ウェブカメラ、画像リンク、Googleフォト、Googleドライブ、Google画像検索などから挿入することもできます。

③画像の選択、挿入

フォルダから画像を選択し、［開く］ボタンをクリックします。

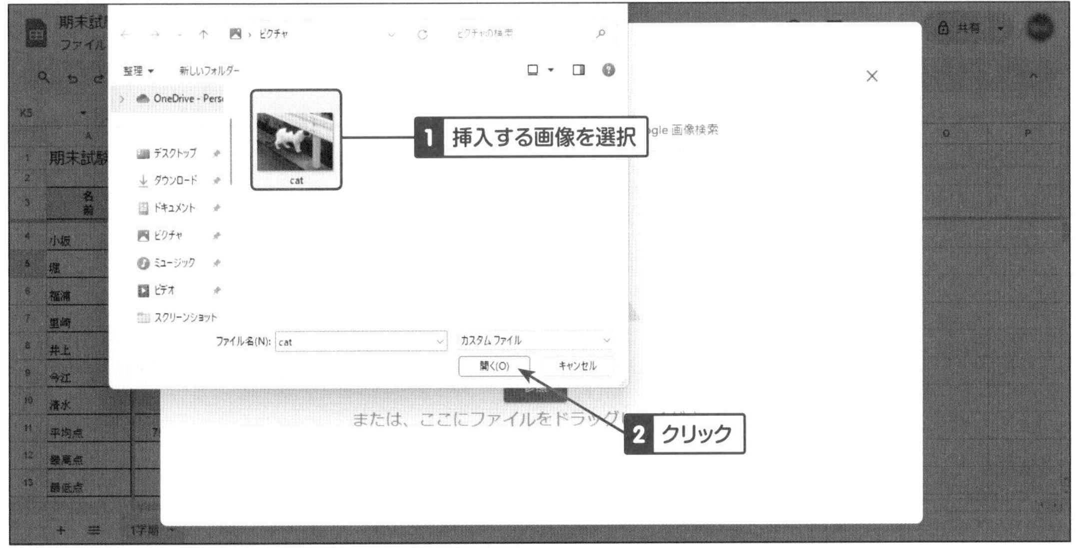

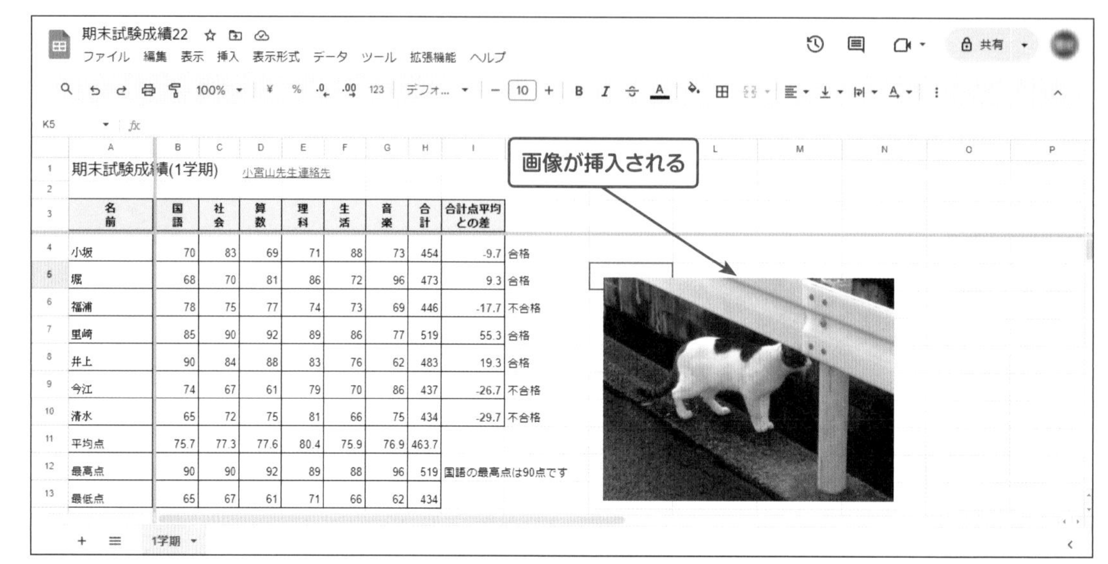

HINT

挿入後の操作については、5章-29ご参照ください。なお、スプレッドシート(Spreadsheet)では画像の回転はできません。 ☞P113

ONE POINT

図形描画は使えるの?

ドキュメント(Document)同様、図形描画も使用できますが、Windowsのペイントや普段使用している描画アプリがあれば、それで画像を作成してドキュメント(Document)に貼り付けたほうが簡単です。

第7章

スライドでプレゼンテーション用スライドを作ろう

画面の概要

スライド(Slide)を起動し、プレゼンテーション用スライドの編集ができる画面の表示方法、画面の各部分を説明します。

ホーム画面を表示する

スライド(Slide)起動後のホーム画面です。

【3章-06 アプリを起動する】 P38

新規に作成するスライドのフォーマット、最近使用したファイルの履歴が表示されます。この画面で空白のスライド、テンプレート、最近使用したスライドのいずれかを選択します。

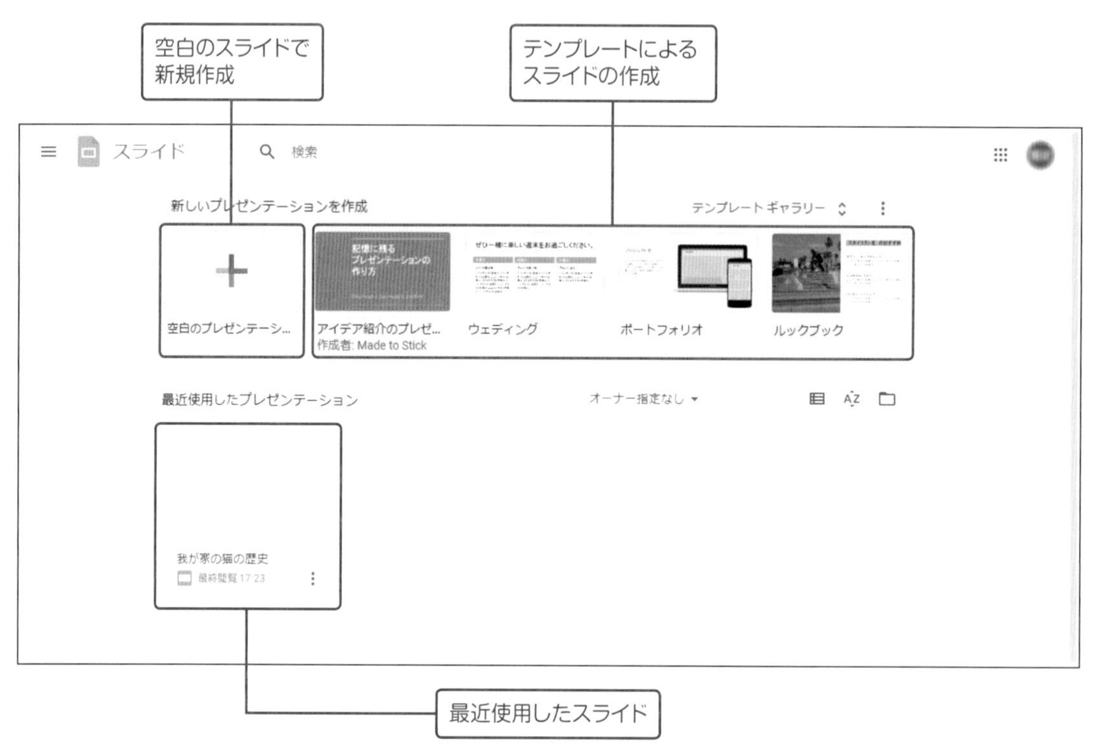

スライド編集画面を表示する

スライドの編集を行う画面です。主要な部分の名称を示します。

HINT

新規の空白スライド画面を表示するには、メニュー［ファイル］→［新規作成］→［スライド］で現在編集中のスライドと別に空白のスライド編集画面を表示することができます。

ギャラリービューを表示する

スライドを一覧できる画面です。メニュー[表示]→[ギャラリー表示]で表示できます。編集したいスライドをダブルクリックすると、編集画面に変わり、そのスライドの編集ができます。

画面下部中央の[−]と[+]でスライドを縮小・拡大し、表示できるスライドの数を調節できます。

ONE POINT

隠れているツールバーの表示

ツールバーは画面の幅により表示されるアイコンが隠れてしまう場合があります。すべてのツールバーアイコンを表示する場合は、ツールバー右端の[⋮]をクリックします。表示された状態で[⋮]をクリックすると、表示されたアイコンが再び隠れます。

ツールバー右端の[∧]をクリックすると、タイトルとメニューバーが隠れます。もう一度クリックすると元に戻ります。

スライド作成の準備を行う

スライド作成の準備を行います。

タイトルを入力する

①タイトルを選択

タイトルをクリックすると、色が反転します。

②タイトルを入力、確定

タイトルを入力し、[Enter] キーを押して確定します。

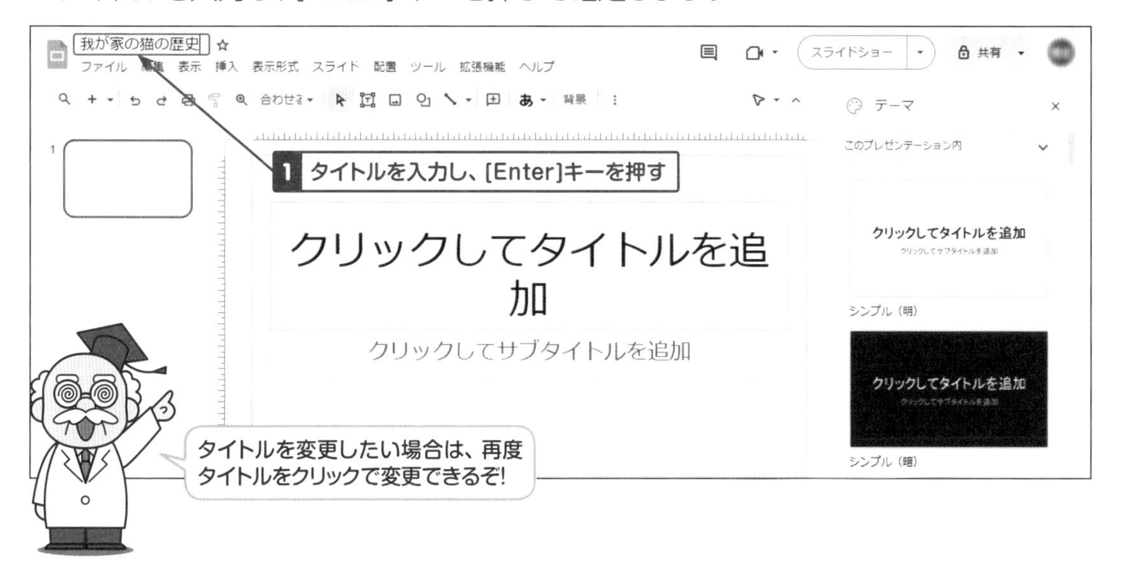

HINT

タイトルを入力すると、タイトル名をファイル名として、ファイルがマイドライブに作成されます。タイトルの右側にフォルダのアイコンがありますが、このアイコンをクリックするとファイルの移動ができます。【4章-17 フォルダ・ファイルの移動】 P66

スライド縦横比の設定を行う

投影する機器に合わせ、画面の縦横比を設定します。

①ページ設定ダイアログ

メニュー［ファイル］→［ページ設定］をクリックします。

②使用する縦横比を選択

ここではワイドスクリーン（16:9）を選択し、［適用］ボタンをクリックします。

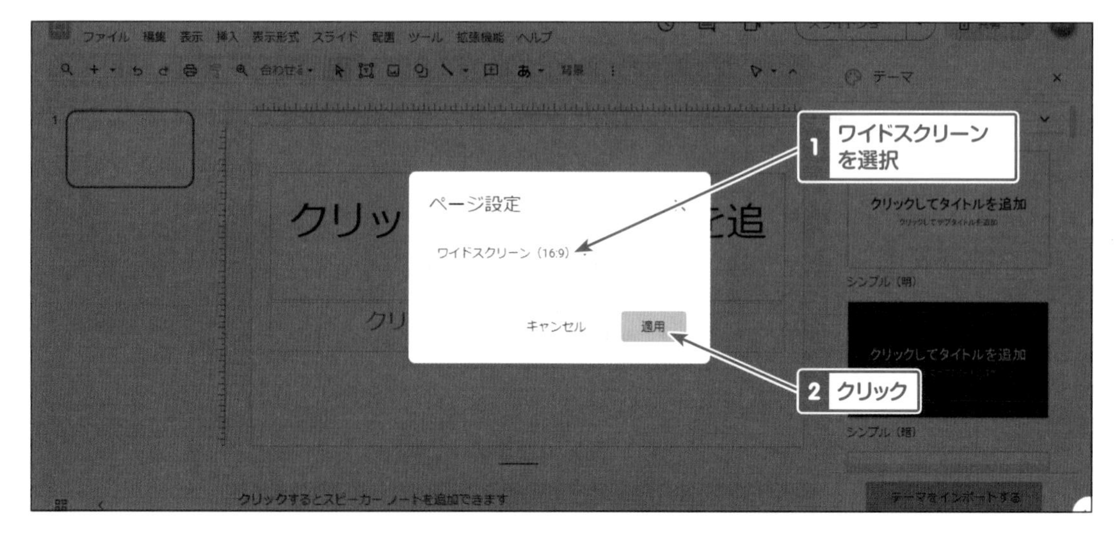

HINT

選択できる縦横比は4:3（アナログテレビのサイズ）、16:9（デジタルテレビのサイズ）、16:10（パソコン画面でWXGAと呼ばれるサイズ）、カスタム設定の4種類です。

ONE POINT

ページ設定のカスタム設定

ページ設定のダイアログでカスタムを選ぶと、スライドのサイズを自由に設定できます。

▼寸歩の単位

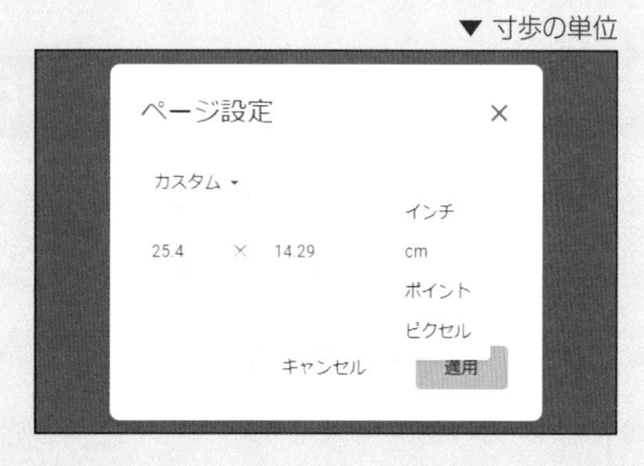

寸法の単位はインチ、cm（センチメートル）、ポイント、ピクセルの4種類から選択できます。

プレゼンテーション以外の応用としては、スライドのサイズを用紙サイズ（例えばA4判だと29.7cm×21.0cm）にすれば、マイクロソフト社のパブリッシャーのような簡易DTPソフトとして使用することもできます。

スライドを作成する

プレゼンテーションスライドの編集方法について説明します。この章ではスライドへの文字入力、スライドの新規追加、コピー、移動、削除などの基本的な編集操作について説明します。

スライドのフォーマットを選択する

スライドのフォーマットとは、スライド上の文字や画像のレイアウトのことです。記述する内容によって、フォーマットを変更することができます。

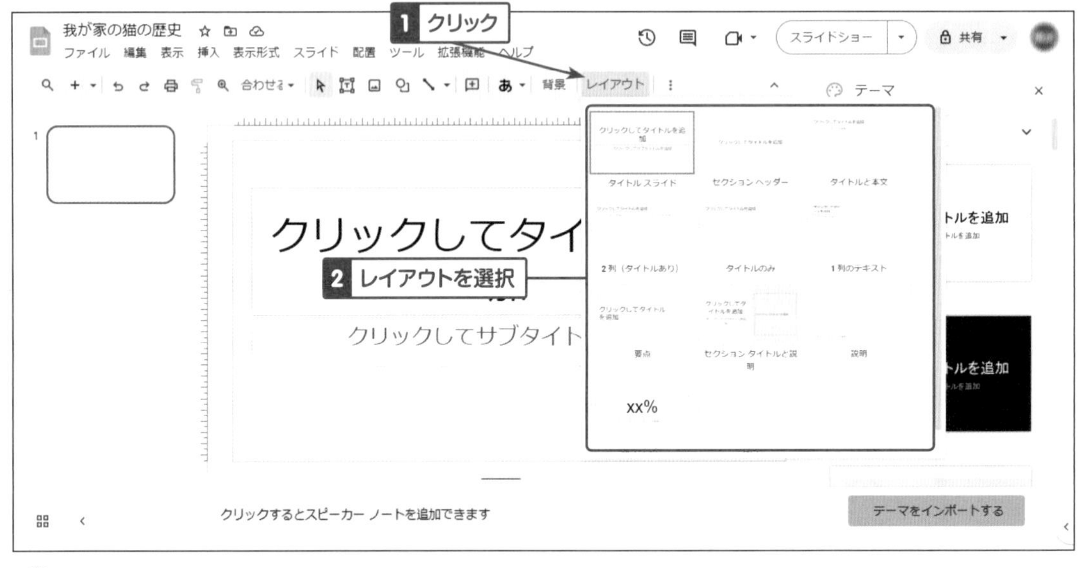

HINT

スライド（Slide）を起動すると、1枚目は「タイトルスライド」のフォーマット、2枚目以降は「タイトル（見出し）と本文」のフォーマットになります。上述の通り、必要に応じてフォーマットを変更します。

文字列を入力する

文字列はスライド上の枠（テキストボックス）に入力できます。文字配置や文字サイズ、フォント等の文字修飾については、次項で説明します。

①文字を入力、確定

テキストボックスをクリックして、文字列を入力します。テキストボックスの枠外をクリックすると確定されます。

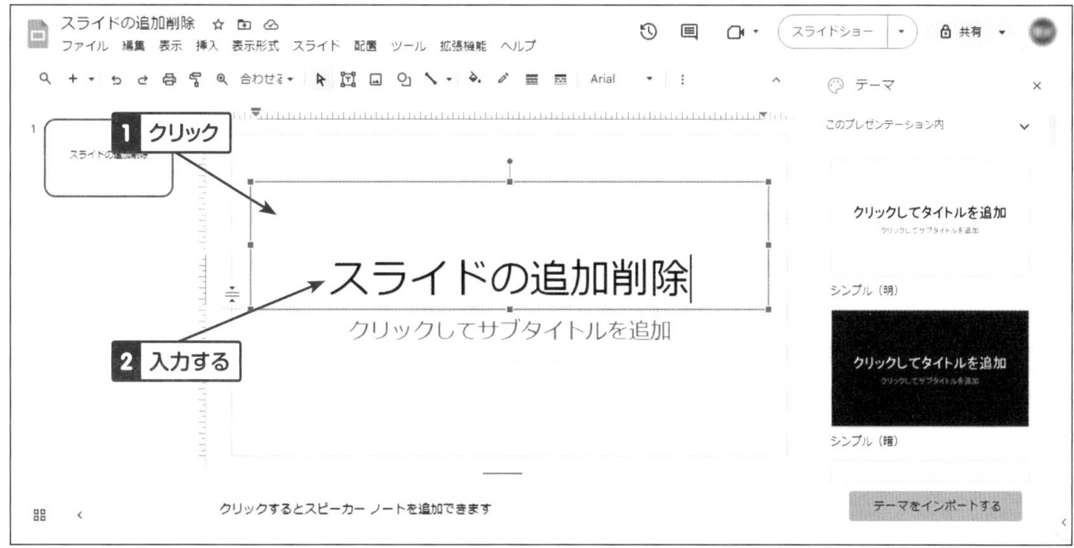

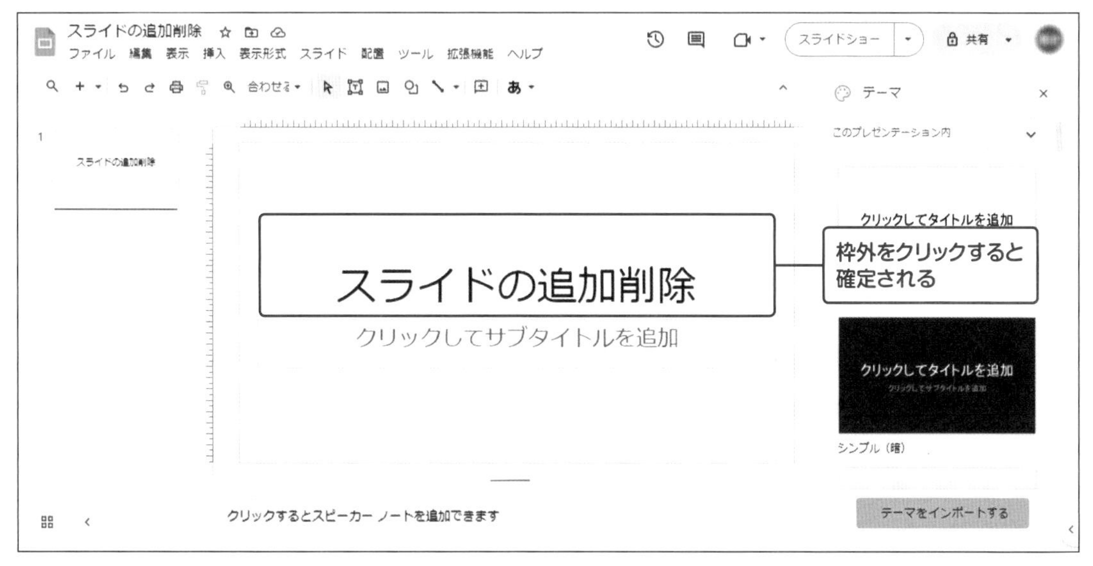

HINT

文字列の移動、コピーについてはドキュメント（Document）と同じ操作ですので、以下の項目をご覧ください。【→5章-26・文字列の編集】 P97

白紙スライドを追加する

①追加位置の選択

スライドを追加する位置をクリックして選択します。

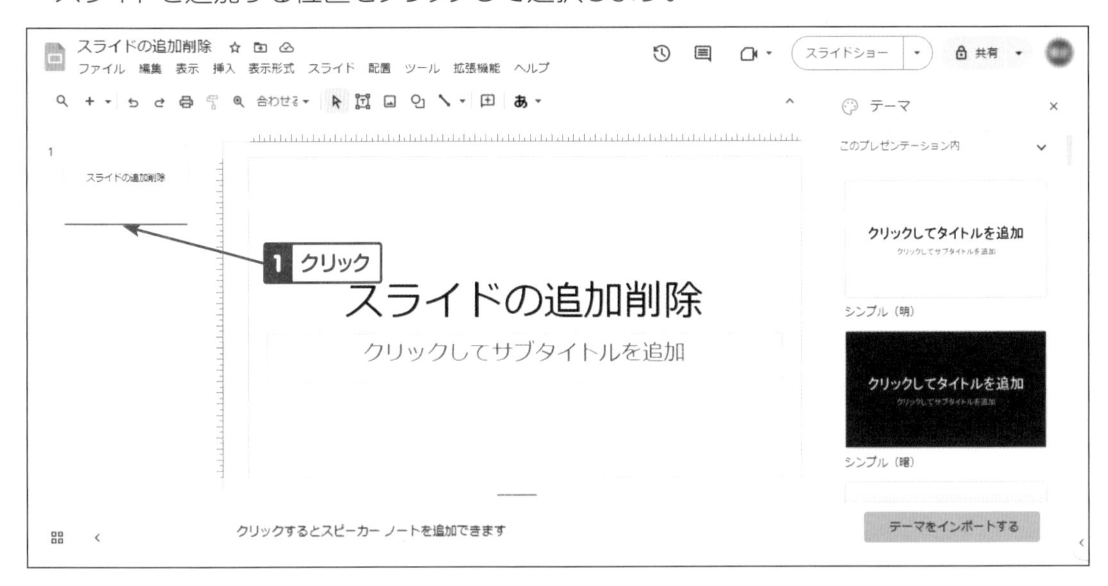

②［新しいスライド］を選択、追加

フィルムストリップを右クリックし、表示されるメニューから［新しいスライド］をクリックします。

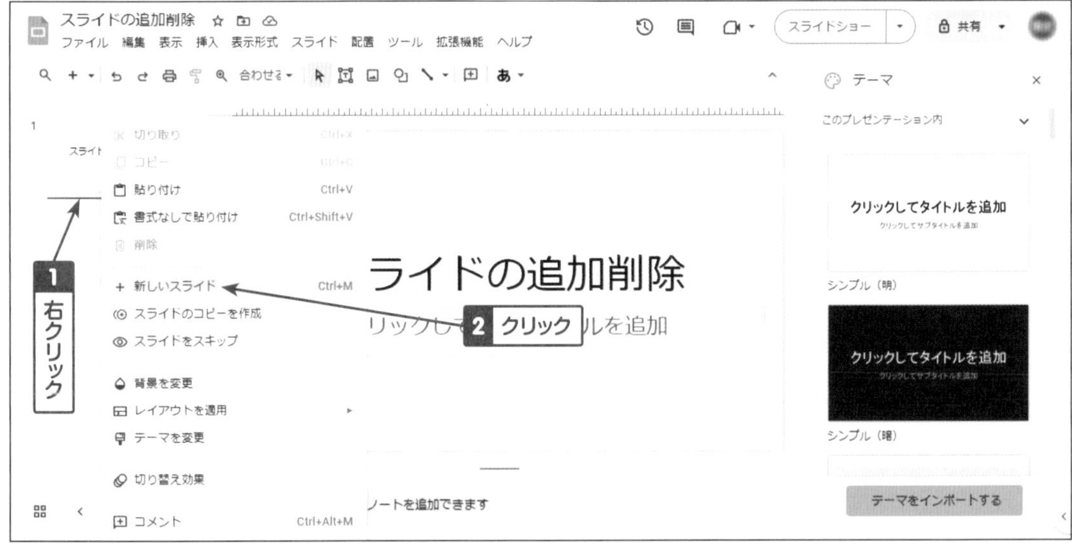

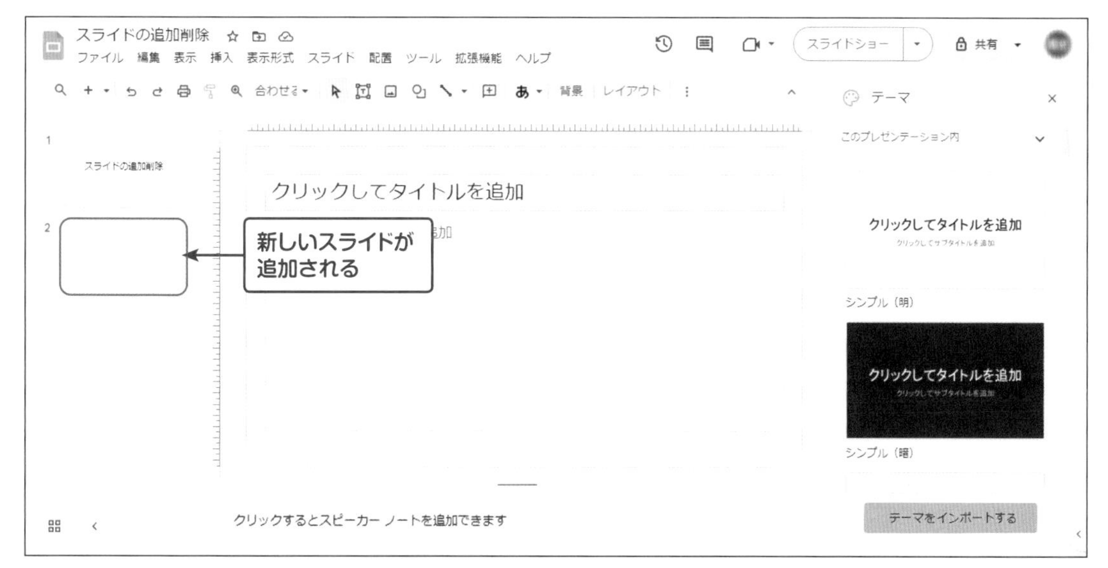

HINT

メニュー［挿入］→［＋新しいスライド］でも追加できます。

スライドをコピーする

フィルムストリップで操作します。ここではスライド「2枚目」をコピーします。

①スライドの選択、コピーの作成

コピーするスライドを右クリックし、表示されるメニューから［スライドのコピーを作成］をクリックします。

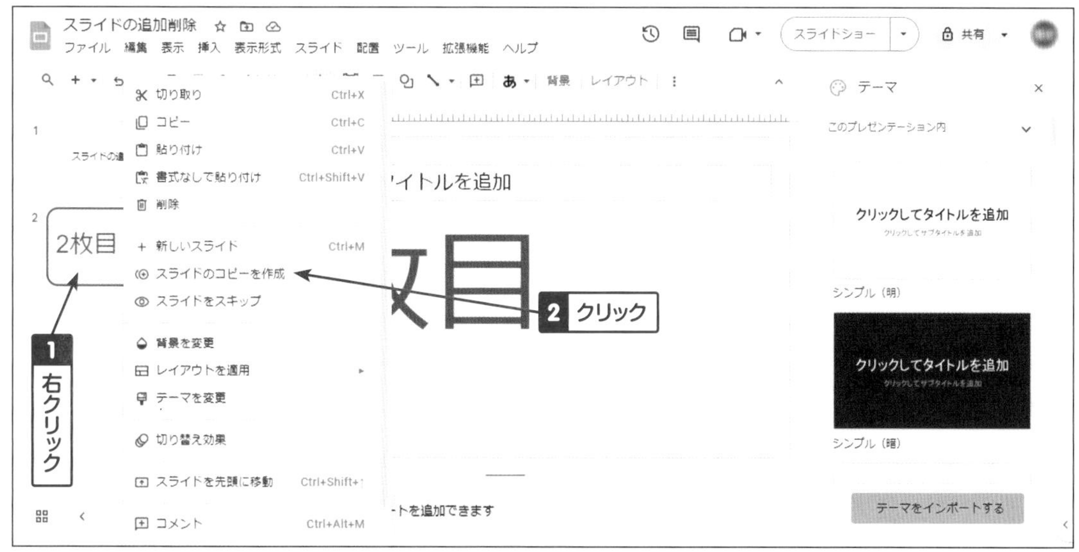

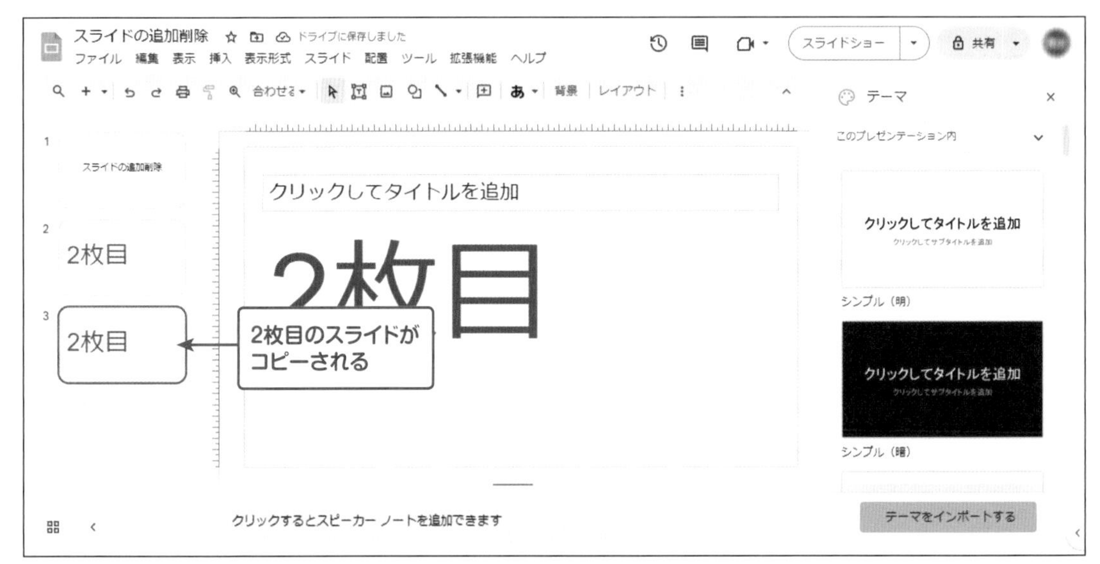

HINT

メニュー[編集]→[コピーを作成]でも追加できます。

スライドの順序を変える

フィルムストリップのスライドをドラッグすれば変更できます。スライド「3枚目」を、スライド「2枚目」の次に移動します。

①スライドを選択、ドラッグ

移動したいスライドをクリックして選択し、そのままドラッグします。

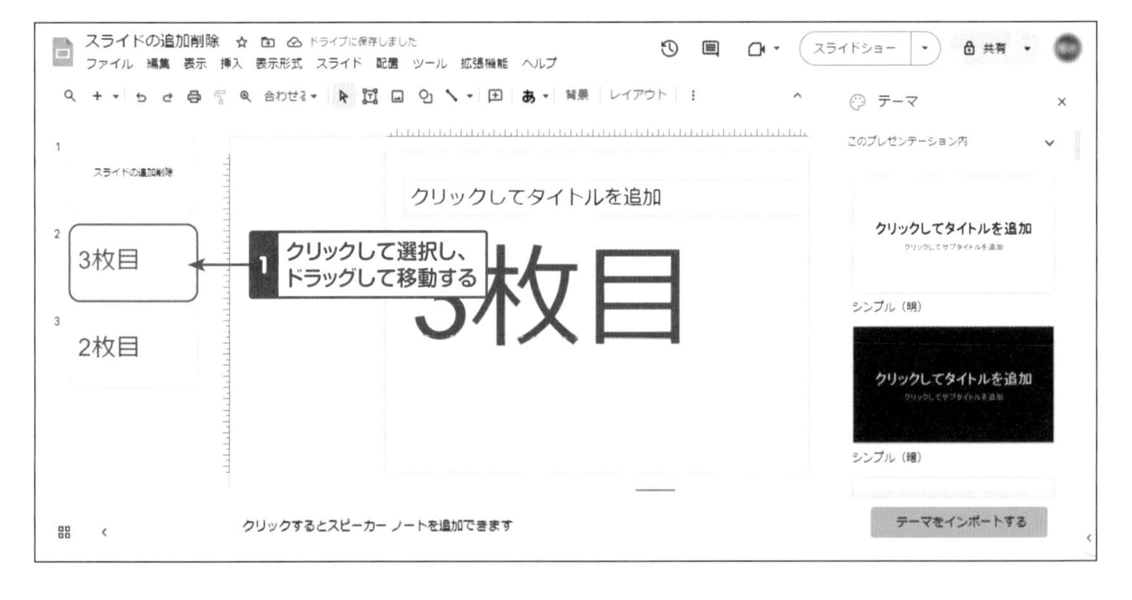

②スライドの移動、順序変更

スライド「2枚め」の下までドラッグします。

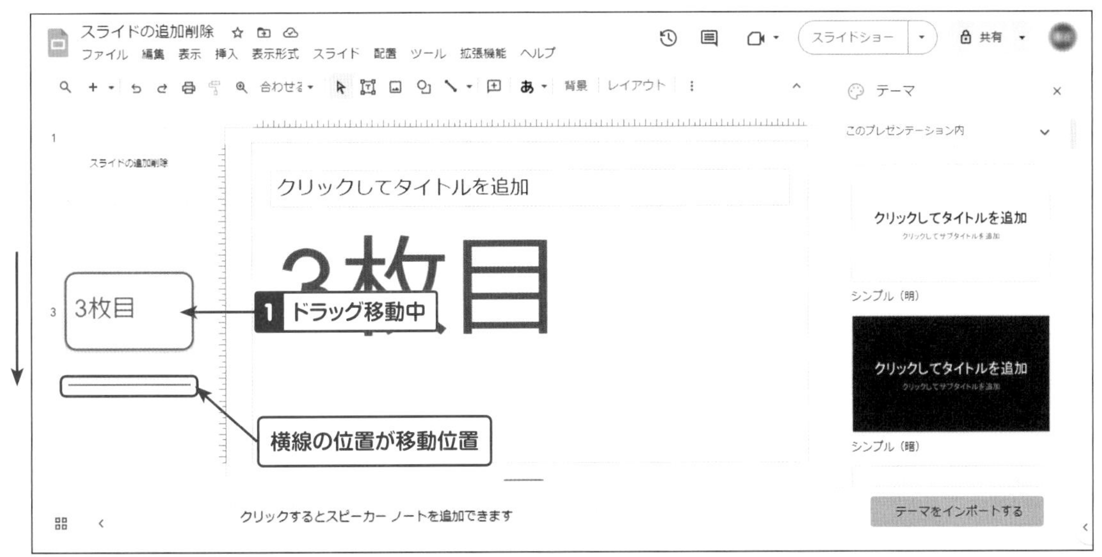

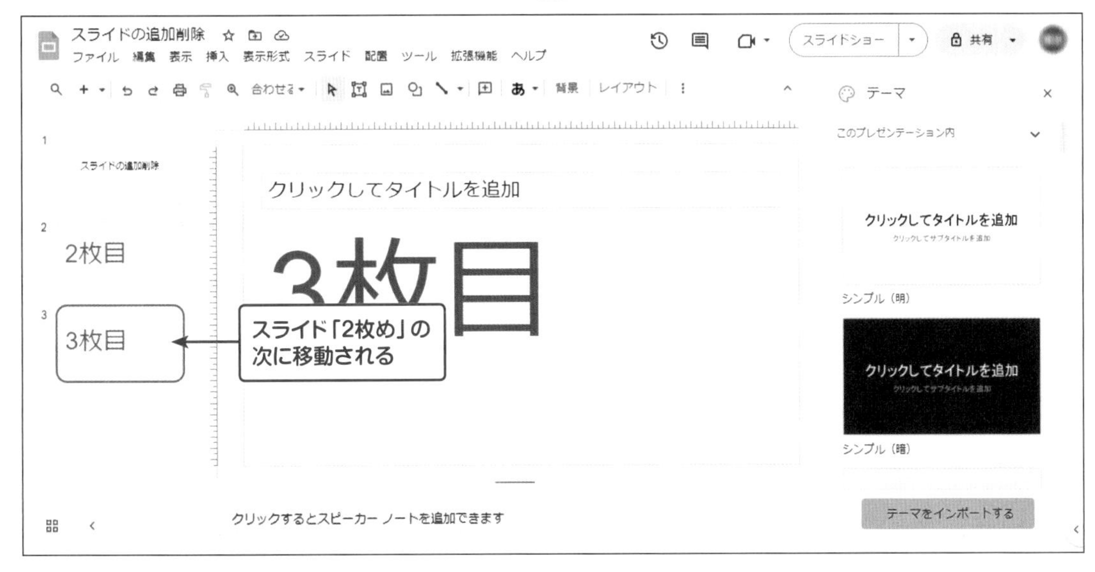

スライドを削除する

作成したスライドを削除します。ここではスライド「3枚目」を削除します。

①スライドの選択、削除

フィルムストリップで削除するスライドを右クリックし、表示されるメニューから［削除］をクリックします。

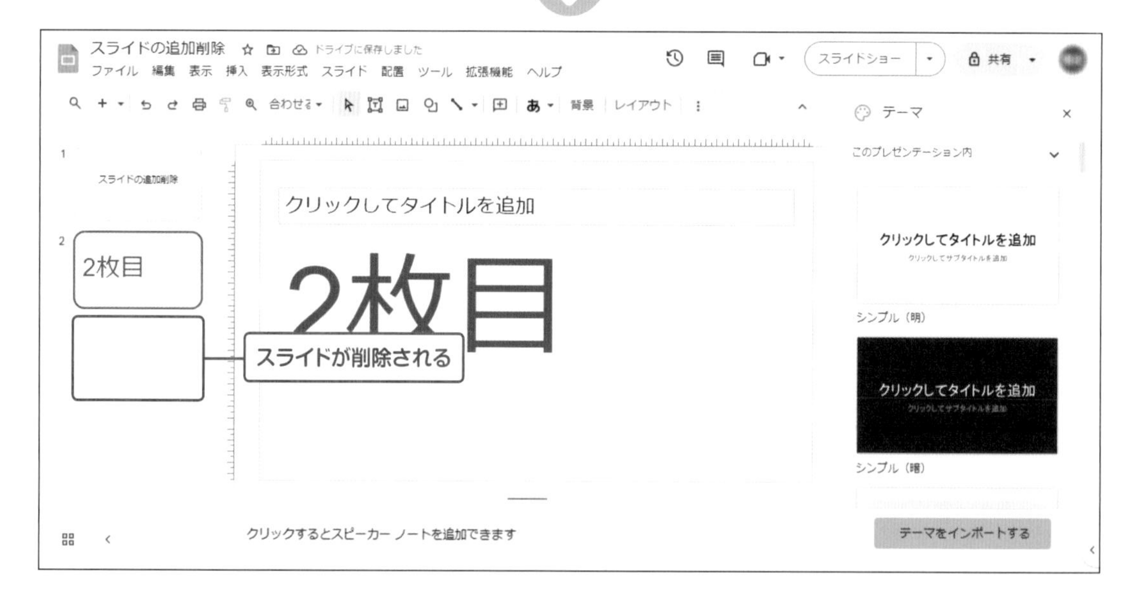

スライドをスキップする

作成したスライドにプレゼンテーションでは使用しないスライドがある場合、スライドの投影をスキップすることができます。ここではスライド「3枚目」をスキップします。

①スライドの選択、スキップ

スキップするスライドを右クリックし、表示されるメニューから［スライドをスキップ］をクリックします。操作をしたスライドにスキップマークが表示されます。

HINT

スキップの解除は、スキップしたスライドを右クリックし、表示されるメニューから［スライドのスキップを解除］をクリックします。

投影用画面の表示

スライドをプロジェクターや液晶テレビに投影する操作を説明します。不要なスライドをスキップする、発表者専用画面を表示して使う方法も説明します。

スライドショーを実施する

画面の[スライドショー]ボタンをクリックすると、現在表示されているスライドからスライドショーが開始します。[Enter]キーを押すか、マウスクリックで次のスライドに移動します。[Esc]キーで終了します。

①スライドショー開始

[スライドショー]ボタンをクリックします。スライドショーが開始されます。

HINT

[Ctrl]+[F5]でもスライドショーが始まります。[Ctrl]+[Shift]+[F5]で最初のスライドから始められます。

HINT

前のスライドに戻りたいときは、プレゼンテーション中のスライドの下辺にマウスポインタを持っていくと、スライド左下にナビゲーションメニューが表示されます。このメニューの操作により、スライドを前後に進めることができます。また、マウスホイールの操作でも前後移動が可能です。

プレゼンター表示での発表補助

「プレゼンター表示」という発表者が使うと便利な画面も用意されています。現在表示中のスライドと次に表示するスライド、スピーカーノート、経過時間などが表示される画面です。

①プレゼンターを開始

[スライドショー] ボタン右端の [▼] をクリックします。クリックすると表示される [プレゼンターを表示] をクリックすると、プレゼンターが表示されます。

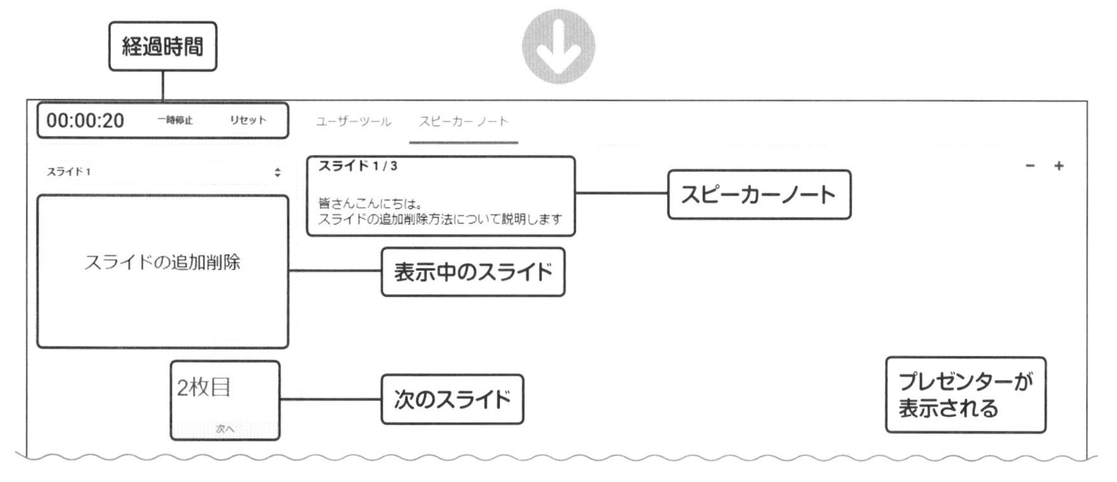

ONE POINT

スライドショーの [別の画面に表示] とは

パソコンの画面をChromecastが接続されているテレビなどにワイヤレスで接続することができます。[別の画面に表示] をクリックし、接続する投影機器を選択します。

スライドの修飾

スライドのデザインや文字位置、文字修飾などについて説明します。スライドを修飾することにより、見やすく興味を引き、理解できるスライドに仕上げていきます。

テーマを設定する

スライドのデザイン設定です。テーマの一覧から使用するテーマを選択します。必ず設定する必要はありません。

①テーマを選択、設定

画面右側に表示されるテーマメニューから、使用するスライドのデザインを選択します。スライド（Slide）を起動すると、自動的にテーマメニューが表示されます。テーマメニューを［×］で閉じた後で再びテーマメニューを表示したい場合は、ツールバーの［テーマ］をクリックします。

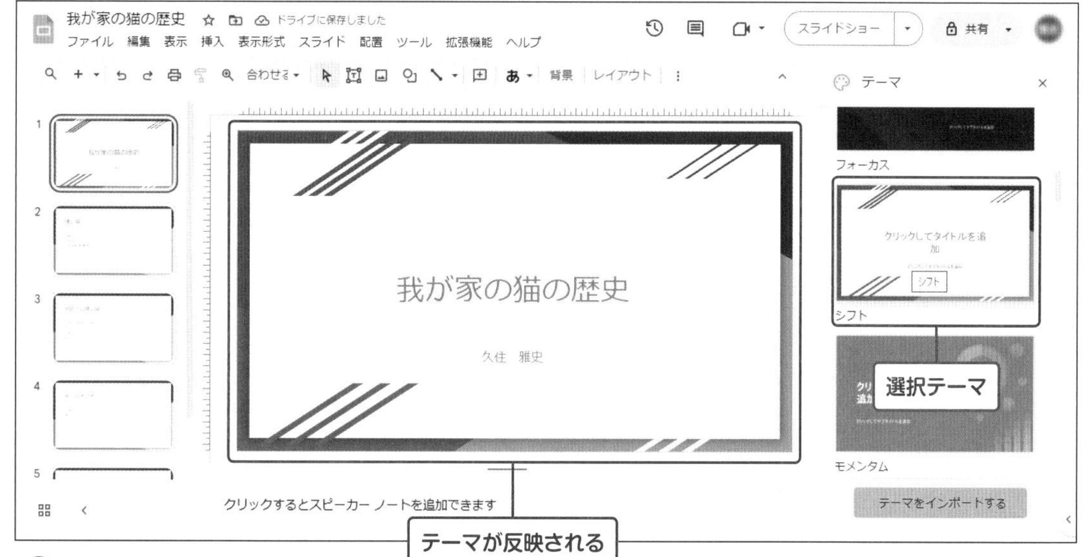

HINT

テーマの初期値（白地の状態）は「シンプル（明）」です。テーマを削除する場合は、これを選択します。

HINT

スライド作成途中でテーマを変更する場合はメニュー［スライド］→［テーマを変更］でテーマのメニューを表示します。

HINT

背景の色のみ設定したい場合は 背景（背景）をクリック、もしくはメニュー［スライド］→［背景を変更］で設定ができます。背景を画像にもできます。

ONE POINT

カラーユニバーサルデザインを考慮しよう

カラーユニバーサルデザイン（CUD）とは、色覚多様性を持つ人でも認識できる色彩表現のことです。たとえば、最近の公共サインやテレビリモコンのカラーボタンの色はCUDに準拠しており、純色を用いていません。

推奨する色あいや、色の組み合わせを示したガイドブックがあります。NPO法人カラーユニバーサルデザイン機構のHPから無料でダウンロードできます。このガイドブックに示される色をカスタムカラーメニューで指定します。

URL https://cudo.jp/

文字配置（右揃え、中央揃え、左揃え）を設定する

行全体を右に寄せる、中央に配置する操作です。左寄せに戻すこともできます。ここではタイトルに中央揃えを行います。

①テキストボックスの選択、中央揃えを選択

テキストボックスをクリックし、ツールバーから ≡▾（配置）→ ≡（中央揃え）をクリックします。タイトルが中央に揃います。

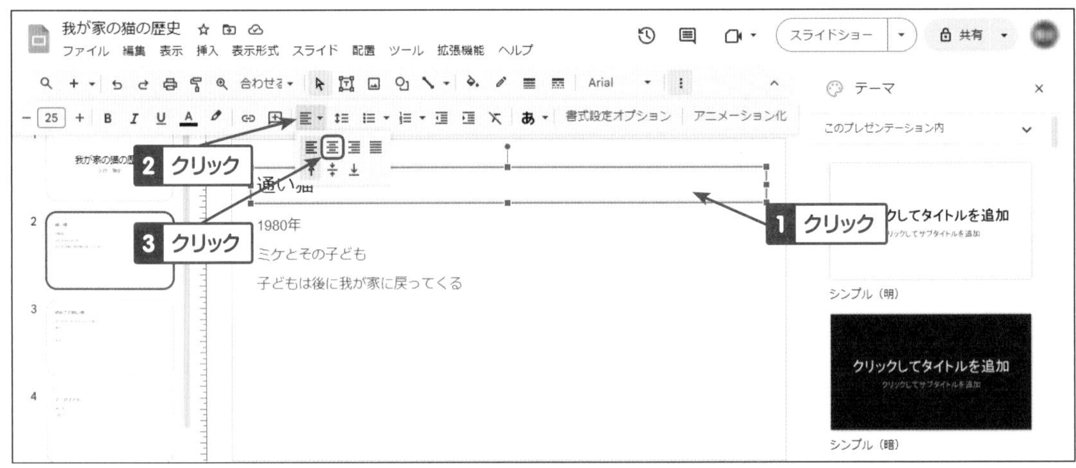

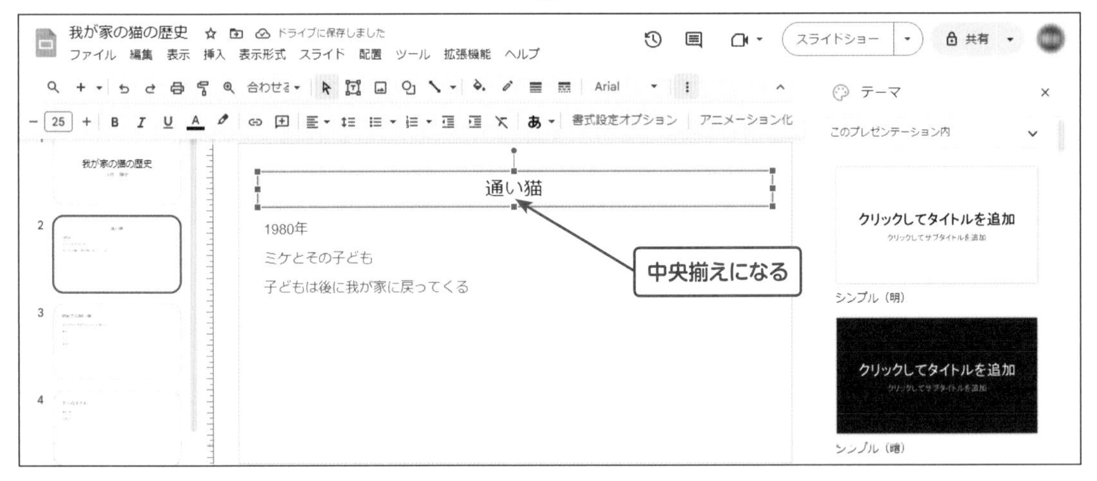

HINT

文字配置はテキストボックス内の文字全体に適用されます。行ごとに配置を変えることはできません。その場合はテキストボックスを分け、それぞれのテキストボックスにて文字配置を行います。【テキストボックスの追加】 ☞P253

Windowsのワープロソフトに備わっている均等割り付けの操作はスライド(Slide)にはありません。

太字・斜体・下線を設定する

他のアプリ同様、太字、斜体、下線が設定できます。ここでは見出しを太字にします。

① 文字列の選択、太字の設定

修飾したい文字列をドラッグして選択し、ツールバーの B（太字）をクリックします。

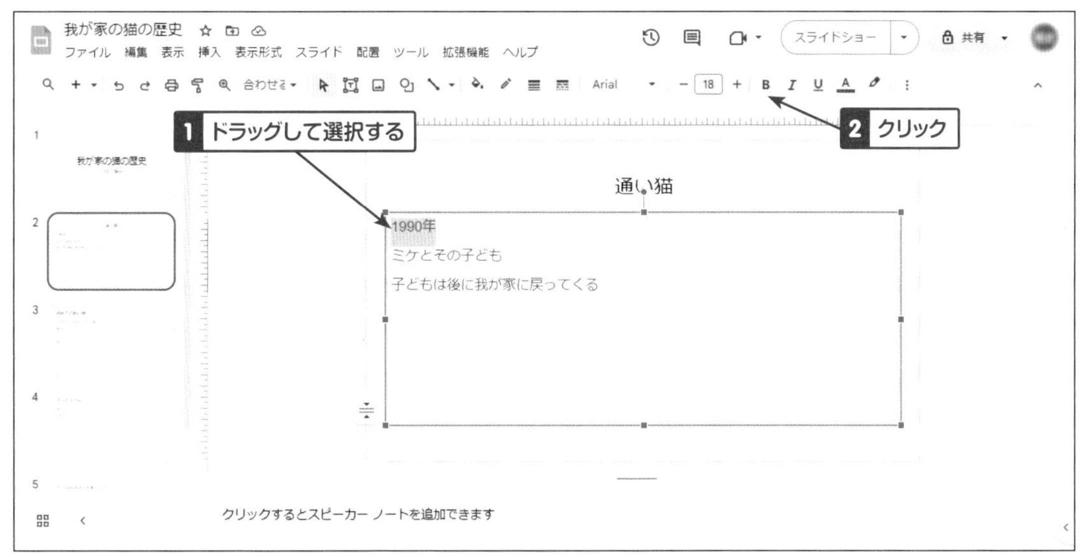

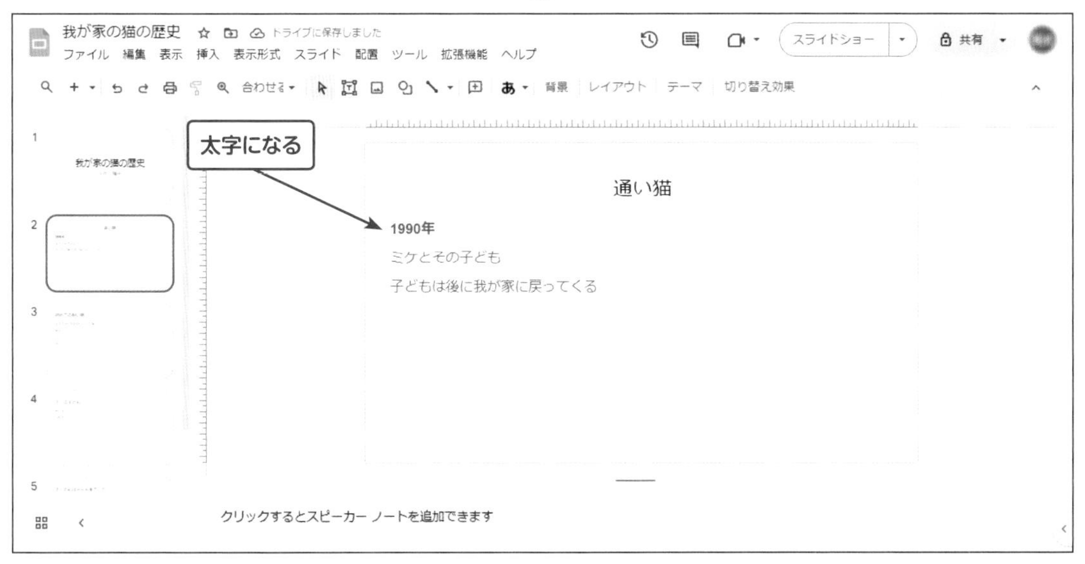

HINT

テキストボックス内の文字列すべてを修飾する場合は、文字列をドラッグ選択しなくてもテキストボックスをクリックすれば文字修飾ができます。

HINT

同じ文字列に重ねて修飾を行うこともできます。解除するには文字列ドラッグ選択の後、設定した文字修飾と同じアイコンをクリックします。

フォントサイズを変更する

他のアプリ同様、フォントサイズを変更することができます。ここでは「1990年」を18ptから28ptに大きくします。

①文字列の選択、フォントサイズの設定

文字列をドラッグして選択し、ツールバーの + (フォントサイズを拡大) をクリックし「28」に合わせます。

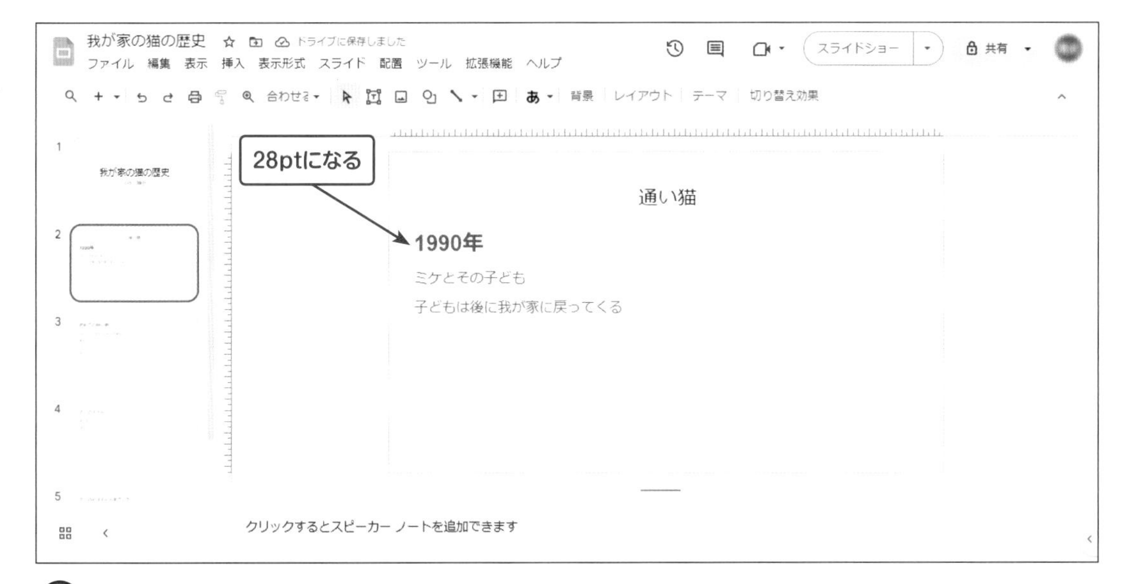

HINT

文字修飾同様、テキストボックス内の文字列すべてを修飾する場合は、文字列をドラッグして選択しなくてもテキストボックスをクリックすればフォントサイズの変更ができます。

フォント（書体）を変更する

他のアプリ同様、フォントを変更することができます。ここでは説明文のフォントをMS P明朝に変更します。

①文字列の選択

フォントを変更する文字列をドラッグ選択し、ツールバーの Arial ▾（フォント）をクリックします。

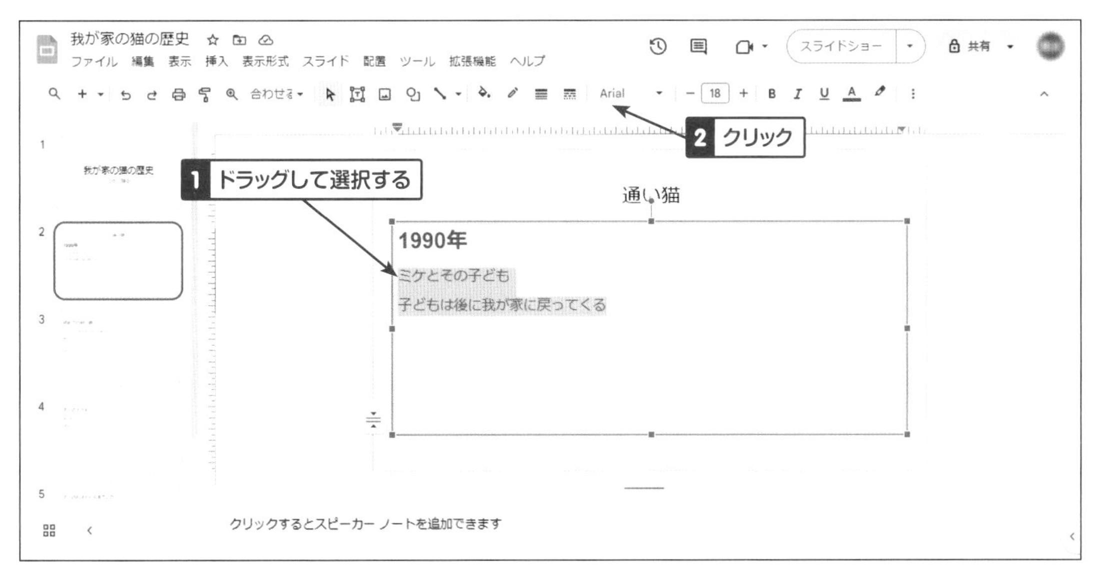

②フォントの選択

表示された一覧から「MS P明朝」をクリックして選択します。

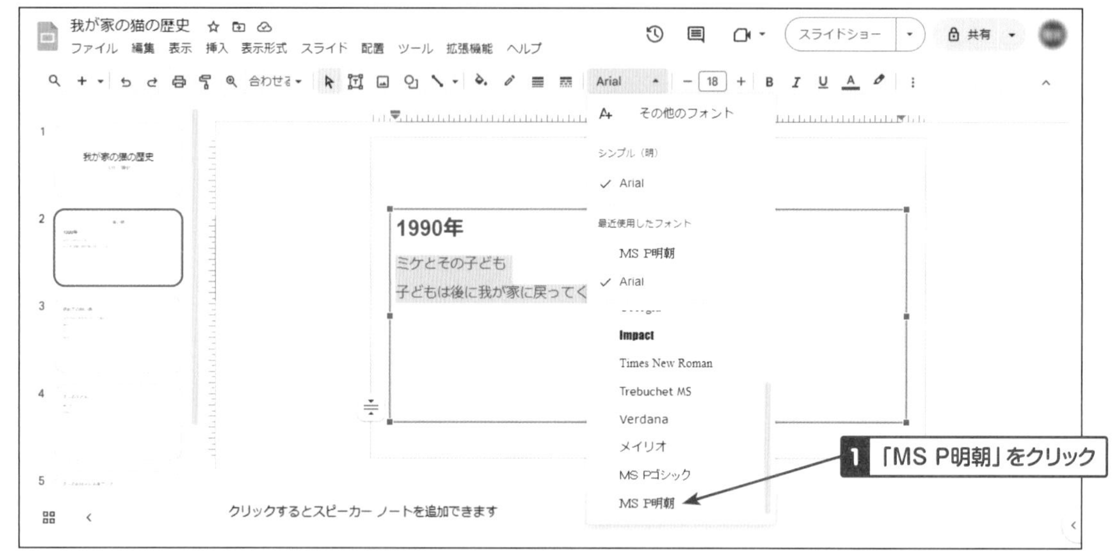

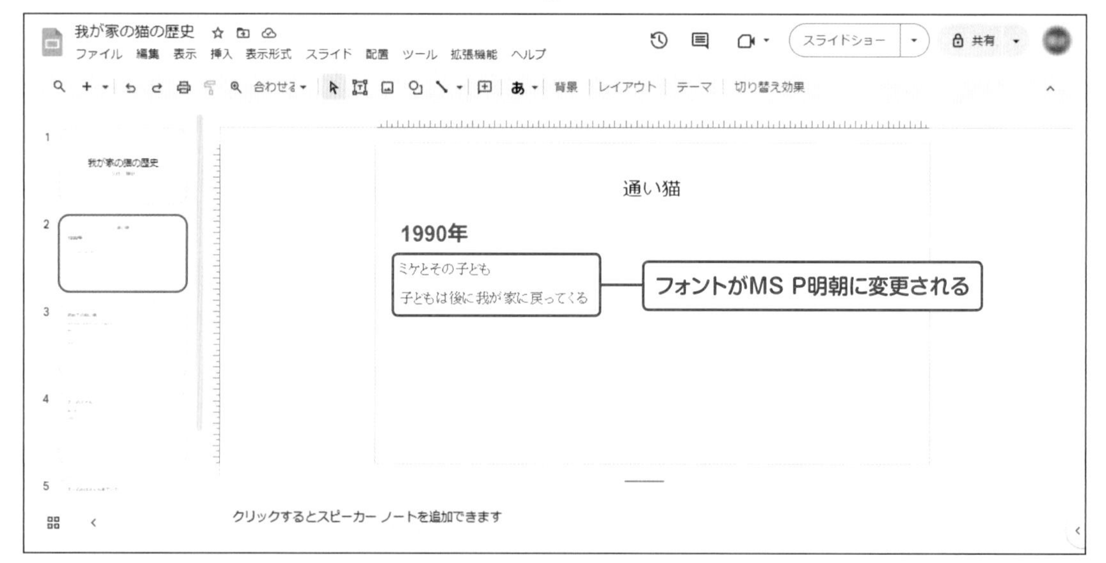

HINT

一覧にないフォントを追加したいときは、フォントの選択メニューで［その他のフォント］をクリックすると追加ができます。

文字の色を変える

文字の色を、標準色の黒から変更することができます。ここでは説明文を青色に変更します。

①文字列の選択、色を選択

色を変えたい文字列をドラッグして選択し、ツールバーの A（テキストの色）をクリックし、表示されたカラーパレットから青色を選択します。

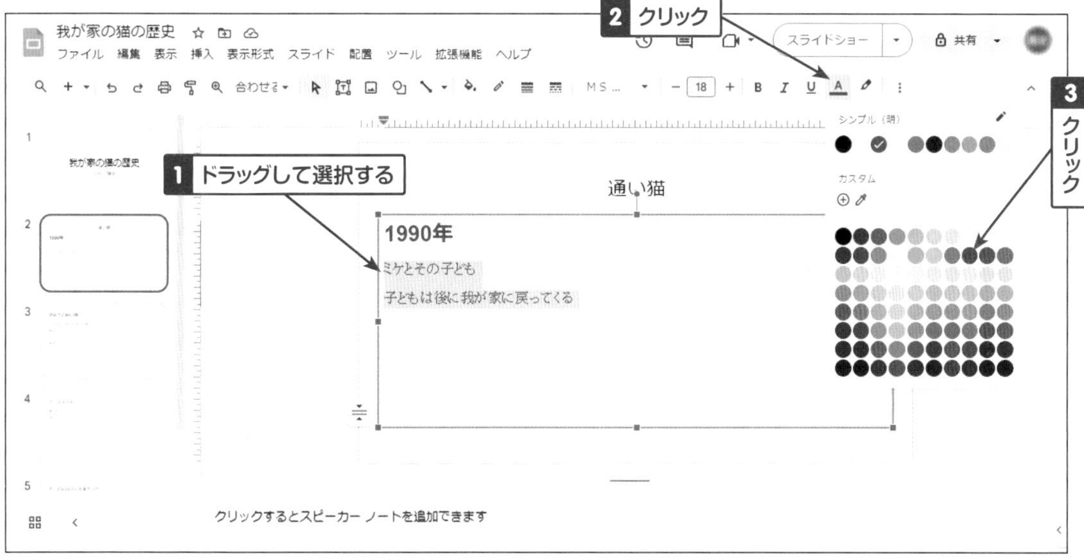

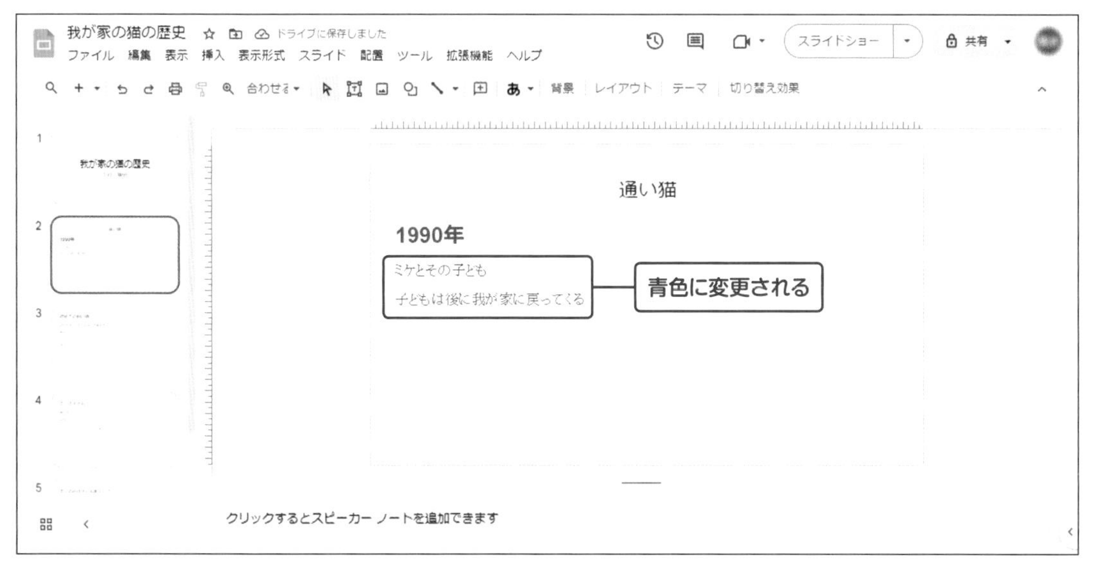

ハイライト（マーカー）を付ける

文字背景にマーカーペンを引いたように色を付けることができます。ここではシートのタイトルに黄色のハイライトを付けます。

①文字列を選択、色を選択

文字列をドラッグして選択し、ツールバーの 🖊（ハイライト）をクリックし、表示されたカラーパレットから黄色を選択します。タイトルにハイライトが付きます。

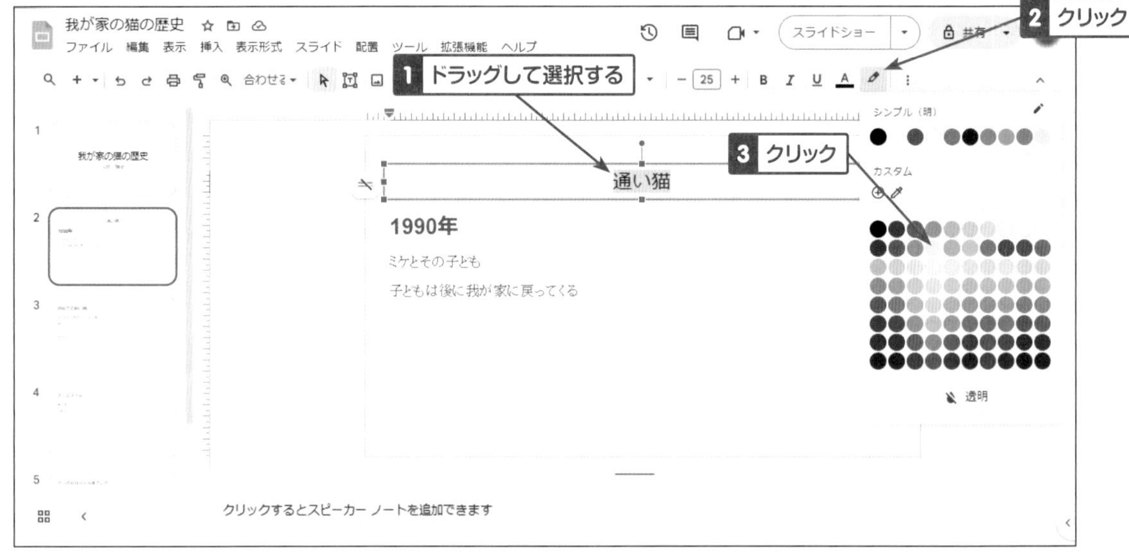

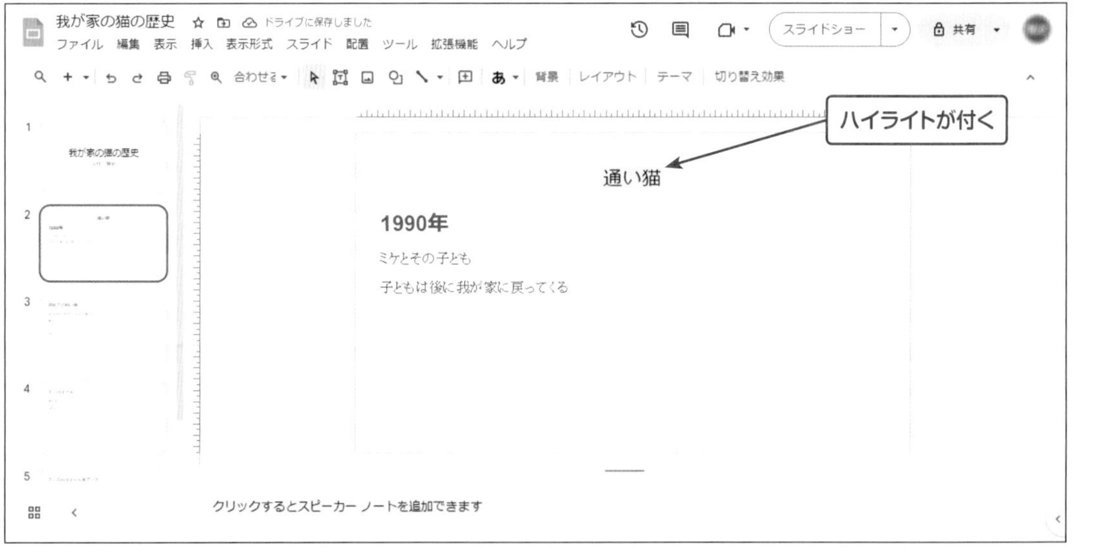

インデント（字下げ）

文字列の左端の開始位置を変更する操作です。文章が複数行にわたる場合も、左端はインデントを設定した位置になります。 （インデント増）をクリックした回数分、行頭が右に移動します。（インデント減）で行頭が左に戻ります。ここでは猫たちの名前にインデントを設定します。

① 文字列の選択、インデント操作

文字列をドラッグして選択し、（インデント増）をクリックします。

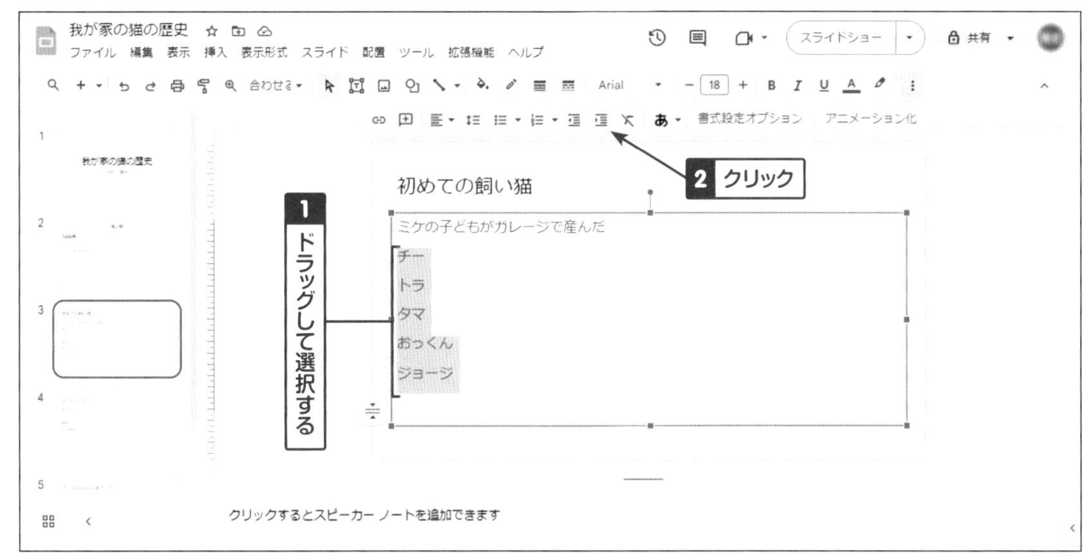

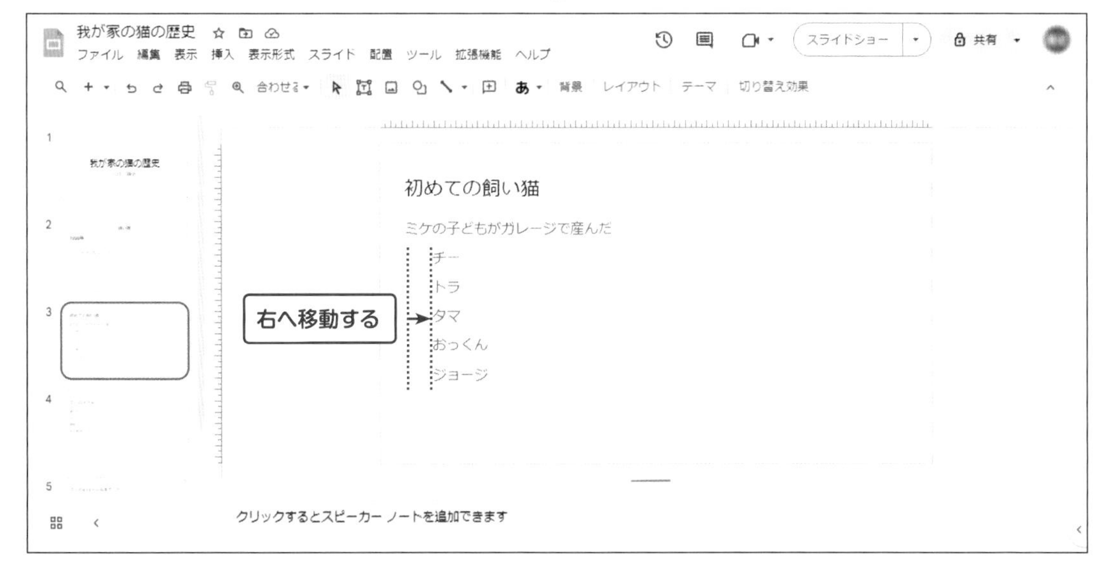

リスト

文字列を箇条書きや番号付きリストにする操作です。行頭に連番が付くのが番号付きリスト、記号が付くのが箇条書きです。ここでは3匹の猫の名前を番号付きリストにします。

①行を選択、番号付きリストを設定

リストにしたい行をドラッグして選択し、ツールバーの ⁝≡（番号付きリスト）をクリックします。

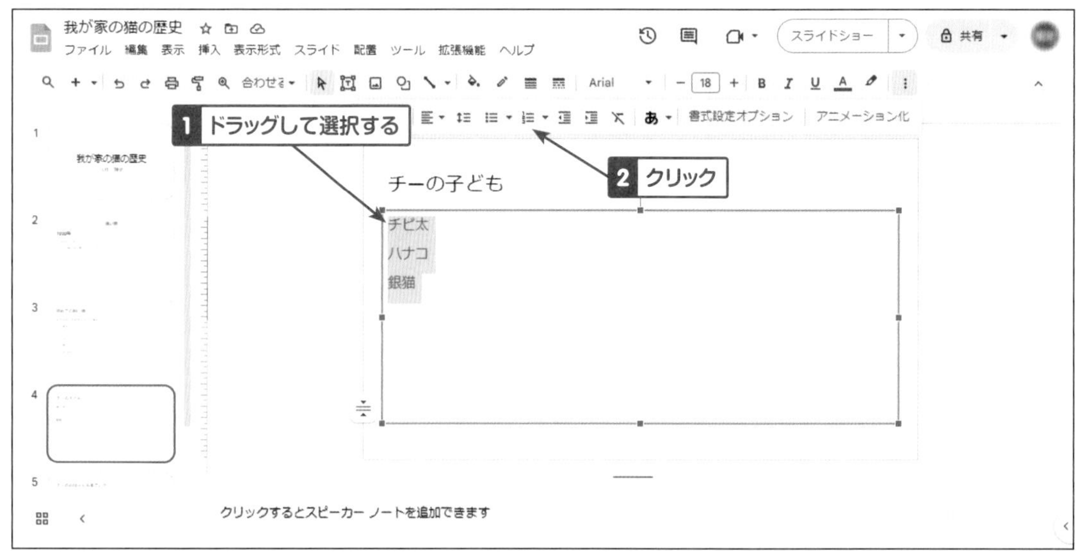

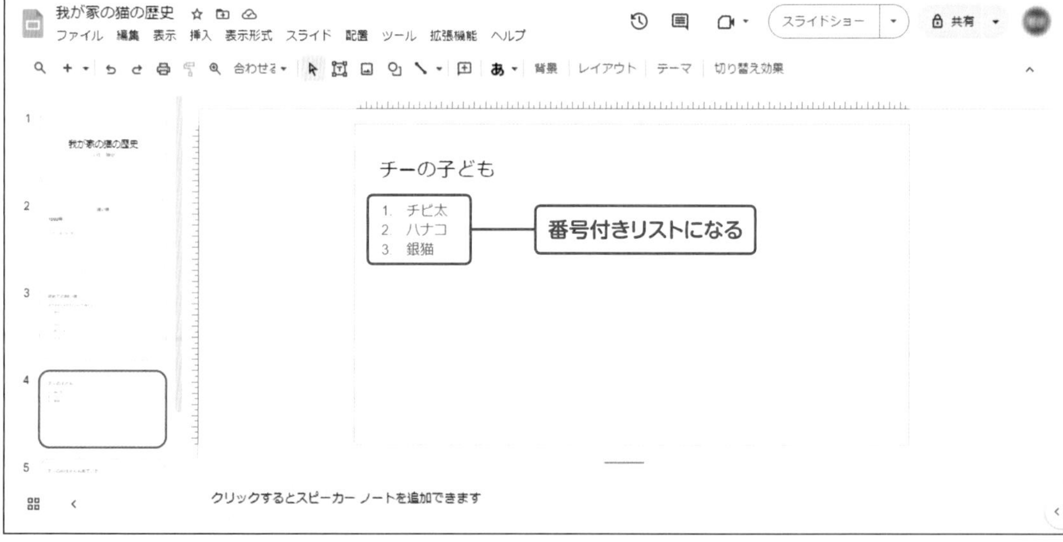

HINT

箇条書きのツールバーアイコンは ⁝≡（箇条書き）です。

リンクを設定する

文字列にリンクを設定することにより、関連するWebサイトや他のドキュメント(Document)、スプレッドシート(Spreadsheet)、PDF、メールアプリ等にジャンプさせることができます。事前にリンクのURL等を取得する必要があります。

ここでは著者の猫ブログ「黒い三連星にゃんず」をリンクします。

URL http://kusumim.cocolog-nifty.com/blackthreenyans/

①文字列を選択、リンクを設定

文字列をドラッグして選択し、ツールバーの (リンクを挿入) をクリックします。

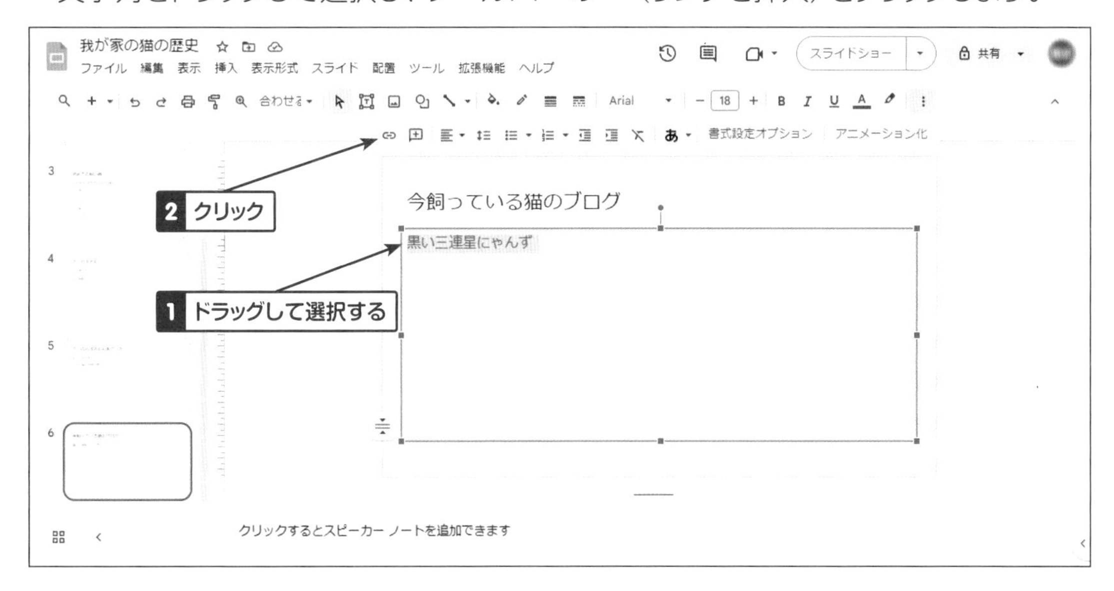

②URLを入力、リンクの適用

リンク設定のダイアログにブログのURLを入力し、[適用] をクリックします。

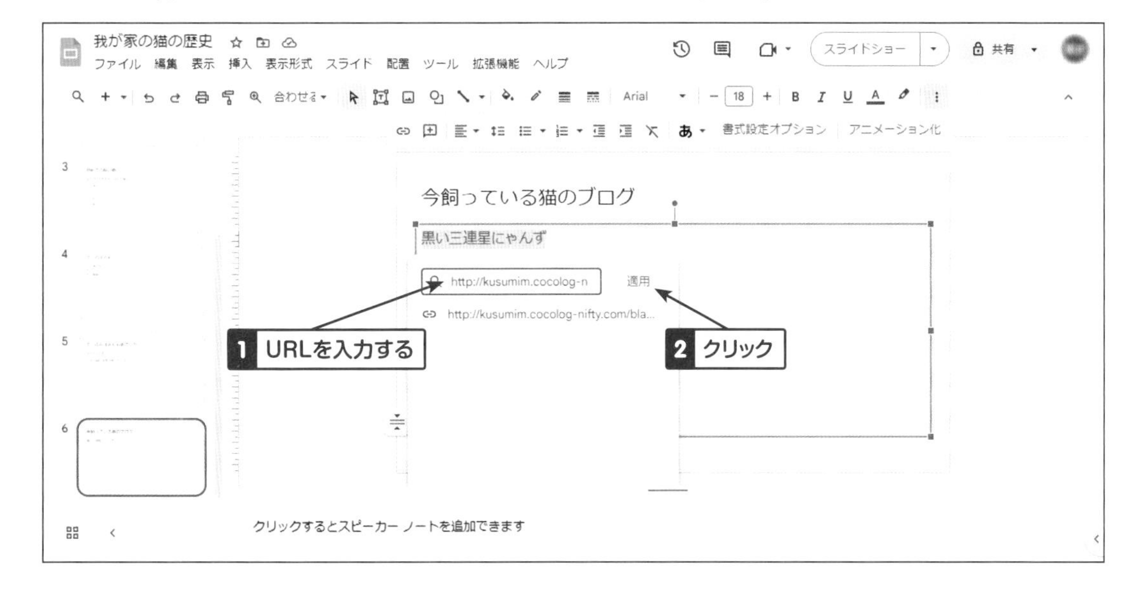

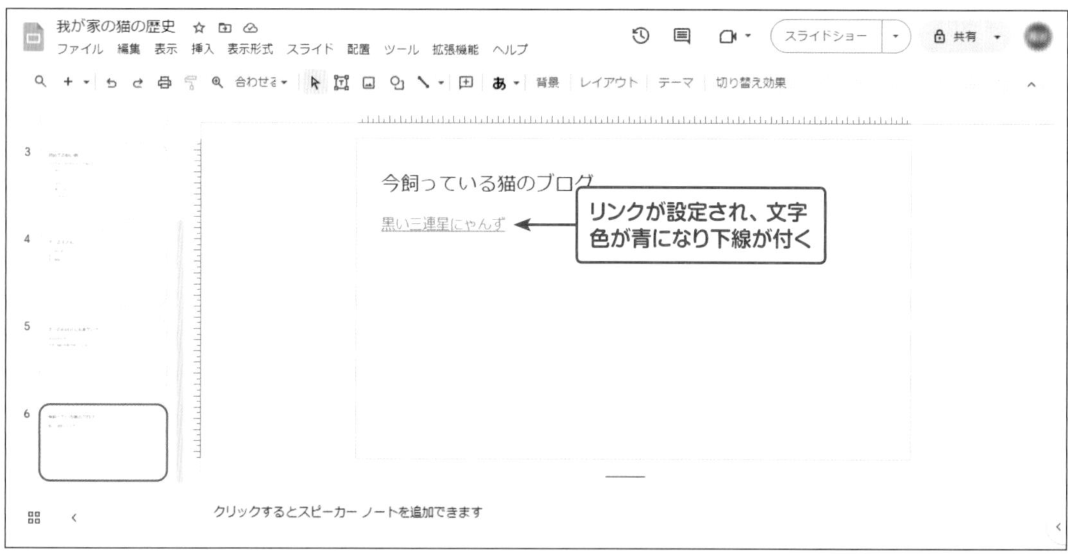

HINT

リンクはスライドショー実施時、クリックするとリンク先にジャンプすることができます。スライドをPDFとしてダウンロードした場合もリンククリックでジャンプできます。

HINT

リンク設定のダイアログには同じドライブ内にあるリンクできるファイルが一覧で表示されます。リンクしたいファイル名をクリックします。

HINT

リンクを解除する場合はリンクを設定した文字列をクリックするとリンクのポップアップメニューが表示されるので (リンクを削除) をクリックします。同じメニューの (リンクを編集) でリンクの修正もできます。

行間隔を変更する

テキストボックス内の行間隔を変更します。ここでは行間隔を2行にします。

①行を選択、行間隔の設定

行をドラッグして選択し、ツールバーの ⇅≡（行間隔と段落の間隔）をクリックします。

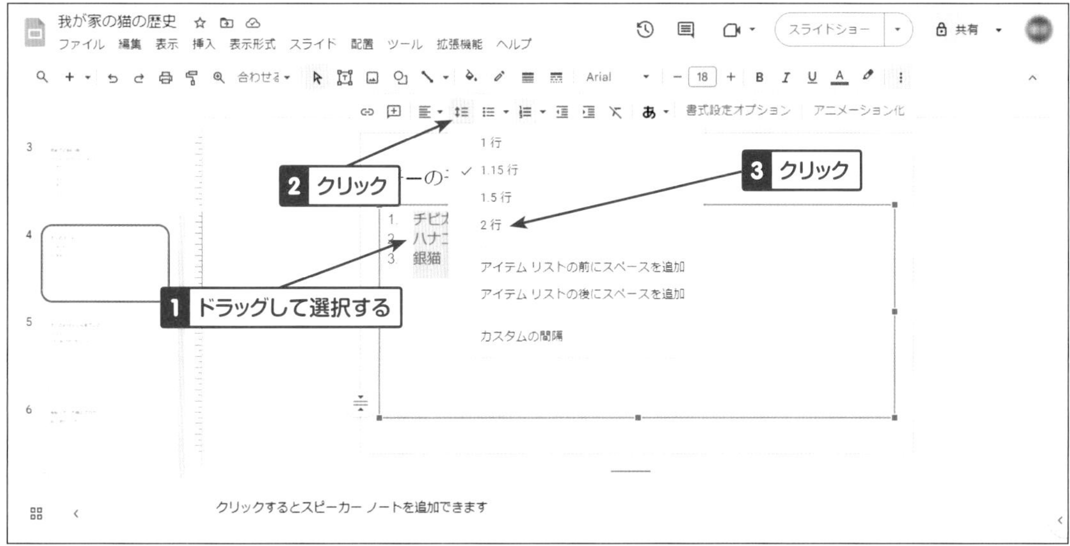

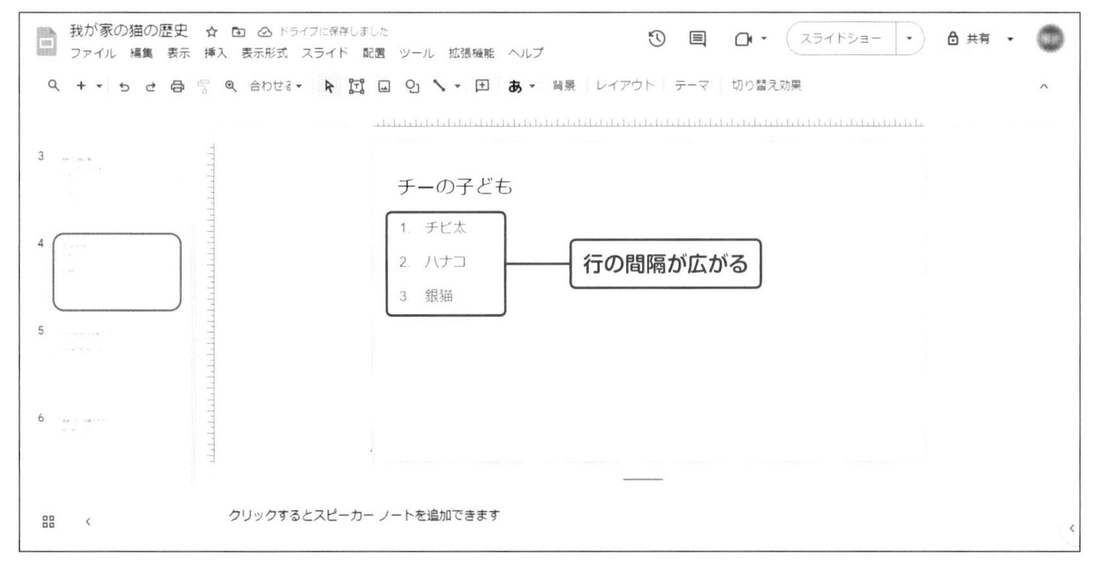

表を挿入する

表の編集・修飾についてはドキュメント（Document）の表の操作をご参照ください。
【5章-27・表を作る】 P102

①表の作成

メニュー［挿入］→［表］から表示されるマス目を、作成する表の行・列の分クリックします。ここでは3列×5行の表を作成します。

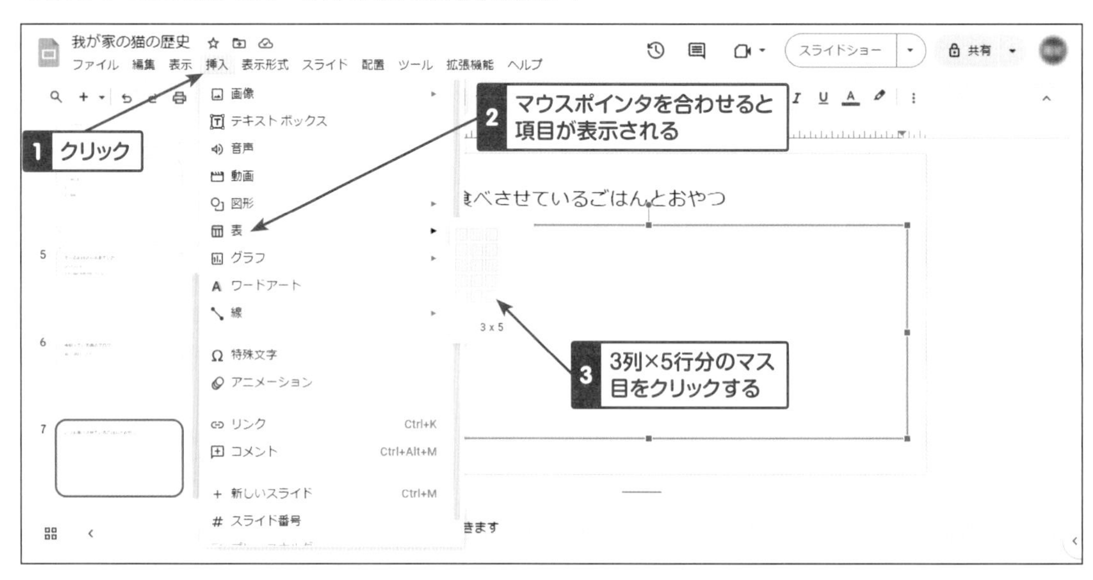

②セルを選択、入力

作成された表のセルをクリックして選択し、文字を入力します。

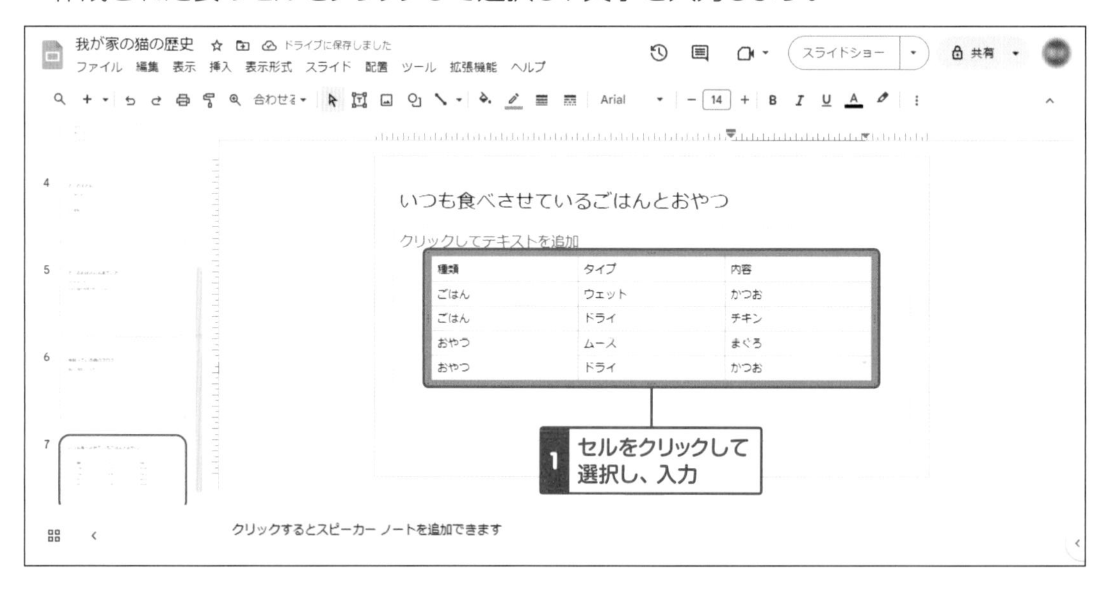

表の挿入はスプレッドシート（Spreadsheet）で作成した表をコピーして貼り付ける方法もあります。

文字列の配置、文字修飾は7章-49「スライドの修飾」 P238
表の線の操作については5章-27「表を作る」をご参照ください。 P102

テキストボックスの追加

レイアウトで定義されているテキストボックスに加え、テキストボックスを追加することができます。任意の箇所に文字を挿入する場合に使います。

①テキストボックスを追加

ツールバー （テキストボックス）をクリックし、スライド上でドラッグします。ドラッグした位置から離した位置のサイズのテキストボックスができます。

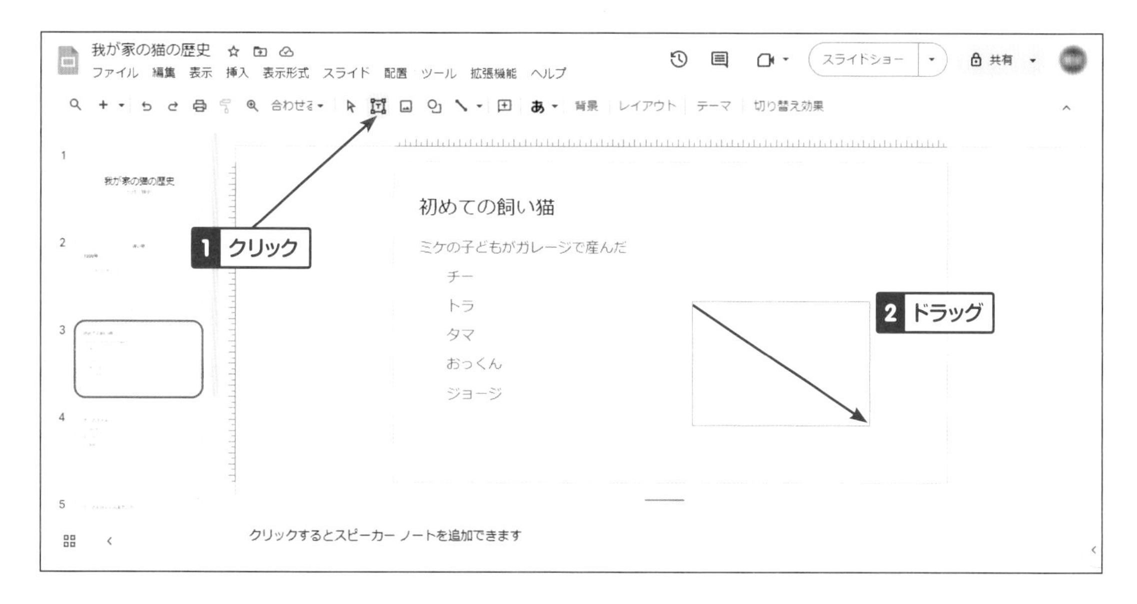

②文字を入力、確定

作成したテキストボックスに文字を入力します。テキストボックスの枠外をクリックすると確定されます。

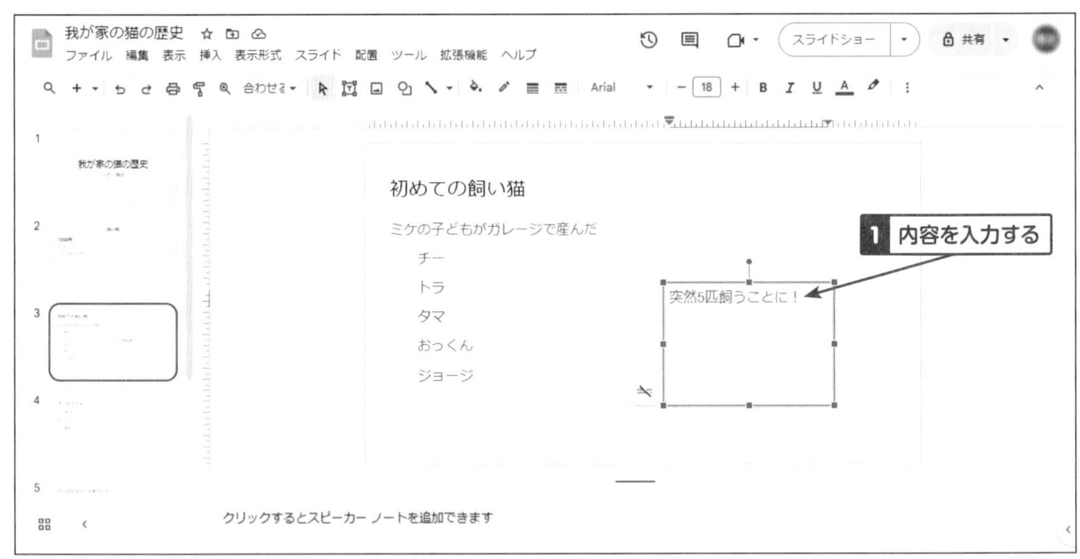

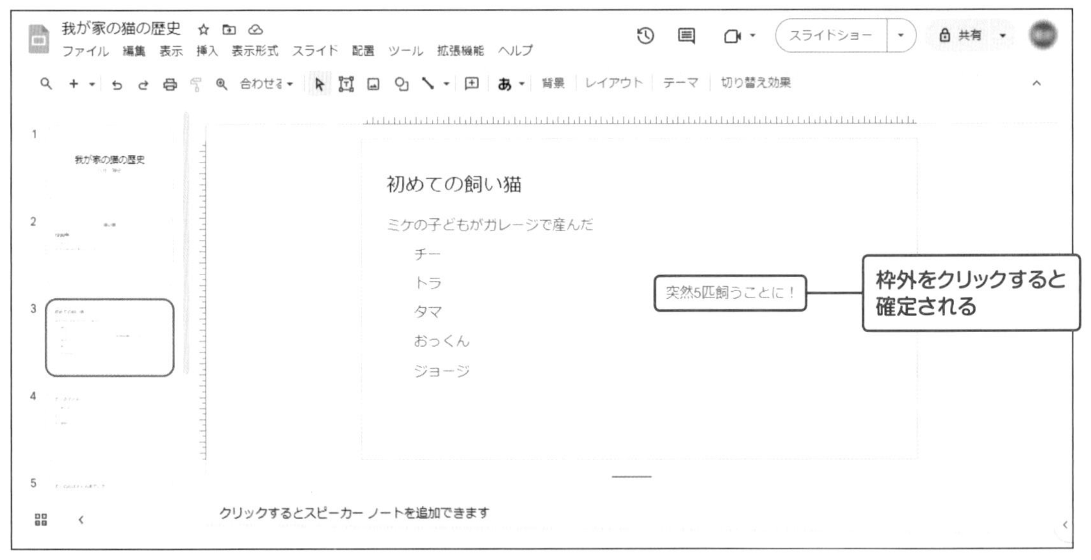

追加したテキストボックス内の文字も文字配置や文字修飾ができます。

ONE POINT

テキストボックス色のグラデーション

　テキストボックスはツールバー（塗りつぶしの色）で塗りつぶすことができますが、色の選択でグラデーションを選択することができます。図形でも同様の動作でグラデーションに塗りつぶすことができます。

▼グラデーションを選択

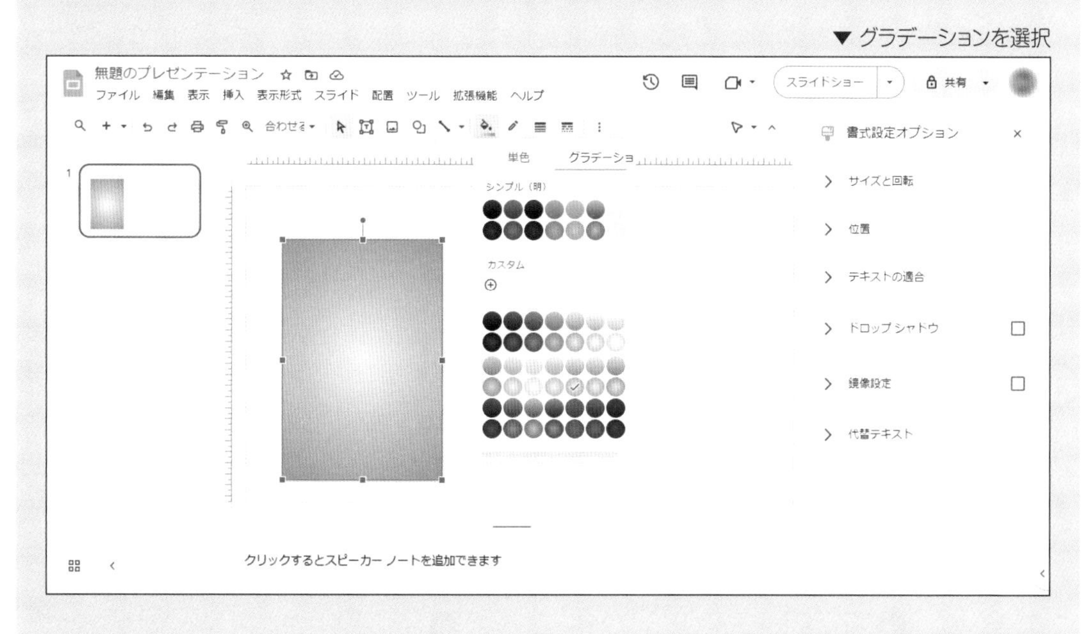

　色選択メニューで[カスタム]を選択すると、グラデーションの色とパターンを任意に設定することができます。

▼カスタムのグラデーションダイアログ

画像、図形、動画の挿入

画像や図形、動画を挿入する方法を説明します。視覚に訴えるスライドにすることができます。

画像の挿入

ここでは、パソコンのピクチャフォルダに入っている画像を挿入する操作を説明します。編集・修飾についてはドキュメント（Document）の画像操作をご参照ください。
【5章-29 画像の挿入】 P113

① パソコンからアップロード

ツールバー （画像の挿入）→［パソコンからアップロード］をクリックします。

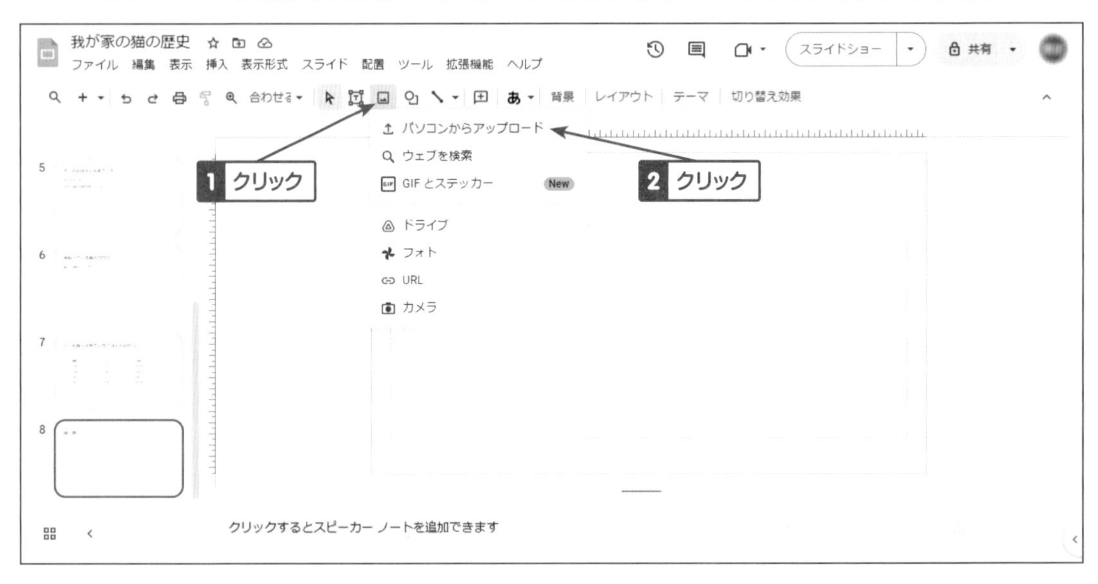

②画像データの選択

ピクチャフォルダに移動して画像を選択し、[開く] ボタンをクリックします。

HINT

　画像の拡大・縮小、トリミング、回転以外にも画像反転、色合いの変更、ドロップシャドウ（影）、鏡像や代替テキストなどの設定ができます。

　画像をクリックし、ツールバー 書式設定オプション（書式設定オプション）クリックで書式設定オプションのメニューを表示し操作します。

図形の挿入

ドキュメント（Document）、スプレッドシート（Spreadsheet）と異なり、直接スライド上で描画することができます。

①図形の選択

ツールバー（図形）クリック、描画したい図形をクリックします。

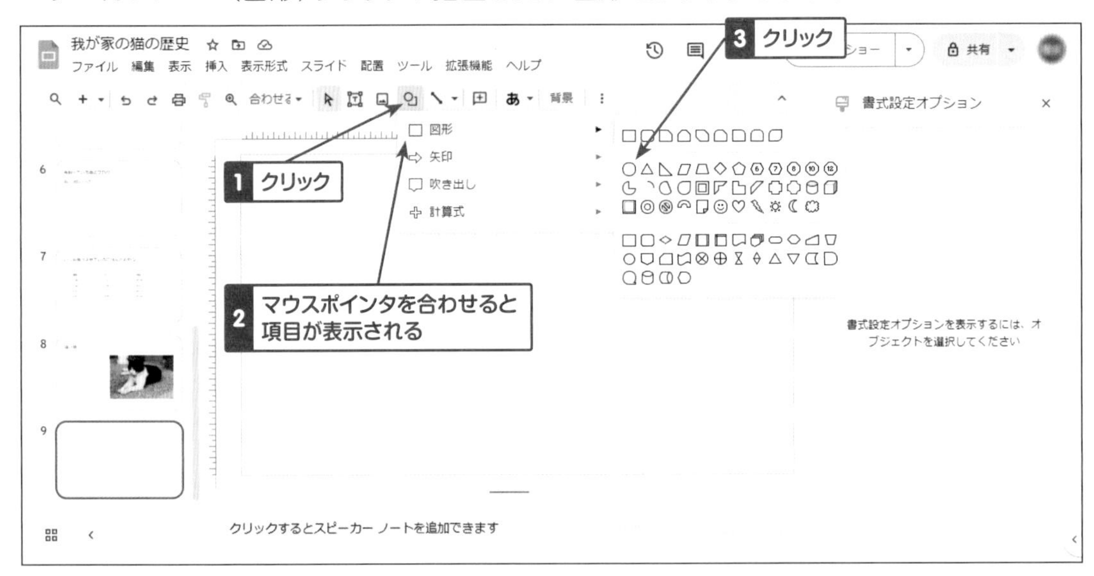

②描画

スライド上をドラッグし、描画します。ドラッグした位置から離した位置のサイズの図形ができます。作成例として、図形を重ね合わせて猫を作成してみました。

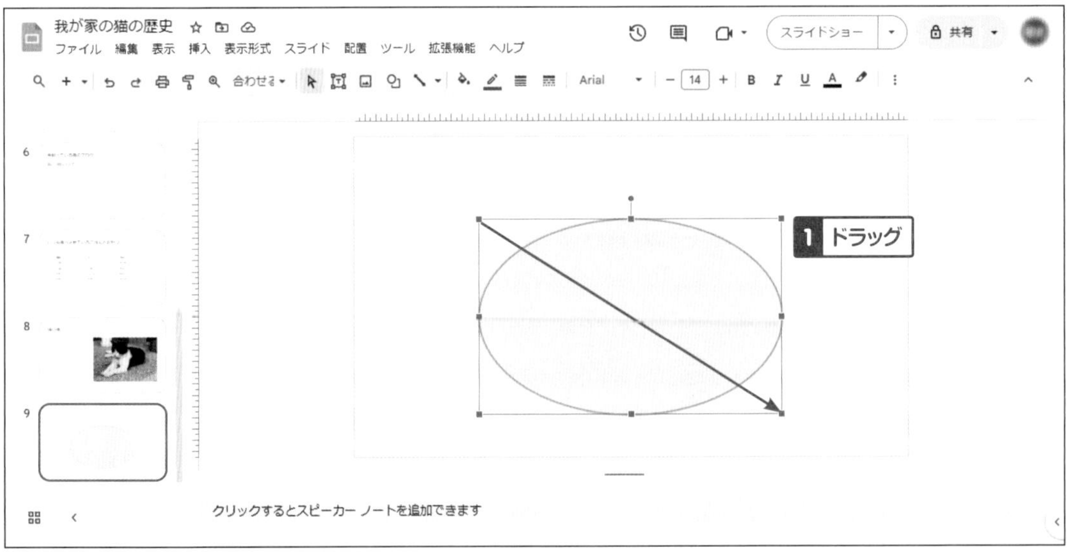

HINT

　枠線の線種、枠線の色、太さ、塗りつぶしの色については、ツールバーの （破線の枠線）、（枠線の色）、（枠線の太さ）、（塗りつぶしの色）で行います。

　図形の回転は、回転したい図形をクリック、図形上部に飛び出ているハンドルをドラッグします。

　図形の重ね合わせについては、操作したい画像をクリック、メニュー［配置］→［順序］で最前面・前面・後面・最後面を選択します。

動画を挿入する

スライド上に動画を貼り付けることができます。

① ［動画］を選択

メニュー［挿入］→［動画］をクリックします。

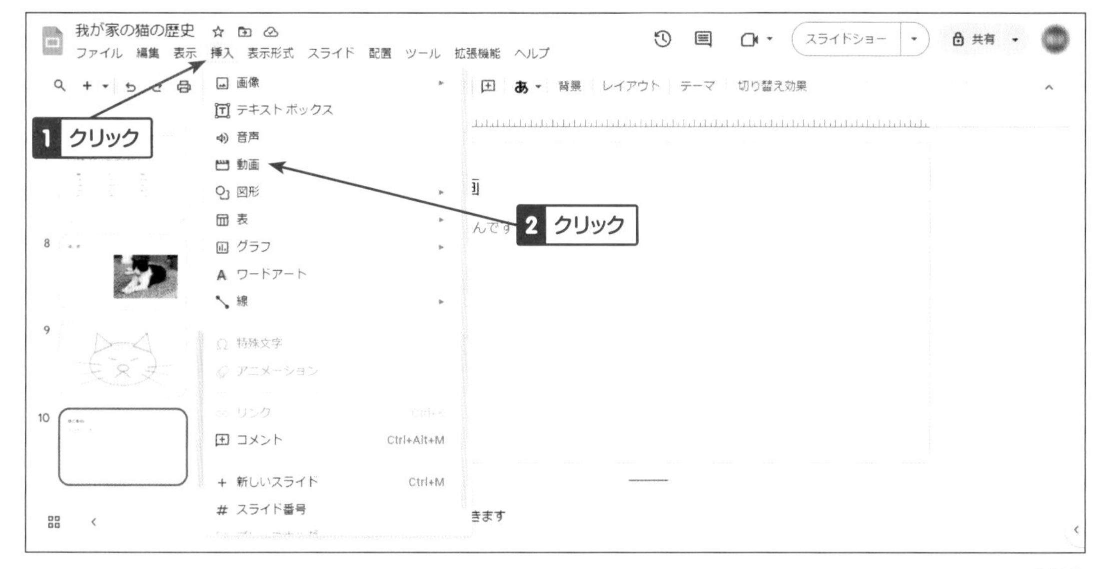

②動画URL、検索キーワードの入力

表示されたダイアログに動画URLもしくは検索キーワードを入力し、[Enter] キーを押します。

HINT

Googleドライブに保存された動画を挿入することもできます。パソコンのフォルダにある動画は挿入できません。

③挿入する動画の選択、挿入

検索結果より動画をクリックして選択し、[挿入] ボタンをクリックします。

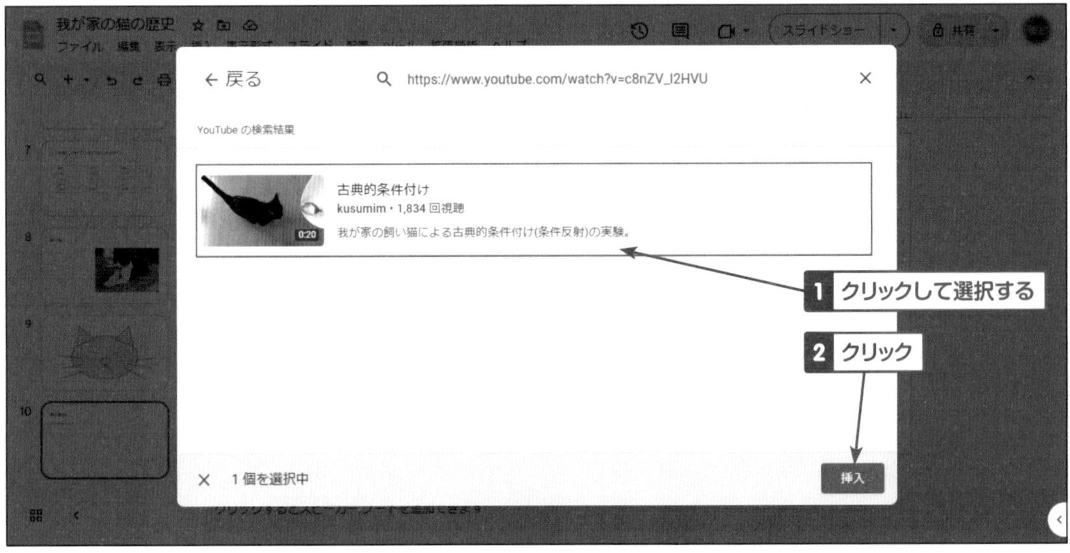

HINT

ツールバー［書式設定オプション］をクリックすると書式設定オプションが画面右側に表示されます。再生を開始するタイミング、画像の開始位置と終了位置などを設定することができます。

④サイズの調整

動画四辺の■をドラッグしサイズを調整します。

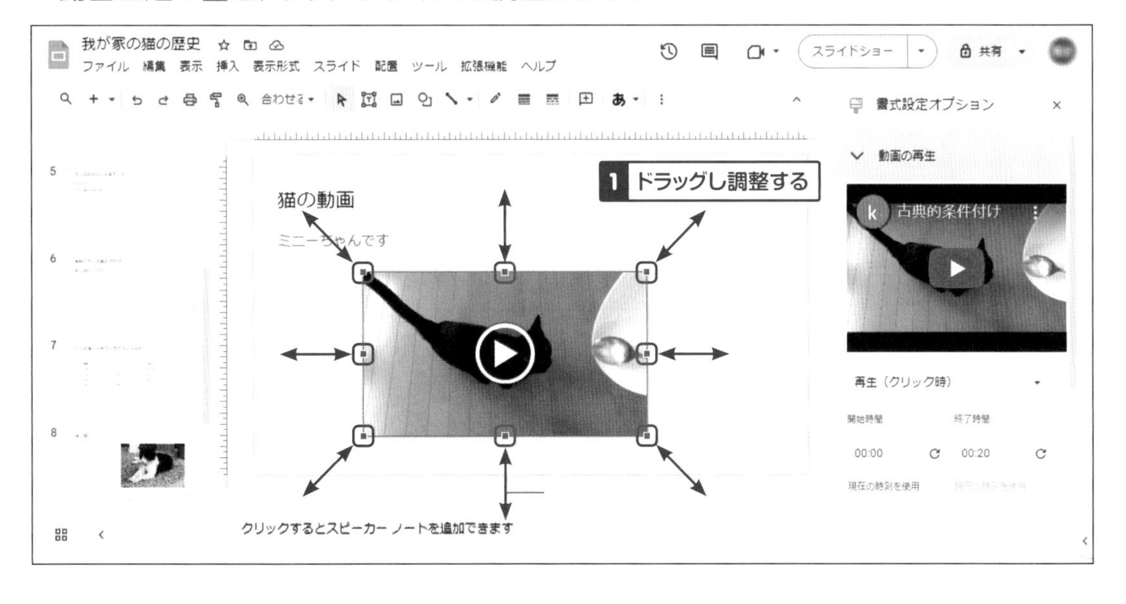

ワードアート(飾り文字)

ワードアートは飾り文字のことです。ワードアートは図形として扱われます。自由に縮小・拡大する、文字に縁取りを行う、影(ドロップシャドウ)を加えるなどの文字修飾ができます。

①ワードアート選択

メニュー[挿入]→[ワードアート]をクリックします。

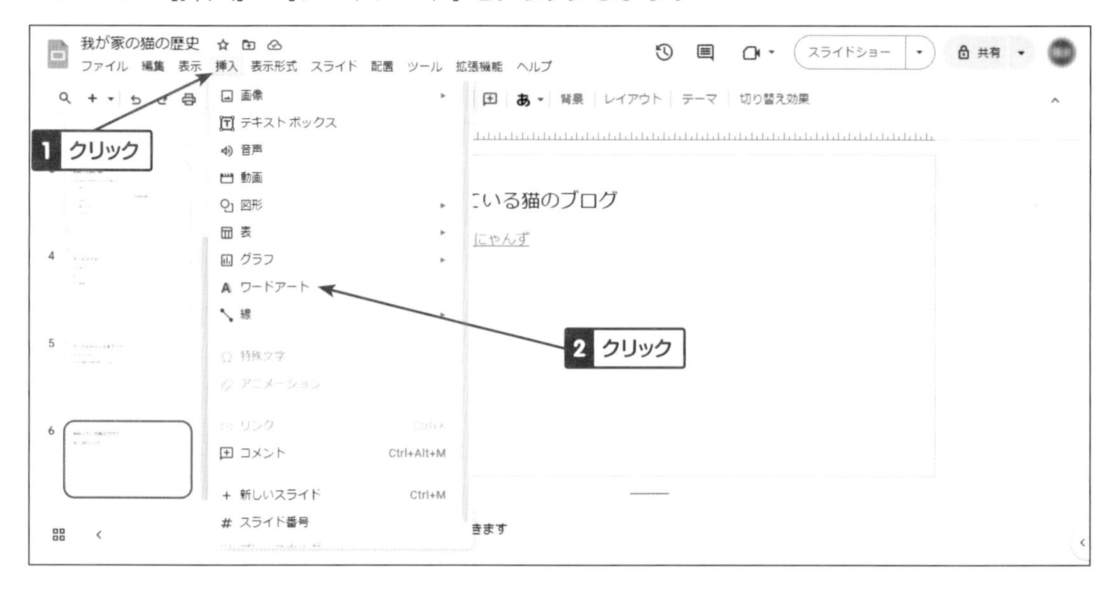

②文字の入力、挿入

表示されたポップアップウィンドウに文字を入力し、[Enter]キーを押すとワードアートが挿入されます。

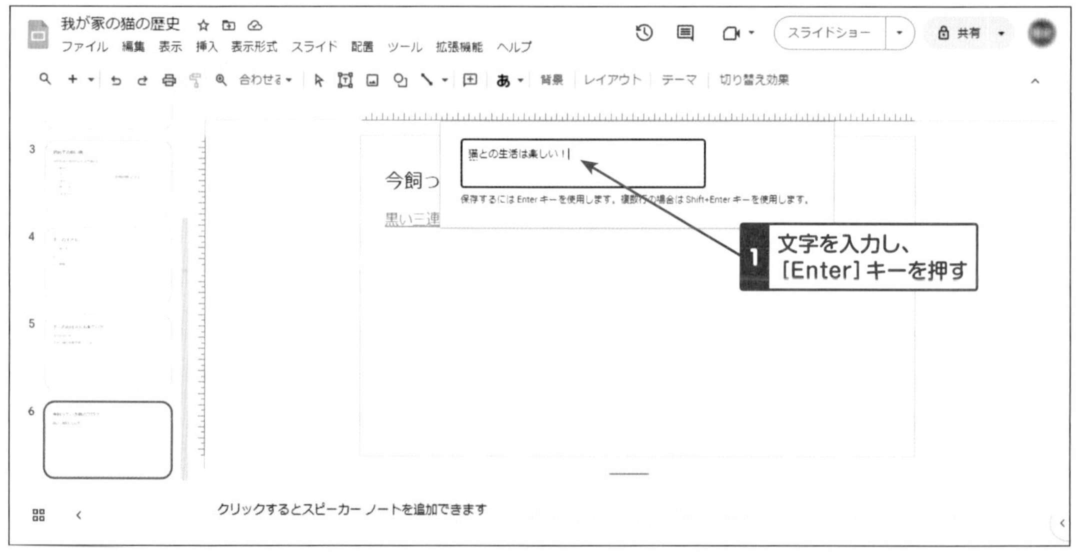

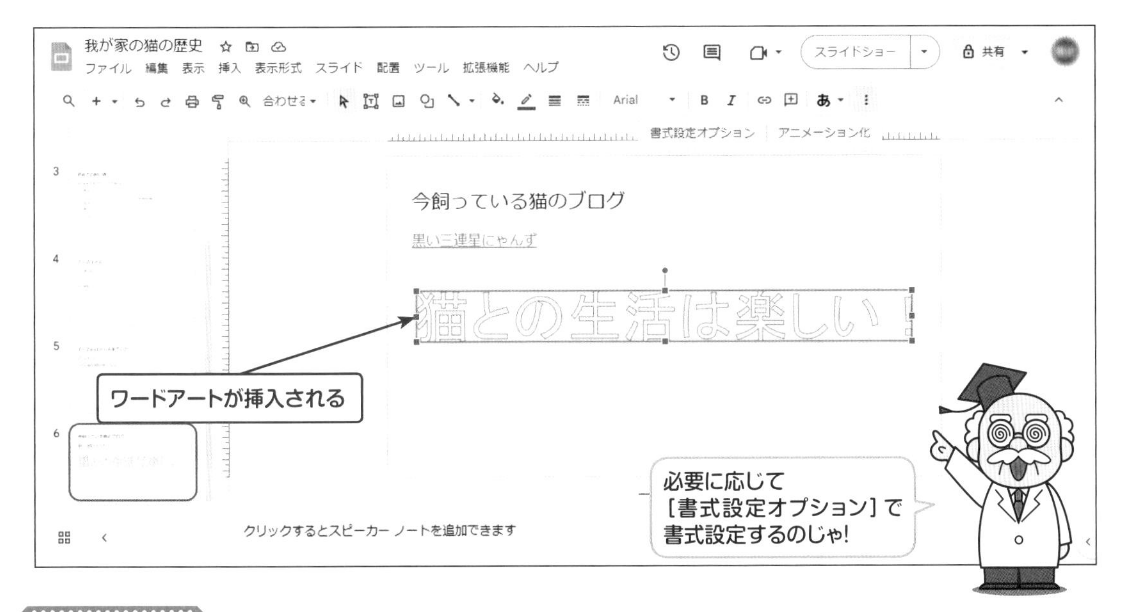

ONE POINT

グラフの挿入

　メニュー［挿入］→［グラフ］でグラフの種類を選ぶと仮グラフが表示されます。グラフの右上にある［⋮］→［ソースデータを開く］をクリックで、グラフの元データとなるスプレッドシート（Spreadsheet）が開きますので、必要に応じ項目や値の修正を行います。

　スプレッドシート（Spreadsheet）が起動し、その場でグラフを作成することになりますので、ここで作成するよりも、事前にスプレッドシート（Spreadsheet）でグラフを作成しておき、スライド（Slide）に貼り付けたほうが余裕をもってグラフ作成作業ができると思います。【6章-40 グラフを作成する】 P193

▼ グラフの挿入

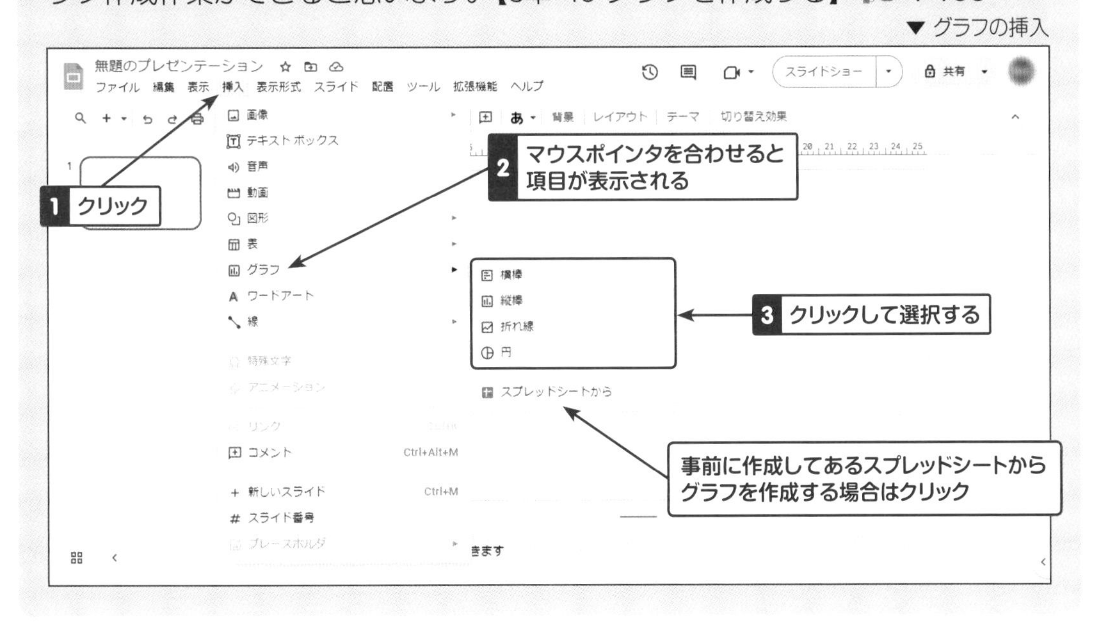

51 スライドに動きを付ける

スライドの切り替え時やテキスト、画像に動きを加えることにより、説明内容を強調したり、興味を引き、プレゼンテーション時に聴き手を飽きさせないスライドにしましょう。

スライドの切り替え効果

スライドの切り替えに動きを加えます。現在表示されているスライドの前にあるスライドからの切り替え効果を設定します。1枚目と2枚目の間の切り替え効果であれば、2枚目のスライドに設定します。

1枚目のスライドにも切り替え効果が設定でき、プレビューも行えますが、スライドショー実施時は適用されません。

ここではすべてのスライドに切り替え効果「左からスライド」を設定します。

①スライド切り替え効果選択

メニュー [スライド] → [切り替え効果] をクリックし、モーションメニューを表示させます。

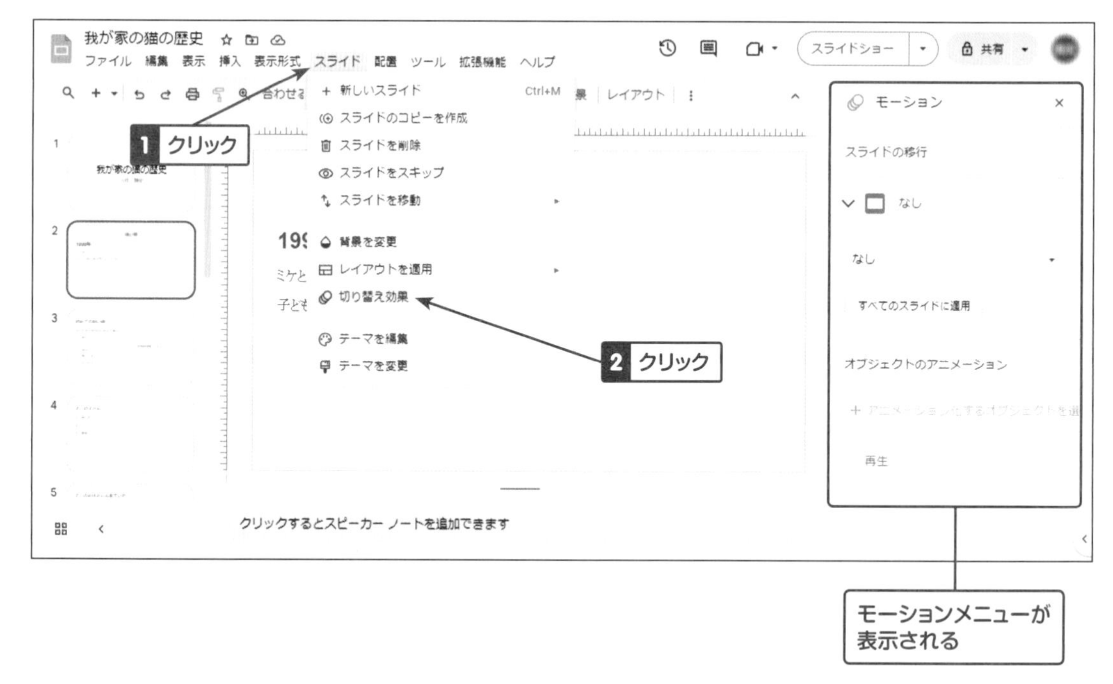

②切り替えスタイルを選択

モーションメニューの「スライドの移行」の[∨]をクリックしメニューを展開し、スライドの移行パターンから[左からスライド]を選択します。

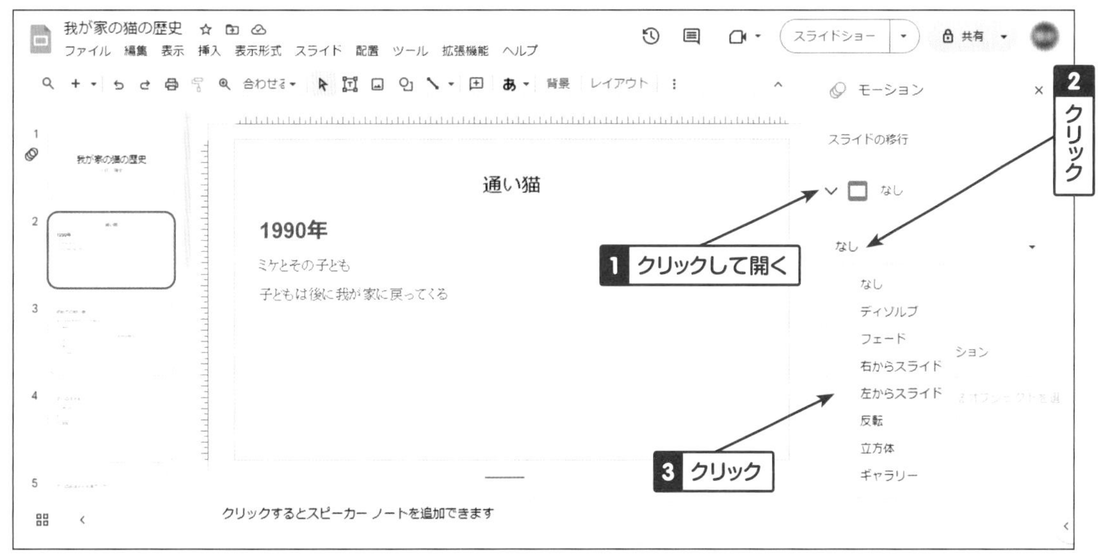

HINT

すべてのスライドに同じ切り替えスタイルを設定する場合は、[すべてのスライドに適用]をクリックします。

③速度設定の設定

必要に応じ切り替え速度を設定します。

④ [すべてのスライドに適用] を選択

[すべてのスライドに適用] をクリックします。

HINT

スライドの切り替え効果を削除する場合は、②の切り替えスタイル選択において [なし] を選択します。

スライド上の文字や図表に動きを加える

スライドだけでなく、スライド上に配置したテキストボックスや画像等に対し、動きを加える（アニメーション効果）ことができます。例として、猫の画像をスライド切り替え後に表示してみます。

① [アニメーション] を選択

画像をクリックし、メニュー [挿入] → [アニメーション] をクリックします。

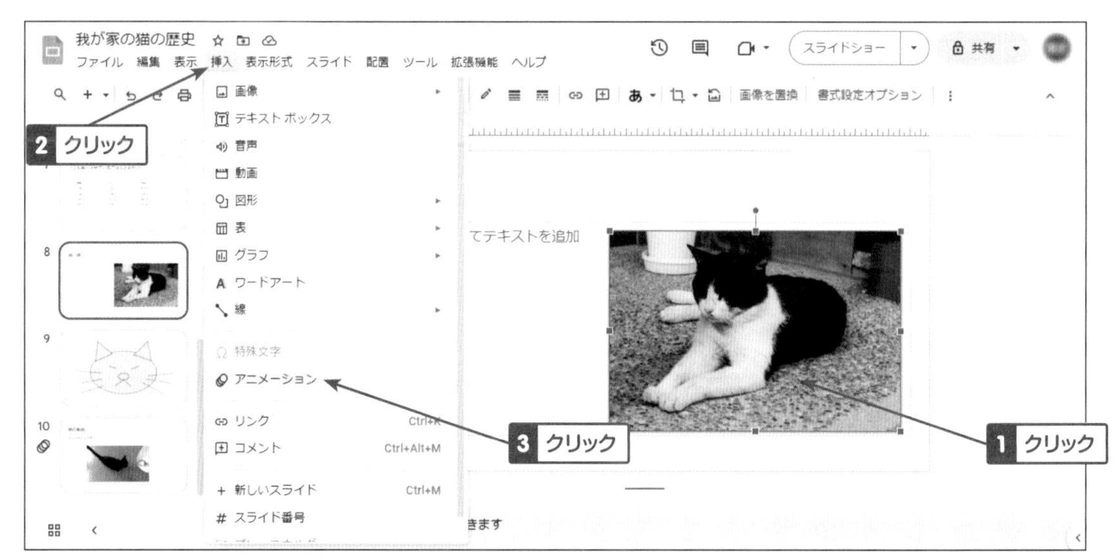

②モーションメニューの表示

画面右側に［モーション］メニューが表示されます。［オブジェクトのアニメーション］の下にクリックした画像に設定されるアニメーションの種類を選択するプルダウンメニューが表示されるのでクリックします。

③動き方を選択

ここでは［右からスライドイン］を選択します。

④動作タイミングを選択

どのタイミングでスライドを表示させるか、選択します。ここでは「クリック時」を選択します。

⑤動作確認

[再生] ボタンをクリックして、動作の確認をします。

HINT

アニメーション効果を設定した画像に重ねて動作を追加する場合は [+アニメーションを追加] をクリックします。

HINT

アニメーション効果を削除する場合は、削除するアニメーション効果の設定メニューにあるゴミ箱アイコンをクリックします。

ONE POINT

アニメーション効果の付けすぎに注意!

アニメーション効果は手軽に動きのあるスライドを作ることができます。しかし、アニメーション効果を多く設定すると、聴き手はスライドの動きに気を取られ、発表者が訴えたいことが伝わらない恐れがあります。

52 スライドにコメントする

スライドをグループで作成している場合、修正箇所にコメントを付けることにより、修正漏れや修正内容に対するディスカッションなどを画面上で行うことができます。

コメントを挿入する

共有している場合は、閲覧者（コメント可）もしくは編集者の場合、コメントができます。

①コメントを付ける箇所を選択

コメントをつける文字列をドラッグして選択します。

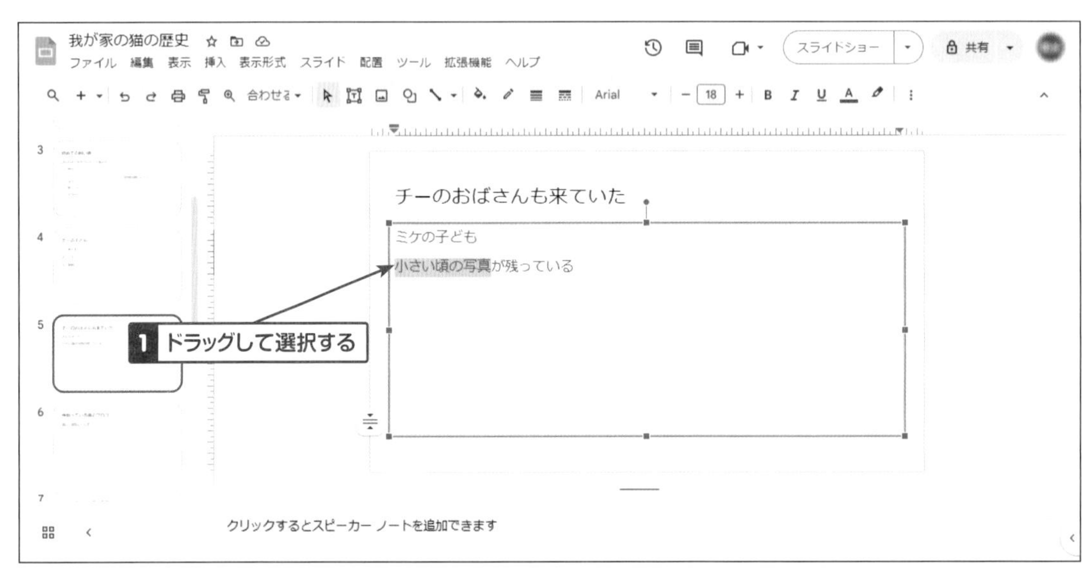

②コメントを選択

選択した箇所を右クリックし、表示されるメニューから［コメント］をクリックします。

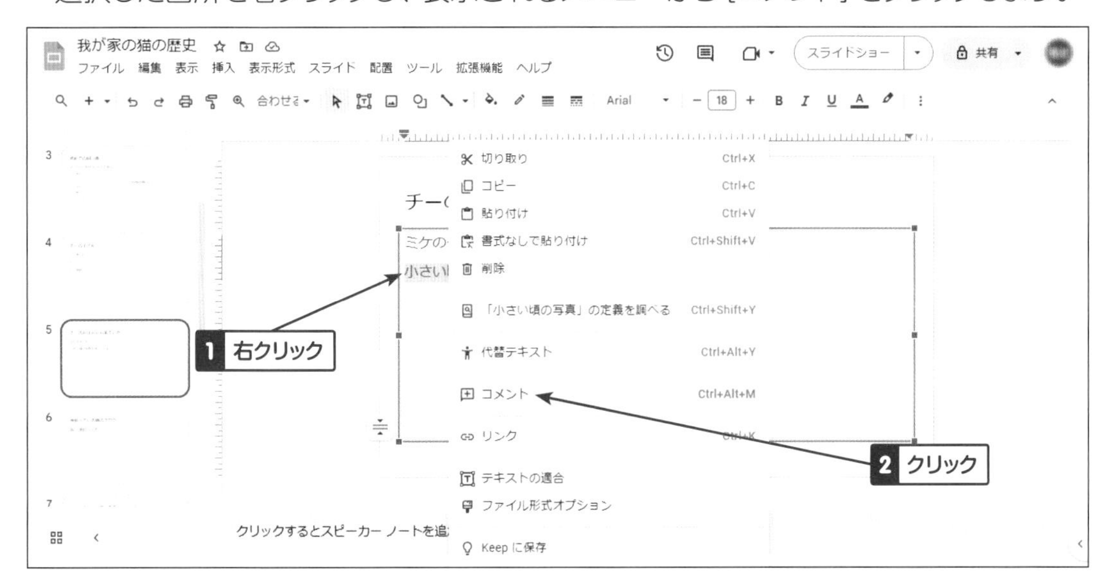

③コメントを入力、確定

コメントを入力し、［コメント］ボタンをクリックします。

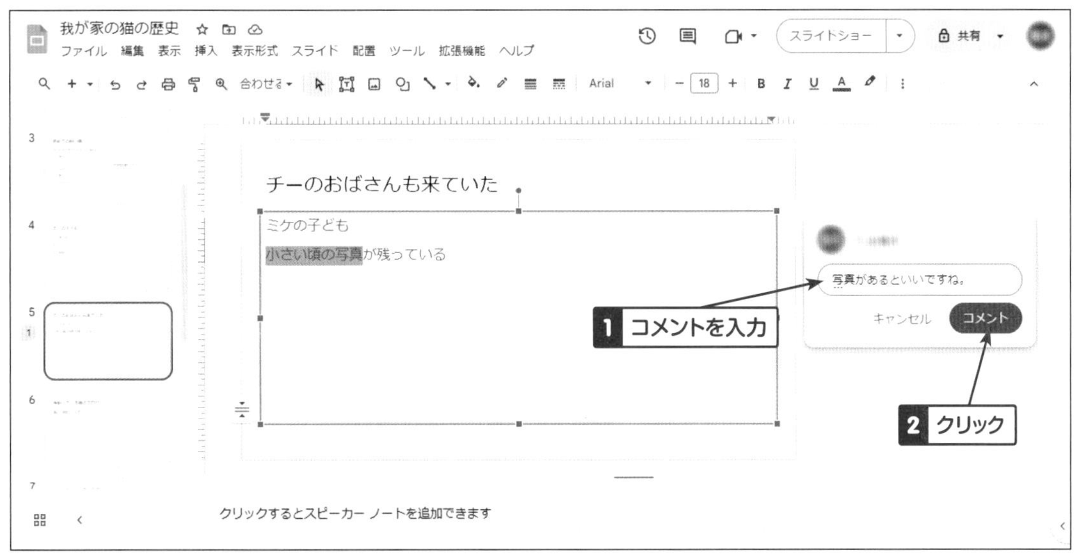

コメントを確認する

コメントに対し返信できます。

①返信の入力

返信するコメントをクリックし、返信入力欄にコメントに対しての返信を入力します。入力後、[返信] ボタンをクリックします。

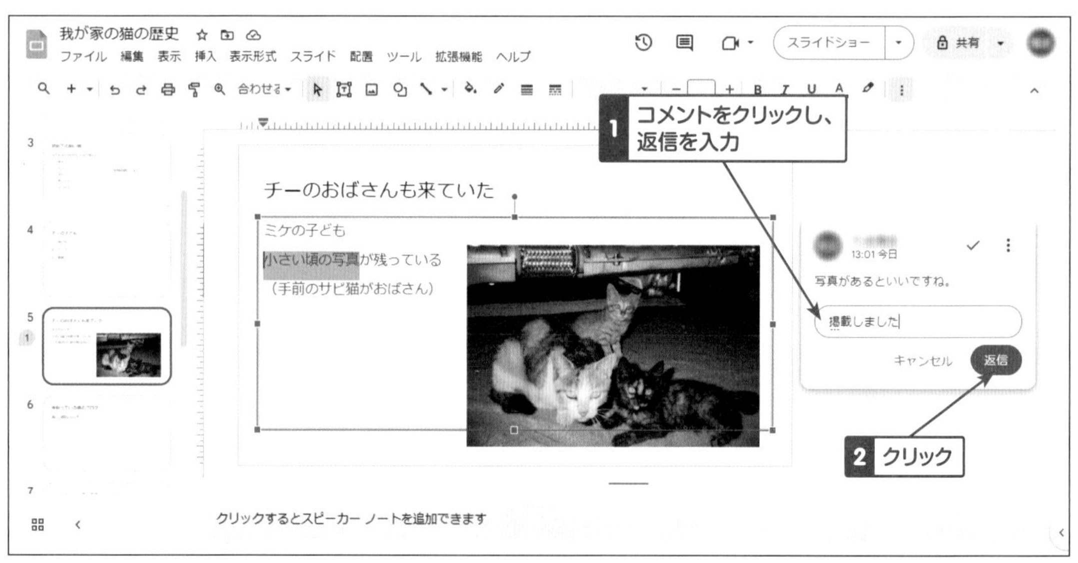

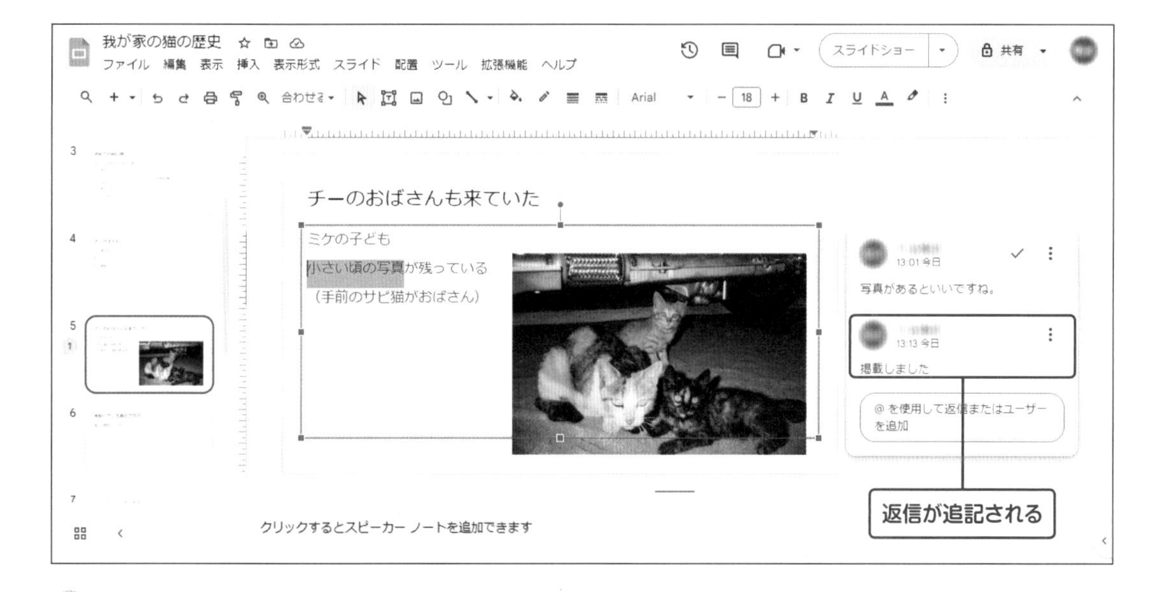

コメントを解決済みにする

対応が済んだら、解決済みにして、コメントツリーを閉じます。

①解決済み

コメントの✓マークをクリックします。

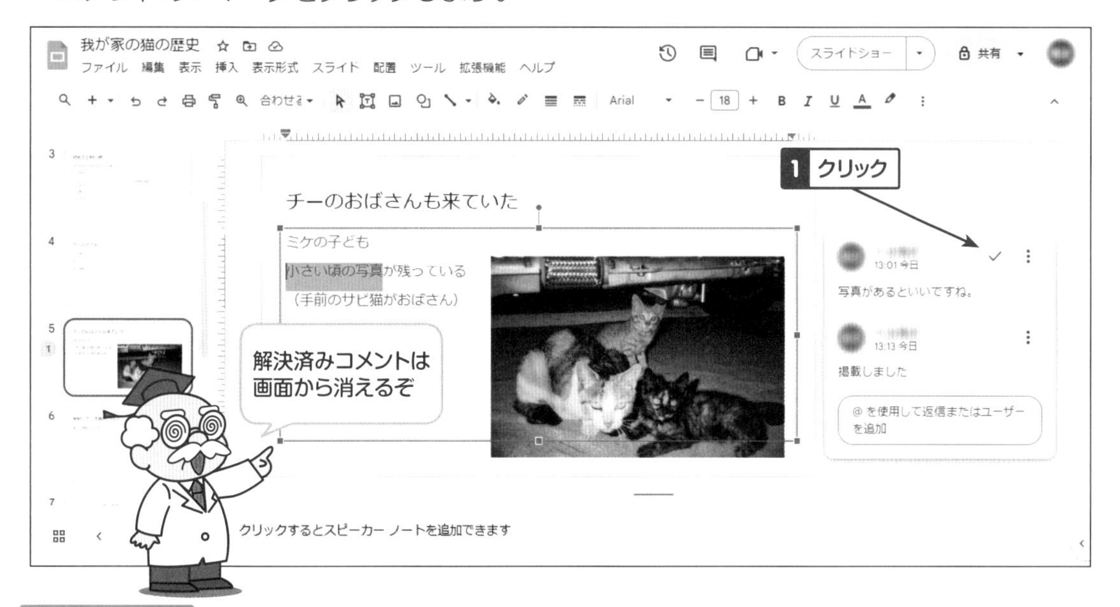

ONE POINT

すべてのコメントを表示する方法

　メニュー[表示]→[コメント]→[すべてのコメントを表示]をクリックするとコメントが表示されます。解決済みのコメントについては解決済みの表示もされます。

53 印刷資料を作成する

聴き手の参考になる配布用資料や、発表者に助けになる発表用資料を作成します。用途により様々なフォーマットで印刷することができます。

発表用原稿（スピーカーノート）を入力する

スライドに発表用原稿を入力することができます。このアプリでは発表用原稿を「スピーカーノート」と呼びます。

① 入力エリアの拡大

スライド下の横線を上にドラッグし、入力エリアを拡大します。

②発表用原稿を入力

スピーカーノートをクリックして、発表内容の入力をします。

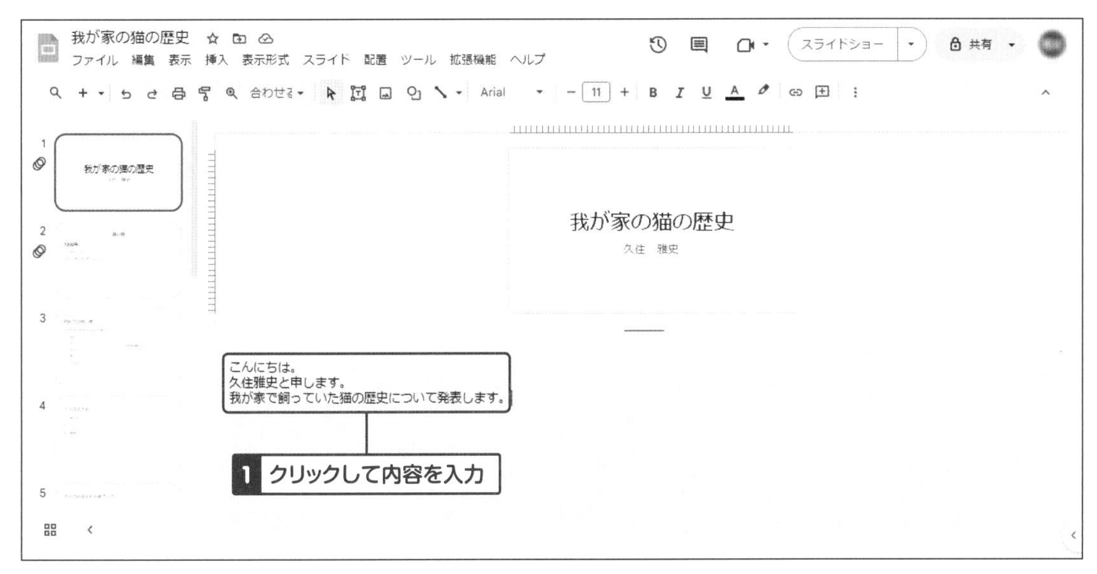

HINT

入力したスピーカーノートはスライドと合わせ印刷し、発表用原稿として使用できます。【→発表用資料の作成】 P278

配布用資料を作成する

配布用資料を作成します。掲載するスライドの枚数やスライドのサイズにより、1ページに印刷するスライドの枚数を設定することができます。

①印刷プレビューの表示

メニュー［ファイル］→［印刷プレビュー］をクリックします。

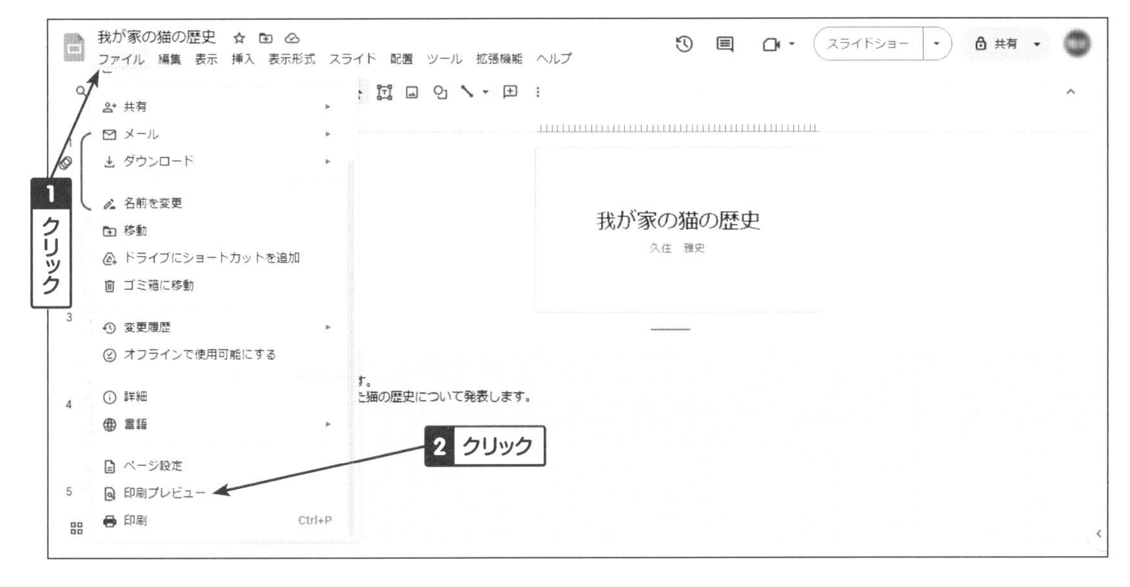

②印刷スタイルを選択

配布用資料1ページ当たりスライドを何枚掲載するかを選択します。［ページあたりスライド3枚］を選択すると、メモ欄付き資料を作成することができます。

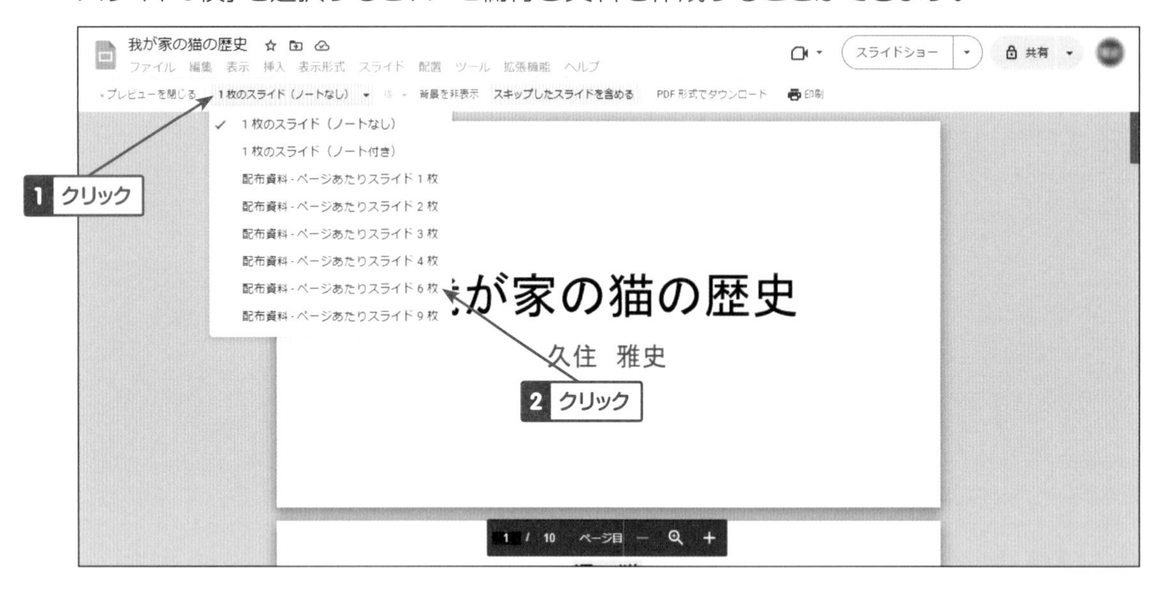

③用紙の向き

用紙の縦・横を指示します。ここでは縦を選択します。

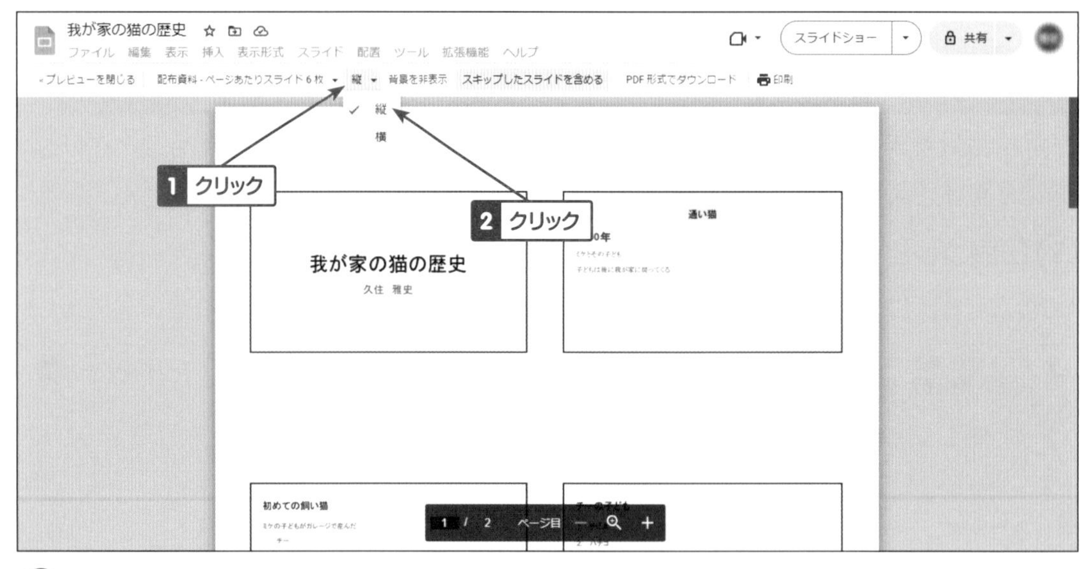

HINT

その他、背景印刷の有無、スキップの設定を行ったスライドを含めるか否かの設定があります。

④PDF／印刷を選択

配布用資料をPDFデータで配布するか、印刷して配布するか選択します。ツールバーの PDF 形式でダウンロード（PDF形式でダウンロード）もしくは 印刷（印刷）を選択します。

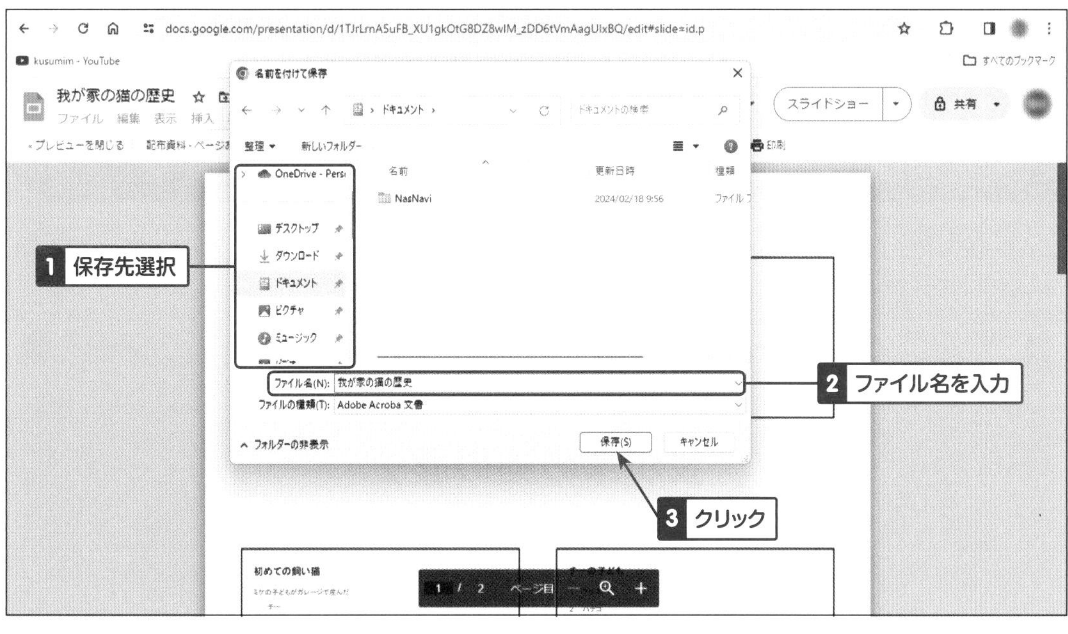

HINT

印刷設定の詳細はドキュメント（Document）の「印刷する」をご参照ください。
【5章-31 印刷する】 P123

発表用資料を作成する

「発表用資料の作成」において、[1枚のスライド（ノート付き）] を選択すると、スライドとスピーカーノートを合わせて印刷します。

配布用資料と発表用資料の体裁が異なっていると、聴き手が発表用資料の内容を見て、聴き手は「配布された資料以外に別の資料がある」と思ってしまうことがあります。

ステージ上やオンラインでの発表など発表用資料を聴き手が見られない場合は問題ありませんが、会議室など発表者と聴き手の距離が近い場合は、配布用資料に説明を付箋に書いて貼る、手書きで書き込むなどを行ったほうが聴き手に誤解されません。

ONE POINT

聴き手の印象に残るプレゼンテーションを行うため、スライドの作成ならびに発表時に考慮したいポイントについて説明します。

「見るスライド」を作る

スライドが概要を理解するための資料にします。聴き手がスライドを読むことに集中させず、聴き手の意識を発表者に向けさせるためです。そのため、文字数は少なく、画像や図を多用しましょう。

色使いに留意

女性と男性の色彩の識別能力が異なるので、色使いによっては男性は色を識別できないことがあります。そのためにもユニバーサルカラーデザインを意識しましょう。

また、背景と文字の色合いが似ていると見にくくなってしまうので、くっきり文字が見える色使いにしましょう。淡い色使いだとプロジェクタやテレビの性能によっては白く飛んでしまいます。こちらにも注意しましょう。

話のスピードはゆっくり

緊張すると早口で上ずった高めの声のトーンになりがちです。早口だと内容を理解できない人が多くなりますし、高めの声のトーンは特に高齢者が聞き取りにくくなります。

NHKのアナウンサーがラジオニュースを読むときのスピードや声のトーンを参考にし、話のスピードをあえて落とし、低めのトーンで話すことで誰もがあなたの発表を理解できるようにしましょう。

視線を聴き手に向ける

発表時は顔を上げ、視線を聴き手に向けましょう。聴き手の視線を発表者に集中させ、話を集中して聞いてもらえるようにするためです。

ONE POINT

冒頭で発表テーマと名前を話す

発表の最初にテーマと発表者の所属・氏名をはっきりと述べます。誰が何の話をするのか、聴き手に意識づけましょう。

結論を先に話す

本論では最初に結論を話します。発表者が訴えたいことを明確にするためです。

細かい理由や経緯はその後に話します。1つ1つのトピックについても先に主訴を述べ、その後に細かい説明をしましょう。

最後にも結論を繰り返す

結論の印象を強くするため、最後にもう一度結論を繰り返し話しましょう。

Gmailを使って電子メールを送受信しよう

54 画面の概要

Gmailを起動し、メールの送受信ができる画面の概要を示します。

Gmailの起動

Googleトップページ右上にある[Gmail]をクリックします。

Gmail初画面の説明

Gmailを起動すると、受信トレイの画面が表示されます。

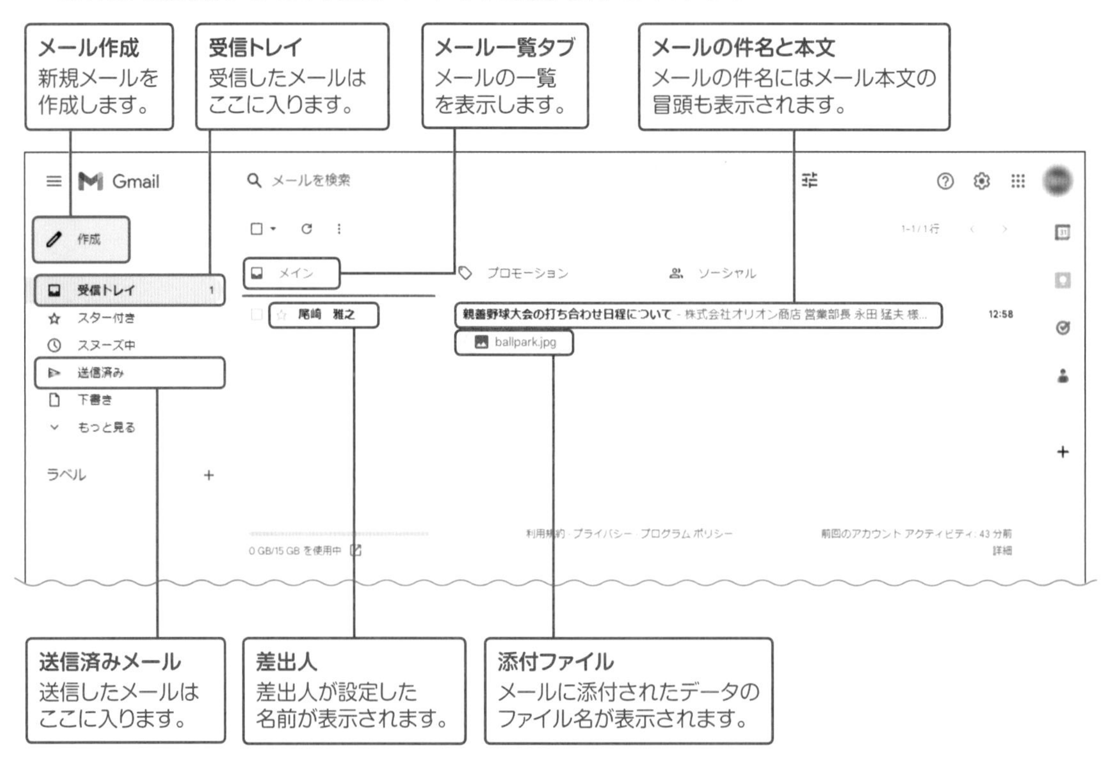

メールの送受信

受信したメールの閲覧とメールの送信について説明します。メールの添付ファイルの操作についても説明します。

受信メールを表示する

①メールの選択

受信トレイをクリックして開き、確認したいメールの件名をクリックします。

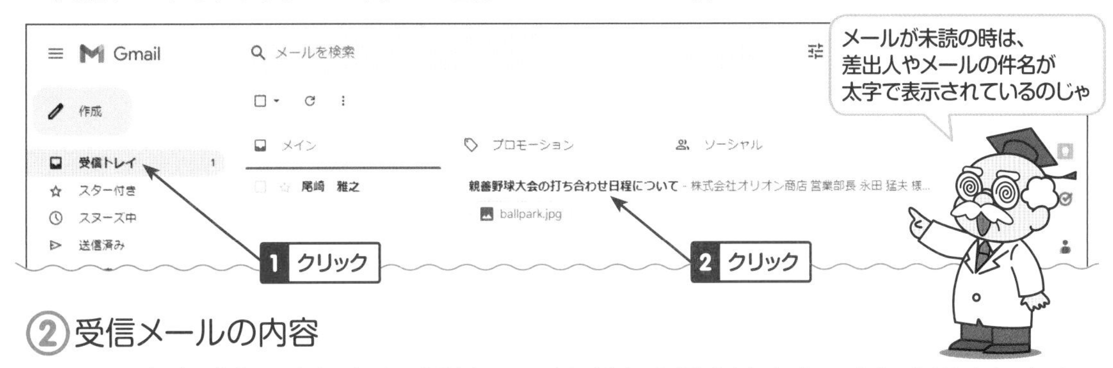

②受信メールの内容

メール本文が表示されます。添付ファイルがある場合は本文の次に表示されます。画像やPDFなどはサムネイル表示されます。

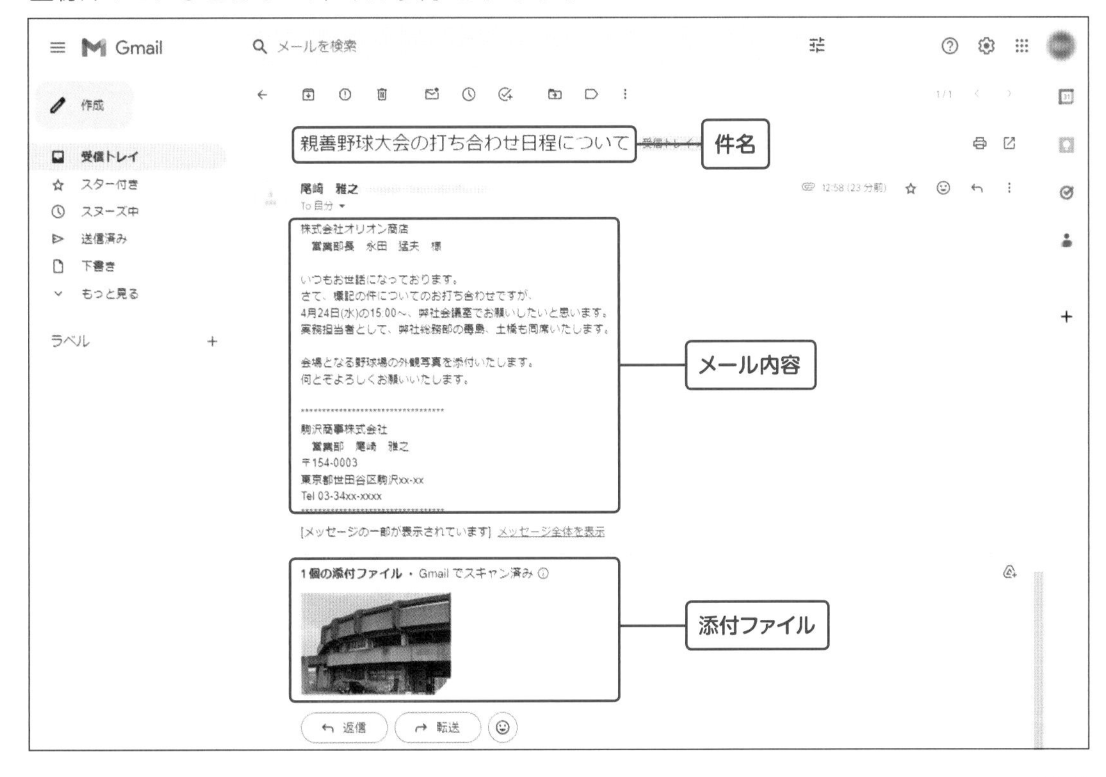

添付ファイルを保存する

パソコンのフォルダ、Googleドライブ、Googleフォトへの保存ができます。

①添付ファイルの保存先を指示

添付ファイルにマウスポインタを合わせると表示される、保存先をクリックします。

- (ダウンロード) Windowsのダウンロードフォルダに保存されます。
- (ドライブに追加) マイドライブ直下に保存されます。保存先フォルダの選択はできません。
- (フォトに保存) Googleフォトに保存されます。保存アルバムは指定できません。

受信メールのアドレスを保存する

受信したメールのメールアドレスを今後も使用する場合、メールアドレスを連絡先(いわゆるアドレス帳)に追加することができます。

①差出人の表示

差出人上にマウスポインタを合わせると、差出人のアドレスなどの情報が表示されます。

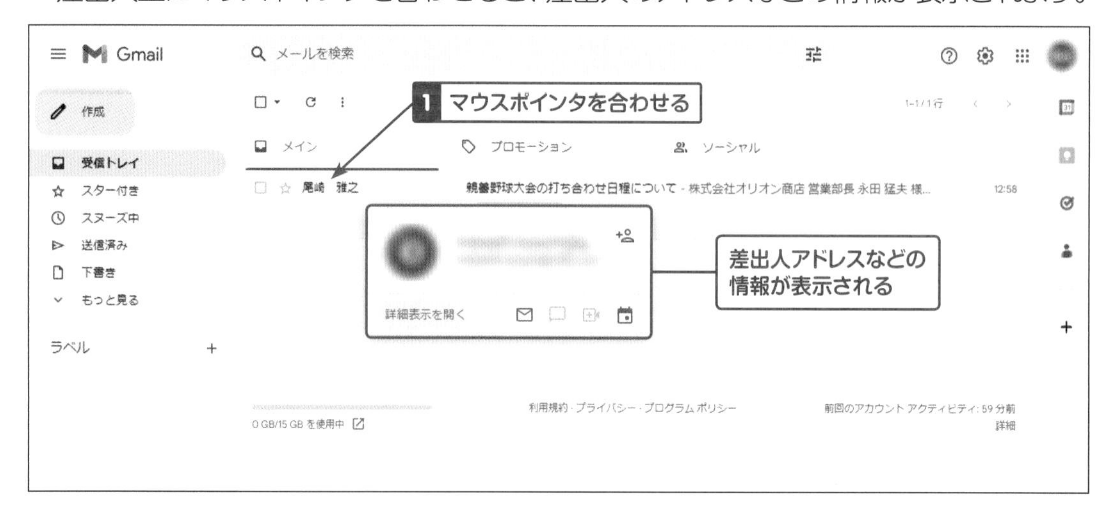

②連絡先に追加

+👤（連絡先に追加）をクリックします。連絡先に追加されるとアイコン表示が、🖉（連絡先を編集）に変わります。🖉（連絡先を編集）をクリックします。

③連絡先を編集、保存

連絡先編集メニューが表示されるので、連絡先必要事項を入力し、確認後［保存］ボタンをクリックします。

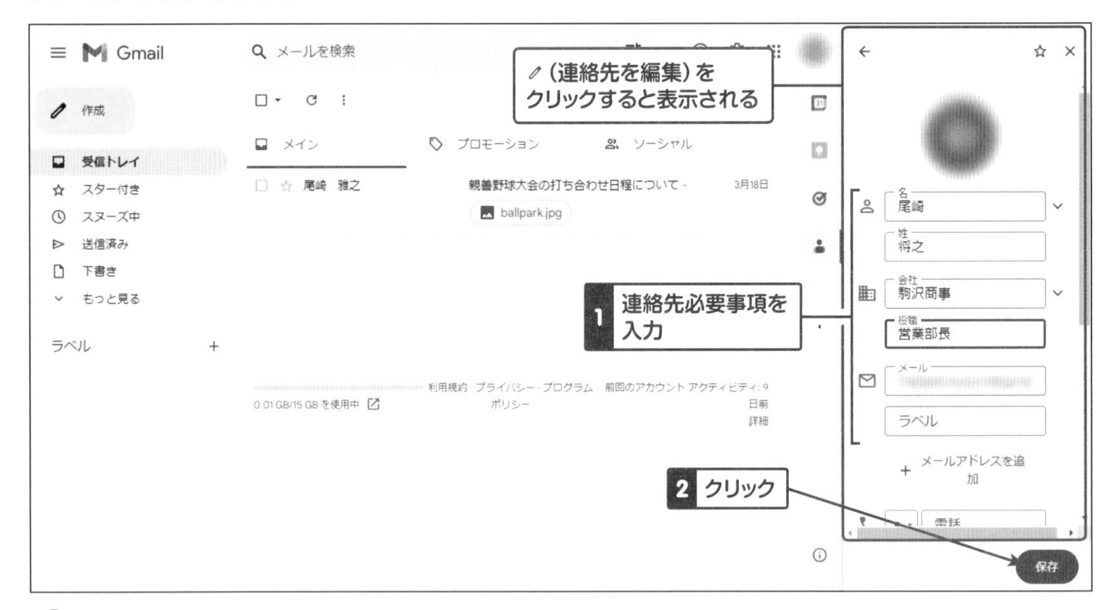

HINT

保存したメールアドレスは「Google連絡先」アプリで確認・編集が可能です。「メール送信」において、保存したメールアドレスを呼び出して使うこともできます。

メールを送信する

まずは添付ファイル無しのテキストメール送信操作です。

①新規メッセージ

［作成］ボタンをクリックします。クリックすると、新規メッセージタブが表示されます。

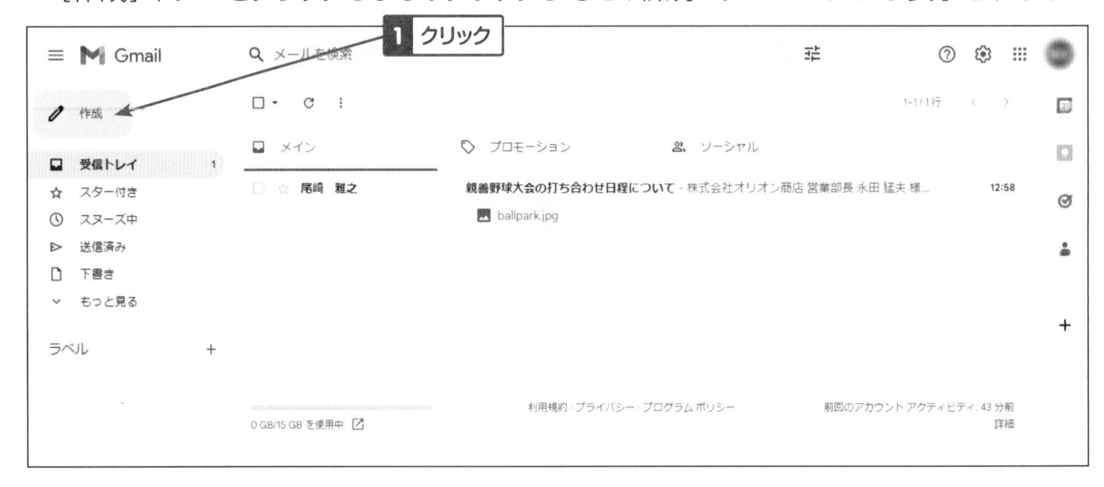

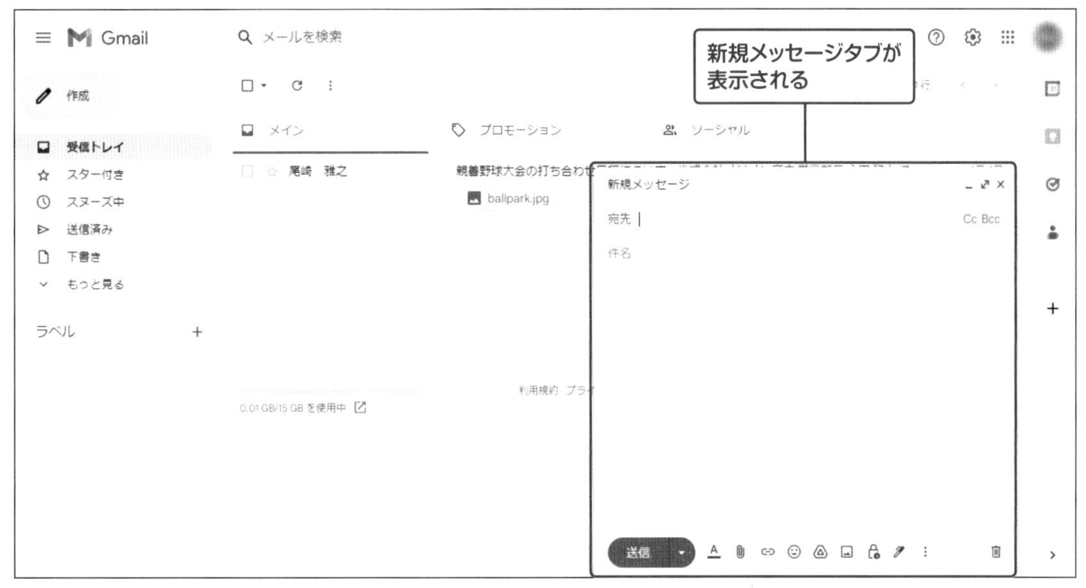

HINT

↗（全画面表示）で送信画面を拡大することができます。

②メールの作成・送信

　新規メッセージタブに宛先（メールアドレス）、件名、本文を入力し、［送信］ボタンをクリックします。

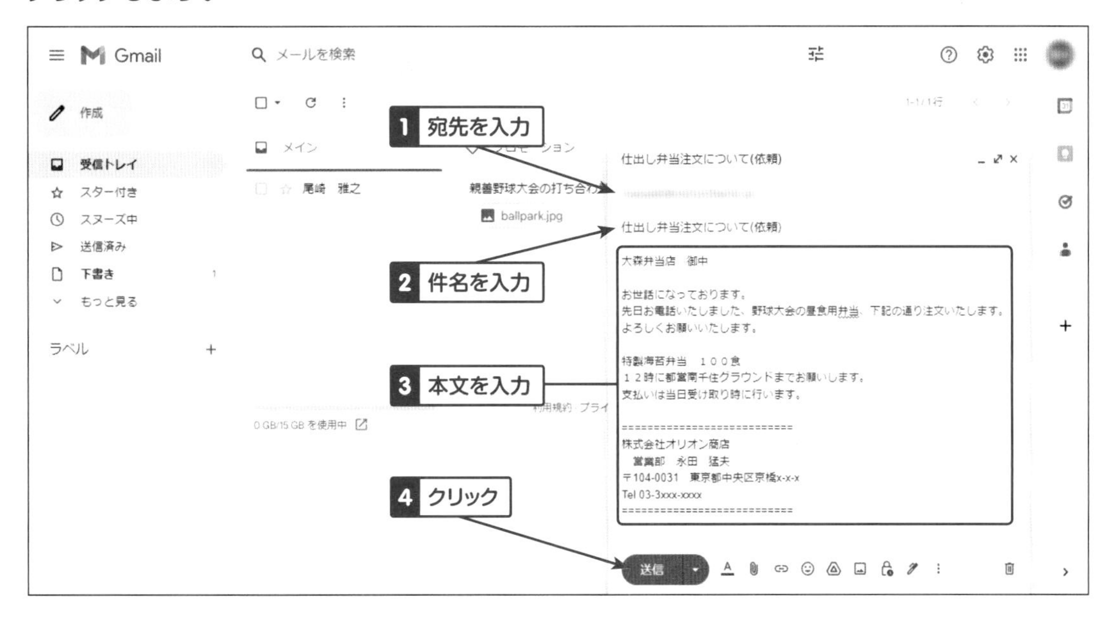

HINT

宛先の[Cc]、[Bcc]をクリックすると、宛先欄の下にCc欄、Bcc欄が表示されます。

- 「Cc」は「Carbon Copy」の略です。メールの写しの送付先です。宛先欄に入力するのと大きな違いはありません。
- 「Bcc」は「Blind Carbon Copy」の略です。メールの写しの送付先ですが、Bcc欄に入力したメールアドレスは送信者以外には表示されません。

HINT

[宛先]、[Cc]、[Bcc]の見出しをクリックするとアドレス帳が表示されます。ここから送信先を選択することもできます。

メールにファイルを添付する

メールに画像、文書などのデータファイルを添付して送信する操作です。今回はPDFファイルを添付します。Gmailの添付ファイルサイズの上限は25MBです。複数ファイルの場合は、合計で25MBまでになります。

①ファイル添付ダイアログを呼び出す

(ファイルを添付)をクリックします。

② 添付するファイルを選択

ファイル選択のダイアログボックスが表示されます。添付するファイルの場所を開き、ファイルを選択したら［開く］ボタンをクリックします。

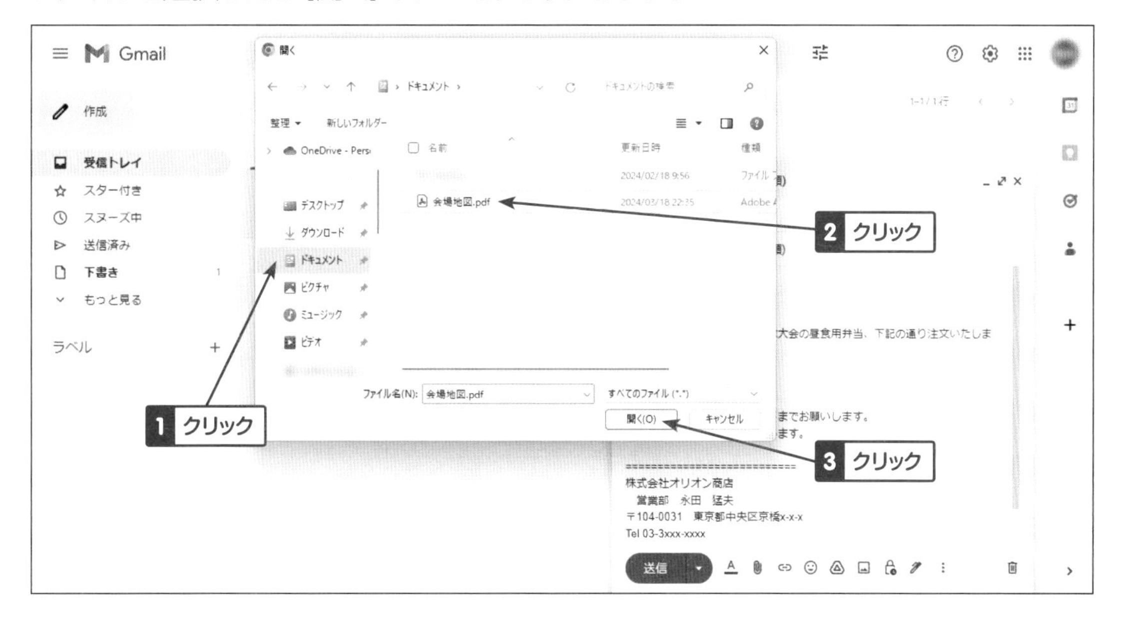

③ 添付するファイルを確認、メールを送信

添付したファイルが正しいか、ファイル名、ファイルサイズを確認し、問題なければ［送信］ボタンをクリックします。

HINT

添付ファイルのサイズが25MBを超える場合は、ファイルはメールに添付されず、ファイルダウンロード用のGoogleドライブのリンクが自動的にメールに追加されます。

56. メールの削除

メールは削除するとゴミ箱に移動します。一覧からの削除、メール閲覧画面からの削除の両方が行えます。ゴミ箱からの復元、ゴミ箱からの削除についても説明します。

メール一覧から削除する

削除したいメールにマウスポインタを合わせるか、差出人左側のチェックボックスをクリックして選択し、右側に表示される 🗑（削除）をクリックします。

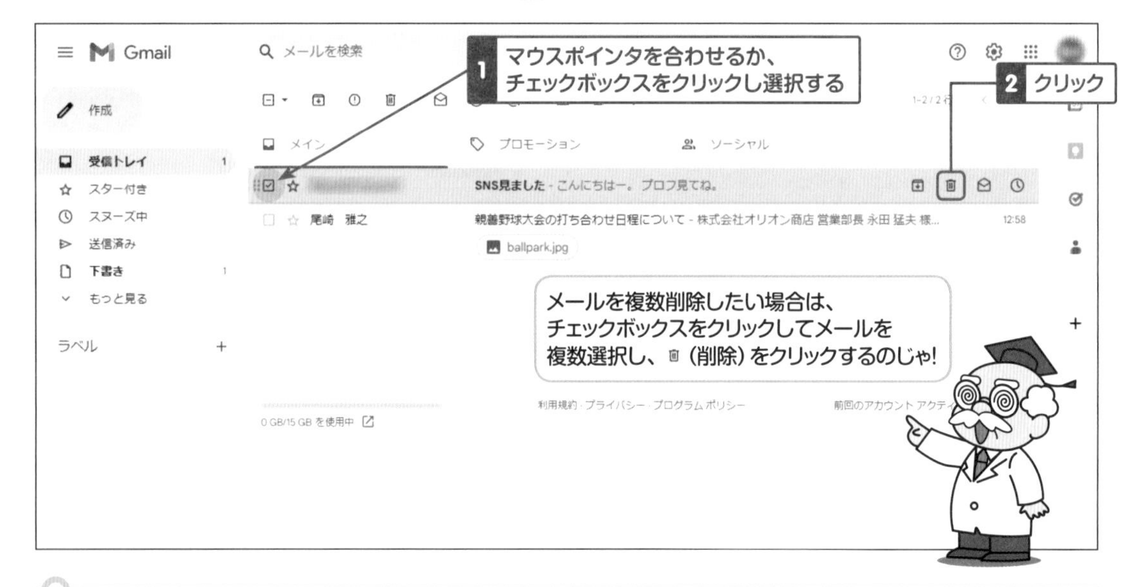

メール閲覧画面から削除する

メール閲覧画面から件名の上にある 🗑（削除）をクリックします。

削除メールを復元する

誤って削除してしまったメール、削除したがやはり残しておきたいメールをゴミ箱から復元します。

①サイドメニューをすべて表示

サイドメニューから［もっと見る］をクリックし、隠れているサイドメニューを表示させます。

②ゴミ箱

表示されたサイドメニューから［ゴミ箱］をクリックして開きます。

③ゴミ箱から受信トレイに移動

ゴミ箱内の復元したいメールを右クリックし、表示されたメニューから［受信トレイに移動］をクリックすると、メールが復元されます。

ゴミ箱からの削除

ゴミ箱に移動したメールは移動してから30日後、自動的にゴミ箱から削除されます。今すぐ削除したい場合は、削除したいメールを右クリックし、表示されたメニューから［完全に削除］をクリックします。

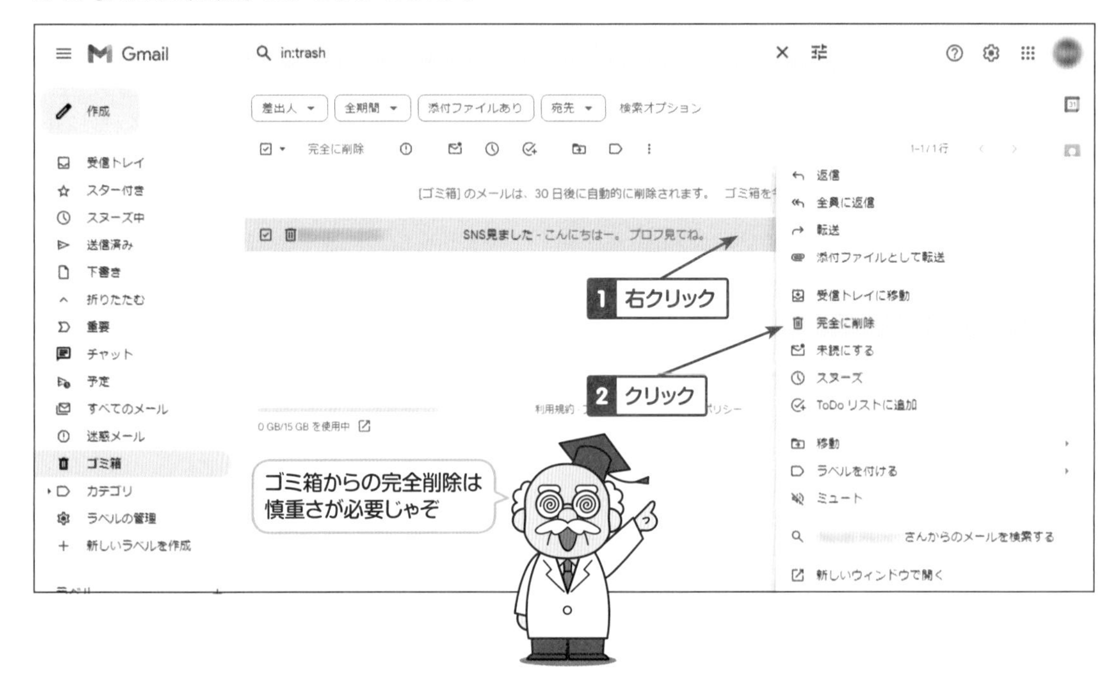

ONE POINT

Gmailの設定変更の操作

受信トレイのパターン、閲覧ウィンドウの位置など、主に画面レイアウトに関する設定は「クイック設定」で行います。

❶ 画面上部の ⚙（設定）をクリックし、クイック設定メニューを表示させせます。
❷ 必要に応じ設定を変更します。

高度な設定変更メニュー

クイック設定メニュー上部にある[すべての設定を表示]をクリックすると、詳細な設定メニューが表示されます。

❶ クイック設定メニュー[すべての設定を表示]をクリックします。
❷ 必要に応じ設定を変更します。

▼ すべての設定を表示

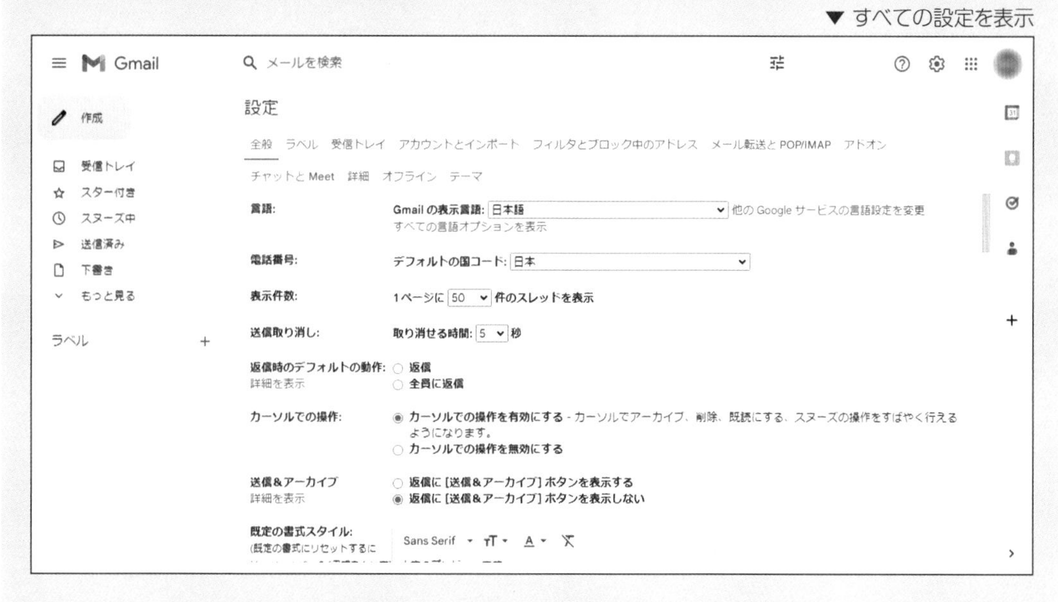

メールソフトでの送受信

マイクロソフト社のWindowsですとOutlook（アウトルック）、アップル社のMacOSですと標準メール（メール.app）でGmailの送受信ができます。詳しくはGmailヘルプ「サードパーティ製のメール クライアントで Gmail を設定する」をご覧ください。

URL https://support.google.com/a/answer/9003945?hl=ja

INDEX

英数字

あ行

か行

さ行

た行

な行

は行

ま行

ら行

わ行

■著者紹介

久住（くすみ） 雅史（まさし）
新潟医療福祉カレッジ職員。東北福祉大学福祉心理学科卒業。高校時代にコンピュータ実習でFACOM MATEに触りプログラミングにはまったことから情報処理業界への就職を目指す。目標通り情報処理サービス会社に就職。仕事で初めて操作したメインフレームコンピュータはFACOM 230-48/58。その後FACOM Mシリーズでのシステム開発・保守に携わる。県立病院、海外損保、国内中堅損保、中央官庁などのシステム開発・保守を経験。地方自治体担当に異動し、オフィスコンピュータ（FACOM Kシリーズ）の地方自治体向けシステム保守を担当。1998年より現職。オフィスソフトの操作実習、プレゼンテーション、秘書検定、心理学の授業を担当し現在に至る。パソコンについては情報処理サービス会社時代、業務は担当しなかったが、個人的にDOS/Vパソコンについて登場当初から興味を持ち、初めて購入したパソコンはフルタワーケースのPC/AT互換機。分解・組立・部品交換やソフトウェアのインストールを星の数ほど繰り返すことにより業者並みの知識を得ることとなる。特にキーボードについては快適なキータッチを求めるが故に様々なキーボードを購入。現在はFILCO DIATECの赤軸を愛用。キー配列についてもパソコン初心者でも悩まず入力ができるキー配列を研究し、インターネット上にてキー配列を公開。（「わかりやすく やさしい にほんご キー はいれつ」https://nyqa-keyboard.wixsite.com/home）、著書「自分を知る力がつく 自分史のドリル」（扶桑社,2000年）

編集担当 ： 小林紗英 / カバーデザイン ： 秋田勘助（オフィス・エドモント）

超入門 無料で使えるGoogleオフィスアプリ

2024年5月24日　初版発行

著　者　久住雅史
発行者　池田武人
発行所　株式会社　シーアンドアール研究所
新潟県新潟市北区西名目所 4083-6（〒950-3122）
電話　025-259-4293　FAX　025-258-2801
印刷所　株式会社　ルナテック

ISBN978-4-86354-447-5 C3055